U0225307

时节气候抄

第一册

〔清〕喻端士 著

谦德书院 译注

团结出版社

图书在版编目（CIP）数据

时节气候抄 /（清）喻端士著；谦德书院译 . -- 北京：团结出版社，2024.4

ISBN 978-7-5234-0573-4

Ⅰ . ①时… Ⅱ . ①喻… ②谦… Ⅲ . ①时令—中国

Ⅳ . ① P193

中国国家版本馆 CIP 数据核字 (2023) 第 208354 号

出版： 团结出版社

（北京市东城区东皇城根南街 84 号 邮编：100006）

电话：（010）65228880　65244790 （传真）

网址： www.tjpress.com

Email： 65244790@163.com

经销： 全国新华书店

印刷： 北京印匠彩色印刷有限公司

开本： 145×210　1/32

印张： 28.5

字数： 452 千字

版次： 2024 年 4 月 第 1 版

印次： 2024 年 4 月 第 1 次印刷

书号： 978-7-5234-0573-4

定价： 198.00 元（全四册）

前　言

　　"二十四节气"是上古农耕文明的产物,它在我国传统农耕社会中占有极其重要的位置,农耕生产与大自然的节律息息相关,它是上古先民顺应农时,通过观察天体运行,认知一岁中时候、气候、物候等方面变化规律所形成的知识体系。"所谓一年四时、八节、二十四气、七十二候。五日为候,三候为气,六气为时,四时为岁。其推移迁变,如环之循,如轮之转。"科学地揭示了天文气象变化的规律。古人将天文、农事、物候和民俗巧妙结合,衍生了大量与之相关的岁时节令文化。

　　尽管"二十四节气"的产生年代十分久远,但是,专门研究"二十四节气"的古代典籍却很罕见,其论述大多是散落在各种典籍当中,如《尚书》中就有二至的记载,而对二十四个节气有比较完整的记载则是《淮南子》。此后,许多古代典籍中,都有"二十四节气"的记载。教导人们遵循自然规律、按照时令从事生产活动,推动了中华民族几千年的繁荣与进步。

时至今日，尽管科技已经飞速发展，但人类的生产生活仍然与自然息息相关。时节气候的变换规律也在其中起到了至关重要的作用。它不仅影响农作物的生长与收成，更直接关系到我们的日常生活、工作乃至文化习俗。因此，深入研究和理解时节气候的特征，对于人类社会的持续进步和繁荣具有深远的意义。

由于"二十四节气"的相关资料散落在各种典籍中，为了方便人们学习和研究时节气候，清代学者喻端士通过查阅和援用大量经典古籍完成了《时节气候抄》这部罕见的著作，堪称中国古代时节气候资料的大汇集，更是一部关于二十四节气文化的百科全书。

喻端士，字敬叔，江西人，根据《南昌县志》记载，他曾经担任新城教导。其著作还有多种行世。作者在本书序中云："考之《群芳谱》诸书，节抄气候之验于物者，作而叹曰：善言天者，必有验于人而考诸物。"可见其编撰之初衷。

在今天看来，《时节气候抄》堪称一部深入探索"时节与气候奥秘"的综合性著作。我们根据该书清刻本标点、校勘，并进行了注释和翻译。全书共分为四册，包含"卷首"在内共有七卷内容，涵盖了四季轮回、节气更替、气候多样性及其对人类生活的影响等诸多方面。其中，"卷首"以"月令源流"开篇，通过对《夏小正》《时训解》《吕氏春秋》等多部经典古籍的考究，阐述了天文历法、自然物候、物理时空，以及王者如何安排生产、生活、政令等方面的本末、起源和发展。之后又对"八节"由来、寒暑相推、二十四番花信风等方面展开描述，直接引领读者踏上自然界的探秘之旅。

"卷一"侧重从四季轮回、节气更替方面记述，通过"四时占验、每月占验"的展开内容，详细描述了每个季节、每个月份的特点，包括气温、降水、风向等气候要素变化，以及这些变化对人类的农业生产、生活和文化活动的影响，这些内容不仅是对《易经》中"天地节而四时成"的最好验证，也为我们提供了深入了解自然与人类生活关系的宝贵资料。

"卷二至卷五"用四卷篇幅，将四季十二月与二十四气、七十二候巧妙地结合穿插在一起。阳气生长收藏之四时变化与循环流转，促成了二十四节气的气化特性，在这几篇章节中得到了淋漓尽致的体现。

而"卷六"则在总结"四时咎徵"的基础上，重点记述了"闰月"和"干支"的特性，其中，"无中气则谓之闰月也"，揭示了闰月产生的原因；"十干，天也；十二支，地也"，则对干支纪年法进行了深入的解读。这些内容在一定程度上填补了世人对这两项传统知识的认知缺憾，为我们提供了更全面的自然与人文知识。

全书由谦德书院团队进行注释和白话翻译。在设计上，《时节气候抄》也有了独特的创新，一改多年来古籍的固化风格，更注重读者的视觉体验。将经典知识与现代美图完美结合，例如"二十四番花信风"中每种花色的对应配图鲜丽生动，让人赏心悦目；各种节日习俗图片渲染气氛的同时，也更有助于读者理解领悟。这些现代元素的融入无疑让这部沉睡百年的典籍重新焕发了生机。

我们希望通过这部《时节气候抄》，引导人们重新审视自然、尊重自然、顺应自然。感受自然的力量与魅力，从而探寻人类与自然和谐共生的智慧与路径，共同为构建一个更加和谐、美好的世界贡献智慧与力量。

目录

序

喻端士述

读《农桑通诀》①，推本璇玑玉衡②，为之图说：所谓一年四时、八节、二十四气、七十二候③。五日为候，三候为气，六气为时，四时为岁。其推移迁变，如环之循，如轮之转。详哉言之！谓务农之家，当家置一本。

因考之《群芳谱》诸书，节抄气候之验于物者，作而叹曰：善言天者，必有验于人而考诸物。天道远，人道迩④，在玑衡，齐七政，上圣之事也。下此或能言其义，而不习于器；术者推测求之，往往昧于道。圣人敬授人时，所以稽诸天者，曰：日中星鸟；日永星火；宵中星虚；日短星昴⑤。其言甚简。

其次即验之人事，曰：厥民析，厥民因，厥民夷，厥民隩⑥。寒暑出入，气候易知也。又其次即验诸物，曰：鸟兽孳尾，鸟兽希革，鸟兽毛毨，鸟兽氄毛，此则愚夫愚妇皆可考而知也⑦。

盖草野不识阴阳、和寒暑，极之为分至，未有不知元鸟至、鸿雁来之为春秋也。不识日躔实沈之次⑧、析木之次，未有不知麦秋至之为夏，水始冰之为冬也。故后之人推广授时之意，多考验于鸟兽、草木、虫鱼之间，著为《月令》⑨。以为山泽物产之异，四方气候不齐，不得之于此，即可考之于彼。此七十二候，所以详验于物也。

至于劳农劝民，劳农休息，与夫处台榭，民皆人室，则推析因、夷隩之意，顺时而布政也。或曰："蓂荚知时⑩，鹤警露⑪，何以不为征引？"曰："圣人之道，中庸而已。蓂荚瑞草，如景星卿云⑫，鹤非燕雁比，不验之于寻常所有之物，非所以牖民也⑬。"

【注释】

①《农桑通诀》：元王祯所著的《农书》有《农桑通诀》篇。通诀：通常的口诀。

②璿（xuán）玑玉衡：亦作"璇玑玉衡"。古代玉制的观测天象的仪器，或为北斗七星的泛称。

③四时：春、夏、秋、冬四季。八节：指二十四节气中的八个主要节气，即立春、春分、立夏、夏至、立秋、秋分、立冬、冬至。二十四气：指二十四个节气，古代天文家以二十四气分配十二月。七十二候：一年总候数，古代把五天称为"一候"，现代气象学上仍然沿用。

④迩：近，接近。

⑤日中：春分，此日昼夜时间相等。星鸟：南方朱雀七宿。日永：夏至，此日白天最长。星火：指火星。宵中：秋分，此日昼夜时间相等。星虚：指虚星，北方玄武七宿之一。日短：冬至，此日白天最短。星昴：指昴星，西方白虎七宿之第四宿，有星七颗。

⑥厥民析：人们分散居住。厥民因：人们居住在高地。厥民夷：人们

居住在平原。厥民隩（yù）：人们居住在温暖的室内。厥：其他的。析：分散。隩：通"燠"，暖和。

⑦孳尾（zī wěi）：动物交配繁殖。希革：鸟兽毛羽稀少。毛毨（xiǎn）：鸟兽新换的整齐羽毛。氄毛（rǒng máo）：鸟兽细小柔软的毛。

⑧日躔（chán）：太阳运动的情况或次序。

⑨《月令》：《礼记》中的篇名，记农历十二个月的时令、行政及相关事物。

⑩蓂荚（míng jiá）：古代传说中的瑞草，又名"历荚"。每月从初一至十五，每日结一荚；从十六至月终，每日落一荚。根据荚数的多少，可以判断为何日。

⑪鹤警露：指鹤性机警，见白露降，则高声鸣叫，彼此警戒。这里喻指警报。

⑫景星：大星；德星；瑞星。相传常出现于有道之国。卿云：即祥云，古人视为祥瑞。

⑬牖（yǒu）民：诱导人民。这里指开通民智。

【译文】

通过读《农桑通诀》，推究北斗七星的运转轨迹，就此绘成图表加以说明：一年有四季、八节、二十四节气、七十二候。其中，五天为一候，三候为一气，六气为一季，四季为一年。其推移变化，如旋转的车轮般循环往复。对于这些自然现象的解说，真是太详尽啦！从事农业生产的家庭，应该家藏一本。

我于是又查阅《群芳谱》等古籍，节录书中可以验证气候的部分，并一边整理一边感慨说："善谈天道的人，必能将天道验证于人事万物。"毕竟天道悠远难知，人道切近易晓。根据北斗的方位来确定日月五星的位置，是上智圣人的事业。次一等智慧的人，或许能说出它的含义，却无法进行观测；江湖术士能够推测求证，往往不明大道。古代圣王颁布历书，必考察天象，所以《尚书》上说："春分日，星鸟在南方出现""夏至的黄昏，火星出现在南方""秋分时，北方有玄武星出现""冬至时，昴星位于西方"。都非常言简意赅。

然后再验证到人事活动，《尚书》上说："什么时节百姓分散""什么时节百姓居住在高地""什么时节百姓居住在平原""什么时节百姓居住在室内避寒"。寒暑更迭，气候变化人很容易察觉。然后再便验证到动物身上，《尚书》上说："鸟兽交配时，百姓分散于田野上耕种""鸟兽羽毛稀少时，百姓居住在高地""鸟兽更换整齐的新羽毛时，百姓搬回平原居住""鸟兽长出细小柔软的绒毛时，百姓要居于室内避寒"。这是普通百姓都可以观察明白的道理。

可是对于普通人而言，不懂得阴阳变化的规律、调和寒暑的方法，但寒暑到了极点就是二分二至，没有不知道燕子归来和鸿雁南飞，相应的就是春分、秋分时节的。普通人不懂得太阳运行到实沈、析木这些星宿的次序，但是没有不知道麦秋到了就是夏天，水开始结冰就是冬天的。因此，后人按照时令从事生产时，大多是通过观察鸟兽、草木、虫鱼之间的变化规律，从而著有《月令》一书。因为山川湖泽的物产不同，四方的气候不齐，在这里得不到的，就可以在那里考察。这就是七十二候所以详细验证各种事物的原因。

至于是慰劳农人耕作，还是劝勉农人休息；是居住在高台上，还是闭藏在室内。应该根据寒暑的变化采取《尚书》中提出的分散、居于高地、平原、室内避寒的不同方式，顺时颁布政令。有人问："祥瑞的蒫草可以记数，机警的仙鹤可以报时，为何不引用它们的例子？"回答说："圣人推行教化，不过中道而已。蒫草是稀罕之物，就像祥瑞的星辰、喜气的彩云一样罕见，仙鹤也绝非如燕子和大雁那样常见。如果不用平常的自然现象来加以来验证说明，是不足以引导民众的。"

卷首

月令源流^①

　　帝王因时布政之大略，仿于唐尧之命羲和^②，故曰：月者天之运，令者君之政。王者之政，其道莫大于因天。

　　嗣后夏有《小正》^③，商有《王居明堂礼》，周有《时训》^④，有《月令》，至秦而有《吕氏春秋》^⑤，汉有《淮南·时则训》^⑥，唐亦有《唐月令》^⑦，递相祖述而损益更变之^⑧。

　　今惟《王居明堂礼》不存，而诸书具在，取以相质，则《小正》《时训》文字与此迥异，而《吕氏春秋》与此大同，则此取之《吕氏春秋》，无可疑者。

　　《淮南·时则训》取此而稍变之，《唐月令》则取此而并参以郑说^⑨，更其前后。

　　今取《吕氏》本文及四书互相参考，以通其说云。

【注释】

①月令：是上古时期的一种文章体裁，采用"以时系事"的方法，四时为总纲，十二月为细目，以时段记述天文历法、自然物候、物理时空，王者以此来安排生产、生活、政令等。源流：事物的本末、起源和发展。

月者天之运，令者君之政。王者之政，其道莫大于因天。

②仿：效法。羲和：羲氏、和氏的并称，传说尧曾命两氏兄弟分驻四方，以观天象，并制定历法。

③嗣后：从此以后。《小正》：即《夏小正》，中国现存最早的一部记录农事的历书，主要记载先秦时期中原地区农业发展水平，保存了古代中国的天文历法知识。

④《时训》：是关于时令的训教，也为《时训解》。

⑤《吕氏春秋》：又称《吕览》，为战国末年吕不韦召集门客编撰。

⑥《淮南·时则训》：指《淮南子》中《时则训》。

⑦《唐月令》：成文于唐开元时期，为唐宋时期国家郊社祭祀的时令法典，也成为唐宋时期经典世俗化的显著标志。

⑧递相：轮流更换，互相。祖述：效法遵循前人的学说行为。

⑨郑说：郑，指东汉大儒郑康成。

【译文】

帝王顺应天时施行德政，大多是效法尧帝。尧帝派羲氏、和氏四兄弟分别驻守四方，以观天象，制定历法。所以说：月亮能反映天地之间的气运，政令能反映君王是否施行德政。以王道治天下的君王，施行德政最好的方法莫过于顺应天时。

后来出现了许多记录天时变化的古籍，夏有《夏小正》，商有《王居明堂礼》，周有《时训解》，有《月令》，到了秦时有《吕氏春秋》，汉有《淮南·时则训》，唐也有《唐月令》，这些古籍之间相互参考、借鉴，内容上多少会有一些减损和增补的变化。

如今只有《王居明堂礼》失传了，而其他几本古籍还都流传于世。对比这几本书，就发现《夏小正》和《时训解》内容迥异，而《吕氏春秋》与之大致相同，那么参考《吕氏春秋》，就没可存疑的了。

　　《淮南子·时则训》虽然也参考了一部分内容，但稍微做了修改。《唐月令》则既参考了古籍，又参考了郑康成的说法，前后都做了修改。

　　如今参考《吕氏春秋》及其他四本古籍的内容，以此来完善和通达本书的观点。

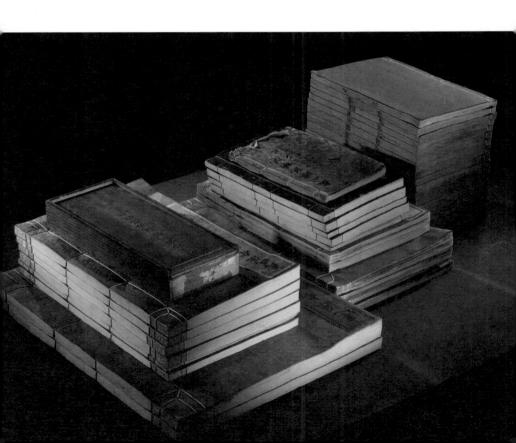

月令缘起①

《鼠璞》②：《月令》之书，自大挠作甲子③，占斗所建。

伶伦制十二律④，以节四时之度。尧命羲和，敬授人时，分四仲以定中星，析、因、夷、隩，验之于人，孳尾、希革、毛毨、氄毛，占之于鸟兽。东作、南讹、西成、朔易⑤，应之于事。终之允厘百工⑥，庶绩咸熙，此夏时之所由起。

《夏小正》之书，辞简理明，固已备月令之体。周以农开国，以时令为先务，大概具见《七月》。

【注释】

①缘起：著书人记其编著的原由，与序文略同。

②《鼠璞》：南宋时期官员、诗人、学者戴植所著。

③大挠：传说为黄帝史官，始作甲子。

④伶伦制十二律：《吕氏春秋·古乐》中有"昔黄帝令伶伦作为律"的记载，黄帝时期的乐官伶伦，模拟自然界的凤鸟鸣声，制作了十二律，"雄鸣为六"是六个阳律。"雌鸣亦六"是六个阴律。

⑤东作：春耕，泛指农事。南讹：夏时耕作及劝农等事。西成：秋天庄

稼成熟，农事告成。朔易：岁末年初，政事、生活当除旧更新，有所改易。

⑥允厘：指治理得当。百工：西周时指工奴。这里泛指各种工匠、手艺。百：虚指数量多。

【译文】

《鼠璞》记载：《月令》之类的书籍，是从大挠初创甲子时开始形成的，人们根据占卜北斗七星编著而成。

伶伦模拟自然界的凤鸟鸣声，创作了十二音律，以此来对应不同的时节。尧帝派羲氏、和氏四兄弟分别驻守四方，教导人们遵循自然规律，并将其运用于人事万物。即鸟兽交配时，百姓分散在田野上耕种；鸟兽羽毛稀少时，百姓居住在高地；鸟兽更换整齐的新羽毛时，百姓就搬回平原居住；鸟兽长出细小柔软的绒毛时，百姓要居于室内避寒。又将不同季节对应不同的劳作内容，如春耕、夏种、秋收、冬藏分别验证于农事。终于使百工得到治理，百业振兴，这也正是夏历建立的开端。

《夏小正》之书，言简意赅，事理通达，已基本具备了月令体裁的特点。周朝是以农业为主的国家，所以顺应天时更成为当务之急，具体内容详见《秋七月》篇。

节序初置①

《物原》②:伏羲初置元日,神农初置腊节,轩辕初置二社,巫咸初置除夕节③,周公初置上巳④,秦德公初置伏日⑤,晋平公初置中秋,齐景公初置重阳、端午,楚怀王初置七夕,秦始皇初置寒食,汉武帝初置三元⑥,东方朔初置人日⑦。

【注释】

①节序:节令的顺序。初置:最初设立。

②《物原》:罗颀著,明朝人,书中主要介绍我国古代先民发明创造锅子、豆腐、帆船等事宜。当时的帆船可能是人类有意识地利用风能的开始。

③巫咸:古代传说人名,相传他发明鼓,是用筮占卜的创始者,又是占星家,后世有假托他所测定的恒星图。

④上巳:指农历三月初三,是汉族传统节日,人们在这一天结伴去水边沐浴,俗称"祓禊"。

⑤秦德公:春秋时期秦国国君,秦宪公的次子。曾下令在历法中设立伏日,并修建伏祠以伏日祭祀所用。伏日:又称"伏天",为一年中最热的时期。

⑥三元:即三元节,上元节、中元节、下元节的合称。

⑦东方朔：西汉著名文学家，曾向汉武帝上陈"农战强国"之计。人日：在每年农历正月初七，是中国古老的传统节日。

【译文】

《物原》记载：伏羲最初设立元日，神农最初设立腊月，轩辕最初设立春社日和秋社日，巫咸最初设立除夕，周公最初设立上巳节，秦德公最初设立伏日，晋平公最初设立中秋节，齐景公最初设立重阳节和端午节，楚怀王最初设立七夕节，秦始皇最初设立寒食节，汉武帝最初设立上元节、中元节和下元节，东方朔最初设立人日。

八 节

《河图始开图》①：伏羲氏仰观天文，俯察地理，始画八卦，定天地之位，分阴阳之数，推列三光②，建分八节。

《周髀算经》注③：二至者④，寒暑之极；二分者⑤，阴阳之和；四立者，生长收藏之始。是为八节。

【注释】

①《河图始开图》：汉代纬书《河图》中的一种，记载了大量古代先民对地理知识的理解和认知，及诸多神话传说。

②三光：古时指日、月、星。

③《周髀算经》：出于商、周之间，是算经的十书之一，我国最古老的天文学和数学著作，揭示日月星辰的运行规律，囊括四季更替、气候变化，包含南北两极、昼夜相推的道理。

④二至：指夏至、冬至。

⑤二分：指春分、秋分。

【译文】

《河图始开图》记载：伏羲氏上观天文，下察地理，最初绘制出八卦图，确定了天地的位置，划分出了阴阳之数，推列出日、月、星辰，创立了八节。

关于八节，《周髀算经》注：夏至与冬至，乃寒暑的极致；春分、秋分则是阴阳交合之时；立春、立夏、立秋、立冬是生长藏纳的开始。这就是八节。

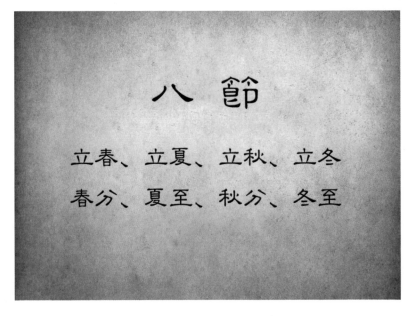

八 节

正岁年

《周礼·春官·大史》：正岁年以序事，颁之于官府及都鄙。

注：中数曰岁；朔数曰年。疏：一年之内有二十四气，皆节气在前，中气在后。节气，一名朔气，朔气在晦则后月闰；中气在朔则前月闰。节气有入前月法，中气无入前月法。中气帀则为岁，朔气帀则为年。

【译文】

《周礼·春官·大史》记载：调整减少岁和年的误差以便于根据季节来安排百姓应做之事，并把这些安排颁布给各官府和公卿、大夫、王室子弟的采邑、封地。

注：中数是地球公转一周的时间，称为岁；朔数是从第一年的正月初一到第二年的正月初一，称为年。疏：一年之内有二十四个节气，每月大约有两个节气，其中，排在前面的都称为节气，排在后面的则称为中气。节气，又名朔气，如果朔气处在某农历月最末的一

天，则下个月为闰月；如果中气处在某农历月初一这天，则其前一个月为闰月。节气有算入前月的情况，但中气却没有算入前月的情况。当中气循环一次后，则为一岁，朔气循环一次后，则为一年。

月卦阴阳

《农说》：诸阴谓自姤以至剥也。

姤，五月之卦也；剥，九月之卦也。六月为遁，七月为否，八月为观。姤自乾中来，一阴始生，成位于夏至。至否而塞，塞而观，观而剥，十月后全乎坤矣。诸阳谓自复以至夬也。复，十一月之卦也；夬，三月之卦也。十二月为临，正月为泰，二月为大壮。复自坤中来，一阳始生，成位于冬至，至泰而开，开而壮，壮而夬，四月复全乎乾矣。

【译文】

《农说》记载：从每年农历五月对应的姤卦至农历九月对应的剥卦为止，皆定义为阴。

《易经》中的姤卦，对应的是农历五月；剥卦，对应的是农历九月。六月对应的是遁卦，七月对应的是否卦，八月对应的是观卦。姤卦源于乾卦，对应农历五月，地面上虽烈日炎炎，但地面下，却阳极阴生，生发出一丝丝的凉意，从而地面上仍为乾卦，而地面下已变成巽卦，姤卦开始于夏至。到了农历七月，天地水火相蒸之气达到平衡，则天地之气上下各分，三阳在上，三阴在下。这种平衡持续到八月，则形成观卦，继而形成剥卦，农历十月，冬天来了，大地一片沉寂，六爻皆阴，上下皆为坤卦。从每年十一月至下一年的农历三月，被定义为阳。《易经》中的复卦，对应的是农历十一月；夬卦，对应的是农历三月。农历十二月对应的是临卦，一月对应的是泰卦，二月对应的是震卦，也称大壮。复卦源于坤卦，冬至一阳生，寒冷的大地悄悄转暖，此时地面上仍万物不生，而地面下已有一丝暖意升起，复卦开始于冬至。到了农历的正月，虽然气候乍暖还寒，地面上变化不大，但地面以下，已经很温暖，卦象显示为三阳在下。农历二月，春雷炸响，是为大壮，继而三月到来，梅雨季节室内室外都湿漉漉的，形成夬卦。农历四月，初夏时节，地上、地下都变热了，自然就形成乾卦。

天地相革，寒暑相成，是亦水火相息也。

天地相革

《易》：天地革而四时成。

汉上朱氏《易解》：乾始于坎而终于离，坤始于离而终于坎。乾终而坤革之，地革天也，阳极生阴，乃为寒。坤终而乾革之，天革地也，阴极生阳乃为暑。天地相革，寒暑相成，是亦水火相息也。

【译文】

《易经》记载：天地通过变革而形成了四季，养育万物。

据朱氏《汉上易传》记载：乾始于坎而终于离，坤始于离而终于坎，周而复始。乾到了极致则为坤，天地气运，阳极而阴生，气候变得寒冷。坤到了极致则转为乾，天地气运阴极而阳生，则气候转暖形成酷暑。天地间寒暑交替，就像水与火一样，相生相克，又相辅相成。

寒暑相推

《易》：寒往则暑来，暑往则寒来，寒暑相推而岁成焉。

《白虎通》：夏至阴始起，阳气推而上，故大热也。冬至阳始起，阴气推而上，故大寒也。

【译文】

《易经》记载：寒往暑来，暑去则寒来，寒暑循环交替一次便为一岁。

《白虎通》记载：从夏至开始，阴开始慢慢滋生，阳气被推移向上，因此天气大热。从冬至开始，阳开始慢慢生发，阴气被推移向上，因此天气大寒。

冬至阳始起，阴气推而上，故大寒也。

岁三难

《蔡邕月令问答》：四时通等，而夏无难文，由日行也。

春行少阴，秋行少阳，冬行太阴，阴阳背使，不于其类。故冬春难以助阳，秋难以达阴。至夏节太阳行，太阴自得其类，无所扶助也。独不难取之于是也。

【译文】

《蔡邕月令问答》记载：四季阴阳是通等平衡的，然而夏季没什么制约，它的运行完全取决于太阳的运化。

春季的运行少阴，秋季的运行少阳，冬季的运行为极阴，若阴阳逆行，便会破坏这种平衡。因此冬季、春季难以助阳，秋季难以达阴。等到夏至时，太阳的运行会使太阴自行消长，无需外力干预。它们之所以不受制约的原因在此。

太阳过宫

《奇门歌》：立春在子雨水壬，惊蛰在亥乾春分，清明在戌谷雨辛，立夏在酉小满庚，芒种在申夏至坤，小暑在未大暑丁，立秋在午处暑丙，白露在巳巽秋分，寒露在辰霜降乙，立冬小雪卯甲临，大雪在寅冬至艮，小寒大寒丑癸寻。

【译文】

《奇门歌》记载"定太阳过宫游二十四节气歌"：

立春在子雨水壬，惊蛰在亥乾春分，

清明在戌谷雨辛，立夏在酉小满庚，

芒种在申夏至坤，小暑在未大暑丁，

立秋在午处暑丙，白露在巳巽秋分，

寒露在辰霜降乙，立冬小雪卯甲临，

大雪在寅冬至艮，小寒大寒丑癸寻。

太阳出没

《漏刻经》：正月出乙入庚方，二八出兔入鸡场，三七发甲入辛地，四六生寅入犬藏，五月生艮归乾上，仲冬出巽入坤方。惟有十与十二月，出辰入申仔细详。

【译文】

《漏刻经》记载，太阳出没时刻长短歌：

正月出乙入庚方，二八出兔入鸡场，

三七发甲入辛地，四六生寅入犬藏，

五月生艮归乾上，仲冬出巽入坤方。

惟有十与十二月，出辰入申仔细详。

占云物

《周礼·保章氏》：以五云之物，辨吉凶水旱降丰荒之祲象。

注：视日旁云气之色。司农云：以二至二分观云色，青为虫；白为丧；赤为兵荒；黑为水；黄为丰。

【译文】

《周礼·保章氏》记载：根据日边的云气之色，来辨别吉凶、旱涝以及丰荒之年诸事。

注：观察日边的云气之色。司农说：在夏至、冬至和春分、秋分之日观察云色，云气呈现青色，则预示来年要闹虫灾；云气呈现白色，则预示来年不吉；云气呈现赤色，则预示来年为战乱之年；云气呈现黑色，则预示来年有洪涝灾害；云气呈现黄色，则预示来年庄稼大丰收。

二十四番风花信

《花木裸考》：自小寒至谷雨，二十四番风花信，每候先期一日有风雨微寒，即是每候五日一花之风信应。

【译文】

《花木裸考》记载：从小寒节气开始到谷雨节气结束，每月有两番花的信风，一年有二十四番花信风，每五日为一候，每候前一天会有轻雨微寒，便是与之相对应的一种花的信风吹来。

梅
花

小寒一候 梅花

梅,谋杯切,音枚,古文作梟槑,或作槑楳梅。

《名物疏》:陆玑所释有条有梅,自是枏木似豫章者。

《书·说命》:若作和羹,汝惟盐梅。笾实干蕂,似杏实酸者也。枏即楠,蕂音老,《说文》:干梅之属。

《周礼·天官·笾人》:馈食之笾,其实枣、栗、桃、干蕂、榛实。酸本作酢,今酢为酬酢字。

《扪虱新语》:北人不识梅。盖梅至北方则变而成杏。

《龙城录》:赵师雄迁罗浮,日暮,于松林酒肆旁见一美人,淡妆素服,出迎与语,芳香袭人,因与扣酒家共饮。师雄醉寝,起视在大梅花树下,月落参横,惆怅而已。

【译文】

梅,谋杯切,音枚,古文中作梟、槑,或作槑、楳、梅。

陆玑在《名物疏》记载:梅,本是有枝条和枝干的,像樟树一样高大笔直的树种。

《尚书·说命》记载:若要使汤羹鲜美,盐和梅果是必不可少的调味品。将成熟的梅果盛放在竹笾内,制成像杏果一样口味发酸的干果。枏同"楠",蕂音老,《说文解字》记载:属于干梅。

梅，

本是有枝条和枝干，

像樟树一样高大笔直

的树种。

《周礼·天官·笾人》记载：古代天子祭祀时所用熟食祭品，选用红枣、板栗、核桃、干梅、榛果。酸原本写作酢，如今酢用来表示交际应酬。

《扪虱新语》记载：北方人不认识梅果。梅果到了北方大多被当作杏果。

《龙城录》记载：隋文帝时期，赵师雄被贬，途经罗浮山，傍晚时分，他在松林间遇到一位淡妆素服的美人，那美人主动上前与他搭话，周身上下香气袭人，于是二人便同入酒家共饮而醉。酒醒后赵师雄发现自己躺在一棵大梅花树下，方知之前共饮的美人是梅花之魂，当时天色将晓，他心中惆怅万分。

小寒二候 山茶

花有数种：宝珠，花簇如珠，最胜；海榴茶，花蒂青；石榴茶中有碎花；踯躅茶，花如杜鹃花；宫粉茶、串珠茶，皆粉红色；又有一捻红、千叶红、千叶白，或云亦有黄色者。

《本草》：山茶产南方，叶颇似茶，而厚硬有棱，深冬开花，花治吐血，可代郁金子，治妇人发腻。

《周礼·冬官考工记》相胶注：脂膏腻败。腻，黏也。今人头发积有脂膏者，谓之腻。腻，之翼切，音炙。

【译文】

山茶花的种类很多：宝珠茶，花型饱满攒簇如珠，最为繁盛；海榴茶，花蒂呈青色；石榴茶中夹杂着碎花；踯躅茶，花型如杜鹃花一般；宫粉茶、串珠茶，都是粉红色；还有一捻红、千叶红、千叶白，据说也有开黄花的。

《本草纲目》记载：山茶产于南方，叶片与茶叶极为相似，且质地厚硬有棱角，深冬季节开花，花瓣有收敛止血的功效，也可代替郁金子，用来治疗妇人发质油腻。

《周礼·冬官考工记》相胶注：脂膏腻败。腻，黏腻。现代人头发油脂过剩，称为腻。腻，之翼切，音炙。

山茶花

水仙花

小寒三候 水仙

《本草》：水仙宜卑湿处，不可缺水，故名水仙。金盏银台，花之状也。

《图绘实鉴》：王迪简，赵人，善画水仙。

【译文】

《本草纲目》记载：水仙适宜在低湿处生长，不可缺水，因此名为水仙。水仙别名金盏银台，花如其名。

《图绘实鉴》记载：王迪简，赵人，善画水仙。

大寒一候 瑞香

《庐山记》：一比丘昼寝盘石上，梦中闻花香酷烈，及觉，求得之，因名睡香。四方奇之，谓为花中祥瑞，遂名瑞香。

《花木记》：杂花八十二品，首瑞香花，次黄瑞香花。

《益部方物略记》：瑞香花出青城山中，花率秋开四出，类桃花。然数十跗共为一花，繁密若缀，先后相继，蜀人号丰瑞花，按此得花之状。

《续庐山记》：紫而香烈，则花之香与色也。然今养花者谓百花，最忌瑞香，则谓之瑞者，祝其不为害也。

《益部》：气候不同，故花开独早耶。

【译文】

《庐山记》记载：据说有个和尚，白天在一块巨石上睡觉，睡梦中闻到一股浓烈的花香，醒来后，他顺着花香寻找到此花，于是此花被命名为睡香。世人都觉得此花奇异，可称为花中祥瑞，因此便称之为瑞香。

《花木记》记载：杂花八十二品，当属瑞香花为群花之首，其次是黄瑞香花。

《益部方物略记》记载：瑞香花产于青城山中，每年秋季开花四次，花型貌似桃花。然而却是数十朵小花萼攒簇为一朵大花，繁密连接有序，先后相继，蜀人称之为丰瑞花，也是根据花型命名的。

《续庐山记》记载：以"紫而香烈"来描述瑞香花的颜色和香味。然而如今的养花人却认为百花之中最忌养植瑞香，那些认为瑞香为祥瑞之花的人，希望他们不会因此形成对立的想法。

《益部谈资》记载：因气候不同，所以有些地方的瑞香花会独自早开。

瑞香
花为群花之首。

大寒二候 兰花

《说文》：香草也。陆甸云："阑草为兰。阑，不祥也。"

《易》：同心之言，其臭如兰。

《左传·宣·三年》：郑文公有贱妾曰燕姞，梦天使与已兰，曰："余而祖也，以是为而子。以兰有国香，人服媚之如是。"既而文公见之，与之兰而御之。辞曰："妾不才，幸而有子，将不信，敢征之兰乎。"

《尔雅翼》：一干一花而香有余者兰，一干数花而香不足者蕙。

《离骚》：予既滋兰之九畹兮，又树蕙之百亩。

王贵学《兰谱》：独头兰，色绿，一花大如鹰爪，干高二寸，入腊方薰馥可爱。建浙间谓之献岁。黄山谷谓兰如君子，蕙如士大夫。按山谷间草，兰偶有一干一花者，余皆建兰，殆蕙类也。

【译文】

《说文解字》记载：兰，香草也。陆甸说："阑草即为兰。阑，被认为不祥。"

《易经》记载：志同道合者的意见，如兰花的芬芳。

《左传·宣·三年》记载：郑文公有个小妾名叫燕姞，梦见天使送她一支兰花,并说:"我是你的祖先,把兰花作为你的儿子。因为兰花香甲一国,你若佩戴兰花,别人便会像喜爱兰花一样喜爱你。"不久,郑文公见到燕姞,因天使赠与她兰花而命她侍寝。燕姞对郑文公说:"我地位低贱,有幸怀了孩子,如果别人不相信,敢请将兰花用来作为信物。"

《尔雅翼》记载:一枝花梗上有一朵花且香气四溢的为兰,一枝花梗上有数朵花但香气不足的便是蕙。

《离骚》记载:我已栽种了很多的春兰,还种植了大片的秋蕙。

王贵学在《兰谱》中记载:独头兰色绿,一朵花就大如鹰爪,花梗高二寸,进入腊月便芬芳馥郁,娇俏可爱。浙州一带称之为献岁花。黄庭坚将兰喻为君子,将蕙喻为士大夫。察看山谷间的花草,偶尔有一枝花梗上就一朵花的为兰花,其余的皆为建兰,基本上是蕙草之类。

黄山谷谓兰如君子，蕙如士大夫。

大寒三候 山矾

《韵语阳秋》：江南野中有小白花，高数尺，春间极香，土人呼为玚花。玚，玉名，取其白也。鲁直云："荆公欲作传而陋其名。予谓名曰山矾，野人取其叶以染黄，不借矾而成色，故以名耳。"尝有绝句云："高节亭边竹已空，山矾独自倚春风"，是也。

又《水仙花》诗：含香体素欲倾城，山矾是弟梅是兄。

【译文】

《韵语阳秋》记载：江南的山野中有一种小白花，高数尺，春季时香气四溢，当地人称之为玚花。玚，一种玉的名称，以玚命名是取其温润洁白之意。黄庭坚说："王安石想为它作传，但觉得它的名字有些粗鄙。我称这种花为山矾，也称作山矾，山野村夫取它的叶片来染黄，即使不加明矾也能着色，山矾也因此而得名。"曾经有绝句写到："高节亭边竹已空，山矾独自倚春风"，说的就是此花。

又，《水仙花》诗中写到：含香体素欲倾城，山矾是弟梅是兄。

山礬

立春一候 迎春

一名金腰带。丛生，高数尺，有一丈者，方茎厚叶，如初生小椒叶而无齿，面青背淡，对节生小枝，一枝三叶。春前有花如瑞香花。

黄生按：此则《学圃杂疏》，谓宋人名玉兰为迎春者，讹也。

【译文】
迎春花，又名金腰带。属丛生落叶灌木，高数尺，也有一丈高的，花茎坚实，叶片肥厚，形似刚发芽的小椒叶，叶片没有锯齿状边缘，叶面呈青色，背面颜色略淡，枝条直且长，两侧对生刺，刺根生有小枝，每枝上生有三片叶片。在立春前后盛开如瑞香花状的花朵。

黄生按：此则《学圃杂疏》有载，说宋人将玉兰花命名为迎春花，有误。

迎春花，又名金腰带。

樱
桃

立春二候 樱桃

一名楔，一名荆，一名英桃，一名莺桃，一名含桃，一名朱桃，一名牛桃，一名麦桃。黄者为蜡桃，深红者为朱樱。其木多阴，不甚高，春初开白花，繁英如雪，香如蜜，叶团有尖及细齿，结子一枝数十颗，圆如珊瑚，极大如弹丸，小时青，及熟，色鲜莹。深红者为朱樱。紫色皮内有细黄点者为紫樱。

【译文】

樱桃一名楔，一名荆，一名英桃，一名莺桃，一名含桃，一名朱桃，一名牛桃，一名麦桃。明黄色果实的为蜡桃，深红色的为朱樱。多生长于背阳处，树身不是很高，初春时盛开白花，繁花如雪，香气似蜜，叶片呈圆形带尖，有锯齿状边缘，一枝能结数十颗果实，果实圆如珊瑚，特别大的果实犹如弹丸一般，小果青涩，成熟后色泽鲜明光洁。深红色果实的为朱樱。外皮发紫，内部有细小黄点的为紫樱。

望春花

立春三候 望春

辛夷也，夷英也。苞初生似荑而味辛，苞小时似桃，故曰侯桃。苞长半寸而尖锐，故曰木笔。花发最早，故名望春也。花有红紫二色，又有鲜红似杜鹃者，俗称红石荞是也。

【译文】

（望春花，即木兰）别名辛夷、夷英。花苞初生，犹如茅草的嫩芽，味辛，外形小巧酷似桃花，因此称为侯桃。花苞长到约半寸长时变得尖锐，因此被称为木笔。因为它是入春以来最早发花的，所以称为望春花。望春花有红、紫两种颜色，也有鲜红得犹如杜鹃花的，俗称红石荞。

沃田桑景晚，平野

菜花春。

雨水一候 菜花

温庭筠《宿沣曲僧舍》诗: 沃田桑景晚, 平野菜花春。

韩维《洛城杂诗》: 上东门外春三月, 桑叶阴阴覆菜花。

【译文】

温庭筠的《宿沣曲僧舍》诗中写道: 沃田桑景晚, 平野菜花春。

韩维的《洛城杂诗》诗中写道: 上东门外春三月, 桑叶阴阴覆菜花。

雨水二候 杏花

一名甜梅，根最浅，以大石压之，则花盛子牢。

《摭言》：唐进士杏花园初会，谓之探花宴，择少俊二人为探花使。

《神仙传》：董奉居庐山治病，重者种杏五株，轻者一株，号董仙。

《杏林典术》：杏者，东方岁星之精也。

【译文】

杏花又名甜梅，扎根最浅，即使用大石压根，也能花开繁盛，果实结实。

《摭言》记载：唐朝科举时代，进士及第者，于杏园初会，称为探花宴，选少俊二人为探花使。

《神仙传》记载：董奉住在庐山行医治病，却不收取医资，重症患者被治愈的，种五棵杏树，轻者种一棵，董奉素有"董仙"的称号。

《杏林典术》记载：东方主春属木，杏，自然是领春光之先。

杏花

雨水三候 李花

《管子》：三沃之土，其木宜梅李。树之枝干如桃，叶绿而多花，小而繁，色白。

【译文】

《管子》记载：三沃之土，适宜栽种梅子和李树。它们的枝干和桃树相似，枝叶绿而多花，花型娇小而繁密，白色。

惊蛰一候 桃花

《典术》：桃，五木之精，仙木也。

《易通卦验》：惊蛰大壮初九，桃始华。

【译文】

《杏林典术》记载：桃木集合了桑木、榆木、桃木、槐木和柳木这五木的精华，是能厌伏邪气的仙木。

《易通卦验》记载：惊蛰初，桃花在枝头绽放，满庭芳菲。

桃
花

惊蛰二候 棠棣

《诗》作常棣,《尔雅·释木》:常棣,棣,唐棣,栘。

《小雅·常棣》之华,白棣也。夫栘、雀梅、车下李、奥李,皆唐棣别名。今多误谓棠棣。

《群芳谱》释棠棣,皆唐棣也。蔡子作:人当如常棣,灼然光发。

【译文】

《诗经》中棠棣作常棣,《尔雅·释木》记载:棠棣,即为常棣。棣,唐棣,也作栘。

《小雅·常棣》中提到的常棣之华,指的是白色的常棣花。还有栘、雀梅、车下李、奥李等,这些都是唐棣的别名。如今大多被人们误称为棠棣。

《群芳谱》关于棠棣的内容,多采用唐棣二字。蔡子认为:做人应当如常棣那样,光彩照人。

常棣之华，指的是白色的常棣花。

惊蛰三候 蔷薇

蔷薇丛生，茎青多刺，一名买笑。汉武帝与丽娟看花时，蔷薇始开，态若含笑。帝曰："此花绝胜佳人笑也。"丽娟戏曰："笑可买乎？"帝曰："可。"丽娟奉黄金百斤为买笑钱。蔷薇名买笑，自丽娟始也。梁元帝竹木堂中多种蔷薇，以长格枝其上，其下有十间花屋，枝叶交映，芬芳袭人。

【译文】

蔷薇属丛生灌木，花茎呈青色且多刺，别名买笑。据说汉武帝与丽娟赏花时，蔷薇花绽放，花苞状若含笑。汉武帝说："此花绝对胜于佳人的笑容啊。"丽娟戏谑地说："笑容能买吗？"汉武帝说："可以。"丽娟便拿来黄金百斤作为买笑容的钱。蔷薇花得名买笑花，便是从丽娟开始的。梁元帝肖绎酷爱蔷薇，他在竹木堂中处处遍种蔷薇，并将花枝固定在长格之上，下面的十间花屋枝叶交映，芬芳袭人。

薔薇

春分一候 海棠

有四种，贴梗，丛生，花如胭脂。垂丝，树生柔枝长蒂，花色浅红。又枝梗略坚，花稍红者，名西府。有生子如木瓜者，名木瓜。海棠盛于蜀，而秦次之。其株翛然出尘，俯视众芳，有超群绝类之势，而其花甚丰，其叶甚茂，其枝甚柔，望之绰约如处女。

《阅耕余录》：昌州花独香，其木合抱，号海棠香国。太守于郡治前建香霏阁。蜀嘉定州海棠亦有香。

【译文】

海棠有四种，皆属于贴梗海棠，丛生单叶，花如胭脂。垂丝海棠，树生柔枝长蒂，花色浅红。也有枝梗略坚硬一些的，花色也稍红些，名为西府海棠。还有生子状如木瓜的，名为木瓜海棠。海棠花在蜀国盛极一时，而在秦国次之。它的枝条超凡脱俗，俯视众芳，有艳压群芳之势，而且它花型特别饱满，枝叶尤其茂盛，枝条分外柔软，看上去仿佛一位风姿绰约的少女。

《阅耕余录》记载：昌州海棠香味最盛，树干有几个人合抱那么粗，有"海棠香国"的称号。太守在郡守府衙前建了一座香霏阁，每到花季，宴客赏花。据说蜀国嘉定州海棠也是如此芳香四溢。

海棠

梨
花

春分二候 梨花

《尔雅·释木》：梨，山樆。在山名樆，人植之曰梨。树似杏，叶亦似杏，微厚大而硬。色青光腻，老则斑点。白花如雪，六出，出音缀。

《洛阳记》：梨花时，人多携酒树下，曰为梨花洗妆。

【译文】

《尔雅·释木》记载：梨，也就是山樆。野生于山中的名为樆，人工栽种的称为梨。梨树形似杏树，叶片也和杏树的叶片相似，只是叶片稍厚大且质地硬一些。幼果青绿富有光泽，成熟后的梨子表皮生有斑点。梨花洁白如雪，花发有六片花瓣，故名"六出"，出音缀。

《洛阳记》记载：梨花盛开时，人们大多携酒来到树下，说是为梨花洗妆。

春分三候 木兰

树似楠，高五六丈，枝叶扶疏，叶似菌桂，厚大无脊，有三道纵纹，皮似板桂，有纵横纹。花似辛夷，内白外紫。

《述异记》：木兰洲在浔阳江中，昔吴王阖闾植木兰于此。

《岚斋录》：张搏刺苏州，堂前植木兰，花盛时宴客，陆龟蒙后至，张连酌浮白径醉，强索笔题云："洞庭波浪渺无津，日日征帆送远人。"颓然醉倒。搏命他客续之，皆莫详其意。既而龟蒙稍醒，援笔卒其章曰："几度木兰舟上望，不知元是此花身。"遂为绝唱。

按《古今诗话》以为：义山《吴都文粹》《木兰堂》在郡治后，亦引《岚斋录》，则义山客长安事，后人附会也。

【译文】

木兰花的树干与楠树相似，有五六丈高，枝叶茂盛，疏密有致，叶片呈椭圆形且很像肉桂的叶片，厚大而没有突起的叶脉，只有三道纵纹，表皮与板桂相似，有纵横的纹理。花型有点像望春花，内白外紫。

《述异记》记载：浔阳江中有用木兰木制成的远洋航船，从前吴王阖闾在这里栽种木兰树，用来构建宫殿。

花似辛夷，

内白外紫。

《岚斋录》记载:张搏担任苏州刺史时,在堂前种植了很多木兰花,花开之际宴请宾客,请大家即兴赋诗。陆龟蒙迟到,张搏为他连斟数杯酒,陆龟蒙畅饮而醉,强执笔写到:"洞庭波浪渺无津,日日征帆送远人。"然后便颓然醉倒。张搏请在座的其他宾客续写完这首诗,大家却都不清楚陆龟蒙的诗想要表达的意思。过了一会儿,陆龟蒙稍清醒一些,执笔完成了诗作:"几度木兰舟上望,不知元是此花身。"就此成为千古绝唱。

据考《古今诗话》认为:李商隐在《吴都文粹》中的《木兰堂》在郡治后,也引自《岚斋录》,而李商隐客游长安的轶事,是后人编撰出来的。

清明一候 桐花

桐有三种：华而不实曰白桐，亦曰花桐。

《尔雅》谓之荣桐，至是始华也。按：桐有四种：白桐、青桐、荏桐、冈桐。盖木之阴者。阴为阳所散，故白乳尽，乃华其实者，谓之梧。

《书·禹贡》：峄阳孤桐，峄山特生之桐，中琴瑟。

《诗·鄘风》：椅桐梓漆，草木疏，分青、白、赤三种。陈翥桐谱列六种：紫桐、白桐、膏桐、刺桐、赪桐、梧桐。

诗疏：白桐华，黄紫色，宜琴瑟，知月之正闰。立秋一叶落者，梧桐也。赪，丑成切，音桎，俗作頳。

【译文】

桐花有三种：只开花不结果实的叫白桐，也叫花桐。

《尔雅》称之为荣桐，桐就是从那时开始兴盛的。按：桐有四种：白桐、青桐、荏桐和冈桐。都属于生性喜欢温暖湿润的阴木。由于阴为阳所散，所以枝内白色中髓最终在果枝上发育成球形果实，称为梧。

《尚书·禹贡》记载：峄阳孤桐，乃峄山南麓特产的一种桐木，作为制琴的绝佳材料而闻名于世。

　　《诗经·鄘风》记载: 椅桐和梓漆, 枝叶疏密有致, 分青、白、赤三种。陈翥的《桐谱》中列有六种: 紫桐、白桐、膏桐、刺桐、赪桐、梧桐。

　　诗疏: 白桐开花, 呈黄紫色, 其木宜制琴, 可辨别当年是闰年还是平年。立秋时节, 第一时间落下树叶的就是梧桐。赪, 丑成切, 音桎, 俗作颒。

清明二候 麦花

白居易诗: 阴繁棠布叶, 岐秀麦分花。

【译文】

关于麦花, 白居易有诗写到: 阴繁棠布叶, 岐秀麦分花。

清明三候　柳花

白居易《别杨柳枝》诗：谁能更学儿童戏，寻逐春风捉柳花。

【译文】

白居易在《别杨柳枝》的诗中写到：谁能更学儿童戏，寻逐春风捉柳花。

谷雨一候 牡丹

《西阳杂俎》：牡丹花，隋末文士集中无歌诗。种植法七十余卷中不说牡丹。

《群芳谱》：牡丹一名木芍药，秦汉以前无考。自谢康乐始言，永嘉水际竹间多牡丹，而北齐杨子华牡丹画，则花之从来旧矣。唐开元中，始盛于长安。逮宋惟洛阳花为天下冠。洛阳之花以姚魏为冠。姚黄未出，牛黄第一；牛黄未出，魏花第一；魏花未出，左花第一。左花之前，惟有苏家红、林家红之类。花皆单叶，惟洛阳者千叶，故名洛阳花。自洛阳花盛，而诸花诎矣。姚黄出姚氏，岁不过数朵。禁院黄，姚黄别品，闲淡高秀。庆云黄，花叶重复，郁然轮困。牛黄出牛氏，比姚黄差小。玛瑙盘，赤黄色，五瓣，高二三尺，叶短蹙。黄气球，淡黄檀心，花叶圆正，间背相承，敷腴可爱。御衣黄色似葵。淡鹅黄初开微黄，如新鹅儿，平头，后渐白，不甚大。魏花肉红，略有粉梢，出魏丞相仁溥家。钱思公尝曰："人谓牡丹花王，今姚花可谓王，魏乃后也。"花粉白，中有红晕，状如酡颜者，有白花起楼者，高标逸韵，自是风尘外物。左花千叶紫花出左氏家，叶密齐如截。又有萼绿华，一名佛头青。又一捻红，旧传贵妃匀面余脂印花上，来岁花开，上有指印，帝命今名。

《牡丹谱》：花出丹州、延州，东出青州，南出越州，出洛阳者为天下第一。

【译文】

《酉阳杂俎》记载：牡丹花，在隋末文士集中，没有歌颂牡丹的诗句。在长达七十多卷的种植法当中也没有提及牡丹的。

《群芳谱》记载：牡丹又名木芍药，秦汉之前无资料可考。自谢灵运首先提起，永嘉水际竹间多牡丹，才开始有牡丹之名，然而北齐的杨子华，其作品中有画牡丹，则说明牡丹由来已久。唐朝开元年间，牡丹才在长安盛极一时。到了宋朝，唯有洛阳的牡丹花为天下之冠。洛阳的牡丹花以姚魏为冠。没有姚黄，牛黄第一；没有牛黄，魏花第一；没有魏花，左花第一。左花之前，唯有苏家红、林家红之类。一般的牡丹花都是单叶，唯有洛阳的牡丹是千叶，因此名为洛阳花。自从洛阳牡丹盛极一时，其它诸花都黯然失色了。姚黄出于姚家，不是很多，每年不过数朵而已。禁院黄，是姚黄的分枝，高雅清秀。庆云黄，花叶重叠，花型繁茂硕大。牛黄出于牛家，比姚黄花型略小。玛瑙盘，花为赤黄色，花开五瓣，高二三尺，叶片短小。黄气球，花色淡黄而花蕊呈浅红色，花叶圆正，正反面上下相托，丰腴饱满，娇俏可爱。御衣黄，花色犹如葵花。淡鹅黄初开时花色微黄，犹如新鹅，平头，后来渐渐变白，花型不是很大。魏花，肉红花，花瓣末端略带粉色，出自魏丞相仁溥家。钱惟演曾经说："人们都说牡丹乃花中之王，如今姚黄真可称王，而魏花为后。"粉白色的牡丹花，花蕊处泛起红晕，如人酒醉后脸颊微红。也有层层叠叠的白色牡丹花，清高脱俗，飘逸曼妙，自然成为超凡脱俗的尤物。左花，乃千叶紫花，出民左氏家，花叶密集就像用刀割断的一般。还有萼绿华，又名佛头青。又有一捻红，相传贵妃化妆时，无意将残留的胭脂印于花上，来年花开时，上面竟印有指印红迹，于是帝王将其命名"一捻红"。

《牡丹谱》记载：牡丹花出于丹州、延州，东边出于青州，南边出于越州，但唯独出自洛阳的牡丹可称天下第一。

牡丹

谷雨二候 荼蘼

蘼一作𧄸。蘼，一种色黄似酒，故又作酴醾。

【译文】
蘼一说称作𧄸。蘼，一种类似酒的黄色，所以又称作酴醾花。

谷雨三候 楝花

花红紫色，花风信，楝花最后，过此则立夏矣。

【译文】

楝花的花呈红紫色，在花信风之中，楝花排在最后，从这之后便立夏了。

卷一

四时总

《尔雅》：春为青阳，夏为朱明，秋为白藏，冬为元英。四时和谓之玉烛。春之气和，青而温阳；夏之气和，赤而光明；秋之气和，白而收藏；冬之气和，黑而清英。

《玉烛》言，人君德辉内朗，和气外应，温润光照也。又春为发生，夏为长赢，秋为收成，冬为安宁，此亦四时之别号也。四时和为通正，谓之景风。通畅平正，所以致景风。甘雨时降，万物以嘉，谓之醴泉。

【译文】

《尔雅》记载：春季为青阳，夏季为朱明，秋季为白藏，冬季为元英。四季之气和畅，称为玉烛。春气顺和，就会带给人温暖和阳光；夏气顺和，就会令人感到真纯和光明；秋气顺和，就通达便于收纳精锐；冬气顺和，就静谧隐匿，四季调和。

《玉烛》是说，若一国之君仁德有加，便会外应于四季之气，使之平和顺畅，温润而光明。又，春季为发生，夏季为长赢，秋季为收成,冬季为安宁,这也是四季的别称。四季和顺即会顺畅平正,称为景风。四季通畅平正,所以会形成祥和之风。甘雨应时而降,万物和美,称为醴泉。

《晋书》:炎帝分八节。

《左传》:凡分至启闭,必书云物,为备故也。分,春分、秋分。至,夏至、冬至。启,立春、立夏。闭,立秋、立冬。

《汲古丛语》:以其得阴阳之中谓之分,以其当寒暑之极谓之至,以其生长谓之启,以其收藏谓之闭。然则四孟启闭者,阴阳阖辟之功;二至二分者,阴阳老少之变也。

【译文】

《晋书》记载:炎帝设立八节。

《左传》记载:凡分与至启闭之日,必定要记录下当时的气候特点,以防意外的发生。分,指春分、秋分。至,指夏至、冬至。启,指立春、立夏。闭,指立秋、立冬。

《汲古丛语》记载:将阴阳一分为二,称之为分,寒暑的极致称之为至,开始生长称之为启,进入收藏之时称之为闭。然而四季之中的生长与收藏,皆在阴阳闭合与开启的作用之下运行;二至以及二分,也取决于阴阳之间的盛衰相互转化。

《吕氏春秋》:春之德风,风不信,其华不盛,华不盛则果

春　　　　　夏

秋　　　冬

实不生。夏之德暑，暑不信，其土不肥，土不肥则长遂不精。秋之德雨，雨不信，其谷不坚，谷不坚则五种不成。冬之德寒，寒不信，其地不刚，地不刚则冻闭不开。天地之大，四时之化，而犹不能以不信成物，又况乎人事？

【译文】

《吕氏春秋》记载：春天的特征就是风，若春风不能如期而至，花就无法盛开，花不能盛开就很难结出果实。夏天的特征就是暑，若暑热不能如期而至，土地就不肥沃，土地不肥沃就无法保证作物长势良好。秋天的特征就是雨，若秋雨不能如期而至，谷粒就不坚实饱满，谷粒不饱满五谷就很难成熟。冬天的特征就是寒，若寒冷不能如期而至，大地就冻得不够坚硬，冻得不够坚硬则无法使大地开裂。天地之大，四季之变，如果不能遵循，万物就不能生长，更何况人呢？

《礼·乡饮酒义》：天地严凝之气，始于西南而盛于西北，此天地尊严气也，此天地之义气也。天地温厚之气，始于东北而盛于东南，此天地之盛德气也，此天地之仁气也。阴生于午而终于子，故严凝之气始于西南而盛于西北。秋敛冬藏，义也，故严凝为义。阳生于子而终于午，故温厚之气始于东北而盛于东南。春生夏长，仁也，故温厚为仁。

【译文】

《礼·乡饮酒义》记载：天地间的严寒之气，始于西南方，而到了西北方最为强盛，这是天地间的尊严之气，也是天地间的义气。天地间的温厚之气，始于东北方而到了东南方最为强盛，这是天地间的盛德之气，是天地间的仁气。阴生于午时而终止于子时，因此严寒之气始于西南而到了西北方最为强盛。秋季收敛，冬季储藏，体现了天地之义，故严寒之气也具有义气。阳生于子时而终止于午时，因此温厚之气始于东北而到了东南最为强盛。春季萌发，夏季生长，体现了天地之仁，故温厚之气也具有仁气。

《春秋繁露》：喜气为暖而当春，怒气为清而当秋，乐气为太阳而当夏，哀气为太阴而当冬。又：春气爱；秋气严；夏气乐；冬气哀。

《素问》：清阳为天，浊阴为地。地气上为云，天气下为雨。

《尔雅》：天气下，地不应，曰雾；地气发，天不应，曰雾。

《庄子》：云将曰："天气不和，地气郁结，六气不调，四时不节。今我将合六气之精，以育群生，为之奈何？"六气，阴、阳、风、雨、晦、明也。

【译文】

《春秋繁露》记载：喜气为温暖对应春季，怒气为清凉对应秋季，欢乐之气为太阳之光亮对应夏季，哀气为太阴之气对应冬季。又：春气爱，以生万物；秋气严，使作物成熟；夏气乐，以养生；冬气哀，以丧终，这是上天的意志。

《素问》记载：清阳之气为天，浊阴之气为地。地气上升形成云，天气下降便是雨。

《尔雅》记载：天气下沉，而地气没有接应，称为雾；地气升腾，而天气没有接应，称为雾。

《庄子》记载：云将说："上天之气不顺和，地上之气便会郁结。六气不通畅，四季便会不合时节地变化。如今我打算融合六气的精髓来养育众生，该怎么做呢？"六气，指阴、阳、风、雨、晦、明。

《论衡》：岁气调和，灾害不生。

《汉书·律历志》[①]：六旬行八节。注：六甲为六旬，一岁有八节，六旬周行成岁。

《易》：天地节而四时成。疏：天地以气序为节，使寒暑往来，各以其序，则四时功成。

【注释】

①《汉书·律历志》：是《汉书》的第一个"志"，记载当时的乐律理论。律历也作"律厤"，指乐律和历法。

【译文】

《论衡》记载：一年的时节气候平顺和谐，便不会发生灾害。

《汉书·律历志》记载：六旬行八节，即以六乘八节得之。注：六甲为六旬，一岁有八节，六旬循环一周为一岁。

《易经》记载：天地有节而四季成。疏：天地根据气候变化有所节制，寒来暑往都遵循各自的秩序，则四季平顺调和。

四时占验

董仲舒《雨雹对》：太平之世，风不鸣条，开甲散萌而已；雨不破块，润叶津茎而已。

《京房易候》：太平之时，十日一雨，凡岁三十六雨，此休征时若之应。

《论衡·太平瑞应》：五日一风，十日一雨。

《田家杂占》：天下太平，夜雨日晴，言不妨农也。

《农政全书》：月晕主风，日晕主雨。又：日生耳主晴雨。谚云：南耳晴，北耳雨。日生双耳，断风截雨。若长而下垂通地，则名白日幢，主久晴。又久晴逢戊雨，久雨望庚晴。又久雨不晴，且看丙丁。

《古今谚》：日出早，雨淋脑；日出晏，晒杀雁。

【译文】

据董仲舒《雨雹对》记载：太平盛世，和风轻拂，不会使树枝发出声响，只是使种子破壳萌芽而已；时雨调匀，不会冲破土层伤及农

雨不破块，
润叶津茎。

月晕主风，
何方有阙，
即此方风来。

田庄稼, 只是刚好滋润了植物的根茎而已。

《京房易候》记载: 太平之世, 大概十天下一场雨, 但凡一年下三十六场雨的, 这便是吉祥的征兆。

《论衡·太平瑞应》记载: 五日刮一次风, 十日下一场雨。

《田家杂占》记载: 天下太平之时, 总是夜晚降雨而白天晴朗, 据说这样不妨碍农事。

《农政全书》记载: 出现月晕, 预示天要起风, 出现日晕, 则预示着天要降雨。又: 太阳周围出现耳状弧形晕, 预示着晴天或下雨。谚语说: 南耳晴, 北耳雨。日生双耳, 断风截雨。若日耳垂长, 直通地面, 则称为白日幢, 意味着会有很长时间的晴天。还有谚语说, 久晴逢戊雨, 久雨望庚晴。又有久雨不晴, 且看丙丁的说法。

《古今谚》记载: 日出早, 雨淋脑; 日出晏, 晒杀雁。

《玉历璇玑》: 凡孟月七日、仲月八日、季月九日之夜, 皆当月晕。晕而不已, 下三日内有暴风甚雨。月初生色黑, 有水; 月满色赤为旱。月初生而偃, 有水。月始生有黑云贯月, 名曰缴云, 不出三日暴雨。杂占每月朔, 一日管上旬, 二日管中旬, 三日管下旬。月色青黑润明, 是旬有雨。若黄赤干枯, 则旬中无雨。

《农政全书》: 月晕主风, 何方有阙, 即此方风来。又二十五日谓之月交日, 有雨, 主久阴。农家谚: 干星照湿土, 明日依旧雨。

【译文】

《玉历璇玑》记载：凡四季中，首月的七日、第二个月的八日和最后一个月的九日夜晚，都要观测是否出现月晕。如果这几日里出现月晕且久不消散，则未来的三日内必有暴风骤雨。月初的新月若呈现黑色，则预示有水涝；月满时呈现红色，则预示着干旱。初生的新月被云遮盖，则预示有水涝。如果农历十六日晚上黑云贯月，名为缴云，则预示着不出三日会有暴雨出现。每个月初一这天占卜，一日的结果能预测上旬的情况，二日的结果能预测中旬的情况，三日的结果能预测下旬的情况。如果月色青黑且温润皎洁，则十日内必有雨。如果月色黄赤，且干枯暗淡，则十日内无雨。

《农政全书》记载：出现月晕，主风，月晕的哪个方位有缺口，风便从哪个方位刮来。又，农历二十五日称之为月交日，有雨，意味着天长时间会阴着。有农家谚语说：干星照湿土，明日依旧雨。

《农政全书》：凡风单日起，单日止；双日起，双日止。又谚云：东北风，雨太公。言艮方风雨，卒难得晴。俗名曰牛筋风雨，指丑位故也。又西南早到，晏弗动草。又南风尾，北风头，言南风愈吹愈急，北风初起便大。

《陶朱公书》：青龙风急，大雨将来。朱雀风回，烈日晴燥。白虎风生，必有雨雾。元武风急，雨水相随。寅卯时为青龙，巳午时为朱雀，申酉时为白虎，亥子时为元武。

《朝野佥载》：春雨甲子，赤地千里；夏雨甲子，乘船入市；

秋雨甲子，禾头生耳；冬雨甲子，牛羊冻死。

《田家杂占》：壬子日，春雨人无食，夏雨牛无食，秋雨鱼无食，冬雨鸟无食。

【译文】

《农政全书》记载：凡风单日刮起，则单日停止；双日刮起，则双日停止。又，谚语说：东北风，雨太公。是说东北方向兴起的风雨，很难放晴。俗名为牛筋风雨，是指它居于地支第二位的缘故。又说，西南早到，晏弗动草。又说，南风尾，北风头。是说南风越吹越猛烈，北风初起时便来势猛烈。

《陶朱公书》记载：东风急骤，大雨将至。南风温和，烈日晴燥。西风起，必有雨雾。北风急刮，伴有雨水。寅卯时对应青龙位，巳午时对应朱雀位，申酉时对应白虎位，亥子时对应玄武位。

《朝野金载》记载：甲子日下春雨，预示天下大旱，荒芜千里；甲子日下夏雨，预示有水涝灾害，乘船入市；甲子日下秋雨，预示作物收成不好；甲子日下冬雨，预示天气极寒，牛羊冻死。

《田家杂占》记载：壬子日，若下春雨则人无食，若下夏雨则牛无食，若下秋雨则鱼无食，若下冬雨则鸟无食。

《易飞候》：凡候雨以晦、朔、弦、望云汉四塞者，皆当雨。如斗牛巉，当暴雨。有异云如水牛，不三日大雨。黑云如群羊奔，如飞鸟，五日必雨。云如浮船，皆雨。北斗独有云，不五日大雨。

四望青白云，名曰天寒之云，雨征。苍黑云细如杼柚，蔽日月，五日必雨。云如两人提鼓持桴者，皆为暴雨。

《陶朱公书》：朝看东南有云气随太阳上下不远者，此云在日初出应巳午时；巳午时随太阳，则应未申时；未申时随太阳，则应酉戌时有雷雨。又太阳未出将晨之先，看东南黑云如鸡头、如旗帜、如山峰、如阵鸟、如龙头、如鱼、如蛇、如灵芝、如牡丹，应当日未申时有雨。或紫黑云贯穿，或在日上下者，并应当日雨。

【译文】

《易飞候》记载：观测降雨时，凡在晦、朔、弦、望之日，乌云四塞，不见群星，都会有雨。若云如斗牛麀，则有暴雨。若出现像水牛状的异云，则不出三日必有大雨。若黑云如群羊奔，或如飞鸟，则五日内必有降雨。若云如浮船，也会降雨。只有北斗星被云遮盖，则不出五日有大雨。若放眼望云都是青天白云，这种云称为天寒之云，也是有雨的征兆。若云色苍黑，形细如杼柚，且遮蔽日月，则五日内必有雨。若云的形状犹如二人提着鼓手持鼓槌，都是暴雨的征兆。

《陶朱公书》记载：早上观察东南方有云气环绕于太阳上下，此云若在日出时环绕，则应兆着巳午时有雷雨；若在巳午时环绕太阳，则应兆着未申时有雷雨；若在未申时环绕太阳，则应兆着酉戌时有雷雨。又，太阳未升起之前，观察东南方，若黑云状如鸡头，或如旗帜、如山峰、如阵鸟、如龙头、如鱼、如蛇、如灵芝、如牡丹的，则应

朝看东南有云气

随太阳上下不远者。

兆着当日未申时有雨。如果有紫黑色的乌云贯日，或环绕于太阳上下的，都应兆着当日有雨。

《农政全书》：云若砲车，形起主大风。云起下散四野，如烟如雾，名曰风花，主风起。凡雨阵自西北起者，必云黑如泼墨。又必起作眉梁阵，主先大风而后雨，终易晴。天河中有黑云生，谓之河作堰，又谓之黑猪渡河。黑云对起，一路相接亘天，谓之雨作桥，主大雨立至，少顷必作满天阵，名通界雨，言广阔普遍也。若天阴之际，或作或止，忽有雨作桥，则必有挂帆雨脚，又是雨脚将断之兆也。又谚云：鱼鳞天，不雨也风颠。谓云细如鱼鳞斑者。又老鲤斑云障，晒杀老和尚。谓云大片如鲤鱼鳞。又冬天近晚，老鲤斑云起，渐合成浓阴者，名护霜天，无雨。

【译文】

《农政全书》记载：如果云如砲车状，意味着要刮大风。云起却四下飘散，如烟如雾，这种云称为风花，预示风起。凡是从西北方向兴起的阵雨，必伴有黑如泼墨的云层，又或者是眉梁阵的云形，主先大风，后降雨，最终转晴。若天河中生起黑云，称之为河作堰，又称黑猪渡河。黑云相对升腾，一路相接最终横贯天空，称为雨作桥，主大雨将至。片刻，必形成满天阵，名为通界雨，是说其广阔普遍的意思。若在天阴之余，或作或止，忽然出现雨作桥，则必有挂帆雨脚，且又是雨脚将断的征兆。又有谚语说：鱼鳞天，不雨也风颠。是说云的形状细如鱼鳞斑。又有谚语说：老鲤斑云障，晒杀老和尚。是说云的形状犹如大片的鲤鱼鳞。又，冬天傍晚，云如老鲤斑，且渐渐合成浓密的阴云，称为护霜天，是无雨的征兆。

京房《风角要诀》：候雨法，有黑云如一匹布于日中，即日大雨。二匹为二日雨；三匹为三日雨。又占六甲日云四合，皆当日雨。又六甲无云，一旬少雨。

《师旷占》：尝以五卯日候西北有云如群羊者，即有雨至。

《陶朱公书》：拂晓看南方黑云最高，谓之雷信。明日巳午时至中天而止，应未申时。

《田家五行》：朝霞暮霞，无水煎茶。此言久晴之霞，主旱。朝霞不出市，暮霞走千里。此皆言雨后乍晴之霞。暮霞有火焰形而乾红者，非但主晴，必主久旱。朝霞雨后乍有，定雨无疑。

《杂占》：早看东南，暮看西北，空则无雨。有云而片色分明，亦晴。夜观北斗、魁罡之间，有黑润云在畔，当夜有雨。北斗前有黄气者，明日当风，若润则当夜或明日必大雨。

【译文】

据京房《风角要诀》记载：候雨法，若有黑云犹如一匹布遮蔽于日中，则即日有大雨。若黑云犹如二匹布，则为二日雨；三匹为三日雨。又占卜，若六甲日云层围聚，则当日有雨。若六甲日无云，则十天之内少雨。

朝霞暮霞，
无水煎茶。

《师旷占》记载：曾经在五卯日察看西北方，有云状如群羊，预示着天立刻有降雨。

《陶朱公书》记载：拂晓时分察看南方，黑云的最高处，称之为雷信。明日巳午时至中天消散，应兆着未申时有雨。

《田家五行》记载：朝霞暮霞，无水煎茶。是说久晴后出现霞，主旱。朝霞不出市，暮霞走千里。这些说的都是雨后乍晴之霞。暮霞如火焰形，且呈深红色的，不仅主晴，而且主久旱。若是雨后突然出现朝霞，则必定有雨。

《田家杂占》有载：早看东南，暮看西北，空则无雨。如果有云，且云层颜色分明，也主晴。夜晚观察北斗、魁罡二星，周围有黑润的乌云缭绕，则当夜有雨。若北斗星的前方有黄色云气环绕，则明日有风，若云气湿润，则当夜或明日必有大雨。

《农政全书》《庄子》：腾水上溢为雾。凡重雾三日，主有风。谚云：三朝雾露起西风。若无风，必主雨。又雾露不收即是雨。又谚云：东鲎晴，西鲎雨。又对日鲎，不到昼，西鲎也，主雨。若鲎下便雨，还主晴，俗呼虹曰鲎，音候。又谚云：未雨先雷，船去步回。又当头雷无雨，卯前雷有雨。凡雷声响烈者，雨阵大而易过。雷声殷殷然响者，卒不晴。雷初发声微和者，岁内吉，猛烈者凶。雪中雷主阴雨，百日方晴。又东州人云：一夜起雷三日雨。言雷自夜起，必连阴。又夏秋之间，夜晴而见远电，俗谓之热闪，在南主久晴，在北主便雨。

【译文】

《农政全书》和《庄子》记载：大量的水气升腾、盈溢，形成雾。但凡三日雾气浓重的，主有风。谚语说：三朝雾露起西风。如果没风，必定降雨。又，雾露久久不消散，便是雨。又有谚语说：东鲎晴，西鲎雨。又，对日鲎，不到昼，西边天空出现彩虹，主雨。如果出现彩虹的同时下雨，还主晴。彩虹俗称为鲎，音候。又，谚语说：未雨先雷，船去步回。又当头雷无雨，卯前雷有雨。但凡雷声响烈的，则雨势大且易过去。雷声殷殷作响的，难以转晴。雷声初起时较轻微温和，则这一年都吉祥，如果初起的雷声很猛烈，则这一年都凶兆。雪中伴有雷声，主阴雨，百日才能转晴。又，东州人说：一夜起雷三日雨。是说夜半听到雷声，必有连阴雨。又，夏秋交替之时，夜晚晴朗却看到远处有闪电，俗称为热闪，在南主久晴，在北主便雨。

谚云：南闪半年，北闪眼前。冰后水长，名长水冰，主来年水。冰后水退，名退水冰，主旱。霜每年初下只一朝，谓之孤霜，主来年歉。连得两朝以上，主熟。上有枪芒者吉，平者凶。春多主旱。毛头霜，主明日风雨。雪霁不消曰等伴，主再有雪。久经日照不消亦是来年多水之兆也。夏初水中生苔，主有暴水。

谚云：水底起青苔，卒逢大水来。水际生靛青，主有风雨。

谚云：水面生青靛，天公又作变。凡东南风退水，西北风反是。水边经行，闻水有香气，主雨。水骤至，或闻水腥气亦然。浸稻种，既没复浮，亦主水。又草得气之先者，皆有所验。荠菜

霜降

先生，岁欲甘。葶苈先生，岁欲苦。藕先生，岁欲雨。蒺藜先生，岁欲旱。蓬先生，岁欲流。水藻先生，岁欲恶。艾先生，岁欲病，孟月占之。梧桐花初生时，赤色主旱，白色主水。藕花谓之水花魁，开在夏至前，主水。麦花昼放，主水。

【译文】

谚语说：南闪半年，北闪眼前。冰后水长，称为长水冰，主来年降水多。冰后水退，称为退水冰，主天气干旱。每年到了霜降的时候，如果只是一夜有霜，称之为孤霜，主来年收成不好。连续两晚以上有霜，主作物成熟。霜花有枪芒般细刺的是吉兆，没有细刺的则为凶兆，春季大多主旱。毛头霜，主明天有风雨。雪后晴朗的日子，积雪还不消融的，称为等伴，主再有雪。久经日照，积雪仍不消融，也是来年多水的征兆。夏初，水中便生长苔藓，主有暴水。

谚语说：水底起青苔，卒逢大水来。水边若生出如深海般的颜色，主有风雨。

谚语说：水面生青靛，天公又作变。大凡东南风退水，西北风则反之。从水边经过，闻到水有香气，主雨。突然来到水边，闻到水腥气也是主雨。浸稻种，淹没了又飘浮起来的，也是主水。又，草木率先领受了天地之气，因此会有所应验。荠菜最先生长，则预示当年风调雨顺，生活美好。若葶苈最先生长，则预示当年生活困苦。藕最先生长，则预示当年降雨充沛。蒺藜最先生长，则预示当年干旱。蓬最先生长，则预示当年会发生意外。水藻最先生长，则预示当年年景不好。艾最先生长，则预示当年会闹疫病，这些都是在每季的第一个月占卜。梧桐花初开时，赤色主旱，白色主水。藕花称之为水花魁，盛开在夏至之前，主水。麦花白天开放，主水。

《杂阴阳书》：禾生于枣或杨，大麦生于杏，小麦生于桃，稻生于柳或杨，黍生于榆，大豆生于槐，小豆生于李，麻生于杨或荆。

《师旷占术》：杏多实，不虫者，来年秋禾善。五木者，五谷之先。欲知五谷，但视五木。择其木盛者，来年多种之，万不失一也。

【译文】

《杂阴阳书》记载：禾在枣树和杨树出叶时发芽，大麦在杏树出叶时发芽，小麦在桃树出叶时发芽，稻在柳树或杨树出叶时发芽，黍在榆树出叶时发芽，大豆在槐树出叶时发芽，小豆在李树出叶时发芽，麻在杨树或荆出叶时发芽。

《师旷占术》记载：杏果丰收，且没被虫食，则预示来年秋禾收成好。五木为五谷之先。所以欲知五谷收成，只要看五木的长势便知。选择长势良好的木种，来年多种植与之对应的五谷，就会万无一失了。

发芽

每月占验

正 月

《史记·天官书》：正月旦，决八风。风从南方来，大旱；西南，小旱；西方，有兵；西北，戎菽为；戎菽，胡豆为成也。北方，为中岁；东北，为上岁。东方，大水；东南，民有疾疫，岁恶。故八风各与其冲对课：旦至食，为麦；食至日昳，为稷，昳至餔，为黍，餔至下餔，为菽；下餔至日入，为麻。欲终日有雨，有云，有风，有日。又从正月旦数雨率，日食一升至七升而极。数至十二日，日值其月。注：月一日雨，民有一升之食；二日雨，民有二升之食。以七升占十二日之内，过则不占。如月初一二日，数至初八九，已有七升，余日则不占也。

正月

【译文】

《史记·天官书》记载：正月初一，根据八面来风来判断一年的形势。风从南方来，预示着有大旱灾；风从西南来，预示着有小旱情；风从西方来，预示有战争；风从西北来，预示胡豆收成好；戎菽，即胡豆。风从北方来，预示为中等收成年景；风从东北来，预示是丰收的好年景。风从东方来，预示有大水；风从东南来，预示百姓有疾疫之苦，年景不好。所以，八面来风的吉凶与它们所对应的方向，以多少、长短、疾徐来判断：凌晨至早饭间的风与麦子的收成相对应；早饭至太阳偏西之间的风与稷的收成相对应；太阳偏西至晚饭前的风与黍的收成相对应；晚饭时间的风与豆的收成相对应；晚饭后至太阳落山之间的风与麻的收成相对应。最好的是整天有雨、有云、有风、有太阳，这样的天气预示一年风调雨顺。又，根据正月初一的降水概率，来判断百姓粮食产量情况，从一升起，直至最高七升。一共观测十二日的情况，分别对应不同的月份。注：一日有雨，则来年百姓有一升的粮食；二日有雨，则来年百姓有二升的粮食。十二日内以七升的粮食产量为极限，超过便不再占卜。例如，从月初一二日，观测到初八九日，已有七升，剩下的日子就不再占卜了。

《陶朱公书》：元日有雷，禾麦皆吉。有雪，夏秋大旱。日出时有红霞，主丝贵，天晴为上。西北风主米贵，每月如之。

谚云：岁朝东北，五禾大熟。壬癸亥子之方，谓之水门，其方风来主水。

谚云：岁朝西北风，大雨定妨农。西南风主米贵，东南及南风皆主旱。又占桑叶贵贱，只看正月上旬，木在一日，则为蚕食一叶，为甚贵；木在九日，则为蚕食九叶，为甚贱。上元日晴春水少，上元无雨多春旱，清明无雨少黄梅，夏至无云三伏热，重阳无雨一冬晴。元宵前后，必有料峭之风，谓之元宵风。又占正月二十日为秋收日，晴，主秋成，百谷蕃茂。

【译文】

《陶朱公书》记载：正月初一有雷，则当年的禾麦收成都很好。有雪，则夏、秋季大旱。日出时有红霞，主丝绸昂贵，以晴天为最好。西北风来主米贵，每月都是这样。

谚语说：岁朝东北，五禾大熟。壬、癸、亥、子这几个方位，称为水门，这几个方向来的风主水。

谚语说：岁朝西北风，大雨定妨农。西南风主米贵，东南风及南风，都主旱。又，占卜桑叶贵贱，只需看正月上旬，木在一日，则表示蚕食一叶，十分珍贵；木在九日，则表示蚕食九叶，非常廉价。正月十五日晴，预示春季降水少，正月十五日无雨，预示春季干旱，清明无雨则黄梅产量低，夏至无云则三伏天酷热，重阳节无雨则一冬晴朗，元宵前后，必定会有寒风，称之为元宵风。又，正月二十日为秋收日，这一天占卜，如果天气晴朗，主秋季收成好，百谷丰收。

《师旷占》：立春雨伤五禾。又正月甲戌日，大风东来折树者，谷熟。甲寅日，大风西北来者贵；庚寅日，风从西来者，皆贵。

《物理论》：正月朔旦，四面有黄气，其岁大丰。

此《黄帝》用事：土气黄均，四方并熟。青气杂黄，有螟虫；赤气，大旱；黑气，大水。正朔占：岁星上有青气，宜桑；赤气，宜豆；黄气，宜稻。又正月望夜，立表长二尺，以测月影长短，立表中正，乃得其定。月影长二尺以内，大旱；二尺至三尺，小旱；三尺至四尺，调适高下，皆熟；四尺至五尺，小水；五尺至六尺，大水。

【译文】

《师旷占》记载：立春降雨对五禾不利。又，正月里的甲戌日，可以折断树枝的大风从东方刮来，预示当年谷物收成好。正月里的甲寅日，从西北方刮来的大风很珍贵；庚寅日，西方来风也很珍贵。

《物理论》记载：正月初一，如果四方有黄色的云气，则预示这一年作物大丰收。

这是引自《黄帝内经》的记载：地气呈现均匀的黄色，则四方作物并熟。地气呈现青色并夹杂有黄色，则有螟虫；若地气呈现赤色，则天将大旱；呈现黑色，将有大水灾。正月初一占卜：若木星上有青气，预示当年适宜种桑；若有赤气，适宜种豆；若有黄气，适宜种稻。又，正月初一夜晚观望星象，立一根二尺长的标杆，用以测量月影长短，将标杆垂直竖立，方可获得准确的测量结果。月影长度在二尺以内，天将大旱；月影长度在二尺至三尺之间，天将小旱；月影长度在三尺至四尺之间，调和顺适，作物皆熟；月影长度在四尺至五尺之间，将有小水灾；月影长度在五尺至六尺之间，将有大水灾。

《群芳谱》：元日值甲，谷贱；乙，谷贵；丙，四月旱；丁，丝绵贵；戊，米麦鱼盐贵，蚕伤，多风雨；庚，田熟；辛，米平，麦麻贵；壬，绢布豆贵，米麦平；癸，主禾伤，多风雨。一说元日值戊，主春旱四十五日。又三日得甲为上岁，四日中岁，五日下岁。月内有甲寅，米贱。又占书：一日得辛旱；二日小收；三四日主水，麦半收；五六日小旱，七分收；八日岁稔，一云春旱不收。

《通书》：月内有三卯宜豆，无则早种禾。一日得卯十分收，二日低田半收，三四日大水，五六日半收，七日八日春涝。

《周益公日记》：正月内有三子，叶少蚕多，无三子则叶多蚕少。有三卯则早豆收，无则少收。有三亥，主大水。

【译文】

《群芳谱》记载：若正月初一正值甲日（旧历每旬第一天，乙丙等以此类推），则当年谷价低；正值乙日，则谷价贵；正值丙日，则四月干旱；正值丁日，则丝绵昂贵；正值戊日，则米、麦、鱼、盐价格高，养蚕业受影响，年内风雨多；正值庚日，则庄稼成熟；正值辛日，则米价平平，麦麻价格较贵；正值壬日，则布匹和豆子的价格较贵，米麦价格平平；正值癸日，预示着对谷类作物生长不利，年内风雨多。

还有一种说法是，正月初一正值戊日，预示着春旱将持续四十五天。又，三日值甲日，当年即为丰年，四日值甲日，当年年景一般，五日值甲日，则当年年景不好。正月里出现甲寅日，则米价不高。又，根据占书可知：一日值辛日，预示干旱；二日值辛日，预示收成一般；三四日值辛日，预示水灾，麦的收成减半；五六日值辛日，预示小旱，作物将有七分收成；八日值辛日，则年成丰熟，还有一种说法是春季干旱，一年将没有收成。

《通书》记载：正月内有三卯，适宜种豆，没有三卯则早种谷物。一日得卯日，则作物有十分收成，二日得卯日，则薄田收成减半，三四日得卯日，则预示大水灾，五六日得卯日，则庄稼收成减半，七日八日得卯日，则预示着春涝。

《周益公日记》记载：正月内出现三个子日，则叶少蚕多，没出现三个子日则叶多蚕少。出现三个卯日则豆早熟，没出现三个卯日，则收成低。出现三个亥日，则主大水灾。

《便民书》：元日晴和，无日色，主有年。日有晕，主小熟。有雷，主一方不宁。有电，人殃。霞气主虫蝗，蚕少，妇人灾，果蔬盛。有霜，主七月旱，禾苗吉。有雾，主桑贵而民疾。有雪，主夏旱秋水。未立春元日雪，主大有年。

《探春历记》：甲子日立春，高乡丰稔，水过岸一尺，春雨如钱，夏雨调匀，秋雨连绵，冬雨高悬。

《纪历撮要》：八日谷，夜见星辰，五谷丰登。

春雨

《臞仙神隐》：立春天阴无风，民安，蚕麦十倍。东风，吉，人民安，果谷盛。

《田家五行》：凡春宜和而反寒，必多雨。

【译文】

《便民图纂》记载：正月初一，天气晴和，若无日影，主丰年。若出现日晕，则主小熟。有雷，主一个方位不安宁。有闪电，则预示灾祸会殃及百姓。出现霞气主蝗虫，蚕少，妇人有灾祸，果蔬丰产。有霜，主七月干旱，对谷物生长有利。有雾，主桑价格昂贵且百姓易患疾疫。有雪，主夏季干旱，秋季水涝。正月初一，仍不立春，此时降雪，预示着大丰收年。

《探春历记》记载：正值甲子日立春，则地势高的田地丰收，河水超出河岸一尺，则春雨珍贵，夏雨调顺，秋雨连绵，而冬雨高悬。

《纪历撮要》记载：自元日至八日占，八日为谷，若夜见星辰，则五谷丰登。

《臞仙神隐》记载：立春之日，若天阴无风，则百姓安宁，蚕麦收成增加十倍。立春之日若起东风，主吉，百姓安，果谷繁盛。

《田家五行》记载：凡是本该和暖的春季，出现低温反寒现象的，则当年一定会有很多降雨。

《田家杂占》：春甲子日雨，主夏旱六十日。春甲申日雨，主米暴贵。

《师旷占》：春辰巳日雨，蝗虫食禾稼。

又《田家五行》：春牛占岁事。头黄主熟，又专主菜麦大熟。青主春多瘟，赤主春旱，黑主春水，白主春多风。身色主上乡，脚色主下乡。

《农政全书》：上八日，宜晴。又雨水后阴多，少水，高下熟。

【译文】

《田家杂占》记载：春季甲子日降雨的，主夏季干旱六十天。春季甲申日降雨的，主米价暴贵。

《师旷占》记载：春季辰巳日降雨的，预示当年会有蝗虫来侵食庄稼。

又《田家五行》记载：根据春牛的颜色预测当年的年景。牛头呈黄色主丰收，又特指菜麦大丰收。牛头青色主春季瘟疫，赤色主春季干旱，黑色主春季水涝，白色主春季多风。身色主上乡，脚色主下乡。

《农政全书》记载：正月初八日，宜晴。又，雨水后阴天多，主少雨，则作物大熟。

二 月

《陶朱公书》：二月朔日值惊蛰，主蝗虫；值春分，主岁歉。风雨主米贵。二月初八日东南风，谓之上山旗，主水。西北风谓之下山旗，主旱。十五日为劝农日，晴和主年丰，风雨主岁歉。二月虹见在东，主秋米贵；在西主蚕贵。惊蛰前后有雷，谓之发蛰。雷声初起，从乾方来，主人民灾；坎方来，主水；艮方来，主米贱；震方来，主岁稔；巽方来，主蝗虫；离方来，主旱；兑方来，主五金长价。又谚云：初二天晴东作兴，初七八日看年成。花朝此夜晴明好，何处连绵夜雨倾。

【译文】

《陶朱公书》记载：二月初一正值惊蛰，预示当年有蝗虫为灾；正值春分，主当年收成不好。风雨主米价高。若二月初八刮东南风，称之为上山旗，主水涝。若刮西北风，称之为下山旗，主干旱。二月十五日为劝农日，晴和主丰年，风雨主欠收。二月彩虹出现在东方，主秋季米价高；彩虹出现在西方，主当年蚕丝价格高。惊蛰前后有雷，称之为发蛰。雷声初起，声音从乾方（西北方）传来，主百姓将受灾害；从坎方（北方）传来，主水涝；从艮方（东北方）传来，主米价低；从震方（东方）传来，主丰收；从巽方（东南方）传来，主蝗虫；从离方（南方）传来，主干旱；从兑方（西方）传来，主五金涨价。又，谚语说：初二天晴东作兴，初七八日看年成。花朝此夜晴明好，何处连绵夜雨倾。

《师旷占》：二月甲戌日，风从南来者，稻熟。乙卯日，不雨晴明，稻上场不熟。

《通考》：二月甲子日，发雷大热，一云大熟。十六日乃黄姑浸种日，西南风，主大旱。高乡人见此风，即悬百文钱于檐下，风力能动，则举家失声相告，风愈急愈旱。又主桑叶贵。

《经世民事录》：二月内有三卯，则宜豆，无则旱。

《谈荟》：二月二十日谓之小分龙日：晴，分懒龙，主旱；雨，分健龙，主水。

《农政全书》：二月十二日夜，宜晴，可折十二夜夜雨。二月最怕夜雨，若此夜晴，虽雨多亦无所妨。初四有水，谓之春水。

《四时占候》：二月朔日雨，稻恶籴贵；晦日雨，人多疾。

《万宝全书》：春分日西风，麦贵；南风，先水后旱；北风，米贵。

【译文】

《师旷占》记载：二月甲戌日，风从南方刮来，则稻丰收。乙卯日不降雨，反而晴明的，则稻难熟。

惊蛰

《文献通考》记载：二月甲子日，有雷且天气炎热，一种说法是当年农作物大熟。十六日是黄姑浸种日，这天若起西南风，则主大旱。高乡人见此风，立刻会在房檐下悬挂百文钱，若风力能将钱吹动，则全家上下奔走相告，风越疾，天越旱。又，主桑叶贵。

《经世民事录》记载：二月里有三个卯日，则适宜种豆，没有三个卯日，则预示天旱。

《玉芝堂谈荟》记载：二月二十日称之为小分龙日：晴，分懒龙，主干旱；雨，分健龙，主水涝。

《农政全书》记载：二月十二日夜晚，宜晴，可抵作十二夜的夜雨。二月最怕夜雨，若此夜晴，即使平日降雨略多也无妨。二月初四有降水，称之为春水。

《四时纂要·占候》记载：二月初一降雨，则稻谷品质不好，价格奇贵；二月最末一天降雨，则百姓大多罹患疾病。

《万宝全书》记载：春分日，有西面来风，则当年麦贵；有南风刮来，则当年先水涝后干旱；有北风刮来，则当年米贵。

三 月

《陶朱公书》：朔日值清明，主草木荣茂；值谷雨，主年丰。风雨，主人灾，百虫生。有雷，主五谷熟。

《种树书》：尝以三月三日雨卜桑叶贵贱。谚云：雨打石头遍，桑叶三钱片。四日尤甚。杭人曰：三日尚可，四日杀我。

《田家五行》：清明午前晴，早蚕熟；午后晴，晚蚕熟。又三月无三卯，田家米不饱。又谷雨日辰值甲辰，蚕麦相登大喜欣；谷雨日辰值甲午，每箔丝绵得三觔。三月三上巳日听蛙声，占水旱。谚云：田鸡叫得哑，低田好稻把；田鸡叫得响，低田好牵桨。唐诗：田家无五行，水旱听蛙声。是也。

《农政全书》：清明寒食前后，有水而浑，主高低田禾大熟，四时雨水调。谷雨日雨，主鱼生。谚云：一点雨，一个鱼。谷雨前一两朝霜，主大旱。月内有暴水，谓之桃花水，则多梅雨。雷多岁稔，虹见九月，米贵。

【译文】

《陶朱公书》记载：三月初一正值清明，主草木繁盛；若正值谷雨，则主丰年。三月初一若有风雨，主百姓将受灾害，百虫生。有雷，主五谷收成好。

《种树书》记载：曾经以三月三日的降雨来占卜桑叶的贵贱。谚语说：雨打石头遍，桑叶三钱片。若四日降雨，情况更甚。杭人说：三日尚可，四日杀我。

《田家五行》记载：清明日，午前晴朗，则早蚕丰产；午后晴朗，则晚蚕丰产。又，三月无三卯，田家米不饱。又，谷雨日辰值甲辰，蚕麦相登大喜欣。谷雨日辰值甲午，每箔丝绵得三斤。三月三上巳日，根据蛙声来判断水旱情况。谚语说：田鸡叫得哑，低田好稻把；田鸡叫得响，低田好牵桨。有唐诗写到：田家无五行，水旱听蛙声。说的就是这个意思。

《农政全书》记载：清明寒食前后，有水且浑浊，主各种庄稼作物大丰收，四季风雨调顺。谷雨日降雨，主鱼生。谚语说：一点雨，一个鱼。谷雨前一两个凌晨有霜，主大旱。三月内有暴水，称之为桃花水，则当年多梅雨。雷多则当年丰收，彩虹出现在九月，则米价贵。

朔日值清明，主草木荣茂。

四 月

《群芳谱》：谚云：有谷无谷，且看四月十六。立一丈竿量月影，月当中时影过竿，雨水多没田，夏旱人饥；长九尺，主三时雨水；八尺、七尺，主雨水；六尺，低田大熟，高田半收；五尺，主夏旱；四尺，蝗；三尺，人饥。

《嘉定县志》：四月初四为稻生日，喜晴。

《谈苑》：江南民于四月一日至四日，卜一岁之丰凶。云一日雨，百泉枯，言旱也。二日雨，傍山居，言避水也。三日雨，骑木驴，言踏车取水，亦旱也。四日雨，余有余，言大熟也。

《农政全书》：四月以清和天气为正，必作寒数日，谓之麦秀寒，即《月令》麦秋至之候。黄梅时，水边草上看鱼散子高低，以卜水增止。立夏日，看日晕，有则主水，是夜雨损麦。谚云：二麦不怕神共鬼，只怕四月八夜雨。大抵立夏后夜雨多便损麦。盖麦花夜吐，雨多花损，故麦粒浮秕也。

【译文】

《群芳谱》记载：谚语说：有谷无谷，且看四月十六。立一丈高的标杆测量月影，月正当空时月影超过标杆，大多主雨水淹没农田，夏季干旱，人吃不饱饭；若月影长九尺，主三时有雨水；月影长八尺、七尺，主雨水；月影长六尺，主薄田丰收，沃田收成减半；月影长五尺，主夏季干旱；月影长四尺，主蝗灾；月影长三尺，主人饥荒。

《嘉定县志》记载：四月初四是稻的生日，天气喜晴。

《谈苑》记载：江南的百姓于四月初一至初四，占卜一年的丰收与吉凶。所谓一日雨，百泉枯，是说有旱情。二日雨，傍山居，是说要躲避水灾。三日雨，骑木驴，是说要踏着车取水，也是说干旱。四日雨，余有余，是说粮食大丰收。

《农政全书》记载：四月以清和天气为主，还必定会有几天寒冷的日子，称之为麦秀寒，即《月令》中提到的麦子成熟的第三候。黄梅时节，根据水边草地上鱼产卵位置的高低，来占卜水位的增减。立夏日，看日晕，如果出现日晕则主水涝，要注意夜雨损毁麦子。谚语说：二麦不怕神共鬼，只怕四月八夜雨。大概在立夏后夜雨频繁，便会损毁麦子。大概是因为麦花在夜晚绽放，雨多则花损，因此麦粒空瘪不饱满。

谷雨

五 月

《月令占候图》：朔日夏至，并二日、三日至六日夏至，五谷熟；二十二日、二十四日夏至，不熟；二十五日、三十日夏至，时价平和。又一云：晦日夏至，五谷贵。

《便民图纂》：五月宜热。谚云：黄梅寒，井底干。又夜亦宜热。谚云：昼暖夜寒，东海也干。老农俚语：上半月，夏至前，田内晒杀小鱼，主水。口开，水立至，易过；口闭反是。

《田家五行》：朔日值芒种，六畜灾；值夏至，冬米大贵。又夏至在月初，主雨水调。谚云：夏至端午前，坐了种田年。

【译文】

《月令占候图》记载：若五月初一正值夏至，还有二日、三日至六日这几天正值夏至的，则预示五谷丰收；若二十二日、二十四日夏至的，则预示庄稼收成不好；若二十五日、三十日夏至的，则预示粮食价格平稳。还有一种说法：月末一天正值夏至的，则预示五谷贵。

《便民图纂》记载：五月适宜热。有谚语说：黄梅寒，井底干。又说，夜晚也适宜热。有谚语说：昼暖夜寒，东海也干。老农俚语说：上半月，夏至前，田内晒杀小鱼，主水。若鱼嘴张开，马上便会有降水，旱情易过；若鱼嘴是闭合的，则相反。

《田家五行》记载：若五月初一正值芒种，则预示六畜有灾害；若正值夏至，则预示冬米价格昂贵。又，夏至在月初，主风调雨顺。有谚语说：夏至端午前，坐了种田年。

《嘉定县志》：五月朔旦为早禾本命日，尤忌雨。

《农政全书》：一日晴，一年丰；一日雨，一年歉。立梅、芒种日是也，宜晴。阴阳家云：芒后逢壬，立梅；至后逢壬，梅断。

又谚云：梅里雷，低田拆舍回。言低田巨浸，屋无用也。或声多及震响，反旱。大抵芒后半月，谓之禁雷天。立梅日早雨，谓之迎梅雨，主旱。

谚云：雨打梅头，无水饮牛。雨打梅额，河底开坼。一云主水。

谚云：迎梅一寸，送梅一尺。重午日只宜薄阴大晴，主水。雨，主丝绵贵。大风雨，主田无边带，风水多也。至后半月为三时，头时三日，中时五日，末时七日。时雨中时主大水；末时纵雨亦善。末时雷，谓之送时，主久晴。谚云：迎梅雨，送时雷，送去了，便弗回。

【译文】

《嘉定县志》记载：五月初一为早禾本命日，尤其忌讳雨水。

《农政全书》记载：一日晴，一年喜获丰收；一日雨，一年收成不好。说的就是立梅日、芒种日，这几天宜晴。阴阳家说：芒种后恰逢

迎梅雨，
送时雷，
送去了，
便弗回。

壬日，为立梅日，即梅雨时节开始；夏至后恰逢壬日，则梅雨停止。

又有谚语说：梅里雷，低田拆舍回。是说梅雨时节响雷，预示着当年降水多，低洼的田地发生水涝，搭在田边的小屋只能拆除。也有人说，响雷声频繁，反而干旱。无论如何，大致是芒种之后的半个月内，称之为禁雷天。立梅日早上降雨，称之为迎梅雨，主旱。

有谚语说：雨打梅头，无水饮牛。雨打梅额，河底开裂。还有一种说法是主水。

有谚语说：迎梅一寸，送梅一尺。重午日只适宜薄阴大晴，主水。若重午日降雨，主丝绵贵。若这一天有大风雨，主田无边带，意思是说风雨频繁。往后半个月分为三时，头时三天，中时五天，末时七天。时雨最怕在中时，主大水灾；时雨在末时，纵然有雨也是好的。末时出现有雷声，称之为送时，主久晴。谚语说：迎梅雨，送时雷，送去了，便弗回。

冬青花占水旱。谚云：黄梅雨未过，冬青花未破。冬青花已开，黄梅雨不来。夏至日雨年丰，有云：三伏热。五月二十日大分龙，无雨有雷，谓之锁雷门。

《田家五行》：晴雨各以本境所致为占候。

谚云：夏雨隔田晴。又云：夏雨分牛脊。月内虹见，麦贵；有三卯，宜种稻。又谚云：二十分龙廿一雨，破车阁在弄堂里。二十分龙廿一鲎，拔起黄秧便种豆。鲎音候。

【译文】

根据冬青花来占卜水涝、干旱的情况。谚语说：黄梅雨未过，冬青花未破。冬青花已开，黄梅雨不来。夏至这天有雨，则预示当年庄稼丰收。有种说法是：夏至有雨三伏热。五月二十日大分龙，没有降雨却有雷声，称之为锁雷门。

《田家五行》记载：老农们都说，晴雨各自以当地出现的情况来判断天气。

谚语说：夏雨隔田晴。又说：夏雨分牛脊。五月内出现彩虹，预示麦贵；若五月三卯，则适宜种稻谷。又，谚语说：二十分龙二十一雨，破车阁在弄堂里。二十分龙二十一鲎，拔起黄秧便种豆。鲎音候。

六 月

《陶朱公书》：伏里西北风，主冬冰坚。谚云：伏里西北风，腊里船不通。虹见主麦贵。日蚀主旱。有雾亦主旱。

谚云：六月里迷雾，要雨到白露。西南风主虫损稻。朔日值大暑，人多疾；遇甲岁多饥；风雨主米贵；西北风主七八月内水横流。六月初八西北风，惊动海中龙。

《通考》：初六日晴，主收干稻。雨，谓之湛辘耳，主有秋水。查车部无辘字，应是辘轳之讹。又谚云：六月无蝇，新旧相登米价平。

《四时占候》：六月雷不鸣，蝗虫生，冬民不安。

【译文】

《陶朱公书》记载：若三伏天刮西北风，入冬后气温会骤降，河水结冰。谚语说：伏里西北风，腊里船不通。六月出现彩虹，主麦贵。出现日蚀，主干旱。有雾也主干旱。

谚语说：六月里迷雾，要雨到白露。六月刮西南风，主稻谷被虫损毁。六月初一正值大暑，则百姓多生疾；若正值甲日，则当年粮食产量低，百姓饥荒；若有风雨，主米贵；若刮西北风，主七、八月内水灾泛滥。六月初八刮西北风，惊动海中龙。

初六日晴，主收干稻。

《通考》记载：六月初六日晴，主收获干稻。初六日雨，称之为湛辘耳，主有秋水。经查，车部没有辘字，应为"辘轳"二字的讹传。又，谚语说：六月无蝇，新旧相登米价平。

《四时占候》记载：若六月听不到雷声，则蝗虫生，冬季民不安居。

《望气经》：六月三日有雾，则岁大熟。

《田家五行》：月内有西南风，主生虫损稻。秋前损根，可再抽苗，秋后损者，不复抽矣。谚云：秋前生虫，损一茎，发一茎；秋后生虫，损了一茎，无了一茎。

《农政全书》：六月初头一剂雨，夜夜风潮到立秋。又六月盖夹被，田里不生米。又六月西风吹遍草，八月无风秕子稻。又六月有水，谓之贼水，言不当有也。六月初三日略得雨，主秋旱，难橇稻。小暑日雨，名黄梅，颠倒转，主水。东南风及成块白云，起至半月，舶趠风，主水退。无南风则无舶趠风，水卒不能退。趠，竹角切。东坡诗：三时已断黄梅雨，万里初来舶趠风。按：趠一音掉，敕教切，当从此。

又谚云：六月不热，五谷不结。老农云：三伏中，稿稻天气，又当下壅时，最要晴。

【译文】

《望气经》记载：六月三日有雾，则当年庄稼大丰收。

《田家五行》记载: 六月内刮西南风, 主生虫损毁稻谷。若是秋前损根, 尚可再抽苗; 若是秋后根部受损, 则无法再次抽苗。谚语说: 秋前生虫, 损一茎, 发一茎; 秋后生虫, 损了一茎, 无了一茎。

《农政全书》记载: 从六月初的第一场雨开始, 将出现夜夜风潮直到立秋。又, 六月盖夹被, 田里不生米。又, 六月西风吹遍草, 八月无风秕子稻。又, 六月有水, 称之为贼水, 意思是说来得不是时候。六月初三日, 若稍有降雨, 则主秋旱, 庄稼因槁死而减产。小暑之日有雨, 名为黄梅雨, 是说梅雨过去之后, 又会倒转回来, 主水。六月刮东南风, 并出现成块的白云, 一直持续半个月, 这是舶䶉风, 是梅雨季结束夏季开始时强盛的季候风, 此风主水退。若六月不刮南风则不会有舶䶉风, 水位也不能快速下降。䶉, 竹角切。苏东坡有诗说道: 三时已断黄梅雨, 万里初来舶䶉风。按: 䶉, 一音掉, 敕教切, 应当以这个为准。

又, 谚语说: 六月不热, 五谷不结。老农说: 三伏天, 正是稻谷稿秆生长的天气, 又正赶上刚培完土、施了肥, 此时最需要晴天。

七 月

《戎事类占》：秋甲子雷，岁凶。秋月暴雷，谓之天收百谷，虚耗不成。

《月令占候图》：立秋坤卦用事，晡时申，西南凉风至，黄云如群羊，宜粟谷。望西南，坤上有黄云气，是正气。立秋应节，万物皆荣，豆谷熟。又立秋日午时竖竿，影得四尺五寸二分半，五谷熟。

《望气经》：七月三日有雾，岁熟。

《纪历撮要》：立秋日天气晴明，万物多不成熟。立秋日要西南风，主稻禾倍收，三日三石，四日四石。立秋日雷名蹢踏，损晚禾，亦名秋霹雳，主晚稻秕。又七夕天河去探米价，回快米贱，回迟米贵。又朝立秋，暮飕飕。夜立秋，热到头。又处暑雨不通，白露枉相逢。

【译文】

《戎事类占》记载：秋季甲子日响雷，预示当年不吉。秋月暴雷，称之为天收百谷，作物中的精华被耗损而没有收成。

《月令占候图》记载：立秋之际根据坤卦的规律行事，晡申时，即午后至傍晚前后，西南方有凉风刮来，黄色的云气犹如群羊，这样

七月

立秋应节，
万物皆荣，
豆谷熟。

的天气, 适合粟谷成熟。向西南方望去, 大地上升腾起黄色的云气, 是为正气。立秋所对应的时节, 万物都很茂盛, 豆谷成熟。又, 立秋日午时, 竖立一根标杆, 观测其影子长度, 能达到四尺五寸二分半, 则预示着五谷丰收。

《望气经》记载: 七月三日有雾, 预示着当年庄稼丰收。

《纪历撮要》记载: 若立秋日天气晴朗, 则万物大多难以成熟。立秋日若刮西南风, 主稻禾收成翻倍, 三日收获三石粮食, 四日便能收获四石粮食。立秋日的雷名叫霹踏, 损毁晚禾, 也叫秋霹雳, 主晚稻空秕。又, 以七夕那天河流波浪的去回快慢预测米的价格, 回的快米价低, 回的迟米价高。又, 朝立秋, 暮飕飕。夜立秋, 热到头。又, 处暑雨不通, 白露枉相逢。

《家塾事亲》: 七月雷大吼, 有急令。

《田家五行》: 七月朔日虹见, 主年内米贵。

《嘉定县志》: 处暑有雨则物成熟。谚云: 处暑若还天不雨, 总然结实也难收。

《万宝全书》: 立秋日申时, 西南方有赤云, 宜粟。

《农政全书》: 七月秋, 时到秋; 六月秋, 便罢休。又立秋日小雨吉, 大雨伤禾。七月有雨, 名洗车雨, 主八月有蓼花。谚云: 七月七, 无洗车; 八月八, 无蓼花。

【译文】

《家塾事亲》记载：七月有响雷，则有急令。

《田家五行》记载：七月初一出现彩虹，主当年米贵。

《嘉定县志》记载：处暑有雨，则作物方可成熟。谚语说：处暑若还天不雨，总然结实也难收。

《万宝全书》记载：立秋日申时，若西南方出现赤色云气，则适宜粟生长。

《农政全书》记载：七月立秋，正是立秋的时候，天气持续炎热，有利于作物成熟，早晚都能收获；如果是六月立秋，天气很快就凉了，庄稼收成就不好。又，立秋日有小雨，预示吉祥，有大雨则对禾有损伤。七月有雨，名为洗车雨，主八月有蓼花盛开。谚语说：七月七，无洗车；八月八，无蓼花。

八 月

《京房易候》：虹八月出西方，粟贵。

《通考》：朔日值白露，果谷不实。值秋分，主物价贵。又秋分谚云：分社同一日，低田尽叫屈。秋分在社前，斗米换斗钱；秋分在社后，斗米换斗豆。

《杨升庵集》：自秋分后遇壬，谓之入霩，吴下曰入液。

《谈丛》中秋无月，则兔不孕，蚌不胎，荞麦不实，兔望月而孕，蚌望月而胎，荞麦得月而秀。八月一日雨，则角田下熟。角田，豆也。

《经鉏堂杂志》：八月一日雁门开，懒妇催将刀尺裁。

《嘉定县志》：八月二十四日为稻藁生日，雨则虽得谷藁，必腐。

【译文】

《京房易候》记载：农历八月，彩虹出现在西方，预示着粟贵。

《通考》记载：若八月初一正值白露，则果谷不结果实。正值秋分，则主物价贵。又，有关于秋分的谚语说：分社同一日，低田尽叫屈。秋分在社前，斗米换斗钱；秋分在社后，斗米换斗豆。

《杨升庵集》记载：从秋分日往后，再遇到壬日，称之为入霩，

立秋

吴下称之为入液。

《谈丛》记载：中秋之夜若没月亮，则兔不怀孕，蚌不结胎，荞麦难以成熟，兔因看到月亮而怀孕，蚌因看到月亮而结胎，荞麦因看到月亮而茂盛。若八月一日有雨，则当年豆角收成不好。角田，豆也。

《经鉏堂杂志》记载：八月一日大雁开始南飞时，懒妇才忙着裁剪冬衣。

《嘉定县志》记载：八月二十四日为稻藁生日，此日有雨，即便收获了谷藁，作物也必定腐坏。

《农政全书》：秋分要微雨，或天阴最妙，主来年高低田大熟，喜雨。

谚云：麦秀风摇，稻秀雨浇。此言将秀得雨，则堂肚大，谷穗长。秀实之后雨，则米粒圆，见收数，畏旱。

谚云：田怕秋干，人怕老穷。秋热损稻，旱则必热。怕秋水潦稻。谚云：雨水淹没产，全收不见半。八月又作新凉。谚云：处暑后十八盆汤。又云：立秋后四十五日浴堂干。十八日潮生日，前后有水，谓之横港水。

【译文】

《农政全书》记载：秋分时最好是微雨或阴天，主来年沃田与薄田都能大丰收，喜雨。

谚语说：麦秀风摇，稻秀雨浇。这话是说，被细雨浇过的稻谷，颗粒更饱满，谷穗长。水稻进入灌浆期后下雨，此时若水分充足，则米粒饱满，收成好，怕干旱。

谚语说：田怕秋干，人怕老穷。是说秋热会损毁稻谷，旱则必热。田怕秋水潦浸水稻。谚语说：雨水淹没产，全收不见半。八月又作新凉。谚语说：处暑后十八盆汤。又说：立秋后四十五日浴堂干。八月十八日为海潮汹涌之日，前后有水，称之为横港水。

九
月

九 月

《戎事类占》：九月雷，主谷贵。霜不下，则来年三月多阴寒，多雨，主米贵。

《文林广记》：九月庚辰、辛卯日雨，主冬谷贵一倍。虹以九月出西方，大小豆贵。朔日虹见，麻贵，油贵。

《杂占》：朔日值寒露，主冬寒严凝；值霜降，主岁歉。朔日风雨，主春旱，夏雨，芝麻贵。朔日东风，半日不止，主米麦贵。九月上卯日北风，来年三七月米大贵。东风亦然，西北平平。十三日晴，则冬晴柴贱。

【译文】

《戎事类占》记载：九月响雷，主谷贵。九月没有霜降，则来年三月大多是阴寒天气，多雨，主米贵。

《锦绣万花谷全文林广记》记载：九月正值庚辰、辛卯日有雨，主冬谷价格高出正常价格一倍。九月彩虹出现在西方，预示大小豆类价格贵。九月初一日出现彩虹，主麻贵、油贵。

《田家杂占》记载：九月初一正值寒露，主冬天寒冷；正值霜降，主当年收成不好。九月初一有风雨，主春季干旱，夏季多雨，芝麻贵。九月初一刮东风，且半日不停止，主米麦贵。九月上卯日刮北风，

芝麻

预示来年三月、七月米大贵。刮东风也是一样，刮西北风则不好不坏。九月十三日晴朗，则冬季天晴柴贱。

《田家五行》：重九日晴，则冬至、元日、上元、清明四日皆晴，雨则皆雨。谚云：重阳无雨一冬晴。又九日雨，米成脯。又重阳湿漉漉，穰草钱千束。

《四时占候》：九月九日，是雨归路日。

《嘉定县志》：九月十三为稻箩生日，宜晴。

《农政全书》：九月中气前后，起西北风，谓之霜降，信有雨，谓之湿信，未风先雨，谓之料信雨。

【译文】

《田家五行》记载：若九月九日晴，则冬至、元日、上元、清明四天都晴，若雨则都雨。谚语说：重阳无雨一冬晴。又，九日雨，米成脯。又，重阳湿漉漉，穰草钱千束。

《四时占候》记载：九月九日，是雨归路日。

《嘉定县志》记载：九月十三为稻箩生日，宜晴。

《农政全书》记载：九月中气前后，若起西北风，称之为霜降，若有雨，称之为湿信，若未起风先降雨，称之为料信雨。

霜
降

十 月

《师旷占》：五谷贵贱当以十月朔日占，风从东来，春贱。

《家塾事亲》：朔日值立冬，主灾异；值小雪，有东风，春米贱；西风，春米贵。是日以斗量米，若缩在斗，来春陡贵。十月有三卯，籴平无则谷贵。

《农政全书》：十月立冬晴，则一冬多晴；雨则一冬多雨。谚云：卖絮婆子看冬朝，无风无雨哭号啕。立冬日西北风，主来年旱；雨主无鱼。

【译文】

《师旷占》记载：五谷的贵贱，应通过十月初一的占卜来预测，风从东面来，则预示着春米贱。

《家塾事亲》记载：十月初一正值立冬，主灾异；正值小雪，有东风，则春米贱；有西风，则春米贵。这天，用斗量米，若米残留在斗中，则来年春季米价奇贵。若十月有三卯，无平价粮食可买则谷贵。

《农政全书》记载：十月立冬日天晴，则一冬多晴；立冬日有雨则一冬多雨。有谚语说：卖絮婆子看冬朝，无风无雨哭号啕。立冬日刮西北风，主来年干旱；立冬日有雨，主无鱼。

米

谚云：一点雨，一个摸鱼鸰。鸰音冬，好入水食鱼，似凫，形小。冬前霜多，主来年旱，冬后多晚禾好。十六日为寒婆生日，晴主冬暖。月内有雷，主灾疫；有雾，俗呼曰沫露，主来年水大。谚云：十月沫露塘溢，十一月沫露塘干。溢音盘，洄也。

冬初和暖，谓之小春。又天寒日短，必须夜作。谚云：河东西，好使犁，河射角，好夜作。立冬前后起南北风，谓之立冬信。

【译文】

有谚语说：一点雨，一个摸鱼鸰。鸰音冬，喜欢入水吃鱼，形貌似水鸟，体形较小。立冬前多霜降，主来年干旱，冬后大多晚禾长势好。十月十六日为寒婆生日，若这天为晴天则主冬季和暖。十月内响雷，主灾疫；若有雾，俗称沫露，主来年有大水灾。有谚语说：十月沫露塘溢，十一月沫露塘干。溢音盘，水回旋的意思。

冬初和暖，称之为小春。又，天寒日短，必须夜间劳作。谚语说：河东西，好使犁，河射角，好夜作。立冬前后起南北风，称之为立冬信。

十一月

《四时纂要》：冬至数至元旦五十日者，民足食。

《陶朱公书》：冬至日观云，须于子时至平旦观之。若青云北起，主岁稔民安；赤云主旱；黑云主水；白云主人灾；黄云大熟；无云主凶。冬至日占风，南风主谷贵，北风主岁稔，西风主禾熟。若东南风久有重雾，主水；西南风主久阴。谚云：冬至西南百日阴，半晴半雨到清明。

【译文】

《四时纂要》记载：从冬至到正月初一，如果满五十天的，则百姓足食。

《陶朱公书》记载：冬至日观测云气，须在子时至清晨这段时间内观测。若北方升腾起青云，主当年庄稼丰收，百姓安泰；若为赤色云气，主干旱；黑色云气，主水涝；白色云气，主人灾；黄色云气，主庄稼收成大好；无云，主凶。冬至日占卜风，南风主谷贵，北风主当年丰收，西风主禾粟丰收。若持续刮东南风且有重雾，主水涝；刮西南风主久阴。谚语说：冬至西南百日阴，半晴半雨到清明。

《尚书璇玑钤》：冬至阴云祁寒，有云迎日者，来岁大美。

《京房易》：占虹以冬至四十六日内出东方，贯艮中，春多旱，夏多火灾，粟贵。清台占法：冬至后一日得壬，炎旱千里；二日得壬，小旱；三日得壬，平；四日得壬，五谷丰；五日得壬，少水；六日得壬，大水；七日得壬，河决流；八日得壬，海翻腾；九日得壬，大熟；十日至十二日得壬，五谷不成。

【译文】

《尚书璇玑钤》记载：冬至日阴云密布、天气大寒且有云气直冲太阳的，预示来年年景大好。

《京房易》记载：占卜彩虹，若在冬至后四十六日内出现在东方，且横贯东北方正中，则预示春季多干旱，夏季多火灾，粟贵。清台占法：冬至后一日是壬日，则预示方圆千里炎热、干旱；二日是壬日，预示小旱；三日是壬日，一般；四日是壬日，预示五谷丰登；五日是壬日，预示少水；六日是壬日，预示大水灾；七日是壬日，预示河水决流；八日是壬日，预示海水翻腾；九日是壬日，预示庄稼大丰收；十日至十二日是壬日，则预示五谷收成不好。

《纪历撮要》：冬至前，米价长，贫儿受长养。冬至前，米价落，贫儿转消索。

《农政全书》谚云：干冬湿年，坐了种田。或云：冬至雨，年必晴；冬至晴，年必雨。

沈存中《笔谈》：是月中遇东南风，谓之岁露，有大毒。若

立冬

饥感其气，开年著温病。

《农桑辑要》：欲知来年五谷所宜，是日取诸种，各平量一升，布囊盛之，埋窖阴地。后五日发取量之，息多者，岁所宜也。

《玉海》：开元十一年十一月癸酉，日长至，太史奏有云，迎日祥风至，日有冠珥，太平之嘉应。

【译文】

《经历撮要》记载：冬至前，米价上涨，贫儿受长辈养护。冬至前，米价落，贫儿转消散。

《农政全书》中有谚语说：干冬湿年，坐了种田。也有谚语说：冬至雨，年必晴；冬至晴，年必雨。

沈括的《梦溪笔谈》记载：十一月中遇东南风，称之为岁露，危害很大。若饥饿时外感其气，开春后便会患上温病。

《农桑辑要》记载：欲知来年适宜种植的五谷，可在冬至这天取五谷的种子，各平量一升，用布袋装好，埋在地窖或阴凉的地方。五天后取出测量，发芽较多的，预示来年便适宜种植。

《玉海》记载：开元十一年十一月癸酉，冬至日，太史上奏空中有云气直冲太阳，并伴有吉祥的风，且太阳边缘出现光晕，这些都是太平盛世的祥瑞景象。

日有冠珥，太平
之嘉应。

十二月

《陶朱公书》：朔日值大雪，主有灾；风雨主麦好；西风主盗贼起念。四夜初，乡人束稻草于竿，点火在田间行走，名曰照田蚕，看火色，卜水旱。色白主水；色赤主旱。猛烈年丰，葳蕤岁歉，取北风为上。除夜烧盆爆竹，与照田蚕看火色同。

《通考》：朔日值大寒，主有虎出为灾；值小寒，主有祥瑞。东风半日不止，主六畜大灾。风主春旱。月内有雾，主来年有水；有冷雨暴作，主来年六七月内横水。岁除夜五更视北斗，占五谷善恶。星明则成熟，暗则有损。贪狼主荞麦，巨门主粟，禄存主黍，文昌主芝麻，廉贞主麦，武曲主粳糯，破军主赤豆，辅星主大豆。

【译文】

《陶朱公书》记载：十二月初一正值大雪，主有灾；有风雨则主麦子收成好；有西风则主盗贼多。四日傍晚，乡民们将稻草束在竹竿上，点着火在田间行走，名为照田蚕，看火焰的颜色，来占卜水涝旱情。火焰呈白色，主水涝；火焰呈赤色，主干旱。火焰燃烧得猛烈，主来年丰收；火苗微弱，则预示来年收成不好，最好是北风起时占卜。除夕夜用火盆燃烧爆竹，与照田蚕看火色的占卜方法同理。

《通考》记载：十二月初一正值大寒，主有山虎出洞之灾；正值小寒，主祥瑞。刮东风且半日不停止的，主六畜大灾。风主春季干旱。十二月内出现雾，主来年有水灾；出现冷雨暴作，主来年六、七月内水势泛滥。除夕夜五更时分观测北斗星，来占卜五谷的收成好坏。北斗星明亮，则预示五谷成熟，昏暗则预示五谷欠收。天狼星主荞麦，巨门星主粟，禄存星主黍，文昌星主芝麻，廉贞星主麦，武曲星主粳糯，破军星主赤豆，辅星主大豆。

《杂占》：腊月柳眼青，主来年夏秋米贱。腊月雷鸣雪里，主阴雨百日。月内雷，主来年旱涝愆期。

《纪历撮要》：冰结后水落，主来年旱；结后水涨，名上水冰，主水若紧后，来年大水。除夜东北风，五禾大熟。

《农政全书》：冬天南风三两日必有雪，至后第三戊为腊。腊前三两番雪，谓之腊前三白，太宜菜麦。谚云：腊雪是被，春雪是鬼。十二月谓之大禁月，忽有一日稍暖，即是大寒之候。谚云：一日赤膊，三日龌龊。又云：大寒须守火，无事不出门。又云：大寒无过丑寅，大热无过未申。立春在残年，主冬暖。谚云：两春夹一冬，无被暖烘烘。

【译文】

《杂占》记载：若腊月柳叶初生，主来年夏季和秋季米贱。腊月雪里响雷，主阴雨百日。腊月响雷，主来年旱涝和时令混乱。

大雪

　　《纪历撮要》记载：结冰后水位下降，主来年干旱；结冰后水位上涨，名为上水冰，若主河道水深且湍急，则预示来年有大水灾。除夕夜刮东北风，预示来年庄稼大丰收。

　　《农政全书》记载：冬天刮南风，三两日之内必定有雪。冬至后第三个戊日为腊月，腊月前两三场雪，称之为腊前三白，特别适宜菜麦生长。谚语说：腊雪是被，春雪是鬼。十二月被称为大禁月，若忽有一日气温回暖，即是极寒天气的征兆。谚语说：一日赤膊，三日龌龊。又说：大寒须守火，无事不出门。又说：大寒无过丑寅，大热无过未申。立春在年终的，主冬日和暖。谚语说：两春夹一冬，无被暖烘烘。

　　《群芳谱》：一岁共十二月，二十四气，七十二候。大寒后十五日，斗柄指艮，为立春，正月节。立，始建也。春气始至而建立也。一候，东风解冻。冻结于冬，遇春风而解也。二候，蛰虫始振。蛰，藏也。振，动也。感三阳之气而动也。三候，鱼陟负冰。上游而近水也。立春后十五日，斗柄指寅，为雨水。正月中。阳气渐升，云散为水，如天雨也。一候，獭祭鱼。岁始而鱼上，则獭取以祭。二候，候雁北。阳气达而北也。三候，草木萌动，天地交泰，故草木萌生发动也。

　　【译文】

　　《群芳谱》记载：一年共有十二个月，二十四个节气，七十二候。大寒过后十五日，北斗星斗柄指向艮位，为立春，即为正月节气。立，始建的意思。春天的气息开启并且生发。一候，东风解冻。在冬季冻结的，迎遇春风而化解。二候，蛰虫始振。蛰，指动物冬眠，藏起来不吃不动。振，抖动的意思。蛰伏的动物因感受到三阳之气而出动。三候，冰初融化。原来伏于冰下的鱼儿开始"负冰"而游。立春后十五日，斗柄指向寅位，为雨水。即为正月中气。此时阳气渐渐回升，云气挥散为水气，比如天开始降雨。一候，水獭捕鱼。新年伊始，鱼群游近水面，于是水獭捕了鱼陈列在水边，如同陈列祭祀的供品一般。二候，大雁从南方飞回北方。此时阳气通达并传回北方。三候，草木萌动，天地之气融和贯通，因此草木随着阳气的升腾而开始抽芽。

雨水后十五日，斗柄指甲，为惊蛰，二月节。蛰虫震惊而出也。一候，桃始华。二候，仓庚鸣，黄鹂也。仓，清也；庚，新也。感春阳清新之气而初出，故鸣。三候，鹰化为鸠，即布谷也。仲春之时，鹰喙尚柔，不能捕鸟，瞪目忍饥如痴而化。化者反归旧形之谓。春化鸠，秋化鹰，如田鼠之于駕也。若腐草、雉、爵，皆不言化，不复本形者也。惊蛰后十五日，斗柄指卯，为春分，二月中。分者，半也，当春气九十日之半也。一候，元鸟至，燕也。春分来，秋分去。二候，雷乃发声。四阳渐盛，阴阳相薄为雷。乃者，象气出之难也。三候，始电。电，阳光也。四阳盛长，气泄而光生也。凡声属阳，光亦属阳。

水獭捕鱼

布谷鸟

【译文】

雨水过后十五日，北斗星斗柄指向甲位（东方甲、卯、乙三个方位中的首位），为惊蛰，即为二月节气。蛰虫被惊动而出洞。一候，桃始华。二候，仓庚鸣。即指黄鹂鸣叫。仓，清也；庚，新也。黄鹂鸟感受到春天初升的清新阳气，因此鸣叫。三候，鹰化为鸠，即指布谷鸟。仲春时节，鹰嘴还很柔软，还不能捕鸟，瞪目忍饥痴迷地化为鸠。化身后又被以从前的样貌命名。春季化为鸠，秋季化为鹰，就像田鼠化为鴽。不像腐草变为萤，雉变为蜃，爵变为蛤，都不能说成转化，因为它们都无法再恢复原形。惊蛰后十五日，斗柄指向卯位，为春分，即为二月中气。分，一半的意思，意味着九十日的春气已过了一半。一候，元鸟至，即指燕子。春分飞来，秋分飞走。二候，开始出现雷声。四阳渐渐旺盛，阴阳相薄为雷。乃，即象气所发之声。三候，始电。电，即指阳气生发的光。四阳旺盛生长，阳气向上外泄而产生光。所有的声音属阳，光也属阳。

春分后十五日，斗柄指乙，为清明，三月节。万物至此皆洁齐而明白也。一候，桐始华。桐有三种，华而不实曰白桐，亦曰花桐。《尔雅》谓之荣桐，至是始华也。二候，田鼠化为鴽，鹌也。鼠阴而鴽阳也。三候，虹始见。虹，日与雨交，天地之淫气也。清明后十五日，斗柄指辰，为谷雨，三月中。雨为天地之和气，谷得雨而生也。一候，萍始生。萍阴物，静以承阳也。二候，鸣鸠拂其羽，飞而翼迫其声也。三候，戴胜降于桑，蚕候也。

【译文】

春分后十五日，斗柄指向乙位，为清明，是三月节气。万物在此时都整洁而明朗。一候，桐始华。桐有三种，开花但不结果实的叫白桐，也叫花桐。《尔雅》有载，将其称之为荣桐，到了此时开始开花。二候，田鼠化为鴽，即鹌鹑。田鼠属阴而鴽属阳。三候，虹始见。虹，太阳与雨相交而形成，属于天地间的淫气。清明后十五日，斗柄指向辰位，为谷雨，是三月中气。雨为天地间的和气，五谷得雨而生发。一候，萍始生。萍属阴物，静待阳气。二候，布谷鸟不停地抖动翅膀，飞翔时两翼相拍，热情鸣叫。三候，桑树上始见戴胜鸟，是蚕事兴盛的征候。

谷雨后十五日，斗柄指巽，为立夏，四月节。夏，大也，物至此皆假大也。一候，蝼蝈鸣。一名鼫鼠，一名蟹，阴气始，故蝼蝈应之。二候，蚯蚓出。蚯蚓阴类，出者，承阳而见也。三候，王瓜生。土瓜也。立夏后十五日，斗柄指巳，为小满，四月中，物长至此，皆盈满也。一候，苦菜秀。茶为苦菜，感火气而苦味成。不荣而实曰秀，荣而不实曰英，此苦菜宜言英。二候，靡草死。草之枝叶靡细者，葶苈之属。凡物感阳生者强而立，感阴生者柔而靡，靡草则阴至所生也，故不胜阳而死。三候，麦秋至。麦以夏为秋，感火气而熟也。

戴胜鸟

蚯蚓出。

蚯蚓阴类，
出者，
承阳而见也。

【译文】

谷雨后十五日，斗柄指向巽位（东南方辰、巽、巳三个方位的第二位），为立夏，是四月节气。夏，大的意思，至此时万物宽假，包罗万象。一候，蝼蝈鸣。蝼蝈也叫鼫鼠，也叫螜，阴气开始滋生，所以蝼蝈有所感应。二候，蚯蚓出。蚯蚓属于阴类，出现是因为受阳气驱使。三候，王瓜生。即指土瓜。立夏后十五日，斗柄指向巳位，为小满，是四月中气，万物生长至此，皆盈满了。一候，苦菜秀。这里说的苦菜就是荼，荼感受到火盛之气而形成苦味。不开花便结果的叫秀，开花却不结果的叫英，这里苦菜更适宜称作英。二候，靡草死。草的靡细枝叶，属草本植物。凡是感受到阳气便生发的作物，此时都健壮挺拔，凡是依靠阴气生长的作物，此时都萎靡而柔弱，靡草就属于依靠阴气生长的作物，因此无法抵御阳气而死。三候，麦秋至。麦子在夏季成熟，因感应到火气而成熟。

小满后十五日，斗柄指丙，为芒种，五月节。言有芒之谷可播种也。一候，螳螂生。螳螂饮风餐露，感一阴之气而生，至此时破壳而出。二候，鵙始鸣。百劳也。恶声之鸟，枭类也，不能翱翔，直飞而已。三候，反舌无声。诸书谓反舌为百舌。鸟感阳而鸣，遇微阴而无声也。芒种后十五日，斗柄指午，为夏至，五月中。万物至此，皆假大而极至也。一候，鹿角解。夏至一阴生。鹿感阴气，故角解。二候，蜩始鸣。庄子谓蟪蛄，蝉也。三候，半夏生。药名，居夏之半而生也。

螳螂饮风餐露，感一阴之气而生，至此时破壳而出。

【译文】

小满后十五日，斗柄指向丙位（南方丙、午、丁三方位之首），为芒种，是五月的节气。据说带有芒的谷粒可用来播种。一候，螳螂生。螳螂餐风饮露，最先感应到一缕阴气滋生，此时便破壳而出。二候，鵙开始鸣叫。即指伯劳鸟。这种鸟名声不好，属于枭类，不能回旋飞翔，只会不停地直飞。三候，反舌无声。很多书上都称反舌为百舌。鸟类感应到阳气而鸣叫，遇到细微的阴气便悄无声息了。芒种后十五日，斗柄指向午位，为夏至，是五月的中气。万物到此时皆宽假、包罗万象且生发至极致。一候，鹿角脱落。夏至时天地间滋生出阴气，鹿能感受到，因此鹿角脱落。二候，蜩开始鸣叫。庄子称之为蟪蛄，也就是蝉。三候，半夏生。半夏是中药名，是在夏季的一半时生长的。

夏至后十五日，斗柄指丁，为小暑，六月节，暑气至此尚未极也。一候，温风至。温热之风，至小暑而极，故曰至。二候，蟋蟀居壁。感肃杀之气，初生则在壁，感之深则在野。三候，鹰始挚击也。

《月令》：鹰乃学习。杀气未肃，鸷鸟始学击搏，迎杀气也。小暑后十五日，斗柄指未，为大暑，六月中，暑至此而尽泄。一候，腐草为萤。离明之极，则幽阴至微之物，亦化而为明。不言化者，不复原形也。二候，土润溽。暑土气润，故郁蒸为溽湿。三候，大雨时行。前候湿暑，此候则大雨时行，以退暑也。

金气肃杀，鹰感其气，
始捕击必先祭。

【译文】

夏至后十五日，斗柄指向丁位，为小暑，是六月节气，暑气到这时尚未到达极点。一候，温风至。温热之风，到了小暑而达到极点，因此称为至。二候，蟋蟀居壁。最初感受到肃杀的凉气时，蟋蟀藏于墙壁间，凉气加重后则藏于荒野。三候，鹰开始凶猛捕击。

《月令》记载：鹰开始学习搏杀。肃杀的凉气未消散，凶猛的鸟就开始学习搏击，以迎接寒凉之气。小暑后十五日，斗柄指向未位，为大暑，是六月中气，暑气到此时完全发散。一候，腐草变成萤。在阳明到达极致时，那些幽阴的微生物，也开始转化为明。之所以不称为化，是因为它们不可恢复原形。二候，土润溽暑。土壤浸润，空气湿热，因此这种湿热蒸郁的天气最是难过。三候，大雨时行。前候天气湿热，这一候则大雨降临，可以消退暑热。

大暑后十五日，斗柄指坤，为立秋，七月节。秋，揫也，物至此而揫敛也。一候，凉风至。西方凄清之风，温变而肃也。二候，白露降。大雨之后，凉风来。天气下降，茫茫而白，尚未凝珠也。三候，寒蝉鸣。初秋夕阳声小而急疾者是也。立秋后十五日，斗柄指申，为处暑，七月中，阴气渐长，暑将伏而潜处也。一候，鹰乃祭鸟。金气肃杀，鹰感其气，始捕击必先祭。二候，天地始肃。三候，禾乃登。禾者，谷之连、藁秸之总名。成熟曰登。

【译文】

大暑后十五日，斗柄指向坤位（西南方未、坤、申三位中的第二位），为立秋，是七月节气。秋，聚集的意思，万物到此时开始聚拢、收敛。一候，凉风至。西方凄清之风，由温暖变得清肃。二候，白露降。大雨之后凉风来。气温下降，出现茫茫的白雾，尚未凝结成珠。三候，寒蝉鸣。初秋的傍晚，蝉声音低微而急促。立秋后十五日，斗柄指向申位，为处暑，是七月中气，阴气渐渐生长，暑气将退，而隐藏起来。一候，鹰乃祭鸟。秋令属金，五行为义，金气肃杀，鹰感受到这股力量便开始捕捉诸鸟，然而饮食前却要先祭之。二候，天地始肃。三候，禾乃登。禾，即谷子、藁秸的总称。登，成熟的意思。

处暑后十五日，斗柄指庚，为白露，八月节，阴气渐重，露凝而白也。一候，鸿雁来。《淮南子》作候雁自北而南来也。二候，元鸟归。元鸟，北方之鸟，故曰归。三候，群鸟养羞。谓藏美食以备冬月之养。白露后十五日，斗柄指酉，为秋分，八月中。至此而阴阳适中，当秋之半也。一候，雷始收声。雷属阳，八月阴中，故收声入地，万物随以入也。二候，蛰虫坏户。坏，益其蛰穴之户，使通明处稍小，至寒甚，乃墐塞之也。三候，水始涸。水，春气所为。春夏气至，故长；秋冬气返，故涸也。

【译文】

处暑后十五日，斗柄指庚位（西方庚、酉、辛三位中的首位），为白露，是八月节气。此时阴气渐重，露水凝结成白色露珠。一候，鸿雁来。《淮南子》中有载候雁从北方向南方飞来。二候，**元鸟归。元鸟，北方之鸟，因此名归。**三候，**群鸟养羞。**意思是说收藏美食以备冬天食用。白露后十五日，斗柄指向酉位，**为秋分，是八月中气。**到这时阴阳平衡，正好是秋季的一半。一候，**雷始收声。**雷属阳，八月阴气占据一半，因此收声入地，万物也随之**收入。二候，蛰虫坏户。坏，**蛰虫在地下封塞巢穴，只留一条狭小的通道，等到天气**寒冷时，便将其塞封。三候，水始涸。水，**春气所为。春季、夏季的阳气所至，因此水位上涨；秋冬阳气返转为阴气，因此水干涸。

秋分后十五日，斗柄指辛，为寒露，九月节，气渐肃，露寒而将凝也。一候，鸿雁来宾。后至者为宾。二候，雀入大水，为蛤。严寒所至，蜚化为潜也。三候，菊有黄华。菊独华于阴，故曰有也。寒露后十五日，斗柄指戌，**为霜降，九月中。**气愈肃，露凝为霜也。一候，**豺乃祭兽。以兽祭天，报本也。**方铺而祭，秋金之义。二候，**草木黄落，**色黄摇落也。三候，**蛰虫咸俯，**皆垂头，畏寒不食也。

【译文】

秋分后十五日，斗柄指向辛位，**为寒露，是九月节气，**阴气渐渐清肃，露寒而将要凝结。一候，**鸿雁来宾。**季秋后来者为宾。二候，雀入大海变为蛤。严寒所至，飞物化为潜物。三候，**菊有黄华。**草木皆

菊独华于阴，故曰有也。

因阳气而开花，独有菊因阴气开花，因此有桃桐之华的说法。寒露后十五日，斗柄指戌位（西北方戌、乾、亥三位之首），为霜降，是九月中气。此时阴气更加清肃，露水凝结为霜。一候，豺乃祭兽。豺捕捉到猎物后，要陈列在面前，祭拜一番再食用，以此来感恩老天的恩赐。每当傍晚祭拜，也是秋令属金，五行为义的缘故。二候，草木黄落，枯黄摇落。三候，蛰虫都卧伏起来，都垂着头，怕冷而不吃东西。

霜降后十五日，斗柄指乾，为立冬，十月节。冬，终也，物终而皆收藏也。一候，水始冰。水面初凝，未至于坚，故曰始冰。二候，地始冻。土气凝寒，未至于坼，故曰始冻。三候，雉入大水为蜃。大水，淮也。立冬后十五日，斗柄指亥，为小雪，十月中。气寒而将雪矣，第寒未甚而雪未大也。一候，虹藏不见。阴阳气交为虹，阴气极，故虹伏，言其气下伏也。二候，天气上升。三候，地气下降。天地变而各正其位，不交则不通，故闭塞也。

【译文】

霜降后十五日，斗柄指向乾位，是为立冬，是十月节气。冬，本意是终了的意思，万物终了而皆收藏起来。一候，水始冰。水面刚结冰，还不是很坚硬，因此称为始冰。二候，地始冻。地气凝结了寒气，还不至于冻裂，因此称为始冻。三候，雉入大水为蜃。大水，指淮水。立冬后十五日，斗柄指向亥位，为小雪，是十月中气。此时气候寒冷而有降雪，地气还不是十分寒冷，雪也不大。一候，彩虹隐藏不见。阴阳之气交合为虹，此时阴气至极，因此彩虹隐藏起来，是说阳气下伏。二候，天气上升。三候，地气下降。天地间的平衡发生改变，阴阳各正其位，不相交则不通，不通则闭塞。

小雪后十五日，斗柄指壬，为大雪，十一月节。言积寒凛冽，雪至此而大也。一候，鹖鴠不鸣。阳鸟感六阴之极而不鸣。二候，虎始交。虎感微阳萌动，故交也。三候，荔挺生。大雪后十五日，斗柄指子，为冬至，十一月中，日南阴极而阳始生也。一候，蚯蚓结。六阴寒极之时，蚯蚓交结如绳。二候，麋角解。冬至一阳生。麋感阳气，故角解。三候，水泉动。水者，一阳所生，一阳初生，故动也。

【译文】

小雪后十五日，斗柄指向壬位（北方壬、子、癸三方位之首位），为大雪，是十一月节气。是说此时积累的寒气凛冽袭人，到这时降雪为最大。一候，鹖鴠不鸣。喜阳之鸟因感受到六阴之极而不再鸣叫。二候，虎始交。老虎能感受到有微弱的阳气萌动，因此在此时交配。三候，荔挺草因感到阳气的萌动而开始抽芽。大雪后十五日，斗柄指向子位，为冬至，是十一月中气，此时太阳处在最南方，阴气到达极致而阳气开始萌生。一候，蚯蚓结。此时阴气最重，正是寒极之时，蚯蚓虽在地下僵作一团，但因阳气始发，蚯蚓的头开始向上伸出，身体呈现如绳子打结的形状。二候，麋角解。冬至时一股阳气萌生。麋

麋
角
解

鹿因感受到阳气，因此鹿角脱落。三候，水泉动。水，为阳气所生，此时阳气初生，因此泉水开始流动。

冬至后十五日，斗柄指癸，为小寒，十二月节。时近小春，故寒气犹小。一候，雁北乡。雁避热而南，今则北飞，禽鸟得气之先故也。二候，鹊始巢。至后二阳，已得来年之气，鹊遂为巢，知所向也。三候，雉鸲。雉，阳鸟也。雊，雌雄同鸣，感于阳而有声也。小寒后十五日，斗柄指丑，为大寒，十二月中。时已二阳，而寒威更甚者，闭塞不盛，则发泄不盛，所以启三阳之泰，此造化之微权也。一候，鸡乳。乳，育也。鸡，木畜，丽于阳而有形，故乳。二候，征鸟厉疾。至此而猛厉迅疾也。三候，水泽腹坚。冰彻上下皆凝，故曰腹坚。

一元默运，万汇化生，四序循环，千古不易，极之而阳九百六，不过此气之推迁耳。

【译文】

冬至后十五日，斗柄指癸位，为小寒，是十二月节气。此时临近小春，因此寒尚小。一候，雁北乡。大雁为避热而从南边飞回，如今飞向北方，禽鸟也感受到最初的阳气。二候，鹊开始筑巢。冬至后的二阳之候，喜鹊已感受到来年之气，于是开始筑巢，知晓自己的去向。三候，雉鸲。雉，喜阳鸟类。雊，雌雄同鸣，感受到阳气生发而鸣叫。小寒后十五日，斗柄指向丑位（东北方丑、艮、寅三位之首位），为大寒，是十二月中气。此时已生发二阳，然而严寒的威力也更加强盛，闭塞不通，发泄不散，因此凭借三条阳线开启泰卦，这就是天地造化的机变之处。一候，鸡乳。乳，哺育的意思。鸡属木畜类，因得受阳气而华丽有形，开始繁殖。二候，征鸟厉疾。到此时更加猛烈迅疾。三候，水泽腹坚。冰层上下都凝结了，因此称为腹坚。

天地运化，万物始生，四时循环，千古不变，凡事物极必反，必会引发祸端，不过是天地气运相互推移转化罢了。

時節氣候抄

第二册

（清）喻端士 著

謙德書院 譯注

團結出版社

图书在版编目（CIP）数据

时节气候抄 / (清) 喻端士著 ; 谦德书院译 . -- 北京 : 团结出版社 , 2024.4

ISBN 978-7-5234-0573-4

Ⅰ . ①时… Ⅱ . ①喻… ②谦… Ⅲ . ①时令—中国 Ⅳ . ① P193

中国国家版本馆 CIP 数据核字 (2023) 第 208354 号

出版： 团结出版社

（北京市东城区东皇城根南街 84 号 邮编：100006）

电话： （010）65228880　65244790　（传真）

网址： www.tjpress.com

Email： 65244790@163.com

经销： 全国新华书店

印刷： 北京印匠彩色印刷有限公司

开本： 145×210　1/32

印张： 28.5

字数： 452 千字

版次： 2024 年 4 月 第 1 版

印次： 2024 年 4 月 第 1 次印刷

书号： 978-7-5234-0573-4

定价： 198.00 元（全四册）

目录

卷 二

卷二

春正月

《易·说卦》^①：万物出乎震^②。震，东方之卦，春时万物出生也。

《礼·乡饮酒义》^③：春之为言蠢也，产万物者圣也。

《尸子》^④：春为忠。东方为春，春动也。是故鸟兽孕宁，草木华生，万物咸遂，忠之至也。

【注释】

①《易·说卦》：即《易经·说卦传》，十翼之一。

②震：八卦之一，雷之象。

③《礼·乡饮酒义》记载：主要解释乡饮酒礼的意义，说明它提高人们认识尊卑长幼、慕贤尚齿的作用，以及对社会政教的重要影响。

④《尸子》：先秦杂家著作，战国时期著名政治家尸佼撰。书中主要讲述道德仁义的准则。

【译文】

《易经·说卦》记载：万物生于震。震，是东方的卦，春天时万物生长。

《礼记·乡饮酒义》记载：春是萌动之意，生产万物是神圣的。

《尸子》记载：春天是忠诚的。东方是春天，春天萌动。所以鸟兽孕育，草木萌发，万物都在生长，是最忠诚的。

《汉书·律历志》：少阳者，东方。东，动也。阳气动物，于时为春。

《书·尧典》①：分命羲仲，宅嵎夷，曰旸谷②。寅宾出日，平秩东作③。

《传》：宅，居也。东表之地称嵎夷④。日出于谷而天下明，故称旸谷。寅，敬。宾，导。秩，序也。岁起于东而始就耕，谓之东作。东方之官，敬导出日，平均次序东作之事，以务农也。

《月令》：孟春之月，日在营室，昏参中，旦尾中⑤。注⑥：日月之行，一岁十二会，圣王因其会而分之，观斗所建命四时⑦，孟春日月会于娵訾⑧，而斗建寅之辰也⑨。营室在亥，昏时参星在南方之中，旦则尾星在南方之中。娵，遵须切，音且。訾，遵为切。醉，平声。本作觜，星次名⑩。

《尔雅》：娵訾之口，营室东壁也⑪。注⑫：自尾十六度至奎四度为娵訾⑬。

【注释】

①《书·尧典》：《尚书》篇名，即《尚书·尧典》。

②分命：命令，任命。嵎夷：中国东方边地。旸谷：古时指日出之处。

③寅宾：恭敬导引。平秩：辨次耕作的先后。

④东表：东方边界之外。

⑤孟春：春季的第一个月，即农历正月。营室、参（shēn）、尾：星名，二十八宿之一。

⑥注：即《礼记注》，是东汉末年儒学家郑玄对《礼记》的注疏。

⑦斗：指北斗七星。

⑧娵訾（jū zī）：亦作"娵觜"。星次名，在二十八宿为室宿和壁宿，其位置相当于现代天文学上黄道十二宫中的双鱼宫。

⑨建寅：古代以北斗星斗柄的运转计算月份，斗柄指向十二辰中的寅，即为夏历正月。

⑩星次：古人把黄赤道附近一周天按照由西向东的方向分为十二个等分，叫做星次。以此说明日月五星的运行和节气的变换。

⑪东壁：星名，即壁宿，在天门之东。

⑫注：即《尔雅注》，是东晋训诂学家郭璞对《尔雅》的注疏。

⑬奎：星名，二十八宿之一。

【译文】

《汉书·律历志》记载：少阳是东方。东，是动。阳光重回大地，万物都在活动，这个时节就是春天。

《尚书·尧典》记载：尧命令羲仲，住在嵎夷，称为旸谷。恭敬地迎接太阳升起，辨别春耕的次序。

《孔安国尚书传》记载：宅，是居住。东方边界之外的土地称为嵎夷。太阳从谷升起然后天下明亮，所以称为旸谷。寅，是恭敬。宾，是引导。秩，是次序。每年从东开始，然后就耕种，称为东作。东方的官吏，恭敬地迎接太阳升起，均匀地计算春耕之事的次序，百姓专心致力于农事。

《月令》记载：孟春之月，太阳运行到营室，黄昏参宿在南天正中，黎明尾宿在南天正中。郑玄注：日月的升降起落，一年有十二次相会，圣明的帝王因为它们的相会而计算月分，观察北斗运转而确定四季，孟春日月相会在娵訾，而北斗星斗柄指向十二辰中的寅位。营室在亥位，黄昏参星在南天正中，黎明尾星在南天正中。娵，遵须切，音且。訾，遵为切。醉，平声。本作觜，星次名。

《尔雅》记载：娵訾之口，以室宿和壁宿为标志星。郭璞注：从尾宿十六度到奎宿四度为娵訾。

又：营室谓之定。定音订。

《诗·鄘风》①：定之方中②，作于楚宫。

朱子《诗传》③：此星昏而正中，夏正十月也。是时可以营制宫室，故谓之营室。

东壁二星，主文籍，天下图书之府。营室，北方火宿，上有离宫④，六星绕之，其广十度。月建寅而日在亥⑤，寅与亥合也。参，西方水宿，七星，三心，二肩，二足，其广十度，乃白虎之身。其前有觜，即虎之口。参音骖，与参商之参音森异。尾，东方火宿，九星如钩，乃苍龙之尾。

又：其日甲乙，其帝太皞，其神勾芒⑥。注：乙，轧也。日之

星
空

行，春东从青道⑦，发生万物，月为之佐，时万物皆解孚甲⑧，自抽轧而出。

春于四时属木，日之所系，十干循环，独言甲乙者，木之属也。太皞，伏羲木德之君⑨。句芒，少皞氏之子曰重，木官之臣⑩。

【注释】

①《诗·鄘风》：是《诗经》里关于卫国的诗，共十篇，为鄘地民歌。

②定：星名，营室。方中：正中。

③朱子《诗传》：即南宋理学家朱熹撰写的《诗集传》。

④离宫：星名，有六星，两两相对。

⑤月建：指旧历每月所建之辰。

⑥甲乙：这里指春季。句芒：古代传说中主管树木的神。

⑦青道：日月运行到东方天空的那一段轨迹叫青道。

⑧孚甲：指草木种子分裂发芽。引申为萌发，萌生。孚：通"莩"，叶里白皮。甲：草木初生时所带种子的皮壳。

⑨木德：指上天生育草木之德。亦特指春天之德，能化育万物。

⑩木官：即木正，古代五行官之一。

【译文】

又：营室称为定。定音订。

《诗经·鄘风》记载：营室在正中，开始兴建楚宫。

据朱熹《诗集传》记载：此星傍晚在正中，是夏历十月。这时可以营建宫室，所以称为营室。

壁宿的两颗星，主书籍，代表天下蕴藏图书的地方。营室，是北方火宿,上有离宫,有六颗星围绕,其广十度。建寅之月,而太阳在亥位,寅位与亥位相合。参宿,是西方水宿,有七颗星,中间有三颗星,上面有两颗星,下面有两颗星,其广十度,是白虎星象的身体。它前面有觜宿,就是白虎星象的嘴。参音骖,与参商中的参星读音不同。尾宿,是东方火宿,有九颗星像钩一样,是苍龙星象的尾巴。

又:孟春之月以甲乙日为主日,主宰这个月的帝王是太皞,天神是勾芒。郑玄注:乙,是轧。太阳运行,春天到东方天空,万物生长,月亮为它辅助,这时万物都在萌发,从抽轧中生出。

春天在四季里属木,和太阳有关系,十干循环,只说春天,是属木的。太皞,就是伏羲,是木德之君。句芒,少皞氏的儿子,也叫重,是木官的臣子。

圣神继天立极①,生有功德于民,故后王于春祀之。句,音勾;芒,音亡。天有五行,则有五行之帝、五行之神。帝者,气之主宰;神者,气之流行。大皞②、炎帝、黄帝、少皞、颛顼,在天五行之帝。伏羲、神农、轩辕、金天、高阳,则人帝之配食于此者③。句芒、祝融、后土、蓐收、元冥④,在天五行之神。重黎、句龙、该、修、熙⑤,则人官之配食于此者。古称太皞乘震执规而司春,炎帝乘离执衡而司夏,黄帝乘坤执绳而司下土,少皞乘兑执矩而司秋,颛顼乘坎执权而司冬,岂伏羲五人帝之谓哉⑥?又其虫鳞⑦,其音角⑧,律中太蔟⑨,其数八,其味酸,其臭膻⑩,其祀户⑪,祭先脾。鳞虫木属,五声角为木,调乐于春,以角为主也。

律者,候气之管^⑫。太蔟寅律,阴阳之气,距地面各有浅深,故律之长短如其数。

【注释】

①圣神:封建时代称颂帝王之词,亦借指皇帝。继天立极:指继承皇位。

②大皥:亦作"大皞",即太皞。

③配食:祔祭,配享。

④后土:土神或地神。蓐(rù)收:古代掌理西方的神,相传为少皞氏之子,负责掌管秋天。元冥:即玄冥,水神名。

⑤重黎、句龙、该、修、熙:均为古代五行之神。重黎:亦作"重藜",指颛顼之后,为帝喾高辛氏火正。句龙:相传为共工之子,后世祀为后土之神。该:为蓐收。修、熙:为玄冥。

⑥离、坤、兑、坎:均为八卦之一,分别象征火、地、沼泽、水。衡:秤杆。绳:木工用的墨线。下土:大地。矩:画直角或方形的工具。权:秤锤。

⑦鳞:古代五虫之一,即鳞虫。

⑧角:古代五音之一。

⑨太蔟(cù):亦作"太簇",十二律中阳律的第二律。

⑩羶(shān):气味。

⑪户:即户神,古代祭祀的五种神祇之一。

⑫候气:占验节气的变化。

【译文】

圣明的帝王继位,有功德于人民,所以后世帝王在春天祭祀他

大皞　炎帝　黄帝　少皞　颛顼　五行之帝

句芒　祝融　后土　蓐收　元冥　五行之神

们。句，音勾；芒，音亡。上天有五行，就有五行之帝、五行之神。帝
王，是气的主宰者；天神，是气的传播者。大皞、炎帝、黄帝、少皞、颛
顼，是在天的五行之帝。伏羲、神农、轩辕、金天、高阳，是人间的帝王
也在此配享。句芒、祝融、后土、蓐收、元冥，是在天的五行之神。重
黎、句龙、该、修、熙，是人间的官吏也在此配享。古时候称太皞乘震
执规而掌管春令，炎帝乘离执衡而掌管夏令，黄帝乘坤执绳而掌管大
地，少皞乘兑执矩而掌管秋令，颛顼乘坎执权而掌管冬令，难道也是
伏羲等五位人间帝王所执掌的吗？孟春之月应时的动物是鳞虫，应
和五音中的角音，十二律中的太蔟，相配成数是八，味道是酸味，气味
是膻气，祭祀对象是户神，祭品以脾为先。鳞虫属木，五声中的角音
为木，在春天调和乐律，以角音为主。律，是占验节气的变化的管。太
蔟是寅律，阴阳之气，距地面各有深浅，所以律的长短和此数相同。

　　律管入地①，以葭灰实其端②。其月气至③，则灰飞而管通，
是气之应也。天三生木，地八成之，其数八成数也④。臭，气也。
酸膻皆木属。户者，人所出入，司之有神⑤。此神是阳气，在户
之内，春阳气出，故祀之。祭先脾者，木克土也。五祀以门、户、
灶、井、中霤为正⑥，盖户，主出木也；灶，火也；中霤，土也；门，
主敛金也；井，水也。若行，则祖道之祭耳⑦。祭五祀，户以羊，
灶以鸡，门以犬，井以豕，中霤以豚。

　　又：是月也，天子乃以元日祈谷于上帝⑧。乃择元辰⑨，天子
亲载耒耜⑩，措之于参保介之御间⑪，帅三公、九卿、诸侯、大夫

躬耕帝籍。天子三推，三公五推，卿诸侯九推⑫。反，执爵于太寝⑬，三公、九卿、诸侯、大夫皆御，命曰劳酒⑭。元日，上辛也⑮。郊祭天，而配以后稷为祈谷也。

【注释】

①律管：亦称"律琯"。古代用作测候季节变化的器具。

②葭（jiā）灰：葭莩之灰。古人烧制成灰后，置于律管中，放密室内，以占气候。

③月气：对阴历每月二气的统称。

④成数：整数。

⑤有神：神灵。有：助词。

⑥五祀：古代祭祀的五种神祇。中霤（liū）：亦作"中廇""中溜"，即宅神。

⑦祖道：古代为出行者祭祀路神，并饮宴送行。

⑧元日：吉日。祈谷：古代祈求谷物丰熟的祭礼。

⑨元辰：良辰，吉辰。

⑩耒耜（lěi sì）：古代一种像犁的翻土农具。

⑪保介：指古时立于车右，披甲执兵，担任侍卫的勇士。

⑫三推、五推、九推：古代的一种耕种籍田的礼仪。按照帝王、三公、九卿、诸侯级别不同推数不同。

⑬太寝：帝王的祖庙。

⑭劳酒：指古时天子设宴慰劳群臣的酒。

⑮上辛：农历每月上旬的辛日。

【译文】

律管放在地里，用芦苇膜烧成的灰塞满管口。月气来到时，膜灰飞出而律管通畅，这就是月气的感应。天三生木，地八成之，数字八是整数。臭，是气。酸膻都属木。户，是人出入的地方，由神明掌管。这神就是阳气，在户之内，春天阳气生发，所以要祭祀。祭祀以脾为先，是因为木克土。五祀以门、户、灶、井、中霤为正统，是因为户，主出木；灶，是火；中霤，是土；门，主敛金；井，是水。如果出行的话，就要祭祀路神，并为出行者饯行。祭祀五祀的时候，户神用羊，灶神用鸡，门神用狗，井神用猪，中霤用小猪。

又：这个月，天子要选择吉日进行祭礼，向天帝祈求五谷丰登。然后选择良辰，天子亲自带着耒耜，放在车右和御者之间，率领三公、九卿、诸侯、大夫亲耕籍田。扶着耒耜入土，天子来回推三次，三公来回推五次，九卿和诸侯来回推九次。返回之后，在祖庙设宴慰劳群臣，三公、九卿、诸侯、大夫都去侍酒，命名为劳酒。吉日，是上旬的辛日。在郊外祭天，然后配食后稷作为祈谷之礼。

元辰，郊后吉日也。日以干言，辰以支言，互文也。参，参乘之人。保介，衣甲也，以勇士为车右而衣甲。御，御车之人也。车右及御人皆是参乘，天子在左，御者居中，车右在右，以三人，故曰参也。置耕器于参乘保介及御者之间。天子籍田千亩，收其谷为祭祀之粢盛，故曰帝籍。九推之后，庶人终之，反而行燕礼，群臣皆侍。士贱不与耕，故亦不与劳酒之赐也。

按《诗·小序》：噫嘻，春夏祈谷于上帝也。疏：郊以报天，兼祈谷者，以人非神之福不生，为郊祀报其已往，又祈其将来。

《载芟》：春耤田而祈社稷也。

《唐六典》：正月上辛，祈谷于圜丘。

《宋史·礼志》：景德三年十二月，陈彭年言："来年正月三日上辛祈谷，至十日始立春。"

【译文】

良辰，是郊祭后的吉日。日用干表示，辰用支表示，文义互相补充。参，是参乘的人。保介，意思是披甲，让勇士为车右，身披铠甲。御，是驾车的人。车右和驾车人都是参乘，天子在左边，御者在中间，车右在右边，总共三个人，所以说"参"。放农具在参乘保介和驾车人之间。天子有千亩籍田，收割谷物作为祭祀的粢盛，所以叫帝籍。九推之后，由百姓完成，天子返回后举行燕礼，群臣都侍候在旁。士大夫地位卑贱不参与耕种，所以天子也不给予他们劳酒的赏赐。

按《诗经·小序》记载：噫嘻，春夏祈谷于上帝也。疏：郊祭是向上天报告，同时祈求谷物丰收，因为人没有神力佑护，而福乐不生，举行郊祭报谢过去，又祈赐将来。

《载芟》记载：春天耕种籍田，向土神和谷神祈祷。

《唐六典》记载：正月上旬的辛日，在圜丘祭天祈谷。

《宋史·礼志》记载：景德三年十二月，陈彭年说："明年正月三日是上旬的辛日，举行祈谷祭礼，到十日开始立春。"

春天耕种籍田。

按《月令》《春秋传》当在建寅之月，迎春之后。后齐永明元年，立春前郊，议者欲迁日。王俭启云："宋景平元年、元嘉六年，并立春前郊。"遂不迁日。然则《左氏》所记启蛰而郊，乃三代彝章。王俭所启郊在春前，乃后世变礼。望常以正月立春之后，行上辛祈谷之礼。从之。

《星经》：八谷星主黍、稷、稻、粱、麻、菽、麦、乌麻，星明则俱熟。

《晋书·天文志》：稷五星，在七星南，农正也。取乎百谷之长以为号也。

《礼记》：厉山氏之有天下也，其子曰农，能殖百谷。夏之衰也，周弃继之，故祀以为稷。农官曰后稷。

《书·舜典》：黎民阻饥，汝后稷，播时百谷。

《左传·昭二十九年》：蔡墨曰："稷，田正也。有烈山氏之子曰柱，为稷，自夏以上祀之。周弃亦为稷，自商以来祀之。"

《诗》：诞后稷之穑，有相之道。

【译文】

按《月令》《春秋传》记载，应当在建寅之月，迎春之后。后齐永明元年，立春前举行郊祭，有人商议想要更改日子。王俭启奏说："宋景平元年、元嘉六年，都在立春前举行郊祭。"于是皇帝不更改日子。然而《左传》记载惊蛰举行郊祭，是三代旧典。王俭所奏郊祭在立春前，是后世设的仪礼。希望皇帝经常在正月立春之后，举行上辛日的祈谷之礼。皇帝依从他的说法。

《星经》记载：八谷星掌管黍、稷、稻、粱、麻、豆、麦、黑芝麻，此星明亮则八谷都熟。

《晋书·天文志》记载：稷五星，在七星南面，掌管农事。取百谷之长作为名称。

《礼记》记载：厉山氏统治天下的时候，他的儿子叫农，能种植百谷。夏朝衰落后，周弃继承，所以作为稷神祭祀。农官称后稷。

《尚书·舜典》记载：百姓忍饥挨饿，你为后稷，应播种百谷。

《左传·昭二十九年》记载：蔡墨说："稷，是田官之长。炎帝有儿子叫柱，任稷，从夏朝以上都祭祀他。周弃也任稷，从商朝以来即祭祀他。"

《诗经·生民》记载：后稷善于耕田种地，有辨别土质的方法。

《史记·周纪》：封弃于邰，号曰后稷。

《五帝纪》：益主虞，山泽辟；弃主稷，百谷时茂。

陈氏《礼书》：社所以祭五土之示，稷所以祭五谷之神。稷非土无以生，土非稷无以见生生之效。故祭社必及稷，以其同功均利而养人故也。

《祭法》：王社、侯社，无预农事，故不置稷。大社、国社，则农之祈报在焉，故皆有稷。

《唐·礼仪志》：祭太社、太稷，社以句龙配，稷以后稷配。

《宋·乐志》：国主太社①，地道聿神。稷司百谷，利毓惟均。

又：地载万物，民资遘功。报本称祀，太稷攸同。

王粲《务本论》：封祀农稷，以神其事。祈谷报年，以宠其功。

牛宏有《春祈稷诫夏歌》。

梁元帝《赋》：敬青坛而致虞，动翠耜而祈谷。

按：耕，耤字。经史或作籍，或作藉，音同，俱收陌韵，前历切，音踖。

【注释】

①太社：疑为"太祀"。

【译文】

《史记·周纪》记载：封弃在邰，叫做后稷。

《五帝纪》记载：益掌管山泽，山泽开辟；弃掌管农事，百谷开始茂盛。

陈祥道《礼书》记载：社是用来祭祀五土之地神，稷是用来祭祀五谷之神。稷没有土地则无法生长，土地没有稷就无法看见生生不息的效果。所以祭祀社神一定会有稷神，因为他们功用相同益处平均且供给百姓生活所需。

《祭法》记载：王社、侯社，和农事无关，所以不设稷神。大社、国社，是为农事向天地祈求酬答的地方，所以都有稷神。

《唐书·礼仪志》记载：祭祀太社、太稷，社用句龙配享，稷用后稷配享。

祭
祀

《宋史·乐志》记载：国君举行祭祀，地道感应着神灵。太社的祭司们肃立在百谷之前，祈求神灵。

又：大地孕育万物，人民辛勤劳作。为了回报恩情举行祭祀，同时祭祀太社和太稷。

据王粲《务本论》记载：天子对农神进行封禅，神话农神的伟大事迹。祈求来年的丰收，尊崇他伟大的功业。

牛宏有《春祈稷诚夏歌》。

梁元帝《玄览赋》记载：在青坛郊祭而敬献给山泽，翻动翠耜而祈求谷物丰收。

按：耕，耤字。经史有的作籍，有的作藉，读音相同，都收陌韵，前历切，音踏。

《祭义》：天子为籍千亩，诸侯为籍百亩。籍之言借也，借民力治之，故谓之籍田。

《五经要义》：天子籍田，以供上帝之粢盛，所以先百姓而致孝享也。籍，蹈也，言亲自蹈履于田而耕之也。

《汉文帝纪》：诏曰："夫农，天下之本也。其开籍田，朕亲率耕，以给宗庙粢盛。"

《百官表》：大司农属官有籍田令丞。

《唐书》：籍田祭先农。唐初为帝社，亦曰籍田坛。贞观元年，太宗既籍田，又元日朝群臣，岑文本奏《籍田》《三元颂》二篇，文致华赡。通作藉。

《周礼·天官》：甸师，掌帅其属而耕耨王藉，以时入之，以共齍盛。齍与粢同。

《周语》：宣王即位，不藉千亩。本作耤。

《说文》：帝耤千亩也。古者使民如借，故谓之耤。谷有五、六、九、百谷。

《书》：百谷用成。

《周礼》：三农生九谷。

郑司农云：九谷，黍、稷、秫、稻、麻、大小豆、大小麦。一说九谷无秫、大麦，有粱、苽。

【译文】

《祭义》记载：天子有千亩籍田，诸侯有百亩籍田。籍的意思是借，借用民力来治理，所以称为籍田。

《五经要义》记载：天子的籍田，是用来耕种供奉天帝的谷物，所以要先于百姓而献给祭祀。籍是蹈，意思是亲自踏上田地耕种。

《汉文帝纪》记载：下诏说："农业，是天下的根本。开辟籍田，朕亲自率领耕种，来供给宗庙谷物。"

《百官表》记载：大司农的下属官吏有籍田令丞。

《唐书》记载：在籍田时祭祀先农。唐朝初年叫帝社，也叫籍田坛。贞观元年，太宗去完籍田，又在正月初一朝见群臣，岑文本奏《籍田》《三元颂》两篇，文辞华美。都作藉。

《周礼·天官》记载：甸师，负责率领下属耕种天子藉田，按时

三农生九谷。

收获进献谷物，供给齍盛所需。齍与粢音、义皆同，指祭祀的谷物。

《周语》记载：宣王即位后，不去行天子亲耕籍田千亩之礼。本作耤。

《说文解字》记载：皇帝亲耕籍田千亩。古代使用民力如同借助，所以称为耤。谷有五、六、九、百谷。

《尚书》记载：百谷丰收。

《周礼》记载：农民生产九谷。

郑司农说：九谷是黍、稷、秫、稻、麻、大豆、小豆、大麦、小麦。还有一种说法是九谷没有秫、大麦，有粱、苽。

《天官·膳夫》：食用六谷。注：黍、稷、粱、麦、苽、稌。苽，音姑。

《说文》：雕，胡也。

《天官·疾医》：五谷养其病。注：麻、黍、稷、麦、豆。

《尔雅·翼》：粱者，黍稷之总名。稻者，溉种之总名。菽者，众豆之总名。三谷各二十种，为六十。蔬果之属助谷，各二十种，凡百谷。

《谷梁传》：大侵。

《韩诗外传》：一谷不升曰歉，二谷不升曰饥，三谷不升曰馑，四谷不升曰荒，五谷不升曰大侵。

【译文】

《天官·膳夫》记载：食物用六谷。郑玄注：六谷是黍、稷、粱、麦、苽、稻。苽，音姑。

《说文解字》记载：雕是胡。

《天官·疾医》记载：五谷能调养病情。郑玄注：五谷是麻、黍、稷、麦、豆。

《尔雅·翼》记载：粱是黍稷的总称。稻是灌溉作物的总称。菽是各种豆类的总称。三谷各有二十种，总共六十种。蔬菜水果之类增添的谷物，各有二十种，总共是百谷。

《谷梁传》记载：大侵。

《韩诗外传》记载：一种谷物收成不好叫歉，两种谷物收成不好叫饥，三种谷物收成不好叫馑，四种谷物收成不好叫荒，五种谷物收成不好叫大侵。

又：王命布农事，命田舍东郊，皆修封疆，审端径术，善相邱陵、阪险、原隰，土地所宜，五谷所殖，以教道民，必躬亲之。田事既饬，先定准直，农乃不惑。田，田畯也。舍，居也。封疆，井田限域也。步道曰径。术，同遂，沟洫也。

又：是月也，命乐正入学习舞。教学者习舞事也。

又：乃修祀典，命祀山林川泽，牺牲毋用牝。禁止伐木，毋覆巢，毋杀孩虫、胎夭、飞鸟，毋麛毋卵，毋聚大众，毋置城郭，掩骼埋胔。牲不用牝，不欲伤其生育。禁伐木，盛德在木也。孩虫，虫之稚者。胎，未生者。夭，方生者。飞鸟，初学飞者。麛，兽子通称。胔，骨之尚有肉者。夭，鸟老切。麛，音迷。骼，音格。胔，音渍。

又：是月也，不可以称兵，称兵必天殃。兵戎不起，不可从我始。毋变天之道，毋绝地之理，毋乱人之纪。天地之大德曰生。春者，生德盛时，兵自我起。以杀戮之心，逆生育之气，是变易天之生道，断绝地之生理，而紊乱生人之纪叙矣。

《管子》：正月之朔，君乃出令布宪于国。五乡之师，五属大夫，皆受宪于太史。

《史记·天官书》注：正月旦，岁之始，时之始，日之始，月之始，故云四始。

【译文】

又：天子命令大臣布置农事，下令住在东郊的农民，都来修整疆界，检查整治田间小路和水道，认真考察丘陵、山坡、原野，土地适宜种植的作物，五谷能够种植的地方，把这些教导给百姓，一定要亲自去做。农事都已整治妥当，是因为首先确定了准则，农民就没有疑惑。田，是田畯，指掌管种田的官，泛指农民。舍，居住。封疆，是土地限定的区域。小路叫径。术，同遂，田间水道。

又：这个月，天子命令乐正到太学教授舞蹈。教求学的人学习舞蹈。

又：又修正祭祀的典籍，天子命令祭祀山林、川泽，祭祀所用

禁伐木，盛德在木也。

牲畜不用母畜。禁止砍伐树木，不要倾毁鸟巢，不要杀死幼虫、刚刚出生和还未出生的动物、正学飞的小鸟，不要捕捉幼兽不要掏取鸟蛋，不要聚集民众，不要设立城郭，要掩埋尸骨。牲畜不能用母畜，是不想伤害生育。禁止砍伐树木，是因为上天的生育盛德在木位。孩虫，是幼虫。胎，是尚未出生的动物。夭，是刚刚出生的动物。飞鸟，是开始学飞的小鸟。麛，是幼兽通称。骼，是尚有腐肉的尸骨。夭，鸟老切。麛，音迷。骼，音格。胔，音渍。

又：这个月，不可以兴兵，兴兵必遭天灾。不兴起战争，不可以从我开始发动。不要改变上天之道，不要断绝大地之理，不要扰乱人伦纲纪。天地的盛德是生育。春天，正是生育盛德兴盛的时候，从我起兵，用杀戮之心，逆生育之气，是改变上天的生道，断绝大地的生理，而紊乱众人的纲纪。

《管子》记载：正月初一，君王下令在国家颁布法令。五乡乡师，五属大夫，都要在太史那里接受法令。

《史记·天官书》注：正月初一，年的开始，时的开始，日的开始，月的开始，所以说四始。

又：正月旦光明，听都邑人民之声。宫①，则岁善，吉；商，则有兵；征②，旱；羽，水；角，岁恶。

《汉书·律历志》：正月，乾之九三，万物棣通，族出于寅。寅，木也，为仁。棣，音替，通意也。

《孔光传》：岁之朝曰三朝。注：岁之朝，月之朝，日之朝。

《班固传》: 春王三朝, 会同汉京。是日也, 天子受四海之图籍, 膺万国之贡珍, 内抚诸夏, 外接百蛮③, 乃盛礼乐④, 供帐置乎云龙之庭。

《晋书·礼志》: 汉仪有正会礼。魏武帝都邺, 正会文昌殿, 用汉仪。晋氏受命, 武帝更定元会仪,《咸宁注》是也。元会仪, 夜漏未尽七刻, 谓之晨贺。昼漏上三刻更出, 百官奉寿酒, 谓之昼会。又设樽于殿庭, 樽盖上施白兽, 若有能献直言者, 则发此樽饮酒, 乃杜举之遗式也。

【注释】

①宫: 其他版本作"声宫"。

②征: 其他版本作"徵"。

③外接百蛮: 出自《东都赋》, 为"外绥百蛮"。

④盛礼乐: 应作"盛礼兴乐"。

【译文】

又: 正月初一天气晴朗的话, 可以从都城人民的声音来占卜一年的吉凶。如果是宫声, 则这年很好, 吉利; 如果是商声, 则有兵事; 如果是征声, 有干旱; 如果是羽声, 有水灾; 如果是角声, 这年不好。

《汉书·律历志》记载: 正月, 是乾卦的第三爻, 爻辞大意为君子终日乾乾, 朝夕振奋警惕, 万物通达, 种类都从寅生出。寅, 属木, 为仁。隶, 音替, 意思是通。

《孔光传》记载: 一年的开始叫三朝。颜师古注: 它是年的开始, 月的开始, 日的开始。

《班固传》记载: 正月初一诸侯在洛京朝见天子。这天, 汉明帝接受四海的地图书籍, 收受万国的贡品珍宝, 对内安抚诸侯各国, 对外安定蛮族夷民, 继而大兴礼乐, 供设帷帐, 置于云龙之庭。

《晋书·礼志》记载: 汉朝礼仪有正会礼。魏武帝建都邺城, 正会礼设在文昌殿, 采用汉朝礼仪。晋朝受天之命, 武帝重新制定元旦朝会的礼仪, 《咸宁注》记载此事。元旦朝会的礼仪, 夜漏不到七刻, 称为晨贺。昼漏上三刻时再次出来, 百官敬奉寿酒, 称为昼会。又在殿前平地上放置酒樽, 樽盖上刻有白兽, 如果有直言进谏的人, 就发给他此樽饮酒, 是春秋时晋国宰夫杜蒉举杯留下的仪式。

又《舆服志》: 象车, 汉卤簿最在前。武帝太康中, 平吴, 南越献驯象, 诏作大车驾之, 以载黄门鼓吹数十人。元正大会, 驾象入庭。

又《王浑传》: 帝尝访元会问郡国计吏方俗之宜, 浑奏曰: "可令中书授以纸笔, 尽意陈闻, 以明圣指, 垂心四远。"

《隋书》: 正会日, 侍中、黄门宣诏劳诸郡上计, 劳讫付纸, 遣陈土宜。

《唐·礼乐志》: 上公北面跪贺, 称: "臣某言: 元正首祚, 景福维新①, 伏惟陛下与天同休②。"宣制曰: "履新之庆, 与公等同之。"

《宋史·乐志》: 淳化三年元日, 朝贺毕, 再御朝元殿, 群臣上寿，复用宫县、二舞，灯歌五瑞田③，自此遂为定制。

蔡邕《独断》：腊者，岁终大祭，纵吏民宴饮。正月岁首，亦如腊仪。

【注释】

①景福维新：其他版本作"景福惟新"。

②此句："陛下"前疑少"开元神武皇帝"。

③此句：疑作"登歌五瑞曲"。

【译文】

又《舆服志》记载：象车，在汉朝仪仗队的最前面。武帝太康年间，平定吴地，南越进献驯象，皇帝下诏制作象车，用来载着黄门鼓吹乐队数十人。元旦大会，驾着象入庭。

又《王浑传》记载：皇帝曾向王浑询问元旦朝会时如何跟郡国计吏查问地方风俗之事。王浑奏报说："可以令中书给他们纸笔，让他们尽情地陈述然后向朝廷呈报，以此表明圣上的意旨，关心四方。"

《隋书》记载：元旦朝会这天，侍中、黄门宣读诏书慰劳诸郡到京上计簿的官吏，慰劳完毕后就给他们发放纸笔，让他们陈述土地之事。

《新唐书·礼乐志》记载：上公面向北方下跪祝贺，称："臣某说：元旦是一年的开始，洪福更新，伏在地上想陛下与上天同享福禄。"皇帝宣读诏书说："与你们一同，庆贺新年。"

《宋史·乐志》记载：淳化三年元旦，朝贺完毕，再到朝元殿，群臣敬酒祝寿，又用宫县、二舞，乐师登堂奏五瑞曲，从此就成了固定的制度。

蔡邕《独断》记载：腊，是年终大祭，官吏百姓纵情宴饮。正月是一年的开始，也如同腊祭的仪式。

宗懔《荆楚岁时记》：正月一日，是三元之日也。长幼悉正衣冠，以次拜贺，进椒柏酒，饮桃汤，进屠苏酒、胶牙饧、五辛盘，造桃板著户，谓之仙木。屠苏，一作屠蘇，庵也。屋平曰屠，昔人居屠苏酿酒，因名。

董勋云：正月饮酒先小者，以小者得岁，先酒贺之。

苏轼诗：但把穷愁博长健，不辞最后醉屠苏。饧，从易，徐盈切，饴也。五辛，荤味也。

《风土记》：元旦以葱、蒜、韭、蓼蒿、芥，杂和而食之，名五辛盘，取迎新之意。

庾信《正朝赍酒诗》：柏叶随铭至，椒花逐颂来。流星向椀落，浮螘对春开。

《晋书》：刘臻妻陈氏，聪辨能属文，尝正旦献《椒花颂》。

蔡絛《西清诗话》：都人刘克，穷该典籍，尝与客论子美《人日》诗："元日至人日，未有不阴时。"人知其一，不知其二。起就架上取书示客曰："此东方朔占书也。岁后八日，一日为鸡，二日为狗，三日为豕，四日为羊，五日为牛，六日为马，七日为人，八日为谷。其日晴，主所生之物育①，阴则灾。少陵意谓天宝离乱，四方云扰幅裂，人物岁岁俱灾，岂《春秋》书'王正月'意耶？"

【注释】

①此句：其他版本作"主所主之物育"。

【译文】

宗懔《荆楚岁时记》记载：正月一日，是三元之日。全家老小都整理衣冠，依次拜贺，饮椒柏酒，喝桃汁，饮屠苏酒、吃胶牙饧、五辛菜，做桃板装在门上，称为仙木。屠苏，一作庮廜，意思是庵。屋顶平叫屠，过去住在屠苏的人所酿的酒，因此得名。

董勋说：正月喝酒以年龄小的为先，因为年龄小的人增长年岁，所以先饮酒祝贺他。

苏轼诗：但把穷愁博长健，不辞最后醉屠苏。饧，从易，徐盈切，意思是饴。五辛，是荤味。

《风土记》记载：元旦用葱、蒜、韭菜、蓼蒿、芥菜，搀杂在一起吃，名叫五辛菜，取迎新之意。

庾信《正旦蒙赵王赉酒诗》记载：柏叶随铭至，椒花逐颂来。流星向椀落，浮蜡对春开。

《晋书》记载：刘臻的妻子陈氏，聪慧明辨能写文章，曾经在元旦献上《椒花颂》。

蔡絛《西清诗话》记载：都人刘克，博览典籍，他曾与客人谈论正月饮酒先小者，以小者得岁，先酒贺之。

杜甫的《人日》诗："元日至人日，未有不阴时。"世人只知其一，不知其二。刘克起身从架上取书给客人看说："这是东方朔的占书。一年开始后的八天，第一天是鸡，第二天是狗，第三天是猪，第四天是羊，第五天是牛，第六天是马，第七天是人，第八天是谷。如果当日天气晴朗，则所主之物繁育，如果当日是阴天，就有灾祸。杜甫认为天宝年间时局纷乱，四方动荡分裂，人们年年都有灾祸，难道是《春秋》里写的'王正月'的意思吗？"

按《魏书·自序》：帝宴百僚，问何故名人日，皆莫能知。收对曰："晋议郎董勋《答问》，称俗云云……"与此同。收博学，且去汉不甚远，何未见东方朔占书耶？

《荆楚岁时记》：人日以七种菜为羹，剪彩为人，或镂金箔为人，以帖屏风，亦戴之头鬓。又造华胜以相遗，登高赋诗。

武平一《景龙文馆记》：中宗景龙三年正月七日，上御清晖阁，登高遇雪，因赐金彩人胜，令学士赋诗。宗楚客诗云："窈窕神仙阁，参差云汉间。九重中禁启，七日早春还。太液天为水，蓬莱雪作山。今朝上林树，无处不堪攀。"

少陵《太岁日》诗注：按史，大历三年，岁次戊申，正月丙午朔，则初三日为大岁日也。

【译文】

按《魏书·自序》记载：皇帝宴请百官，问农历正月初七为什么叫人日，谁都不知道。魏收回答说："晋议郎董勋的《答问礼俗》，称俗话说等等……"与此相同。魏收博学，而且离汉朝也不太远，怎么会没见过东方朔的占书？

《荆楚岁时记》记载：人日用七种蔬菜做羹，剪彩纸为人，或者刻镂金箔为人，贴在屏风上，也可以戴在鬓发上。又做花形首饰互相赠送，登高作诗。

武平一《景龙文馆记》记载：唐中宗景龙三年正月七日，皇上驾临清晖阁，登高的时候遇到下雪，于是就赏赐了金光闪闪的人形饰物，并让学士们作诗。宗楚客诗云："窈窕神仙阁，参差云汉间。九重中禁启，七日早春还。太液天为水，蓬莱雪作山。今朝上林树，无处不堪攀。"

杜甫《太岁日》诗注：按照史书，大历三年，时在戊申之年，正月初一是丙午日，那么初三这天是太岁日。

《隋书·柳彧传》：窃见京邑，爰及外州，每以正月望夜，高棚跨路，广幕陵云，袨服靓妆，车马填噎，肴醑肆陈，丝竹繁会。

《唐·睿宗纪》：先天二年正月上元夜，上皇御安福门观灯，出内人连袂踏歌，令朝士能文者为《踏歌》，声调入云。

《七修类藁》：元宵放灯，起于唐开元间，谓天官好乐，地官好人，水官好灯。上元乃天官下降之日，故从十四至十六夜放灯，后增至五夜。

又：睿宗先天二年正月十五、十六、十七夜，于安福门外作灯轮，高二十丈，衣以锦绣，饰以金银，然五万盏灯，望之如花树，于灯轮下踏歌三日。

【译文】

《隋书·柳彧传》记载：我看见京城，以及外州，每到正月十五晚上，就跨过道路搭起高大的棚子，宽广的帷幕直达云霄，女子衣着华丽浓妆艳抹，车马堵塞道路拥挤，到处摆放着佳肴美酒，丝竹之声交错繁杂。

《旧唐书·睿宗纪》记载：先天二年正月元宵节晚上，太上皇驾临安福门观灯，让宫女出来携手并肩踏地而歌，令能写文的朝臣作《踏歌》，音调响彻云霄。

《七修类稿》记载：元宵节放灯，兴起于唐朝开元年间，说天官喜欢音乐，地官喜欢人，水官喜欢灯。元宵节是天官下降的日子，所以从正月十四到正月十六晚上放灯，后来增加到五夜。

又：睿宗先天二年正月十五、十六、十七晚上，在安福门外制作灯轮，高二十丈，裹上锦绣，装饰金银，点燃五万盏灯，望过去如同花树，在灯轮下面踏歌三天。

又《严挺之传》：先天二年正月望，胡僧婆陁请夜开门，然千百灯，睿宗幸延喜门观乐，挺之上疏以为不可。

又：开成中，正月望夜，帝于咸泰殿陈灯烛，三宫太后俱集，奉觞上寿，如家人礼。

又：明皇正月望夜，于上阳宫建灯楼，高一百五十尺，大陈影灯，设庭燎，自禁门望殿门，皆设蜡炬，荧煌如昼。

又：于常春殿张临光宴，白鹭转花，黄龙吐水，金凫银燕，浮光洞，攒星阁，皆灯也。奏《月分光曲》。

《开元天宝遗事》：韩国夫人置百枝灯树，上元夜燃之，百里皆见，光明夺月色也。

《宋史》：三元观灯，自唐以后，常于正月望夜开坊市门然灯。宋因之，上元前后各一日，东华、左右掖门、东西角楼、城门大道、大宫观寺院，悉起山棚，张乐陈灯，皇城雉堞亦遍设之。大内正门结彩为山楼影灯，起露台，教坊陈百戏。

【译文】

又《严挺之传》记载：先天二年正月十五日，胡僧婆陁请求晚上打开城门，点燃千百灯，睿宗到延喜门观赏玩乐，严挺之上奏认为不应该这样做。

又：开成年间，正月十五的晚上，皇帝在咸泰殿陈设灯烛，三宫太后都聚集于此，举杯敬酒，恭祝长寿，如同家人间的礼节。

又：正月十五的晚上，唐玄宗在上阳宫建灯楼，高一百五十尺，陈设了很多影灯，在庭中设置火炬，从宫门望向殿门，都设有蜡烛，明亮如同白天。

又：在常春殿设临光宴，白鹭转花，黄龙吐水，金凫银燕，浮光

元宵节
放灯

洞，攒星阁，都是灯。奏《月分光曲》。

《开元天宝遗事》记载：韩国夫人（杨贵妃的姐姐）设置百枝灯树，元宵节晚上点燃，百里之内都能看到，光明胜过月色。

《宋史》记载：三元之日的习俗是观灯，自唐以后，人们经常在正月十五晚上打开街市的门并点燃灯火。宋朝沿袭旧例，元宵节前后各一天，在东华门、左右掖门、东西角楼、城门大道、大宫观寺院，全部搭起彩棚，奏乐放灯，皇宫的城墙上也到处都有灯火。皇宫正门张灯结彩，搭起彩楼制作影灯，建起露天戏台，让教坊演百戏。

《江邻几杂志》：京师上元放灯三夕，钱氏纳土进钱买两夜。今十七、十八两夜灯，因钱氏而添也。

《宣和遗事》：宣和四年，令都城自腊月朔放鳌山灯，至次年正月十五日夜，谓之预借元宵。

又：政和五年十二月二十九日，诏景龙门预为元夕之具，实欲观民风，察时态，黼饰太平，增光乐国，非徒以游豫为事。特赐公、师、宰执以下宴。

又：至道元年正月望，上观灯乾元楼，召李昉赐坐于侧，酌御罇酒饮之，自取果饵以赐。

孙思邈《千金月令》：上元夜登楼，贵戚有黄柑相遗，谓之传柑。

韩鄂《岁华纪丽》：火树灯楼。

苏味道《看灯诗》：火树银花合，星桥铁锁开。

又崔液诗: 神灯佛火日轮张^①。

又梁简文帝《看灯赋》: 南油俱满, 西漆争然。

【注释】
①此句中"日": 疑做"百"。

【译文】

《江邻几杂志》记载: 京城元宵节时放灯三个晚上, 钱氏献出土地和银钱买了两晚。如今十七、十八两晚的灯, 因为钱氏而增添。

《宣和遗事》记载: 宣和四年, 令都城从腊月初一放鳌山灯, 直到第二年正月十五的晚上, 称为预借元宵。

又: 政和五年十二月二十九日, 皇帝下诏在景龙门提前置办元宵节晚上的酒席, 其实是想要观察民间风俗和社会状况, 点缀太平的气象, 为这片乐土增添光彩, 不仅仅是为了游乐。特赐公、师、宰执以下赴宴。

又: 至道元年正月十五, 皇帝在乾元楼上观灯, 召来李昉让他坐在自己身旁, 把自己杯中的美酒倒给他喝, 又亲自取来糖果饼饵赐给他吃。

孙思邈《千金月令》记载: 元宵节晚上登上高楼, 皇亲贵戚间互相赠送黄柑, 称为传柑。

韩鄂《岁华纪丽》记载: 火树灯楼。

苏味道《看灯诗》记载: 火树银花合, 星桥铁锁开。

又崔液诗: 神灯佛火百轮张。

又梁简文帝《看灯赋》记载：南方的油全都满溢，西方的漆争相燃烧。

又古诗：九陌连灯影，千门共月华。倾城出宝骑，匝路转香车。

又：元祐中元夕，上御楼观灯，时王禹玉、蔡持正为左右相，上独赏禹玉诗，妙于使事。诗云："雪消华月满仙台，万烛当楼宝扇开。双凤云中扶辇下，六鳌海上驾山来。"

苏轼劄子：伏见中使传宣下府司市买浙灯四千余盏①，有司具实直以闻，又令减价收买②。此不过以奉二宫之欢，而极天下之养耳。

陆游诗：东都父老今谁在，肠断当时谏浙灯。

又《杨文仲传》：通判台州③。故事，守贰尚华侈，正月望，取灯民间，吏以白，文仲曰："为我然一灯足矣。"

《晁氏客话》：蔡君谟守福州，上元日，命民间一家点灯七盏。陈烈作大灯，长丈余，大书云："富家一盏灯，太仓一粒粟。贫家一盏灯，父子相对哭。风流太守知不知？犹恨笙歌无妙曲。"君谟见之，还舆罢灯。

【注释】

①此句："伏见中使"疑为"臣伏见中使"。"府司市"其他版本作"府市司"。

②此句："又令减价"疑为"陛下又令减价"。

③此句："通判台州"疑为"丐外，添差通判台州"。

【译文】

又古诗：九陌连灯影，千门共月华。倾城出宝骑，匝路转香车。

又：元佑年间元宵节的晚上，皇帝到楼上观灯，当时王禹玉、蔡持正为左、右丞相，皇帝唯独欣赏王禹玉的诗，认为他的诗妙在引用典故。诗云："雪消华月满仙台，万烛当楼宝扇开。双凤云中扶辇下，六鳌海上驾山来。"

苏轼的劄子里说：臣看到宫中使者传达诏令给府市司要购买四千多盏浙江花灯，府市司把价格上报之后，陛下又下令降价购买。这不过是为了讨得两宫太后的欢心，而尽到天下儿女的孝心罢了。

陆游诗：东都父老今谁在，肠断当时谏浙灯。

又《杨文仲传》记载：杨文仲自请外放后被添差为台州通判。过去的通判崇尚奢华，按照旧例，正月十五，要从民间征收花灯，官员告诉他此事，文仲说："为我点燃一盏灯就够了。"

《晁氏客话》记载：蔡君谟任福州太守的时候，元宵节这天，命令民间每户人家都要点七盏灯。陈烈做了一盏大灯，长一丈多，上面写着大字："富家一盏灯，太仓一粒粟。贫家一盏灯，父子相对哭。风流太守知不知？犹恨笙歌无妙曲。"蔡君谟看到后，下令停止点灯。

又《马知节传》：边寇将至，方上元节，遽命张灯启关，累夕宴乐，寇不测，即引去。

《宋名臣言行录》：狄青宣抚广西^①，时侬智高守昆仑关。青至宾州，值上元节，令大张灯烛，首夜宴将佐，次夜宴从军官。二鼓，青忽称疾，暂起如内，使人谕孙元规，令暂主席行酒，少服药乃出。至晓，客未敢退，忽有驰报者云："三鼓，青已夺昆仑矣。"

段成式《酉阳杂俎》：北朝妇人尝以正月进箕帚、长生花^②。

冯贽《云仙杂记》：洛阳人家，正旦造丝鸡、蝐燕^③、粉荔枝，十五日造火蛾儿，食玉梁糕。上元以影灯多者为上，其相胜之辞曰："千影万影。"

【注释】

①此句："狄青"疑为"狄青为枢密副使"。

②此句："尝以"疑为"常以"。

③此句："蝐燕"其他版本作"蜡燕"。

【译文】

又《马知节传》记载：边境敌寇将要到来，正值元宵节，马知节就命令张灯开门，整晚饮宴作乐，敌寇摸不清状况，就引兵退去。

《宋名臣言行录》记载：狄青到广西传达皇帝的命令，安抚军民，当时侬智高据守昆仑关。狄青到宾州的时候，正值元宵节，就下令在军中大张灯烛，第一天晚上宴请将领佐吏，第二天晚上宴请随从军官。二鼓时分，狄青忽然称病，就起身进入内账，狄青派人告诉孙元规，让他暂时主持席间敬酒，自己服点药就出来。到天亮，客人都不敢退去，忽然有人跑来报告说："三鼓时分，狄青已经夺取昆仑关。"

段成式《酉阳杂俎》记载：北朝妇女经常在正月买箕帚、长生花。

冯贽《云仙杂记》记载：洛阳人家，在正月初一做丝鸡、蠔燕、粉荔枝，十五这天做火蛾儿，吃玉梁糕。元宵节以拥有影灯多而为豪，那种盛景可以说是："千影万影。"

立 春

正月节气大寒后十五日，斗柄指艮为立春。

《月令》：先立春三日。大史谒之天子曰："某日立春，盛德在木。"天子乃齐。立春之日，天子亲帅三公、九卿、诸侯、大夫以迎春于东郊。还反，赏公卿、大夫于朝，命相布德和令，行庆施惠，下及兆民。庆赐遂行，毋有不当。谒，告也。东郊去邑八里，因木数也。其坛位于当方之郊为兆位，于中筑方坛，祭太皡、句芒也。礼七献，舞当代之乐。德布为令，令以行德。和，调也。行而适宜，使民各得其所也。

《国语》：先时五日，瞽告以协风至。协，和也。风气和，时候至也。立春曰融风。

又：农祥晨正，日月底于天庙，土乃脉发。农祥，房星也。晨正，立春之日，晨正于午也。农事之候，故曰农祥。天庙，营室也。

【译文】

正月节气大寒后十五天，斗柄指向东北方为立春。

《月令》记载：在立春前三天。太史向天子禀告说："某日立春，盛德在木。"天子于是斋戒。立春之日，天子亲自率领三公、九卿、诸侯、大夫在东郊举行迎春祭祀。返回之后，在朝廷赏赐公卿、大夫，又命令三公广施恩德，宣布禁令，进行赏赐，给予恩惠，下及百姓。赏赐之事，于是实行，没有不妥当的。谒，是告。东郊离城八里，顺应木数。祭坛处所位于本地郊外，在中间建造方坛，祭祀太皡和句芒。行七献之礼，舞当代之乐。广施恩德作为命令发布，而命令是用来实行德政的。和，是调。实行适宜，就能使百姓各得其所。

《国语》记载：开耕前五天，乐师报告说和风吹来。协，是和。风是温和的话，就表明节候到来。立春称作融风。

又：房星晨时正中于南方，日月都出现在营室，土地这时就能耕种了。农祥，是房星。晨正，是立春之日，星宿晨时正中于南方。正是进行农事的节候，所以叫作农祥。天庙，是营室。

《淮南子》：距冬至四十六日①。天含和而未降，地怀气而未扬，阴阳储与，呼吸浸潭，包裹风俗，斟酌万殊，旁薄众宜，以相呕咐酝酿而成育群生。

又：先王之政，四海之云至，而修封疆；虾蟆鸣、燕降，而达路除道。注：立春之后，四海出云。

扬子：阳气蠢辟于东，帝由群雍，物差其容。注：立春节，帝出于东, 阳气用事, 群生雍容, 在于地中, 差次而出。

《史记》: 条风居东北, 主出万物。条之言条治万物而出之, 故曰条风。

又: 苍帝行德, 天门为之开。

《汉书·礼乐志》: 青阳开动, 根荄以遂, 膏润并爱, 跂行毕遂②。

又: 群生啿啿, 惟春之祺。注: 啿啿, 丰厚之貌。啿, 徒览切, 醰, 上声。

《谷永传》: 立春, 遣使者循行风俗, 宣布圣德, 存恤孤寡, 问民所苦, 劳二千石, 勑劝耕桑, 毋夺农时。

【注释】

①此句:"距冬至"疑为"距日冬至"。

②跂: 通"蚑"。用足行走, 多指虫豸。

【译文】

《淮南子》记载: 从立冬到冬至的四十六天。上天含着阳气没有下降, 大地怀有阴气没有上扬, 此时阴阳二气还未融合, 在天地间徘徊徜徉, 互相吸收又扩散, 包含了所有世俗的风气, 斟酌着各种不同的情形, 混同万物, 遍及众生使其适宜, 并对它们进行培育调和, 从而化育众多的生命。

又: 先王治理国家事务, 在雨季即将到来的时候, 就要发动百姓修整疆界; 在蛤蟆鸣叫、燕子归来的时候, 就要组织百姓修整道路。

青阳开动，
根荄以遂

高诱注：立春之后，四海出云。

扬雄：阳气在东方萌动开启，众生雍容仰赖苍帝，万物形态依次生出。范望注：立春节气，苍帝从东方出来，阳气当道，万物雍容，在地里，依次而出。

《史记》记载：条风在东北，主万物生出。条的意思是统治管理万物的生出，所以叫条风。

又：苍帝施行德泽，天门为它开放。

《汉书·礼乐志》记载：春天启动，小草生根发芽，春雨润泽万物，虫、豸全部跑出来。

又：群生啿啿，惟春之祺。颜师古注：啿啿，丰厚的样子。啿，徒览切，音醰，上声。

《谷永传》记载：立春，朝廷派遣使者巡视风尚习俗，宣扬广布圣明的帝德，抚恤孤儿寡妇，询问百姓疾苦，慰劳地方官，劝诫农桑，不要耽误农时。

《后汉·明帝纪》：诏曰："春者，岁之始也。始得其正，则三时有成。"

又《章帝纪》：敕侍御史、司空曰："方春，所过无得有所伐杀。车可以引避，引避之；骒马可辍解，辍解之。"

《礼仪志》：立春之日，施土牛耕人于门外，以示兆民。

又：下宽大书曰："制诏三公：方春东作，敬始慎微。"

又《祭祀志》：距冬至四十六日①，则天子迎春于东堂②，距邦八里,堂高八尺,堂阶三等^③,青稅八乘,旗旄尚青,田车载矛,号曰助天生。唱之以角,舞之以羽翟,此迎春之乐也。车必有鸾,而春独鸾路者。鸾,凤类,色青也。

《郎顗传》:方春东作,布德之元,阳气开发,养道万物。王者因天视听,奉顺时气,宜务崇温柔,遵其行令。

《崔骃传》:强起班春。注:班布春令。

《晋书·礼志》:立春之日,皆青幡帻,迎春于东郊。

【注释】

①此句:"距冬至"疑为"距日冬至"。

②东堂:明堂名。明堂有五室,位于左面东方的叫青阳,为帝王祭祀、布政之所。

③此句:"三等"疑为"八等"。

【译文】

《后汉书·明帝纪》记载:下诏说:"春天是一年的开始。最初能够合乎法则,三时就会有收成。"

又《章帝纪》记载:敕令侍御史、司空说:"正值春天,经过的地方不能有杀戮。车可以让路,就让路;騑马可以不用,就解除不用。"

《礼仪志》记载:立春这天,在门外安放泥塑的牛和农人像,展示给百姓。

又:魏明帝下宽大诏书说:"诏令三公:正值春耕,行事要开始谨小慎微。"

又《祭祀志》记载：从立冬到冬至的四十六天，天子在东堂迎春，距城八里，堂高八尺，堂阶八等，青税八乘，旌旗最好为青色，打猎的车子载着矛，称为助天生。用角声吟唱，拿着翟羽舞蹈，这就是迎春之乐。天子车驾必用鸾车，而春天只有鸾路。鸾，属凤类，青色。

《郎颛传》记载：正值春耕，是广施恩德的开始，阳气开导，有利于养道引发万物。王者沿袭上天的视听，顺应时节气候，应当致力于崇尚温柔，遵循天意发布命令。

《崔骃传》记载：勉强起来班春。李贤注：颁布春令。

《晋书·礼志》记载：立春这天，人们都戴着青色的冠巾，在东郊举行迎春仪式。

又《武帝纪》：诏曰："郡国守相，三载一巡行属县，必以春，此古者所以述职宣风展义也。"

《隋书·乐志》：帝居在震，龙德司春。开元布泽，含和尚仁。

《宋史·礼志》：立春赐春盘，奉内朝者赐幡胜。

《辽史·礼志》：立春，妇人刻青缯为帜，像龙衔之[1]，或为蟾蜍，书帜曰"宜春"。

王充《论衡》：东方主春，春主生物，故祭岁星，求春之福也。

宗懔《荆楚岁时记》：立春之日，悉剪彩为燕戴之，书"宜春"二字[2]。

武平一《景龙文馆记》：正月八日立春，内出彩花赐近臣，武平一应制云："銮辂青旂下帝台，东郊上苑望春来。黄莺未解林间啭，红蘂先从殿里开。"

段成式《酉阳杂俎》：北朝人尝以立春进春书。

梁元帝《纂要》：孟春日，上春、初春、开春、发春、献春、首春。

傅休奕诗：嘉庆形三朝，美德扬初春。

【注释】

①龙衔：其他版本作"龙御"。

②书：疑为"贴"或"帖"。

【译文】

又《武帝纪》记载：下诏说："郡国守相，三年巡视一次属县，且一定要在春天，这是古代用来陈述职守，宣扬风教德化，展示德义的方式。"

《隋书·乐志》记载：帝居在震，龙德司春。开元布泽，含和尚仁。

《宋史·礼志》记载：立春皇帝赐给大臣春盘，侍奉内朝的人赐给彩胜。

《辽史·礼志》记载：立春，妇人用青丝制成旗帜，绣有龙衔图案，或者是蟾蜍，绣制旗帜叫"宜春"。

王充《论衡》记载：东方主春天，春天主生成万物，所以祭祀木星，祈求春天之福。

宗懔《荆楚岁时记》记载：立春这天，都把彩绢剪成燕子的样子戴在头上，贴"宜春"二字。

武平一《景龙文馆记》记载：正月八日立春，宫内送出彩花赐给近臣，武平一应皇帝之命赋诗道："銮辂青旂下帝台，东郊上苑望春来。黄莺未解林间啭，红药先从殿里开。"

段成式《酉阳杂俎》记载：北朝人曾经在立春买春帖。

梁元帝《纂要》记载：孟春日，又叫上春、初春、开春、发春、献春、首春。

傅休奕诗：嘉庆形三朝，美德扬初春。

《九章》：开春发岁兮。

《楚辞》：献岁发春兮。

陈叔达有首春诗。

《董仲舒传》：正次王，王次春。春者，天之所为也。

谢承《后汉书》：郑宏为临淮太守，行春，有两白鹿随车夹毂而行。

《岁华纪丽》：诗人之黄莺出谷，太守之白鹿行春。

《梦华录》：立春前一日，开封府进春牛入禁中鞭春。开封、祥符两县，置春牛于府前，至日绝早，府僚打春。

【译文】

《九章》记载：开春发岁兮。

《楚辞》记载：献岁发春兮。

陈叔达有首春诗。

《董仲舒传》记载："正"次于"王","王"次于"春"。春是天的作为。

谢承《后汉书》记载：郑宏任临淮太守，春日出巡时，有两只白鹿在车子两边跟着行走。

《岁华纪丽》记载：诗人的黄莺出谷，太守的白鹿行春。

《梦华录》记载：立春前一天，开封府把春牛送入宫中，用来鞭春。开封、祥符两县，把春牛放在县衙门前，到立春这天一大早，县衙的官员就开始打春。

立春一候 东风解冻

冻结于冬，遇春风而解也。

按《月令》：孟冬之月，地始冻，与水始冰异。试帖以此命题，作者多误解为东风解冰。

《管子》：日至六十日而阳冻释，七十日而阴冻释，阴冻释而艺稷。此东风解冻真诠也。盖东风春融气和阳动，而土脉发也。

【译文】

在冬天冻结，遇到春风开始融化。

按《月令》记载：孟冬之月，大地开始冻结，冰与水开始不同。试帖用此来出题，作者大多误解为东风解冰。

《管子》记载：冬至后六十天地上的冰开始融化，七十天地下的冰开始融化，地下的冰融化后就可以种植稷谷。这是东风解冻的真谛。因为东风代表着春暖解冻，气候调和，阳气萌发，土地这时就可以耕种了。

孟冬之月，地始
冻，与水始冰异。

立春二候　蛰虫始振

蛰，藏也。振，动也。感三阳之气而动也。按：此与惊蛰异。惊是闻雷声而动，启户将出；振如梦者方觉，动之先机也。

【译文】

蛰，是藏。振，是动。感受到三阳之气而开始活动。按：这与惊蛰不同。惊是听到雷声开始活动，打开洞口要出来；振如同做梦刚刚醒来，是动的先机。

立春三候 鱼陟负冰

上游而近水也。水应作冰。

按《月令》：鱼上冰，上即陟也。水泉动，故渊鱼上升而游水面。春冰薄，若负在鱼之背也。上字义晦，负字极有意义。

【译文】

在上面游靠近水。水应该作冰。

按《月令》记载：鱼上冰，上就是陟。水泉动，所以池鱼上升而游在水面。春冰薄，像背负在鱼的背上。上字义理深微，负字极有意义。

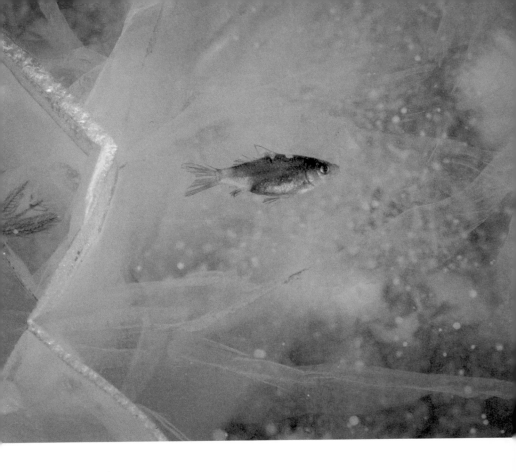

鱼_{上冰，}
上即陟也。
水泉动，
故渊鱼上升而游水面。
春冰薄，
若负在鱼之背也。

雨 水

正月中气，立春后十五日，斗柄指寅，为雨水。阳气渐升，云散为水，如天雨也。

按《月令》：仲春之月始雨水。汉始以雨水为二月节。今正月节先立春，次雨水。雨，去声。

《韵会》：风雨之雨上声，雨下之雨去声。

【译文】

正月中气，立春后十五日，斗柄指向寅位（东北方丑、艮、寅三位之第三位），是雨水。阳气逐渐上升，云散开形成水，如天降雨。

按《月令》记载：仲春之月是雨水的开始。汉朝开始把雨水作为第二个节气。现在正月的节气先是立春，后是雨水。雨，去声。

《韵会》记载：风雨之雨上声，雨下之雨去声。

雨水一候 獭祭鱼

岁始而鱼上，则獭取以祭。

《王制》：獭祭鱼，然后虞人入泽梁。

《埤雅》：獭兽，西方白虎之属，似狐而小，青黑色，肤如伏翼。取鲤于水裔，四方陈之，进而弗食，世谓之祭鱼。

【译文】

立春之时鱼游上来，水獭就会捕获它们并摆放在岸边，如同祭祀的供品。

《王制》记载：水獭将捕获的鱼如祭品一样摆放之后，掌管山泽苑圃的官员"虞人"才可以在鱼塘进行捕鱼活动。

《埤雅》记载：水獭，属于西方白虎之类，像狐狸但更小，毛色青黑，皮肤像蝙蝠。从水边捕获鲤鱼，陈列四方，但不吃它们，世人称为祭鱼。

雨水二候 候雁北

阳气达而北也。

按《月令》：作鸿雁来。陈澔曰：来，自南而北也。

雁非中国之鸟，其至也如客，故曰来。实兹其去也，不合曰来。候雁北，候者，《说文》所谓知时鸟也；北者，《夏小正》所谓雁北乡是也。

【译文】

阳气到达北方。

按《月令》记载：作鸿雁来。陈澔曰：来，是从南向北。

雁不是中原的鸟，它们飞来如同客人，所以称为"来"。其实是"去"，不该称为"来"。候雁北，候，是《说文解字》里所说的知道时节的鸟；北，是《夏小正》里所说的雁向北。

鸿雁

雨水三候 草木萌动

天地交泰，故草木萌生发动也。

《月令》：天气下降，地气上腾，天地和同，草木萌动。注：此阳气蒸达，可耕之候。

《农书》曰：土长冒橛，陈根可拔，耕者急发。按《农书》所引《四民月令》上节去"正月，地气上腾"一句，末改"急菑强土黑垆之田"句，为"耕者急发"。

考王廙《春可乐》云：冰泮涣以微流，土冒橛而解刚。冒橛义终不明。后读氾胜之《论耕》：春候地气始通，椓橛木长尺二寸，埋尺，见其二寸。立春后，土块散，上没橛，陈根可拔。其义始明。

《焦氏易林》云：阳春草生，万物风兴。

【译文】

天地之气互相融合，所以草木萌生发动。

《月令》记载：天气下降，地气上升，天地调和，草木萌动。郑玄注：这时阳气蒸腾，是可以进行耕种的时节。

《农书》中说：土地长出了冒橛，草木的老根就可拔除，农耕之人就要即刻播种。按《农书》所引用的《四民月令》上截取"正月，地

气上腾"一句,把末句"急蕳强土黑垆之田",改为"耕者急发"。

考王廙的《春可乐》中说:冰泮涣以微流,土冒橛而解刚。冒橛的意思始终不明白。后来读了汜胜的《论耕》记载:春天之时,地气开始贯通,把一尺两寸长的橛木敲进土里,埋入一尺,露出二寸。立春后,土块松动,上面超过橛木,陈根就可以拔除。冒橛的意思才明白。

《焦氏易林》中说:阳春时节,草木生出,万物兴起。

春二月

《月令》：仲春之月，日在奎，昏弧中，旦建星中。注：仲春，日月会于降娄，斗建卯之辰也。余月昏旦中星，皆举二十八宿。此云弧与建星者，以弧星近井，建星近斗，井斗度多，星体广，不可的指，故举弧建以定昏旦之中。娄，落侯切。降娄，奎娄也。奎为沟渎，故曰降。从奎五度至胃六度，总曰降娄。

《梦溪笔谈》：太阳过宫者，正月日躔娵訾，二月日躔降娄之类。奎宿在戌。奎，西方木宿，十六星，形如破鞋，广十六度。月建卯而日在戌，卯与戌合也。弧矢，九星，如弓矢，在井西。建，六星，如舟，在斗东。

又：律中夹钟，夹钟卯律。

【译文】

《月令》记载：仲春之月，太阳运行到奎宿，黄昏弧星在南天正中，黎明建星在南天正中。郑玄注：仲春，日月相会在降娄，北斗星斗柄指向十二辰中的卯位。其余月份在黄昏黎明时位于南天正中的星，都列举二十八宿。这个月说弧星和建星，是因为弧星靠近井宿，建星靠近斗宿，而井宿和斗宿度多，星体广，不能明确指向，所以列举弧星和建星来确定黄昏黎明时位于南天正中的星。娄，落侯切。降娄，是奎娄。奎宿为沟渠，所以称降。从奎宿五度到胃宿六度，总称降娄。

《梦溪笔谈》记载：太阳过宫，是正月太阳运行到娵訾，二月太阳运行到降娄之类。奎宿在戌位。奎宿，是西方木宿，有十六颗星，形状像破鞋，广十六度。建卯之月，太阳在戌位，卯位与戌相合。弧矢星，有九颗星，形状像弓箭，在井宿西面。建星，有六颗星，形状像船，在斗宿东面。

又：这个月应和十二律中的夹钟，夹钟是卯律。

又：是月也，安萌芽，养幼少，存诸孤。正月木未萌芽，禁止斩伐而已，至此生意动而萌牙见焉，故贵安之，使渐长也。养幼少，对后养壮佼、衰老而言。春养其幼，夏养其壮，秋养其衰，顺时令也。诸孤，尤幼少中宜恤者。春飨孤子，养幼少之实也。父死王事者，其孤则春飨之，余则存问以安养之而已。

又：择元日，命民社。社，后土也。使民祀焉，神其农业也。祀社日用甲，此言择元日，是又择甲日之善者欤？名诰社用戊日。社有对郊而言者，北郊方泽之祭，与南郊圜丘之祭同，此禋祀之礼，礼之最尊者，不置稷也。有与庙对举者，库门之内，左宗庙，右社稷，《祭法》所谓王为群姓立社，曰王社[①]。诸侯为百姓立社，曰国社。藉田之中，王自为立社，曰王社；诸侯自为立社，

雨水节气

曰侯社，此血祭之礼。礼之稍轻者，皆置稷也。置稷则社配，句龙曰后土，稷配弃曰后稷。后亦司也，尊之，故曰后耳。至北郊期曰皇地祇，不可名后土矣。天之祭，惟天子有之，诸侯以下不得与焉。地之祭，不特诸侯有之，并使大夫以下成群立社。北郊之社，尽载物之地而祭之。天子大社，尽中国九州之地而祭之；王社，尽畿内之地而祭之。诸侯国社，祭一国之地；侯社，祭一国自食之地。下而州社，祭一州之地；里社，祭一里之地而已。此所命社，乃一里之社，其祭亦里宰主之，民皆得与于此，所谓惟为社事毕出里也。

【注释】

①王社：疑为"大社"。

【译文】

又：这个月，要保护草木的萌芽，养育年幼者，抚恤众孤儿。正月树木还没有萌芽，禁止砍伐，到这个月生机勃发，萌芽出现，所以要重视保护，使它们逐渐生长。养育年幼者，是相对于后面的抚养年轻者、年老者而言。春天养育年幼者，夏天培养年轻者，秋天供养老人，是顺应时令的行为。众孤儿，尤其是年幼者中应该抚恤的人。春天用飨礼招待为国而死者的子孙，也属于养育年幼者的情况。父亲为国事而死，留下的孤儿就在春天用飨礼招待，其他的孤儿也要慰问并安抚养育他们。

又：要选择吉日，让百姓祭祀社神。社神，就是后土。让百姓祭

祀，保佑农业。祭祀社神用甲日，这就是选择吉日，还有比甲日更好
的选择吗？名诺社神用戊日。有社神与郊祭相对的说法，北郊有方泽
之祭，与南郊的圜丘之祭相同，这是禋祀之礼，礼仪中最尊贵的，不
设置稷神。有与宗庙相对的，库门之内，左边是宗庙，右边是社稷，
《祭法》里所说的帝王为百姓立社，叫大社。诸侯为百姓立社，叫国
社。籍田之中，天子为自己立社，叫王社；诸侯为自己立社，叫侯社，
这是血祭之礼。礼仪中稍轻的，都设置稷神。设置稷神来配享社神，
句龙叫后土，弃配享稷神叫后稷。后稷也掌管五谷，百姓尊重他，所
以叫后稷。到北郊祭祀的日子叫皇地祇，不能叫后土。天的祭祀，只
有天子有，诸侯以下不得参与。地的祭祀，不只诸侯有，也让大夫以
下成群立社。北郊之社，祭祀所有能载万物的土地。天子的大社，祭
祀所有中国九州的土地；王社，祭祀所有王都之内的土地。诸侯国
社，祭祀一国的土地；侯社，用一国中属于自己的土地。下到州社，祭
祀一州的土地；里社，祭祀一里的土地。这里祭祀社神，是一里的社
神，祭祀也由里宰主持，百姓都可以参与其中，所谓只有做社事，一里
百姓才会全部参与。

又：命有司省囹圄，去桎梏，毋肆掠，止狱讼。囹，音零，牢
也。圄，音语，止也。疏：周曰圜土，殷曰羑里，夏曰钧台。囹圄，
泰狱名也。在手曰梏，在足曰桎，皆木械。去，上声。肆，陈尸
也。掠，音亮，捶治也。止，谕使息争也。

又：是月也，毋竭川泽，毋漉陂池，毋焚山林。流曰川，潴曰

泽，皆水之自然者；堰曰陂，凿曰池，皆水之人为者。三者之禁，皆谓伤生之意。漉亦竭也。

又：天子乃鲜羔开冰，先荐寝庙。鲜，音献。古者日在虚则藏冰，至此仲春，则献羔以祭司寒之神。而开冰先荐寝庙者，不敢以人之余奉神也。开冰非重祭，故不用牛。司寒天神，不可过卑，故不用特豚耳。

又：上丁，命乐正习舞释菜，天子乃帅三公、九卿、诸侯、大夫亲往视之。仲丁，又命乐正入学习乐。乐正，乐官之长也。习舞释菜，谓将教习舞者，先以释菜之礼告先师也。

【译文】

又：天子命令官吏减少监狱中的囚犯，去除他们的脚镣和手铐，犯人处决后不要陈尸示众，也不要鞭挞他们，官员们调解纠纷，减少诉讼。圄，音零，是牢。圉，音语，是止。疏：周朝监狱叫圜土，商朝监狱叫羑里，夏朝监狱叫钧台。囹圄，是监狱名。手上的叫梏，脚上的叫桎，都是木制的刑具。去，上声。肆，是陈尸。掠，音亮，是鞭打。止，是下令让纷争停止。

又：这个月，不竭尽川泽，不使池塘干涸，不要焚烧山林。流动的水叫川，积聚的水叫泽，都是天然的水；筑堤形成的水叫陂，凿开形成的水叫池，都是人为的水。国家禁止这三件事，都是因为这些行为有伤害生命之意。漉的意思也是竭。

又：天子于是进献羊羔来祭祀司寒之神，然后开窖取冰，首先献给宗庙里的祖先。鲜，音献。古时候太阳运行到虚宿时就藏冰，到了仲春时节，就进献羊羔来祭祀司寒之神。而开窖取冰先献给宗庙里的祖先，是因为不敢用人留下的东西来供奉神明。开冰不是重大的祭祀，所以不用牛。司寒天神，不能过分轻视，所以不能只用猪。

又：上旬的丁日，命令乐正教授舞蹈，举行释菜之礼，天子于是率领三公、九卿、诸侯、大夫亲自前往观看。中旬的丁日，又命令乐正到太学教授音乐。乐正，是乐官之长。习舞释菜，意思是要教学习舞蹈的人，先用释菜之礼祭祀先师先圣。

《周礼·春官·大胥》：春入学，舍菜合舞。菜作采。郑司农云：舍采，谓舞者皆持芬香之采。或曰：古者士见于君，以雉为贽，见于师，以菜为贽。菜直谓蔬食菜羹之菜。采，读为菜。舍，即释也。菜，苹藻也。上丁，此月上旬丁日。必用丁者，以先庚三日，后甲三日也。君子礼乐不可斯须去身，然习之亦各有所专，所谓时教必有正业也。春乐秋礼，岂春不用礼，秋不用乐哉？以阴阳大分言之也。就乐言，则又以舞鼓动为阳，吹宁静为阴。春习舞，秋习吹，此又阴阳之小分也。

又：是月也，祀不用牺牲，用圭璧，更皮币。不用牲，谓祈祷小祀，如大牢祀高禖，乃大典礼，不在此限。稍重者用圭璧，稍轻者则以皮币更易之也。更，平声。郑、孔说谓用圭璧皮币以更牺牲，陆、马诸说谓用圭璧以更皮币。揆之文义，俱未安。

《诗》：靡神不举，靡爱斯牲。圭璧既卒。盖祈亦用牺牲，用圭璧。此尚生育，故但用圭璧，而以皮币更牺牲，盖以用兽之皮如用牲也。"不用牺牲，用圭璧"为句，"更皮币"三字，申上不用牺牲。

【译文】

《周礼·春官·大胥》记载：春天进入大学，学子们一起跳舞用释菜之礼祭祀先师。菜作采。郑司农说：舍采，意思是跳舞的人都手拿着芳香之物。有人说：古时候士人觐见君王，用雉作为礼物，拜见老师，用菜作为礼物。菜的直接意思是蔬食菜羹的菜。采，读为菜。舍，就是释。菜，是苹藻。上丁，是这个月上旬的丁日。一定要用丁日，是因为先庚三日为丁，后甲三日为丁。君子礼乐片刻不能离开身心，但学习的东西也各有专长，所谓在规定时间内一定有正式的课业。春天学习乐，秋天学习礼，难道春天不使用礼，秋天不使用乐吗？是按阴阳大分而言。以乐来说，那么又以舞鼓动为阳，吹宁静为阴。春天学习跳舞，秋天学习吹奏，这又是按阴阳小分的。

又：这个月，祭祀不用牲畜，而用圭璧和皮帛来代替。不用牲畜作祭品，是指祈祷类的小祭祀，像用太牢祭祀生育之神高禖，是大典礼，不在这个限制里。稍重的祭祀用圭璧，稍轻的祭祀就用皮帛来代替。更，平声。郑玄、孔颖达认为用圭璧皮帛来代替牲畜，陆善经、马诸等人认为用圭璧来代替皮帛。揣测文义，这两种说法都不明确。

《诗经》记载：靡神不举，靡爱斯牲。圭璧既卒。表明祈祷也用牲畜，用圭璧。这里崇尚生育，所以只用圭璧，而用皮帛代替牲畜，是因为用野兽的皮就如同用牲畜。"不用牲牲，用圭璧"是一句，"更皮币"三字，说明不用牲牲。

《国语》：自今至于初吉，阳气俱蒸，土膏其动。初吉，二月朔日也。

又：土发而社，助时也。社者，助时求福，为农始也。

《夏小正》：祈麦实。麦者，五谷之先见者，故急祈而记之也。

《淮南子》：二月之夕，乃收其藏而闭其寒。女夷鼓歌，以司天和。女夷，主春夏长养之神也。

又：斗指卯，则茂茂然。律受夹钟。夹钟者，种始莢也。

《论衡》：二月之时，龙星始出，见则雩祈谷雨。

《四民月令》：二月阴冻毕释，可葡美田缓土。

《齐民要术》：二月，昏，参夕，杏花盛，桑椹赤。可种大豆，谓之上时。

又：二月顺阳习射。

【译文】

《国语》记载：从现在到二月朔日，阳气都在上升，土地润泽松动。初吉，是二月朔日。

又：春分时节，土气发动，举行社祭，有助于农时。社祭，是为了有助于农时而向上天祈福，是农事的开始。

《夏小正》记载：祈求麦子丰收。麦，是五谷中最先见到的，所以要赶快祈祷并记录下来。

《淮南子》记载：二月的下旬，阳气才能够释放，寒气不能外放。女夷击鼓而歌，使天地充满和暖的气息。女夷，是掌管春夏万物生长的神。

又：斗柄指向卯位（东方甲、卯、乙三位之第二位），万物开始丰盛。应和十二律中的夹钟。夹钟，意思是开始种荚。

《论衡》记载：二月的时候，龙星开始出现，人们看到就举行雩祭（为求雨而祭），祈求谷雨。

《四民月令》记载：二月地下的冰都融化了，农人可以开垦肥沃的田地，松散的土壤。

《齐民要术》记载：二月的黄昏，参宿在南面天空，杏花盛开，桑椹变红。百姓可以种植大豆，是最适合的时令。

又：二月顺应阳气，人们应该学习射箭。

《白虎通》：天子所以亲射何？助阳气达万物也。春风微弱，恐物有窒塞不能自达者。夫射自内发外，贯坚入刚，象物之生，故以射达之也。

《旧唐书·德宗纪》：诏："自今宜以二月一日为中和节，以代正月晦日，备三令节数。"宰臣李泌请中和节日令百官进农书，王公戚里上春服，村社作中和酒，祭句芒以祈谷。

又：请赐大臣戚里尺，谓之裁度。民间以青囊盛百谷瓜果种相问遗，号为献生子。贞元六年二月戊辰朔，百僚会宴于曲江亭，上赋《中和节群臣赐宴七韵》。

《柳公权传》：从幸未央宫，上驻辇谓公权曰："我有一喜事，边上衣赐，久不及时，今年二月给春衣讫，卿可贺我以诗。"

《提要录》：二月十五为花朝，高丽以是日为上元节，今吴俗以二月十二日为花朝。

韩鄂《岁华纪丽》：二月八日，释氏下生之日，迦文成道之时，信舍之家，建八关斋戒，车轮宝盖，七变八会之灯，平旦执香花绕城一匝，谓之行城。

【译文】

《白虎通》记载：天子为什么要亲自射箭？可以帮助阳气通达万物。春风微弱，怕有堵塞之物不能自行通达。射箭是从里面向外发，把坚硬的东西贯入，就如同天地万物的产生，所以用射箭来使它们通达。

《旧唐书·德宗纪》记载：德宗下诏说："从今往后应把二月一日作为中和节，来代替正月晦日之节，使三令节齐备。"宰相李泌奏请中和节这天让百官献农书，王公贵戚穿上春天的衣服，村社做中和酒，祭祀句芒，祈求谷物丰收。

又：奏请赐给大臣戚里尺，称为裁度。民间百姓用青囊装着百谷和瓜果的种子相互赠送，称为献生子。贞元六年二月初一，戊辰日，百官在曲江亭相聚宴饮，皇上赋诗《中和节赐群臣宴赋七韵》。

《柳公权传》记载：跟着皇上到未央宫，皇上停车对柳公权说："我有一件喜事，赐给边境军士的衣服，往往不能及时下发，但今年二月春衣就发放完毕了，你可以作首诗来祝贺我。"

《提要录》记载：二月十五是花朝节，高丽把这天作为元宵节，现在吴地风俗把二月十二日作为花朝节。

韩鄂《岁华纪丽》记载：二月八日，是释迦牟尼出生之日，他成佛之时，信奉他的人家，受持八条戒律，驾着华盖之车，挂上缤纷多彩的灯，清晨拿着香花绕城一圈，称为行城。（按二月八日为释迦牟尼出家日，出生日为四月初八，此处记载有误。）

惊 蛰

二月节气，雨水后十五日，斗柄指甲为惊蛰，蛰虫震惊而出也。

《月令》：蛰虫咸动，启户始出。疏：户，穴也。

庾信诗：早雷惊蛰户，流雪长河源。

《周礼·冬官》：凡冒鼓，必以启蛰之日。注：启蛰，蛰虫始闻雷声而动，鼓所取象也。

《左传》：秋，大雩，书不时也①。凡祀，启蛰而郊，龙见而雩，始杀而尝，闭蛰而烝，过则书。

《论衡》：周之四月，正岁二月也。二月龙星始出，故曰龙见而雩。龙星见时，岁已启蛰而雩。

《宋史》：条风斯应，候历维新，阳和启蛰，品物皆春。

《焦氏易林》：东风启户，黔啄翻舞，各乐其类，咸得生处。

【注释】

①书：这里指《春秋》。

【译文】

二月节气，雨水后十五日，斗柄指向甲位是惊蛰，冬眠的虫子都受惊而出。

《月令》记载：冬眠的虫子都开始活动，打开洞穴出来。孔颖达疏：户，是穴。

庾信诗：早雷惊蛰户，流雪长河源。

《周礼·冬官》记载：凡是蒙鼓皮，一定要在启蛰这天。郑玄注：启蛰，冬眠的虫子开始听到雷声而活动，鼓是取此之征象。

《左传》记载：秋天，举行雩祭，《春秋》记载它是常规时间的祭祀。凡是祭祀，虫子惊醒活动时举行郊祭，龙星出现时举行雩祭，肃杀之气来临的秋天时举行尝祭，虫子冬眠藏伏时举行烝祭，如果过了常规时间举行，《春秋》就会记载下来。

《论衡》记载：周朝的四月，是农历的二月。二月龙星开始出现，所以说龙星出现就举行雩祭。龙星出现时，表明这年已到惊蛰就举行雩祭。

《宋史》记载：和风吹拂，物候时历一切更新，蛰伏一冬的动物受阳气影响而出来活动，万物皆呈现春意。

《焦氏易林》记载：东风吹开门户，鸟在空中翻舞，万物各得其乐，都有生长之处。

惊蛰一候 桃始华

《典术》：桃，五木之精，仙木也。

《易通卦验》：惊蛰大壮，初九，桃始华。

《宋史·河渠志》：二月三月，桃花始开，冰泮雨积，川流猥集，波澜盛长，谓之桃华水。

江总《渡河北诗》：桃华长新浪，竹箭下奔流①。

【注释】

①此句：应为薛道衡的《渡北河诗》，"桃华"作"桃花"。

【译文】

《典术》记载：桃，是五木之精，是仙木。

《易通卦验》记载：惊蛰对应大壮卦，初九，桃花开。

《宋史·河渠志》记载：二月三月，桃花开，封冰散解，雨水积聚，川流汇集，波澜壮阔，称为桃花水。

江总《渡河北诗》记载：桃花长新浪，竹箭下奔流。

桃花

惊蛰二候 仓庚鸣

仓庚，黄鹂也。仓，清也。庚，新也。感春阳清新之气而初出，故鸣。

《尔雅·释鸟》：仓庚，商庚，即鵹也。

《诗·豳风》：仓庚于飞，熠燿其羽。鵹与鹂、离同。鸣则蚕生。一作鸧鹒，大于鸲鹆，毛黄色，羽及尾黑色相间，雌雄双飞，鸣音如织机声。

《正字通》：双飞相丽曰黄鹂，以黄色黑章曰鸝黄，以鸣嘤嘤曰黄莺。又一名商仓，一名黄鸟，一名鹂黄，一名楚雀，一名搏黍，一名鹂鸧，一名鹂鹠，一名黄鹂留，一名黄离留，一名黄栗留。常以葚熟时来桑间。里语曰：黄栗留，看我麦，桑葚熟。亦应节趋时之鸟，又名黄袍，又名金衣公子。冬藏谷，三月始鸣。

《荆州志》：农人冬月于田中掘二三尺，得土坚圆如卵，破之则鸟在焉，无复羽毛，春始生羽，破土而出。

《云仙杂记》：戴永春携双柑斗酒，人问何之，曰："往听黄鹂声。"此俗耳针砭，诗肠鼓吹。

《山海经》云：黄鸟，食之不妒。

双飞相丽曰**黄鹂**，以黄色黑章曰鹙黄，以鸣嘤嘤曰黄莺。

【译文】

仓庚，是黄鹂。仓，是清。庚，是新。它感受到阳春的清新之气而开始出来，所以鸣叫。

《尔雅·释鸟》记载：仓庚，是商庚，就是黄鹂。

《诗经·豳风》记载：仓庚于飞，熠燿其羽。鹬与鹂、离同。黄鹂叫，蚕生长。一作鸧鹒，比八哥大，毛黄色，翅膀和尾巴黑色相间，雌雄双飞，叫声如同织机声。

《正字通》记载：彼此依附双飞叫黄鹂，因为毛色黄有黑纹叫鹝黄，因为叫声嘤嘤叫黄莺。又名商仓、黄鸟、鹂黄、楚雀、搏黍、鹂鸧、鹂鹠、黄鹂留、黄离留、黄栗留。经常在桑葚成熟时飞来桑树间。俗语说：黄栗留，看我麦，桑葚熟。也是应合节候，迎合时令的鸟，又名黄袍、金衣公子。冬天收藏谷物，三月开始鸣叫。

《荆州志》记载：冬天农民在田里挖土两三尺，得到的土坚硬浑圆像蛋一样，打破它发现鸟就在里面，没有羽毛，于春天开始生长羽毛，然后破土而出。

《云仙杂记》记载：戴永春带着两个蜜柑和一斗酒，别人问他去哪，他说："去听黄鹂声。"这可以清净俗耳，引发诗情。

《山海经》记载：黄鹂，吃了它就不会妒忌别人。

惊蛰三候 鹰化为鸠

　　即布谷也。仲春之时，鹰喙尚柔，不能捕鸟，瞪目忍饥，如痴而化。化者，反归旧形之谓。春化鸠，秋化鹰，如田鼠之于鴽也。若腐草、雉、爵，皆不言化，不复本形者也。鹰化为鸠，以生育气盛，故鸷鸟感之而变耳。鹰，金眼钩觜，铁爪剑翮，善搏攫，应阳而变，则喙柔仁而不鸷矣。鸠有五。

　　《左传·昭十七年》：郯子曰："少皞氏以鸟名官。祝鸠氏，司徒也。鴡鸠氏，司马也。鸤鸠氏，司空也。爽鸠氏，司寇也。鹘鸠氏，司事也。五鸠，鸠民者也。"

　　严粲《诗缉》：五鸠备见《诗经》。祝鸠，鵻鸠也，《四牡》《嘉鱼》之鵻是也。鴡鸠，"关关鴡鸠"之鸠是也。鸤鸠，布谷也，《曹风》之鸤鸠是也。鵜鸠，《大明》之鹰是也。鹘鸠，莺鸠，非斑鸠，《小宛》之鸣鸠，《氓》之食桑葚之鸠是也。鵻，音锥，即今白鸠。鵻，音孛。鵜，所两切。鸴，音学。鹘，音骨。鴡，音疽，王鴡也。鸤，音尸。

　　《尔雅·释鸟》：鸤鸠，鵠鵴，江东呼穫谷。

　　《诗传》作秸鵴。

　　《汉·鲍宣传》作秸鞠。

　　《禽经》：拙者莫如鸠，不能为巢。

布谷鸟

《诗·召南》：维鹊有巢，维鸠居之是也。

《列子·天瑞篇》：一变而为七，七变而为九。九者，究也，乃变而为一，此鸠所以从九也。

【译文】

鸠就是布谷鸟。仲春的时候，鹰嘴尚且柔软，不能捕鸟，只能瞪着眼睛忍饥挨饿，因为过于痴迷而使眼睛开始变化。化，是回到过去形态的意思。春天化为布谷鸟，秋天化为鹰，如田鼠化为鹌鹑。像腐草、雉、爵，都不说化，是因为它们不会恢复本来的形态。鹰化为鸠，是因为生育气息旺盛，所以猛禽感受到了就发生变化。鹰，金眼钩嘴，铁爪剑翅，善于搏击抓取，应合阳气而变化，嘴就变得柔软而不凶猛了。鸠有五种。

《左传·昭公十七年》记载：郯子说："少皞氏用鸟命名官职。祝鸠氏，是司徒。雎鸠氏，是司马。鸤鸠氏，是司空。爽鸠氏，是司寇。鹘鸠氏，是司事。五鸠，是聚集百姓的官。"

严粲《诗缉》记载：五鸠都能在《诗经》里见到。祝鸠，是鹁鸠，就是《四牡》《嘉鱼》里的鵻。雎鸠，是"关关雎鸠"的鸠。鸤鸠，是布谷鸟，就是《曹风》里的鸤鸠。鹪鸠，是《大明》里的鹰。鹘鸠，是莺鸠，不是斑鸠，而是《小宛》里的鸣鸠，《氓》里食桑葚的鸠。鵻，音锥，就是现在的白鸠。鹁，音孛。鹪，所两切。鸴，音学。鹘，音骨。雎，音疽，是王雎。鸤，音尸。

《尔雅·释鸟》记载：鸤鸠，是鴶鵴，江东叫穫谷。

《诗传》中作秸鵴。

《汉书·鲍宣传》中作秸鞠。

《禽经》记载：笨拙的鸟都不如鸠，不能筑巢。

《诗经·召南》记载：维鹊有巢，维鸠居之。

《列子·天瑞篇》记载：一变成七，七变成九。九，是究，于是变成一，这就是鸠从九的原因。

春 分

二月中气，惊蛰后十五日，斗柄指卯，为春分。分者，半也，当春气九十日之半也。

《书·尧典》：日中星鸟，以殷仲春。厥民析，鸟兽孳尾。日中，谓春分之日。鸟，南方朱鸟。殷，正也。春分之昏，鸟星毕见，以正仲春之节气。析，分也。冬寒无事，并入室处。春事既起，丁壮就功，老弱分析也。孳，音字，乳化也。乳化曰孳，交接曰尾。

《月令》：是月也，日夜分，昼夜各五十刻。

马融曰：日夜分，据日出入为限。古法子午皆十刻，余皆八刻，故百刻。今时皆八刻，昼夜共九十六刻。

【译文】

二月中气，惊蛰后十五日，斗柄指向卯位，是春分。分，是半，是春气九十日的一半。

《尚书·尧典》记载：春分这天，黄昏时朱鸟七宿出现在南方天空，以此来确定仲春时节。百姓分散劳作，鸟兽交配繁殖。日中，是春分之日。鸟，是南方朱鸟七宿。殷，是正。春分的黄昏，朱鸟七宿全都出现在南方天空，人们以此来确定仲春的节气。析，是分。冬天寒冷无事可做，人们都待在家里。春耕之事开始时，青壮年就去干活，和老年人有所区分。孳，音字，是哺乳。哺乳叫孳，交配叫尾。

《月令》记载：这个月，日夜均分，昼夜各五十刻。

马融说：日夜均分，是根据日出日落来算。古法子午都是十刻，其余都是八刻，所以是百刻。现在都是八刻，昼夜共是九十六刻。

又：日夜分则同度量，钧衡石，角斗甬，正权概。丈尺曰度，斗斛曰量，称上曰衡。百二十斤为石。甬，斛也。权，称锤也。概，执以平量器者。同则齐其长短小大之制，钧则平其轻重之差，角则较其同异，正则矫其欺枉。周制寸、尺、咫、寻、常诸度量，皆以人体为法。

《说文》：尺，十寸也。人手脚十分动脉为寸口①。

《家语》：布指知寸，舒肱知寻。

《正韵》：四指为肤。

《公羊传》：肤寸而合。注：侧手为肤。

《周礼》注：八尺曰寻，倍寻曰常。

又：八寸谓之咫。

《汉·律历志》：度量衡皆起于黄钟之律。一黍为分，十分为寸，十寸为尺，十尺为丈，十丈为引。

蔡邕《独断》：夏十寸为尺，殷九寸为尺，周八寸为尺。

春
分

《小尔雅》：五尺谓之墨。

《周语》：不过墨丈寻常之间。注：今木工用五尺以成宫室，其名为墨。则墨者，工师之五尺也。

【注释】

①脚：疑为"却"。十分：表示长度，十分为一寸。

【译文】

又：日夜均分就要统一度量，均平衡石，比较斗甬，校正权概。丈尺叫度，斗斛叫量，称上叫衡。一百二十斤是石。甬，是斛。权，是称锤。概，用来刮平量器。同是统一它们长短大小的标准，钧是均平它们轻重的差别，角是比较它们的异同，正是矫正它们的差错。周朝制度里的寸、尺、咫、寻、常等度量，都是用人体作为标准。

《说文解字》记载：尺，是十寸。人手后退一寸的动脉处是寸口。

《家语》记载：伸开手指就知道寸的长度，张开上臂就知道寻的长度。

《正韵》记载：四指为肤。

《公羊传》记载：肤寸而合。何休注：侧手为肤。

《周礼》注：八尺为一寻，两寻为一常。

又：八寸叫做咫。

《汉书·律历志》记载：度量衡都起源于黄钟律。一黍为分，十分为一寸，十寸为一尺，十尺为一丈，十丈为一引。

蔡邕《独断》记载：夏朝十寸为一尺，商朝九寸为一尺，周朝八寸为一尺。

《小尔雅》记载:五尺叫做墨。

《周语》记载:不过墨丈寻常之间。韦昭注:现在木工用五尺来建房屋,就称作墨。墨,就是工匠的五尺。

量者,龠、合、升、斗、斛也。

《左传·昭三年》:齐旧四量,豆、区、釜、钟。

龠,音药,状似爵,以糜爵禄[1]。

《史记》:龠者,黄钟律之实,跃微动气而生物也,容千二百黍。合龠为合,十合为升,十升为斗,十斗为斛。

《字汇》:乐之竹管并谓之龠,惟黄钟之管,实以黍米,积之而成五量之名。龠本作籥,今以龠为龠合之龠,以籥为乐。籥字合,葛合切,音阁。

《集韵》:两龠为合。升者,登合之量也。古升上径一寸,下径六分,其深八分。斗者,聚升之量也,俗作斞。斛,胡谷切,角斗平多少之量也。

【注释】

①糜:其他版本作"糜"。

【译文】

量器,是龠、合、升、斗、斛。

《左传·昭三年》记载:齐国曾有四种量器,是豆、区、釜、钟。

龠, 音药, 形状像爵, 用来分散爵禄。

《史记》记载: 龠, 是黄钟律管的管腔, 跃微动气而生物, 可以容纳一千二百黍。两龠是一合, 十合是一升, 十升是一斗, 十斗是一斛。

《字汇》记载: 乐器的竹管都称为龠, 只有黄钟律管, 盛放黍米, 累积之后就有了五量的名称。龠本作籥, 现在把龠作为龠合之龠, 把籥作为乐器。籥字合, 葛合切, 音阁。

《集韵》记载: 两龠是一合。升, 是登合量器。古代的升上面的直径是一寸, 下面的直径是六分, 深度有八分。斗, 是聚升的量器, 俗作㪷。斛, 胡谷切, 是计算一斗刮平有多少的量器。

《汉·律历志》: 量者, 跃于龠, 合于合, 登于升, 聚于斗, 角于斛。职在太仓, 大司农掌之。衡, 平也, 所以任权而均物, 平轻重也。

《荀子》: 衡诚悬矣, 则不可欺以轻重。称, 昌证切。权衡, 正斤两, 俗作秤。

古之奇《县令箴》: 如秤之平。

《太平御览》: 诸葛亮曰: "我心如秤, 不能为人低昂。"

石, 衡名。

《书·五子之歌》: 关石和钧。注: 三十斤为钧, 四钧为石。

《汉书》: 石者, 大也, 权之大者。又量名, 十斗曰石。

又: 官禄秩数称石。汉制, 三公号称万石, 以下递减至百石。甬，尹竦切，音勇，今斛也。

《律历志》：量多少者，不失圭撮，权轻重者，不失黍累。

《博雅》：权谓之钟，其形垂也。概，平斗斛木。

《说文》作杚，戛摩之也。

《周礼·冬官疏》：槩，所以勘诸廪之量器以取平者。

《管子·枢言》：釜鼓满则人概之，人满则天概之。

【译文】

《汉书·律历志》记载：量，是跃到龠，合到合，登到升，聚到斗，角到斛。属于太仓之职，由大司农掌管。衡，是平，是用权来称东西，量轻重。

《荀子》记载：把衡悬挂起来，是轻是重就骗不到人了。称，昌证切。权衡，用来确定斤两，俗作秤。

古之奇《县令箴》记载：像秤一样平。

《太平御览》记载：诸葛亮说："我的心就像秤，不能被人摆布。"

石，是衡名。

《尚书·五子之歌》记载：关石和钧。孔颖达注：三十斤是一钧，四钧是一石。

《汉书》记载：石，是大，意思是大的称锤。又是容量单位，十斗叫一石。

又：官吏食禄的品级称为石。汉朝的制度，三公叫做万石，往下递减到一百石。甬，尹竦切，音勇，就是现在的斛。

《律历志》记载：量多少，都不遗漏一点圭撮（极小的容量单位，四圭为撮），称轻重，都不偏离一点黍累（极轻的重量单位，十黍为一累）。

《博雅》记载：权叫做钟，形状下垂。概，刮平斗斛的木板。

《说文解字》中作朼，意思是击撞摩擦。

《周礼·冬官疏》记载：槩，是用来校正各仓库粮食的量器，使粮食高度和量器相等。

《管子·枢言》记载：釜鼓里的粮食满溢的话，人就用木板来刮平，而一个人自满的话，上天就会开始削平处理他。

量，又音良。

《周礼·夏官·量人》：谓以丈尺度地也。

《枚乘传》：铢铢而称之，至石必差，寸寸而度之，至丈必过。石称丈量，径而寡失。古亮、良二音通，今读度量、器量为亮，读丈量、商量为良，二音遂分。豆区之豆，音斗，讹作斞。区，音瓯，四豆为区。釜，奉甫切，四升为豆。各自其四以登于釜，釜十则钟。釜六斗四升，钟六斛四斗。

鼓，量名。

《曲礼》：献米者操量鼓。

《广雅》：斛谓之鼓。

《荀子·富国篇》：瓜桃枣李，一本数以盆鼓。注：鼓，量也，谓数度以盆量也。十六斗曰庾。庾，勇主切。十六斛曰秉。

又：十六斗曰籔。籔，爽主切。

《仪礼·聘礼》：门外米三十车，车秉有五籔。

【译文】

量，又音良。

《周礼·夏官·量人》记载：意思是用丈尺量地。

《枚乘传》记载：一铢一铢地称，称到一石一定会欠缺，一寸一寸地量，量到一丈一定会超出。用石来称，用丈来量，方便直接，目的是为了减小误差。古代亮、良两个读音相通，现在读度量、器量为亮，读丈量、商量为良，两个读音就分开了。豆区的豆，音斗，误作斛。区，音瓯，四豆为一区。釜，奉甫切，四升为一豆。各自以四进位升到釜，十釜就是一钟。釜是六斗四升，钟是六斛四斗。

鼓，是量器名。

《曲礼》记载：献米的人拿着量鼓。

《广雅》记载：斛叫做鼓。

《荀子·富国篇》记载：瓜、桃、枣、李，每一株都要用盆和鼓来数。杨倞注：鼓，是量器，意思是多次用盆来量。十六斗叫庾。庾，勇主切。十六斛叫秉。

又：十六斗叫籔。籔，爽主切。

《仪礼·聘礼》记载：门外有米三十车，车上有秉又加五籔。

《律历志》注：十黍为累，十累为铢，六十四黍为圭，四圭为撮。累，鲁水切，音垒。铢，音殊。八铢为锱，二十四铢为两。孟康曰："黄钟一龠容千二百黍，为十二铢。"锱，庄持切，音菑。

《正字通》：古人言较量锱铢，谓轻微也。

《荀子》：八两曰锱。非也。撮，三指撮也。

《食货志》：布帛广二尺二寸为幅，长四丈为匹。俗作疋。

《左传·闵二年》：重锦三十两。注：三十匹也。

《说文》：匹，四丈也。马亦曰匹者，马光景一匹长也①。

【注释】
①景：同"影"，影子。

【译文】
《律历志》注：十黍为一累，十累为一铢，六十四黍为一圭，四圭为一撮。累，鲁水切，音垒。铢，音殊。八铢为一锱，二十四铢为一两。孟康说："黄钟的一龠可以容纳一千二百黍，为十二铢。"锱，庄持切，音菑。

《正字通》记载：古人说的较量锱铢，意思是计较轻微小事。

《荀子》记载：八两叫锱。其实不对。撮，是用三根手指捏取。

《食货志》记载：布帛长二尺二寸为幅，长四丈为匹。俗作疋。

《左传·闵公二年》记载：重锦三十两。杜预注：三十匹。

《说文解字》记载：匹，是四丈。马也说匹，是因为阳光下马的影子有一匹长。

《平准书》：更铸四铢钱，其文为半两。

《说苑·辨物篇》：十六黍为一豆，六豆为一铢，二十四铢为一两。

《说文》：糸，细丝也。徐锴曰：一蚕所吐为忽，十忽为丝。糸，五忽也。糸，莫狄切，音觅，与系音系别。

谢察《微算经》：十丝曰毫，十毫曰厘。

《礼经·解》：差若毫厘，谬以千里。

《晋书·虞预传》：毫厘之失。厘与釐、氂同。

《汉·东方朔传》：正其本，万事理，失之毫厘，差以千里。

《淮南子》：是故审毫厘之计者，必遗天下之大数。

【译文】

《平准书》记载：重新铸造四铢钱，其文为半两。

《说苑·辨物篇》记载：十六黍为一豆，六豆为一铢，二十四铢为一两。

《说文解字》记载：糸，是细丝。徐锴说：一只蚕吐的蚕丝叫忽，十忽叫丝。糸，是五忽。糸，莫狄切，音觅，与系的读音系不同。

谢察《微算经》记载：十丝叫毫，十毫叫厘。

《礼经·经解》记载：差若毫厘，谬以千里。

《晋书·虞预传》记载：毫厘之失。厘与釐、氂同。

《汉书·东方朔传》记载：正确认识事物的本源，才能把事物理

春分的田野

清, 开始就有细微的失误, 结果必然会导致巨大的差错。

《淮南子》记载: 所以在细枝末节上面仔细计较的人, 一定会遗漏掉那些有关天下的大事。

《律历志》: 一黍之广为一分。分者, 自三微而成著[①], 可分别也。

钧, 孟康曰:"万一千五百二十铢也。"

《律历志》: 斤者, 明也, 三百八十四铢。

又: 十六两成斤者, 四时乘四方之象也。

《小尔雅》: 二锾四两谓之斤。讹为觔。

《旧唐书·文宗纪》: 烧灰煎盐, 每石灰得盐一十二觔一两。

葛长庚《金丹赋》: 药材觔两。

锾, 胡关切, 音还。

《说文》: 锊也。

《玉篇》: 六两也。

《小尔雅》: 二十四铢曰两, 有半曰捷, 倍捷曰举, 倍举曰锊, 谓之锾。锊, 音劣。

《周礼·冬官考工记·冶氏》: 戈戟皆重三锊, 剑重九锊, 次七锊, 下次五锊。锾与锊同。三锊为一斤四两。

【注释】

①微：古代极小的量度单位。一寸的百分之一，或一两的百万分之一。

【译文】

《律历志》记载：一黍之长为一分。分，由三微而积成，可以分开。

钧，孟康说："是一万一千五百二十铢。"

《律历志》记载：斤，是明，是三百八十四铢。

又：十六两成斤，是四时乘四方的象征。

《小尔雅》记载：二锾四两叫做斤。误作勉。

《旧唐书·文宗纪》记载：烧灰煎盐，每石灰得盐一十二勉一两。

葛长庚《金丹赋》记载：药材勉两。

锾，胡关切，音还。

《说文解字》记载：是锊。

《玉篇》记载：是六两。

《小尔雅》记载：二十四铢叫两，两的一半叫捷，两捷叫举，两举叫锊，称为锾。锊，音劣。

《周礼·冬官考工记·冶氏》记载：戈和戟都重三锊，剑重九锊，其次是七锊，再次是五锊。锾与锊同。三锊为一斤四两。

《史记》注：臣瓒曰："秦以一镒为一金，汉以一斤为一金。盖汉以前以镒名金，汉以后以斤名金也。镒者二十四两，斤者十六两也。"通作溢，并音逸。

《食货志》：黄金以溢为名。

《荀子·儒效篇》：千溢之宝。

《韩非子·五蠹篇》：铄金百溢。

《礼·丧记》：朝一溢米，夕一溢米。注：方氏曰："溢与镒同，米二十四分升之一。"

【译文】

《史记》注：臣瓒曰："秦朝用一镒作一金，汉朝用一斤作一金。因为汉朝以前用镒来叫金，汉朝以后用斤来叫金。镒是二十四两，斤是十六两。"镒，通作溢，音逸。

《食货志》记载：黄金用溢作名。

《荀子·儒效篇》记载：千溢之宝。

《韩非子·五蠹篇》记载：滚烫熔化了的黄金百溢。

《礼记·丧记》记载：早上一溢米，晚上一溢米。注：方氏说："溢，与镒同，是米的二十四升分之一。"

又：度地之数，二尺为一肘，四肘为一弓，三百弓为一里，三百六十步为一里，即三百弓也。

《西域记》：鼓小者闻五百弓。二里半也。

《司马法》：六尺为步，步百为亩。

《礼·王制》：古者以周尺八尺为步，今以周尺六尺四寸为步。

《正义》曰：古者八寸为尺，周尺八尺为步，则一步六尺四寸。

《史记》：秦始皇以六为纪，六尺为步。

【译文】

又：丈量土地的长度单位，二尺为一肘，四肘为一弓，三百弓为一里，三百六十步为一里，就是三百弓。

《西域记》记载：鼓小者闻五百弓。五百弓就是二里半。

《司马法》记载：六尺为一步，一百步为一亩。

《礼记·王制》记载：古代以周尺的八尺为一步，现在以周尺的六尺四寸为一步。

《正义》中说：古代八寸为一尺，周尺八尺为一步，那么一步是六尺四寸。

《史记》记载：秦始皇用六来记数，六尺为一步。

《律历志》引其法用竹为引①，高一分，广六分，长十丈。引者，信也。信，读曰伸，言其长也。

《左传异义》云②：北魏及齐，斗称于古二而为一。周及隋，斗称于古三而为一。

《唐六典》：内外官司皆因隋制，大史、大常、大医用古制，故当时有大斗、小斗、大两、小两之名。

欧公《集古录》：得汉铜甬，铭曰："容十斗，重四十觔。"以今较之，容三斗，重十五觔。是斗则三而有余，觔则三而不足。

又：王莽布长二寸五分，今一寸六分有奇，广一寸，今六分半。是后之大于古量为最，权次之，度又次之。

沈括云："秦汉六斗，当今一斗七升九合，三斤当今十三两。"是宋之权量大于唐。

《元史》云：宋一石当今七斗。是元斛又大于宋。

【注释】

①此句：其他版本句首无"引"字。

②《左传异义》：五经异义中的一部，清朝陈寿祺撰疏最为著名，原为东汉许慎撰。

【译文】

《律历志》记载：方法是用竹来算长度，高一分，宽六分，长十丈。引，是信。信，读作伸，是说它的长度。

《左传异义》中说到：北魏和齐，斗称相比古代一斤增加两倍。周和隋，斗称相比古代一斤增加三倍。

《唐六典》记载：内外官司皆沿袭隋朝制度，大史、大常、大医用古代制度，所以当时有大斗、小斗、大两、小两之名。

欧阳修《集古录》记载：得到汉铜甬，铭文上写："容十斗，重四十觔。"现在来算，容三斗，重十五觔。所以斗是超过三倍，觔是不够三分之一。

又：王莽时布长二寸五分，现在是一寸六分有余，宽一寸，合现在的是六分半。所以后世相比古代量器增加且为最大，其次是权，再次是度。

沈括说："秦汉的六斗，是现在的一斗七升九合，三斤是现在的十三两。"所以宋朝的权量大于唐朝。

《元史》中说：宋朝的一石是现在的七斗。所以元朝的斛又大于宋朝。

又《律历志》：纪于一，协于十，长于百，大于千，衍于万，数亿至万曰秭。徐稽曰："六万四千斤也。"

《诗·周颂》：万亿及秭。

《传》：数万至万曰亿，数亿至亿曰秭。

《风俗通》：千生万，万生亿，亿生兆，兆生京，京生秭，秭生垓，垓生壤，壤生沟，沟生涧，涧生正，正生载。载，地不能载也。

《算法》：亿之数有大小二法，小数以十为等，大数以万为等。十万，亿；万万，亦亿。

【译文】

又《律历志》记载：纪到一，协到十，长到百，大到千，衍到万，万亿叫秭。徐稽说："一秭是六万四千斤。"

《诗经·周颂》记载：万亿及秭。

《毛诗故训传》记载: 万万叫亿, 亿亿叫秭。

《风俗通》记载: 千生万, 万生亿, 亿生兆, 兆生京, 京生秭, 秭生垓, 垓生壤, 壤生沟, 沟生涧, 涧生正, 正生载。载, 大地都不能承载。

《算法》记载: 亿有大小两种计法, 小法用十来记, 大法用万来计。十万, 是亿; 万万, 也是亿。

《周礼·典瑞》注: 天子常春分朝日。

《孝经》说: 天有七衡, 春分之日, 日在中衡。

《淮南子》: 明庶风至, 则正封疆, 修田畴。注: 春分播谷。

董仲舒《春秋繁露》: 中春之月, 阳在正东, 阴在正西, 谓之春分。春分者, 阴阳相半也, 故昼夜均而寒暑平。

《说文》: 龙, 春分登天, 秋分潜渊。

又《淮南子》: 燕雁代飞。燕春分而来, 雁春分而去, 北诣漠中也。燕秋分而北, 雁秋分而南, 诣彭蠡也。故曰代飞。

《晋书》: 老人星南极, 以春分之夕见于丁, 秋分之夕见于丙。

【译文】

《周礼·典瑞》注: 天子经常在春分举行祭日之礼。

《孝经》中说: 天有七衡, 春分这天, 太阳在中衡。

《淮南子》记载:东风吹起,百姓就要整治疆界,修整田地。刘绩注:春分时节,播种谷物。

董仲舒的《春秋繁露》记载:仲春之月,阳在正东方,阴在正西方,所以称为春分。春分时节,阴阳各半,所以昼夜和寒暑均分。

《说文解字》记载:龙,在春分上到天空,在秋分潜到水中。

又《淮南子》记载:燕子和大雁交替而飞。燕子春分飞来,大雁春分飞去,北到漠中。燕子秋分往北,大雁秋分往南,到彭蠡。所以叫代飞。

《晋书》记载:寿星,在春分的晚上出现在丁位(南方丙、午、丁三方位之第三位),在秋分的晚上出现在丙位。

春分一候 元鸟至

元鸟，燕也。春分来，秋分去。

《月令》：是月也，元鸟至。至之日，以大牢祠于高禖，天子亲往，后妃帅九嫔御，乃礼天子所御，带以弓韣，授以弓矢，于高禖之前。燕以施生时，巢人堂宇而生乳，故以其至，为祠禖祈嗣之候。高禖，先禖之神也。高者，尊之之称。变媒言禖，神之也。古有禖氏，祓除之祀，位在南郊，禋祀上帝，则亦配祭之，故又谓之郊禖。后妃帅九嫔御者，往而侍奉，祭毕，酌酒以饮所御幸有娠者，显神赐也。韣，弓衣也。弓矢者，男子之事也，故以为祥。韣，音读。禖，音梅。

【译文】

元鸟，是燕子。春分时节飞来，秋分时节飞去。

《月令》记载：这个月，燕子飞来。燕子飞来的这天，用太牢祭祀高禖之神，天子亲自前往，后妃率领后宫女眷陪同，在高禖神前，给天子临幸过的怀孕嫔妃举行典礼，为她们带上弓袋，并授予弓箭，祈求高禖神保佑她们能够生男。燕子繁殖时，在人的房屋下筑巢孕育，所以当它飞来时，就是祭祀高禖，祈求子嗣之时。高禖，是先禖之神。高，是对它表示尊敬的称呼。变媒叫禖，并以此为神。古代除灾去邪的祭祀，在南郊举行，祭祀天帝之时，也袝祀禖氏，所以又称为郊禖。后妃率领后宫女眷，前去侍奉，祭祀完毕，斟酒给被天子临幸而怀有身孕的嫔妃，以此来彰显神明的赐予。韣，是弓袋。弓箭，属于男子之事，所以作为吉兆。韣，音读。禖，音梅。

春分二候 雷乃发声

四阳渐盛,阴阳相薄为雷。乃者,象气出之难也。电,阳光也。四阳盛长,气泄而光生也。

【译文】

四阳逐渐兴盛,阴阳相迫为雷。乃,是象征阳气生发之难。电,是阳光。四阳兴盛,阳气发出就产生光。

春分三候 始电

凡声属阳，光亦属阳。

《月令》：是月也，日夜分，雷乃发声，始电。蛰虫咸动，启户始出。先雷三日，奋木铎以令兆民曰："雷将发声，有不戒其容止者，生子不备，必有凶灾。"先三日以节气言，在春分前三日。不戒容止，谓房室之事，亵渎天威也。天子既礼所御于高禖，又奋木铎以令娠妇，诚以嗣续所关綦重，贵贱一也，阴阳值二分则中，中则当葆其和，二至则极，极则当防其绝。雷电交作，尤阴阳昧杂，故不可不慎。

【译文】

声音都属阳，光也属阳。

《月令》记载：这个月，日夜平分，天上开始打雷，出现闪电。冬眠的虫子都开始活动，打开洞穴出来。打雷前三天，道人摇动木铎告诫百姓说："要打雷了，如果有人在此期间不停止房事，那么生下的孩子会有残疾，自己也必有灾祸。"前三天相对节气来说，是在春分前三天。不戒举止，意思是房室之事，会亵渎天威。天子既然对高禖神礼祭，又摇动木铎告诫怀孕妇女，确实是因为子嗣之事，关系重大，不管地位贵贱，都一样，阴阳二分则中，中则应当保护其和，二至则极，极则应当防止其绝。雷电交作，阴阳尤其昧杂，所以不能不慎重。

《齐民要术》：春分中，雷乃发声，先后各五日，寝别内外，亦奋木铎令兆民之意也。铎，达各切，音度。

《说文》：铃也。

《玉篇》：所以宣教令也。

《释名》：铎，度也，号令之限度也。

《书·允征》：遒人以木铎徇于路。

《传》：木铎，金铃木舌，所以振文教。

《周礼·天官·小宰》：徇以木铎。注：古者将有新令，必奋木铎以警众。文事奋木铎，武事奋金铎。

又《地官·封人》：以金铎通鼓。

【译文】

《齐民要术》记载：春分时节，开始打雷，前后各五天，宫里宫外要分开睡，也要摇动木铎告诫百姓此事。铎，达各切，音度。

《说文解字》记载：铎，是铃。

《玉篇》记载：铎是用来宣扬教令的。

《释名》记载：铎，是度，是号令的限度。

《尚书·允征》记载：遒人用木铎在路上巡行。

《孔安国尚书传》记载：木铎，是金铃木舌，用来宣扬礼法。

《周礼·天官·小宰》记载：边走边摇动木铎。郑玄注：古代有新的法令要颁布，一定要摇动木铎来警醒众人。文事振动木铎，武事摇动金铎。

又《地官·封人》记载：用金铎传令击鼓。

洪范《五行传》：雷以二月出震，其卦曰豫，言万物随雷出地，皆逸豫也。

《晋书》：雷以二月出，八月入。

《齐书》：雷于天为长子，以其首长，万物与之出入。故雷出万物出，雷入万物入。

《五行志》：雷出，地则养长华实，发扬隐伏，宣盛阳之德。

《汉·郎顗传》：雷者，所以开发萌牙，辟阴除害，万物须雷而解，资雨而润。

王充《论衡》：夫雷之发动，一气一声也。

又：千里不同风，百里不共雷。

又：雷者，太阳之激气也。正月阳动，故始雷，五月阳盛，故雷迅，秋冬阳衰，故雷潜。

段成式《酉阳杂俎》：雷声，兜率天作歌呗音，阎浮提作海潮音。

【译文】

洪范《五行传》记载：雷在二月出现于东方，它的卦叫豫卦，说

阳与阴夹持，则磨轧

有光而为电。

万物都跟着雷出现在地上，一片祥和安乐之景。

《晋书》记载：雷在二月出现，八月消失。

《齐书》记载：雷在天上为长子，因为其首长，万物与它一起出入。所以雷出万物出，雷入万物入。

《五行志》记载：雷出现，土地上的草木就会生长茂盛，开花结果，雷使潜藏的东西发出，宣扬盛阳之德。

《汉书·郎𫖮传》记载：雷，可以使草木长出萌芽，辟除阴气灾害，万物需要雷来调和，依靠雨水来滋润。

王充《论衡》记载：雷的发动，是一气一声。

又：千里不同风，百里不共雷。

又：雷，是太阳的激气。正月阳气动，所以开始打雷，五月阳气盛，所以雷声迅猛，秋冬阳气衰，所以雷消失。

段成式《酉阳杂俎》记载：雷声，兜率天是歌呗声，阎浮提是海潮声。

《长阿含经》：先于佛所净修梵行，生忉利天，使彼诸天增益五福。

李峤《大云寺碑》：诸天翼戴，上升于兜率之宫；万寓慕思，下莅于阎浮之俗。

《法念经》：若持不杀、不盗、不邪婬、不妄语、两舌、恶口、绮语，得生兜率天。

《太平广记》：心在兜率天弥勒宫中听法。

《宛委余编》：佛称中国为阎浮提。

呗，音败。

《集韵》：西域谓颂曰呗。

《法苑》：西方之有呗，犹东国之有赞。赞者，从文以结章；呗者，短偈以流颂。

《慎子》：阳与阴夹持，则磨轧有光而为电。

葛洪《西京杂记》：太平之世，电不眩目，宣示光耀而已。

【译文】

《长阿含经》记载：诸大神天先于佛所净修梵行，后生于忉利天，使那些诸天都增添五福。

据李峤《大云寺碑》记载：诸天辅佐拥戴，上升到兜率之宫；万物寄托思念，下临到阎浮之俗。

《法念经》记载：如果遵守奉持不杀生、不偷盗、不奸淫、不说假话、不搬弄是非、不口出恶言、不秽语花言巧语以及不歪斜无礼的言词，死后就能升兜率天。

《太平广记》记载：心在兜率天弥勒宫中听讲佛法。

《宛委余编》记载：佛称中国为阎浮提。

呗，音败。

《集韵》记载：西域称颂作呗。

《法苑》记载：西方国家有呗，就像东方国家有赞。赞，是依据经文所作的颂词；呗，是用短偈所作的颂歌。

《慎子》记载: 阳与阴相持, 就会摩擦有光而产生闪电。

葛洪的《西京杂记》记载: 太平之世, 闪电并不耀眼, 只是显示光辉罢了。

春三月

《月令》：季春之月，日在胃，昏七星中，旦牵牛中。注：季春，日月会于大梁，斗建辰之辰也。胃，西方土宿，三星鼎足，广十五度。月建辰而日在酉，辰与酉合也。七星，二十八宿之星宿，南方阳宿，七星如钩，其度七度。牵牛，河鼓也。牛，北方金宿。六星、二角、三腹、一尾，其广亦七度。河鼓三星直建牛上，若牵之者，故曰牵牛。不言牛而言牵牛，牛星稍细，牵牛明大易见也。

又：律中姑洗。姑洗，辰律。洗，苏典反，鲜也。

【译文】

《月令》记载：季春之月，太阳运行到胃宿，黄昏七星在南天正中，黎明时分牵牛星在南天正中。郑玄注：季春，日月相会在大梁，北斗星的斗柄指向十二辰中的辰位（东南方辰、巽、巳三位之首位）。胃宿，是西方土宿，三星鼎立，广十五度。建辰之月，而太阳在酉位，辰位与酉位相合。七星，是二十八宿的星宿，南方阳宿，七星如钩，其度七度。牵牛星，是河鼓。牛星，是北方金宿。有六颗星、角上两颗、腹上三颗、尾上一颗，其广亦七度。河鼓的三颗星直指牛星上面，像牵着它，所以叫牵牛。不叫牛星而叫牵牛星，是因为牛星有些细小，而牵牛星明亮广大，容易看到。

又：这个月应和十二律中的姑洗。姑洗是辰律。洗，苏典反，是鲜的意思。

又：是月也，天子乃荐鞠衣于先帝。鞠衣，色如鞠花之黄也。黄桑之服，色如鞠尘，象桑叶始生之色也。荐此衣于帝，以祈蚕事。黄帝元妃西陵氏始蚕，后世祀为先蚕。或天子先告黄帝，而后乃祀西陵欤？案王后六服有鞠衣服以躬桑，则郑氏以为为蚕求福祥，非无据也。但本文言先帝，不言上帝、五帝，安见非指宗庙乎？

《礼》：夫人蚕缫，以共衣服。则后之服鞠衣以蚕正，以供宗庙之祭服也。天子先荐鞠衣于先帝，以告将蚕，亦其宜矣。天子南北郊亦服鞠衣，天尊祖亲，故后不与于郊。若胡氏谓蚕为后妃事，非天子所当与，则不然。耕助以供粢盛，天子诸侯事也。而后、夫人帅六宫之人，生穜稑之种而献之于王，则王与后相资以成也。

【译文】

这个月，天子向先帝进献鞠衣。鞠衣，颜色如菊花的黄。黄桑之

丝
茧

养蚕

服，颜色如鞠尘，像桑叶刚长出来的颜色。天子进献此衣给先帝，是为了祈求蚕事丰收。黄帝元妃西陵氏最先开始养蚕，所以后世祭祀她为先蚕。或许是天子先禀告黄帝，然后才祭祀西陵氏的？考查王后六服有鞠衣服，用来亲自采桑，但郑玄认为是为了蚕祈求福祥之用，不是没有根据的。但本文说先帝，不说上帝、五帝，怎么能看出指的不是宗庙里的祖先呢？

《礼记》记载：夫人养蚕缫丝，用来供给衣服。那么王后穿着鞠衣祭祀蚕神，是用来供给宗庙的祭服。天子先向先帝进献鞠衣，然后告知将要养蚕，也是应该的。天子在南北郊祭时也是穿着鞠衣，为了表示对上天和祖先的尊敬，王后不参与郊祭。像胡氏说养蚕是后妃的事，不是天子应当参与的，并不是这样。耕种籍田用来供给祭祀，是天子和诸侯的事。而王后、夫人率领后宫之人，种出稚稑之种然后进献给天子，是天子与王后互相帮助才可以做成的。

考《周礼·天官·内宰》：中春，诏后帅外内命妇，始蚕于北郊，与天子耕于南郊等，则先蚕亦视先农可知也。《月令》作于秦，不详祀先蚕之仪，汉以下则推荐鞠衣祈蚕之意，典礼日增矣。惟所谓先蚕，其说不一，或曰马头娘，事颇荒唐；或曰神名菀窳，亦无所考。

《蚕书》：卧种之日，升香以祷天驷，先蚕也，于理不悖。

《周礼·夏官》：马质禁原蚕。注：原，再也。天文辰为马，蚕为龙精，与马同气，物莫能两大，故禁之。后世马头娘之说，当从此附会。至割鸡设醴以祷妇人，寓氏公主指为蚕神，则亦马头娘类也。礼以义起，黄帝制作衣裳，帝元妃始蚕，则先蚕自当祀西陵氏也。

【译文】

考查《周礼·天官·内宰》记载：仲春时节，天子下令皇后率领内外命妇，开始在北郊养蚕，向天子在南郊耕种看齐，那么可以知道先蚕也被看作先农（农神）。《月令》作于秦国，没有记录清楚祭祀先蚕（育蚕之神）的礼仪，汉朝以后就有进献鞠衣以祈求蚕事丰收之意了，并增加了典礼日。只有所谓的先蚕，说法不一，有人说是马头娘，这事情很荒唐；有人说神的名字叫菀窳，也没有得到考证。

《蚕书》记载：卧种这天，上香向天驷和先蚕祈祷，不悖常理。

《周礼·夏官》记载：马质禁止饲养二蚕。郑玄注：原，是再。天文上，辰为马，蚕为龙精，与马血气相通，两个同类的东西不能同时旺盛，所以禁止饲养二蚕。后世关于马头娘的说法，应当从这里附会。到杀鸡设酒向妇人祈祷的时候，寓氏公主被认为是蚕神，那也和马头娘类似。礼从义起，黄帝制作衣裳，黄帝的元妃开始养蚕，那么要祭祀先蚕的话，自然应当祭祀西陵氏。

《后汉·礼仪志》：祀先蚕，礼以太牢。

《唐书·礼乐志》：中祀社稷、日月、星辰、岳镇、海渎、帝社、先蚕。

《宋史·礼志》：绍兴七年，始以季春吉巳日享先蚕，视风师之仪，升为中祀。

《王钦若传》：请置先蚕并寿星祠。

《北史·齐文宣帝纪》：天保八年八月庚辰，诏丘郊禘祫时祭，皆市取少牟，不得刲割，有司监视，必令丰修^①，农社先蚕，酒肉而已。少牟应是少牢之讹，故下接曰不得刲割^②，本易刲羊言也。农桑为衣食之本，祭唯酒肉，非所以重农劝蚕也。唐宋列之中祀，于礼为宜。

【注释】

①必令丰修：疑为"必令丰备"。

②刲（kuī）：刺杀，屠宰。

【译文】

《后汉书·礼仪志》记载：祭祀先蚕，用太牢之礼。

《唐书·礼乐志》记载：中祀祭祀社稷、日月、星辰、岳镇、海渎、帝社、先蚕。

《宋史·礼志》记载：绍兴七年，开始在季春巳日这个吉日祭祀先蚕，把祭祀风师的仪礼，升为中祀。

《王钦若传》记载：请求把先蚕一并放入寿星庙。

《北史·齐文宣帝纪》记载：天保八年八月庚辰日，皇帝下诏说，在圆丘和四郊的祭祀，以及祭祀祖先和四时祭祀，都用买来的少牢来祭祀，不得屠宰牲畜，有关官员进行监视，一定要做到丰富齐备，祭祀农社先蚕，只用酒肉就行。少牢应是少牢之讹误，所以接下来说不得屠宰牲畜，本应是相对杀羊而言。农桑为衣食之本，只用酒肉祭祀，这不正是重视农业鼓励养蚕吗？唐宋时把这列为中祀，于礼法上是合适的。

蚕，徂含切，音蹲，丝虫也。

《博物志》：蚕三化，先孕而后交，不交者亦产子。

《淮南子》：蚕食而不饮，二十二日而化。

《尔雅·翼》：蚕之状，喙呐呐类马，色斑斑似虎。

《尔雅》：螺，桑茧。雠由，樗茧、棘茧、栾茧。蚖，萧茧。蚕类作茧，因食叶异名。螺，音象。蚖，音航。

《蚕经》：蚕有六德，衣被天下，仁也；食其食，死其事，义也；不辞汤火，忠也；必三眠三起而熟，信也；象物成茧，色必黄素，智也；茧而蛹，蛹而蛾，蛾而卵，卵而蚕，神也。蛹，音勇，一名魄。魄，音溃。

【译文】

蚕，徂含切，音蹲，是吐丝的虫子。

《博物志》记载：蚕有三种变化，先孕育然后交配，不交配也可以产子。

《淮南子》记载：蚕吃桑叶但不喝水，二十二日后变化。

《尔雅·翼》记载：蚕的形态，嘴像马一样咀嚼，颜色斑斑似虎。

《尔雅》记载：螺，是桑茧。雔由，又叫樗茧、棘茧、栾茧。蚢，是萧茧。蚕类作茧，因为吃的叶子不同而有不同名称。螺，音象。蚢，音航。

《蚕经》记载：蚕有六种德行，让天下人有衣服穿，是仁；吃人家的东西，就竭尽其力，是义；不避水火，是忠；一定要三睡三起才成熟，是信；取法物象化成茧，颜色必如黄色的丝绢，是智；茧成蛹，蛹成蛾，蛾产卵，卵成蚕，是神。蛹，音勇，又名魄。魄，音溃。

又：命舟牧覆舟，五覆五反，乃告舟备具于天子焉。天子始乘舟，荐鲔于寝庙，乃为麦祈实。舟牧，主乘舟之官。五覆五反，所以详视其罅漏倾侧之处也。鲔，音伟。

《周礼·天官·戴人》[1]：春献王鲔。鲔似鳣而青黑，大者为王鲔，小者为叔鲔。乘舟不言渔，季冬已命渔师渔矣。

《夏小正》：祭鲔在二月，祈麦实在三月，则两事也。

《周颂》有《潜》，以荐鱼也。

《礼》：食麦以鱼，鱼者麦之配，故荐鲔以祈麦。

【注释】

①戴（yú）人：即渔人，周设此官，掌捕鱼、供鱼、征鱼税及有关政令。

【译文】

又：命令舟牧把船翻过来，反复检查五次，查看有没有漏洞，然后才向天子报告说船已准备妥当。天子这才开始乘船，向寝庙进献

乘舟不言渔，季冬已命渔师渔矣。

鲔鱼，为了祈求麦子丰收。舟牧，主管乘舟的官员。五覆五反，是为了详细观察船的侧面有没有裂缝和漏洞。鲔，音伟。

《周礼·天官·㹰人》记载：春天时进献王鲔。鲔像鳣却是青黑色，大的是王鲔，小的是叔鲔。乘舟时不谈论捕鱼之事，季冬时已经命令渔师捕鱼了。

《夏小正》记载：用鲔祭祀是在二月，祈求麦子丰收是在三月，这是两件事。

《周颂》中有《潜》，讲的是献鱼之事。

《礼记》记载：吃麦时就着鱼，鱼和麦相配，所以进献鲔鱼来祈求麦子丰收。

又：是月也，生气方盛，阳气发泄，句者毕出，萌者尽达，不可以内。句，屈生者。萌，直生者。不可以内，言当施散恩惠，以顺生道之宣泄，不宜吝啬闭藏也。

又：天子布德行惠，命有司发仓廪，赐贫穷，振乏绝，开府库，出币帛，周天下，勉诸侯，聘名士，礼贤者。在内则命有司奉行，在外则勉诸侯奉行，皆天子之德惠也。

【译文】

又：这个月，生气正旺盛，阳气也在发散，弯曲的芽都长了出来，直立的芽也都破土，人们不可以收纳财货。句，弯曲的芽。萌，是直立的芽。不可以内，意思是应当布施恩惠，顺应生道的宣泄，不应该各啬收藏。

又：天子要施德行惠，命令官员发放仓廪里的粮食，赐给贫穷之人，救济缺吃少穿之人，打开府库，拿出钱财布匹，周济天下，勉励诸侯，聘用名士，礼待贤者。对内命令官员奉行此道，对外勉励诸侯奉行此道，都是天子的德惠。

又：是月也，命司空曰："时雨将降，下水上腾，循行国邑，周视原野，修利堤防，道达沟渎，开通道路，毋有障塞。"司空掌邦土，此皆其职也。堤以蓄水，防以障水，沟以通水，渎以受水，皆疏通之，无有障塞，所以备潦。而于疏通之中，寓潴蓄之法，则所以备旱，亦不外此矣。

又：田猎罝罘、罗网、毕翳、餧兽之药，毋出九门。罝，音嗟；罘，音浮，皆捕兽之罟。罗网，皆捕鸟之罟。小网长柄谓之毕，以其似毕星之形，故名，用以掩兔也。翳，射者，用以自隐也。翳，音暳。餧，音委，啗之也。药，毒药也。七物皆不得施用，以其逆生道也。路门、应门、雉门、库门、皋门、城门、近郊门、远郊门、关门，凡九门也。

【译文】

又：这个月，天子命令司空说："应时的雨将要落下，地下的水也要往上翻腾，要巡视国都，仔细察看原野，修整堤防，疏通沟渎，开通道路，不要有阻塞不通的情况。"司空掌管国土，这都是他的职责。

堤用来蓄水，防用来挡水，沟用来通水，渎用来受水，都要疏通，不能有阻塞，才能防备大雨过后的积水。在疏通的过程中，含有蓄洪储水的方法，才能防备干旱，也不过是因为这罢了。

又：打猎用的捕兽网、捕鸟网、长柄小网、遮蔽自己的工具、给野兽吃的毒药，不能带出城门。罝，音嗟；罘，音浮，都是捕兽之网。罗网，都是捕鸟之网。长柄的小网称为毕，因为它类似毕星形状，所以这么叫，用来捕捉兔子。翳，是射箭人用来遮蔽自己的工具。翳，音曀。餧，音委，是吃掉的意思。药，是毒药。这七种东西此时都不能使用，因为它们违背了生道。路门、应门、雉门、库门、皋门、城门、近郊门、远郊门、关门，总共是九门。

又：是月也，命工师，令百工，审五库之量，金铁、皮革筋、角齿、羽箭干、脂胶丹漆，毋或不良。工师，百工之长。五库者，金铁为一库，皮革筋为一库，角齿为一库，羽箭干为一库，脂胶丹漆为一库。量，多寡之数也。

《周礼·冬官·考工记》：荆之干，柘也[①]，可以为弓弩之干。

又：百工咸理，监工日号："毋悖于时，毋或作为淫巧，以荡上心。"工师监临，每日号令，不得悖逆时序。如为弓必春液角，夏治筋，秋合三材，寒定体之类是也。不得淫过奇巧，摇动君心，使生奢侈也。

【注释】

①柘（zhè）：疑为"干柘"。

【译文】

又：这个月，命令工师让各种工匠，仔细检查五库贮藏东西的数量，即金铁库、皮革筋库、角齿库、羽箭干库、脂胶丹漆库，有没有混入次品。工师，是百工之长。五库，金铁为一库，皮革筋为一库，角齿为一库，羽箭干为一库，脂胶丹漆为一库。量，指多少之数。

《周礼·冬官·考工记》记载：荆楚之地的柘木，可以用来做弓弩的干材。

又：各种工匠都在干活，工师在旁监督，每天都要发出号令："不要违背时令，不要制作过于精巧的东西，而使天子产生贪图奢侈享受的念头。"工师监督，每天都要发出号令，让工匠不要违背时序。如制作弓，一定要在春天用水煮角，夏天治理筋，秋天再用胶、漆、丝三种材料把干、角、筋组合在一起，寒冷时节固定弓体之类。不能制作过于精巧的东西，摇动君心，使其生出奢侈之心。

又：是月之末，择吉日，大合乐，天子乃帅三公、九卿、诸侯、大夫亲往视之。郑氏曰：其礼亡。

又：是月也，乃合累牛腾马，游牝于牧，牺牲、驹犊，举书其数。春阳既盛，物皆产育，故合累负而上之，牛迟重也。腾跃而起之，马骠疾也。皆牡就牝之形也。驹，马新生。犊，牛新生。牺牲，体全而色纯者。纵牝之游，使牡就于刍牧之地，欲其孳生之

犊，牛新生。

蓄也。

又：命国难，九门磔攘，以毕春气。难，音那，与傩通。在《周官》则方相氏掌之。裂牲谓之磔，除祸谓之攘。磔，音责。

【译文】

又：这月末，选择吉日，举行大规模的乐器合奏，天子率领三公、九卿、大夫亲自前去观看。郑玄说：其礼已然消失。

又：这个月，人们让公牛公马和母牛母马在放牧中进行交配，祭祀用的牲畜和小马小牛，都要记下它们的数量。春天阳气旺盛，万物都要生育，所以交配的时候，因为牛笨重，故而公牛只能拙钝而上。而马轻快，可以跳着上去。都是公畜和母畜交配的形态。驹，是刚出生的马。犊，是刚出生的牛。牺牲，是健全且没有杂毛的牲畜。让发情的母畜，和公畜在放牧之地进行交配，目的是使它们可以繁衍生息。

又：政府命令国都的百姓举行驱除疫鬼的仪式，每个城门都要分裂牲体祭神，来除净春天的不详之气。难，音那，与傩通。在《周官》中则是方相氏掌管此事。裂牲称为磔，除祸称为攘。磔，音责。

《淮南子》：斗指辰，辰则振之也。律受姑洗。姑洗者，陈去而新来也。

《后汉书·礼仪志》：上巳，官民皆絜于东流水上，曰洗濯祓除，去宿垢疾为大絜。

又注：杜笃《祓禊赋》：巫咸之徒，秉火祈福。

《晋书》：汉仪，季春上巳，自魏以后，但用三日，不以上巳也。晋怀帝亦会天泉池，赋诗。

陆机云："天泉池南石沟引御沟水，池西积石为禊堂。"

【译文】

《淮南子》记载：斗柄指向辰位，辰是震动之时。应和姑洗律。姑洗，意思是除旧迎新。

《后汉书·礼仪志》记载：上巳日，官吏和百姓都来东流水上洁净自身，称之为洗净清除，去掉所积的污垢疾病为大洁。

又注：杜笃《祓禊赋》记载：巫祝之人，持火祈福。

《晋书》记载：汉朝礼仪，在季春上巳日，魏以后，只用三月三日，不用上巳日。晋怀帝也会去天泉池，赋诗。

陆机说："天泉池南面的石沟引入御沟水，池西堆石为禊堂。"

《王戎传》：朝贤尝上巳禊洛。张华善说《史》《汉》。裴颜论前言往行，衮衮可听。王戎谈子房、季札之间，超然元著。

《束晳传》：武帝尝问三日曲水之义，晳对曰："昔周公成洛邑，因流水以汜酒，故逸诗云：'羽觞随波。'秦昭王以三日置酒河曲，见金人奉水心之剑，曰：'令君制有函夏，乃霸诸侯。'因此立为曲水。二汉相沿，皆为盛集。"

《王羲之传》：永和九年，岁在癸丑，暮春之初，会于会稽山阴之兰亭，修禊事也。群贤毕至，少长咸集。此地有崇山峻

茂林

岭，茂林修竹，又有清流激湍，映带左右，引以为流觞曲水，列坐其次。

【译文】

《王戎传》记载：朝中贤人曾在上巳日于洛水修禊事。张华擅长谈论《史记》《汉书》。裴頠谈论前言往事，滔滔不绝，十分动听。王戎谈论起张良、季札来，胜过前人的著作。

《束皙传》记载：晋武帝曾经问起三日曲水的含义，束皙回答说："从前周公建成洛邑，利用流水来泛酒，所以逸诗说：'羽觞随波。'秦昭王三月三日在河流迂回处设酒，看见一个金人捧着水心剑，说：'让你统治全国，就可以称霸诸侯。'因此秦设为曲水。两汉沿袭，都为盛大集会。"

《王羲之传》记载：永和九年，这年是癸丑年，暮春之初，在会稽郡山阴县的兰亭聚会，是为了做禊事。众多贤才都来了，老少聚集在这里。这里有高大陡峭的山岭，茂密的树林，修长的竹子，又有清澈湍急的溪流，映衬在亭子周围，大家把溪水作为漂流酒杯的曲水，列坐在旁边。

《夏统传》：统诣洛市药，会三月上巳，洛中王公已下并至浮桥，士女骈阗，车服烛路。统时在船中曝所市药，太尉贾充怪而问之，答曰："会稽夏仲御也。"充问："卿居海滨，颇能随水戏乎？"答曰："可。"统乃操柂正橹，折旋中流，初作鲐䲉跃，

后作鲔鮬引,飞鹢首,掇兽尾,奋长梢而直逝者三焉。充又谓曰:
"卿颇能作乡土地间曲乎?"统曰:"孝女曹娥,其父堕江,娥投
水而死,国人哀其孝义,为歌《河女》之章。伍子胥见戮投海,
国人痛其忠烈,为作《小海唱》。今欲歌之。"金曰:"善。"统于
是以足叩船,引声喉啭,清激慷慨,大风应至,含水嗽天,云雨
响集,叱咤欢呼,雷电昼冥,集气长啸,沙尘烟起。王公已下皆
恐,止之乃已。鲚,音留;鮬,音鱼;鱼名,鸟名也。鲔,音遒;鮬,
音敷,江豚别名也。

《宋书》:周礼女巫掌岁时祓除,如今三月上巳如水上之类
也。祓除釁浴,以香薰草药沐浴也。釁,欣去声,同衅。

【译文】

《夏统传》记载:夏统到洛阳买药,恰逢三月上巳节,洛阳城
中王公以下的官员都去了浮桥,男女聚集一起,车舆礼服华丽,烛光
明亮照路。夏统当时在船上晒自己买的药,太尉贾充感到奇怪就问
他,夏统回答说:"我是会稽夏仲御。"贾充问:"你住在海边,能随
水嬉戏吗?"他回答说:"可以。"夏统于是操起船舵调整船橹,周旋
水中,起初作鲚鮬跃,后来作鲔鮬引,飞船头,取兽尾,挥动长梢而直
接消失三次。贾充又对他说:"你能唱家乡的地方小曲吗?"夏统说:
"孝女曹娥,她父亲落江,曹娥就投水而死,国人哀悼她的孝义,就
为她唱《河女》之歌。伍子胥被杀投海,国人哀痛他的忠烈,就为他
作《小海唱》。现在我想唱这两首歌。"大家都说:"好。"夏统于是用

脚敲船, 歌声连绵不断, 清亮激越慷慨激昂, 大风也应和而来, 含起水荡洗天空, 云雨响应聚集, 叱咤欢呼, 电闪雷鸣, 白天昏暗, 夏统集气长啸, 沙尘烟起。王公以下的官员都很害怕, 让他停止, 这番景象才消失。鰡, 音留; 鱼, 音鱼; 是鱼名, 鸟名。鲋, 音逋; 鲋, 音敷, 是江豚的别名。

《宋书》记载: 周朝礼仪, 女巫掌管每年的除灾去邪之祭, 就像现在三月上巳日去水上之类。祓除时进行的衅浴, 是用香薰草药沐浴。衅, 欣去声, 同衅。

又: 暮春天子始乘舟。

蔡邕《月令章句》: 阳气和暖, 鲋鱼时至, 将取以荐寝庙, 故因是乘舟, 禊于名川也。

《齐书》: 案禊与曲水, 其义参差。旧言阳气布畅, 万物讫出, 姑洗絜之也。巳者, 社也, 言祈介祉也。一说三月三日清明之节, 将修事于水侧, 祷祀以祈丰年。

《王融传》: 上幸芳林园, 禊宴朝臣, 使融为《曲水诗序》, 文藻富丽, 当世称之。

《梁书·张率传》: 四年三月, 禊饮华光殿。其日, 河南国献舞马, 诏率赋之。

又本传: 时惟上巳, 美景在斯。遵镐饮之故实, 陈洛谳之旧仪。

【译文】

又: 暮春时天子开始乘船。

蔡邕《月令章句》记载: 阳气和暖, 鲔鱼应时出现, 将拿它进献给寝庙, 所以因为是乘船, 就在名川大河边举行清除不祥的祭祀。

《齐书》记载: 考查禊和曲水, 它们意义的差别。过去说阳气畅通, 万物萌发, 要除旧迎新, 进行清洁。已, 是社, 意思是祈求福祉。另一种说法是三月三日清明节, 人们将在水边摆上供品, 进行祭祀祈求丰年。

《王融传》记载: 皇上驾临芳园, 上巳日和朝臣宴聚, 让王融作《曲水诗序》, 文章辞藻富丽, 被当世人称赞。

《梁书·张率传》记载: 四年三月, 上巳日皇帝在华光殿宴聚。这天, 河南国进献舞马, 皇上下诏让张率作赋。

又本传: 上巳之日, 美景在此。遵从镐饮之往事, 陈列洛谯的旧仪。

《隋书》: 上巳, 皇后祭先蚕, 用一献礼。

又: 后齐三月三日, 皇帝常服乘舆诣射所, 升堂即坐, 登歌, 进酒行爵。皇帝入便殿, 更衣以出。骅骝令进御马, 有司进弓矢, 帝射讫, 还御坐, 射悬侯。

又: 毕, 群臣乃射。

《旧唐书·归融传》: 时两公主出降, 府司供帐事殷。又俯近上巳, 曲江赐宴, 奏请改日。上曰: "去年重阳取九月十九日,

乘舟

未失重阳之意,今改取十三日可也。"

武平一《景龙文馆记》:上巳禊于渭滨。

沈佺期诗:宝马香车清渭滨,红桃碧柳禊堂春。

【译文】

《隋书》记载:上巳日,皇后祭祀先蚕,采用一献礼。

又:后齐三月三日,皇帝穿着常服乘车到射箭的地方,登堂就坐,乐师奏歌,斟酒劝饮,依次敬酒。皇帝进入别殿,换完衣服后出来。骅骝令献上御马,官员献上弓箭,皇帝射箭完毕,返回御座,箭射在挂着的箭靶上。

又:皇帝射完,群臣才射。

《旧唐书·归融传》记载:当时两位公主出嫁,官府为了准备宴会,各项事务繁多。又临近上巳节,皇帝要在曲江亭赐宴,于是大臣奏请改变日子。皇上说:"去年重阳节取九月十九日,没有失去重阳之意,现在改在十三日就可以了。"

武平一《景龙文馆记》记载:上巳日在渭水边举行祭祀。

沈佺期诗:宝马香车清渭滨,红桃碧柳禊堂春。

《宋史·礼志》:淳化三年三月,幸金明池,命为竞渡之戏。掷银瓯于波间,令人泅波取之。因御船奏教坊乐,岸上都人纵观。帝顾视高年皓首者,就赐白金器皿。

《辽史》:上巳国俗刻木为兔,分朋走马射之,先中者胜,负朋下马,列跪进酒,胜朋马上饮之。

孙思邈《千金月令》:三月三日,上踏青鞋履。

韩鄂《岁华纪丽》:八公既登,四人并出。注:宋武帝三月三日,登八公山刘安故台望,城郭如匹帛之绕丛花也。

《荆楚岁时记》:三月三日,四人并出,临清渚,为流杯曲水之戏。

又庾信《三月三日华林园马射赋》:草衔长带,桐垂细乳。鸟啭歌来,花浓雪聚。

【译文】

《宋史·礼志》记载:淳化三年三月,皇帝到金明池,下令进行比赛渡水的游戏。皇帝命人把银杯扔进水中,让人游水去取。因为御船上奏着教坊乐,岸上的京都百姓都放眼观看。皇帝看着周围的老年白发之人,就赐给他们白金器皿。

《辽史》记载:上巳日,国家风俗是把木雕刻成兔子,人们分组骑马射向它,先射中的获胜,输组的人下马,列队跪下进献美酒,胜组的人在马上饮下。

孙思邈《千金月令》记载:三月三日,穿上踏青的鞋子。

韩鄂《岁华纪丽》记载:已登上八公山,四人一起出来。注:宋武帝三月三日,登上八公山刘安旧台观望,城市像丛花环绕的匹帛。

《荆楚岁时记》记载:三月三日,四人一起出来,到达清澈的水边,大家做流杯曲水的游戏。

兰花田

又庾信《三月三日华林园马射赋》记载：绿草像衔着细长的带子，桐树上挂着小小的胚乳。鸟儿婉转地鸣叫像歌声一样传来，花朵盛开好似白雪堆集。

又庾肩吾《曲水宴诗》：桃花生玉涧，柳叶暗金沟。

又沈约《三日诗》：烟光蕙亩，气婉椒台。

张协《上巳赋》：停舆蕙渚，息驾兰田。朱幔虹舒，翠幕蜺连。

范致明《岳阳风土记》：郑子况为岳阳太守，上巳携家登岳阳楼，下望鄂渚，追想汜人，俄有所见，闻汜人歌曰："泝青山兮江之湄，泳湖波兮裛绿裾，意拳拳兮心莫舒。"汜，音汛。

【译文】

又庾肩吾《曲水宴诗》记载：桃花生玉涧，柳叶暗金沟。

又沈约《三日诗》记载：烟光蕙亩，气婉椒台。

张协《上巳赋》记载：停舆蕙渚，息驾兰田。朱幔虹舒，翠幕蜺连。

范致明《岳阳风土记》记载：郑子况任岳阳太守时，上巳日带领家眷登上岳阳楼，向下望着鄂州，追忆起汜人来，不久就看到汜人出现，听见汜人唱道："泝青山兮江之湄，泳湖波兮裛绿裾，意拳拳兮心莫舒。"汜，音汛。

贾思勰《齐民要术》：昔介子推怨晋文公赏从亡之劳，不及己，乃隐于介休县緜山中。文公求之不出，乃以火焚山，推抱树而死。百姓哀之，忌日为之断火，名曰寒食，盖清明节前一日也。

宗懔《荆楚岁时记》：去冬节一百五日，即有疾风甚雨，谓之寒食。禁火三日，造饧大麦粥。

《先贤传》：并州以介子推焚死，每冬中辄一月寒食，莫敢烟爨。

《魏武帝令》：闻太原、上党、西河、雁门，冬至后百五日皆寒食，云为介子推北方沍寒之地，老少羸弱，将有不堪之患。令到，禁绝火，不得寒食，犯者家长半岁刑。

【译文】

贾思勰《齐民要术》记载：从前介子推埋怨晋文公奖赏臣下跟着他逃亡的辛劳，没轮到自己，于是隐居在介休县的緜山中。晋文公找他，他不出来，晋文公就下令让人用火烧山，介子推抱树而死。百姓哀悼他，就在忌日为他断火，称为寒食节，这是清明节的前一天。

宗懔《荆楚岁时记》记载：距离冬至一百零五天，就会有大风大雨，称为寒食节。禁火三天，做糖大麦粥。

《先贤传》记载：并州因为介子推被烧死，每年冬天里就会有一个月吃寒食，没有人敢烧火做饭。

《魏武帝令》记载：听说太原、上党、西河、雁门，冬至后一百零五天都吃寒食，说是介子推所在北方寒冷的地方，百姓中老少身体瘦弱的，会有受不了的忧患。魏武帝就下令到，禁止断火，不能吃寒食，违反此令的话一家之主获刑半年。

《邺中记》：并州俗断火，冷食三日，作干粥。

《岁华纪丽》：禁烟，周旧制；不断火，魏之新令。

《晋书·石勒载记》：雹起西河介山，平地三尺。徐光曰："去年禁寒食，介推帝乡之神，或者以为未宜替也。"勒下书："寒食既并州之旧风，朕生其俗，不能异也。尚书其促检旧典，定议以闻。"

《旧唐书·宪宗纪》：元和元年三月戊辰，诏常参官寒食拜墓，在畿内听假日往返，他州府奏取进止。

【译文】

《邺中记》记载：并州风俗断火，吃三天冷食，做干粥。

《岁华纪丽》记载：禁止生火，是周朝的旧制；不能断火，是魏国的新令。

《晋书·石勒载记》记载：西河介山发生冰雹，平地有三尺。徐光说："去年朝廷禁止寒食节，介子推是帝乡的神，有人认为不应该废弃。"于是石勒下诏："寒食既然是并州的旧风俗，朕想着他们的风俗，不能改变。督促尚书查找过去的典籍，商议决定后再行上报。"

《旧唐书·宪宗纪》记载：元和元年三月戊辰日，下诏平常上朝

寒
食
节

的官员要吃寒食拜扫坟墓，在京城四周范围内的要听凭假日往返，其他各州府要奏请去留。

又《礼乐志》：寒食荐饧粥。

《西京杂记》：寒食禁火日，赐侯家蜡烛。

《唐·百官志》中：尚署令一人，丞二人，寒食献毬。

《卢氏杂记》：每岁寒食，赐近臣帖绣彩毬。天宝宫中，寒食节竞竖鞦韆^①，令宫嫔戏笑以为乐，帝呼为半仙之戏。

又：寒食有打毬、斗鸡、拖钩之戏。邺中寒食，煮梗米及麦，捣杏仁煮作粥。

【注释】

①鞦韆：同"秋千"。

【译文】

又《礼乐志》记载：寒食节进献糖粥。

《西京杂记》记载：寒食节这天禁火，皇帝赐给显贵人家蜡烛。

《唐书·百官志》中：尚署令一人，丞二人，在寒食节献毬。

《卢氏杂记》记载：每年寒食节，皇帝赐给近臣贴绣彩毬。天宝年间的宫里，寒食节争相架起秋千，皇帝让宫女嫔妃嬉笑玩闹来取乐，称为半仙的游戏。

又：寒食节有打毬、斗鸡、拖钩的游戏。邺城中的寒食节，煮梗米和麦子，把杏仁捣碎一起煮成粥。

白居易诗：鸡毬饧粥屡开筵。毬，同鞠，古人蹋蹴以为戏，黄帝所造木兵势。蹴，踘也。踘，同鞠。

《索隐》曰：以皮为之，中实以毛。

《初学记》：古用毛纠结为之，今用皮以胞为里，嘘气闭而蹴之。或以韦为之，实以柔物，谓之毬子。蹴踘之处曰毬场，胜者所得谓之毬采。《蹴鞠书》有《域说篇》，即打毬也。程武士知其材力。

王建宫词：殿前铺设两边楼，寒食宫人步打毬。

【译文】

白居易诗：鸡毬饧粥屡开筵。毬，同鞠，古人踢它作为游戏，相传为黄帝创造的木兵势。蹴，是踘。踘，同鞠。

《史记索隐》中说：鞠是用皮来制作，里面塞上毛。

《初学记》记载：古时候用毛互相缠绕制成，现在内里用动物尿胞，充气封口，再用皮革包裹，然后踢它。或者用皮革制成，里面塞上柔软的东西，称为毬子。玩蹴踘的地方叫毬场，胜者获得的东西称为毬采。《蹴鞠书》有《域说篇》，所写内容就是打毬。最初是国家为了衡量武士技能、知道他的能力。

王建宫词：殿前铺设两边楼，寒食宫人步打毬。

《梦华录》：一人上蹴鞦韆，将平架筋斗掷身入水，谓之水鞦韆，绳戏也。汉武帝后庭之戏，本云千秋，祝寿之词也，语讹转为秋千。后人不本其意，乃造此字，见高无际《鞦韆赋序》。

花蕊夫人《宫词》：内人稀见水鞦韆，争擘珠帘帐殿前。

拖钩之戏，以绠作篾缆相胃，绵亘数里，鸣鼓辜之①。

张说《观拔河俗戏应制诗》：今岁好拖钩，横街敞御楼。据此，拖钩即拔河也。唐中宗幸梨园，命侍臣为拔河之戏，以大麻絙两头系十余小索，每索数人执之，以挽力弱为输。篾，弥列切，竹皮也。绠，古杏切，井绠也。缆，音滥。胃，姑泫切，音畎，挂也，绾也。絙，古邓切。

【注释】

①辜：其他版本作"牵"。

【译文】

《梦华录》记载：一个人跃上秋千，从半空中的秋千架上翻了个筋斗，然后一头扎进水中，称为水秋千，是绳戏。汉武帝时是后宫的游戏，本叫千秋，是祝寿之词，语误转为秋千。后人没有推究其意，就造了此字，见高无际的《鞦韆赋序》。

花蕊夫人《宫词》记载：内人稀见水鞦韆，争擘珠帘帐殿前。

拖钩的游戏，是用井绳做成竹篾绳索相互缠绕，绵延数里，击鼓拉扯。

张说《观拔河俗戏应制诗》记载：今岁好拖钩，横街敞御楼。据此，拖钩就是拔河。唐中宗到梨园，命令侍臣做拔河的游戏，在大麻绳两头系上十多个小绳，每条小绳几个人来拉，拉力弱的一方为输。

篾,弥列切,是竹皮。绠,古杏切,是井绠。缆,音滥。罥,姑泫切,音
畎,是挂,绾。縆,古邓切。

韩愈《寒食直归遇雨诗》:惟将新赐火,向曙著朝衣。

欧阳修《和较艺将毕诗》:踏青寒食追游骑,赐火清明忝近
臣。

又《清明赐火诗》:多病正愁饧粥冷,清香但爱蜡烟新。

按韩翃诗:日暮汉宫传蜡烛,青烟散入五侯家。

详味各诗意,证之《西京杂记》禁火日赐烛,是寒食日暮即
赐火也。唐人试帖,以清明日赐百官新火,命题禁火,日暮赐烛,
专言侯家,则清明所赐百官,在贵戚近臣之外也。微有分别。

【译文】

韩愈《寒食直归遇雨诗》记载:惟将新赐火,向曙著朝衣。

欧阳修《和较艺将毕诗》记载:踏青寒食追游骑,赐火清明忝
近臣。

又《清明赐火诗》记载:多病正愁饧粥冷,清香但爱蜡烟新。

按韩翃诗:日暮汉宫传蜡烛,青烟散入五侯家。

细细体味各首诗的意思,证实《西京杂记》里的禁火日赐烛,就
是寒食日晚上赐火。唐朝人作试帖诗,以清明日赐给百官新火,命题
禁火,而晚上赐烛,专门指显贵人家,那么清明所赐的百官,是在贵
戚近臣之外。稍有区别。

《宋史》：寒食赐神餤饧粥。餤，同啖，杜览切。

《六书故》：今以薄饼卷肉，切而荐之曰餤。唐赐进士有红绫餤，南唐有玲珑餤、驼蹄餤、鹭鸶餤，皆饼也。饧，徐盈切，从易不从昜。

沈佺期《岭表寒食诗》：马上逢寒食，春来不见饧。

收庚韵诗：箫管备举。笢，箫编小竹管，如今卖饧者所吹。

扬子《方言》：饧谓之餦餭。餦，音张。餭，音黄。

【译文】

《宋史》记载：寒食节献给神餤糖粥。餤，同啖，杜看切。

《六书故》记载：现在把薄饼卷肉，切开进献叫餤。唐朝赐给进士有红绫餤，南唐有玲珑餤、驼蹄餤、鹭鸶餤，都是饼。饧，徐盈切，从易不从昜。

沈佺期《岭表寒食诗》记载：马上逢寒食，春来不见饧。

收庚韵诗：箫管齐鸣。笢，是指箫编的小竹管，如今是卖糖人所吹的。

扬雄《方言》记载：饧称为餦餭。餦，音张。餭，音黄。

《尔雅·翼》：蜜和米面煎熬作粔籹①。

《楚辞》：粔籹蜜饵，有餦餭些。粔，音巨。籹，音汝。

《说文》：膏环也。

《齐民要术》：名环饼，象环钏形也。今名馓子，又名寒具。

刘禹锡诗：纤手搓成玉数寻，碧油熬出嫩黄深。夜来春睡无轻重，压扁佳人缠臂金。饵，音耳，粉米烝屑皆饵也。

【注释】
①粔籹（jù nǔ）：古代的一种食品。犹如现在的馓子、麻花。

【译文】
《尔雅·翼》记载：蜂蜜和上米面煎熬成粔籹。

《楚辞》记载：用甜面饼和蜜米糕作点心，还加上很多麦芽糖。粔，音巨。籹，音汝。

《说文解字》记载：粔籹，是膏环。

《齐民要术》记载：粔籹叫环饼，像手镯的形状。现在叫馓子，又叫寒具。

刘禹锡诗：纤手搓成玉数寻，碧油熬出嫩黄深。夜来春睡无轻重，压扁佳人缠臂金。饵，音耳，粉米蒸屑都是饵。

《嘉定县志》：三月十一日为麦生日，喜晴。

师旷《禽经》：泽雉啼而麦齐。泽雉如商庚，季春始鸣，麦平垅也。

《梁鸿传》：惟季春兮华阜，麦含含兮方秀。

崔实《四民月令》：三月杏花盛，可葡白沙轻土之田。

《齐民要术》：三月榆荚时，雨膏地强，可种禾。

艾草

又：春暖草生，葵亦俱生。三月初，叶大如钱。

又：三月中候，枣叶始生，乃种兰香。

又：三日采艾及柳絮。

【译文】

《嘉定县志》记载：三月十一日是麦生日，喜晴。

师旷《禽经》记载：泽雉啼叫麦子齐。泽雉像商庚鸟，季春开始鸣叫，麦子就会平垅。

《梁鸿传》记载：春天一到，百花齐放，麦苗长势旺盛，拔节吐蕙。

崔实《四民月令》记载：三月杏花盛开，可开垦白沙轻土之田。

《齐民要术》记载：三月榆荚长出时，雨多地肥，可种庄稼。

又：春天和暖绿草萌生，葵也一起生长。三月初，叶大如钱。

又：三月中候，枣树叶开始生长，于是种植兰花。

又：三日采摘艾草和柳絮。

《隋·音乐志》：瞻榆束耒，望杏开田，方凭戬福，佇咏丰年。

又《虞世基传》：青春晚候，朝阳明岫，日月光华，烟云吐秀。

《宋史·河渠书》：春末芜菁华开，谓之菜花水。

《氾胜之书》：三月榆荚时有雨，高田可种大豆。

梁《陈伯之传》：暮春三月，江南草长，杂花生树，群莺乱飞。

《逸周书》：禹之禁，春三月，山林不登斧，以成草木之长。

《抱朴子》：人不可轻入山，当以三月，此是山开月。

【译文】

《隋书·音乐志》记载：望着榆钱开落，整束农具，看着杏花开放，开田劳作。喻按期劳作，不误农时。四方借此降福而吉祥，期盼丰年而歌咏。

又《虞世基传》记载：春天来晚了，朝阳生机勃勃，日月有明亮的光辉，烟云轻吐秀色。

《宋史·河渠书》记载：春末芜菁华开，称为菜花水。

《氾胜之书》记载：三月榆荚长出时有雨水，地势高的田地可以种大豆。

梁《陈伯之传》记载：暮春三月，江南草长，杂花生树，群莺乱飞。

《逸周书》记载：禹时的禁令，季春三月，百姓不要拿着斧子去山林，让草木可以长成。

《抱朴子》记载：人不可轻入山，恰逢三月，正是山开月。

清 明

三月节气。春分后十五日，斗柄指乙为清明，万物至此皆洁齐而明白也。

《汉书·律历志》：大梁，初胃七度，谷雨，今曰清明。中昴八度，清明，今曰谷雨。于夏为三月，商为四月，周为五月。

《淮南子》：距日冬至四十五日，条风至，条风至四十五日，明庶风至，明庶风至四十五日，清明风至。

《旧唐书·刘晏传》：清明桃花已后，远水自然安流，阳侯宓妃不复太息。

【译文】

三月节气。在春分后十五天，此时斗柄指向乙位为清明，万物至此都整齐而明白。

《汉书·律历志》记载：大梁，初胃七度，是谷雨，现在叫清明。中昴八度，清明，现在称作谷雨。在夏朝为三月，商朝为四月，周朝为五月。

《淮南子》记载：距离冬至四十五天，条风到，条风到后四十五天，明庶风到，明庶风到后四十五天，清明风到。

《旧唐书·刘晏传》记载：清明桃花水以后，远水自然平稳流动，阳侯宓妃不再叹息。

《齐民要术》：三月清明节，令蚕妾治蚕室，涂隙穴。蚕之性喜静而恶喧，故宜静室；喜暖而恶湿，故宜版室。室静可以避人声之喧闹，室密可以避南风之袭吹，版则可以避地气之蒸郁①。

按《礼·祭义》：天子诸侯必有公桑蚕室，近川而为之，筑宫，仞有三尺，棘墙而外闭之，及大昕之朝，君皮弁素积，卜三宫之夫人、世妇之吉者，入蚕于蚕室，奉种浴于川，桑于公桑，风戾以食之。筑宫棘墙，则室静矣，密矣。风干桑叶，则蚕性恶湿可知。不言版室，墙高宫广，爽垲可知②，不比民间蚕室也。周秦以下，蚕室或谓之茧馆，或谓之蚕宫，或谓之蚕观，或为之立殿。汉元帝王后为太后，幸茧馆。

师古曰：《汉宫阁疏》上林苑有茧馆。

蔡邕《胡夫人神诰》：采柔桑于蚕宫，手三盆于茧馆。

《东观汉记》：明德马皇后置织室、蚕宫。

曹植《卞大后诔》：亲桑蚕馆，为天下式。

晋武帝大康中，立蚕宫。

桑叶

【注释】

①此句："版"前少"室"，为"室版……"。

②垲：地势高而干燥。

【译文】

《齐民要术》记载：三月清明节，让蚕妾修整蚕室，涂抹墙上的缝隙和小洞。蚕的性情喜欢安静而讨厌喧闹，所以应该让蚕室保持清静；喜欢温暖而讨厌潮湿，所以蚕室的土墙应该版筑。蚕室清静可以避免人声的喧闹，蚕室严密可以避免南风的吹袭，蚕室版筑就可以避免地气的蒸腾。

按《礼记·祭义》记载：天子诸侯一定要有公桑和蚕室，靠近河流而建，修筑宫室，有三尺高，墙上置棘而对外关闭，等到三月初一早上，国君头戴鹿皮帽子，身穿白色衣服，经过占卜选择后宫里符合吉兆的夫人和世妇，进入到蚕室养蚕，她们捧着蚕种在河里漂洗，去公桑里采摘桑叶，让风吹干桑叶上的露水，然后喂给蚕吃。修筑宫室，墙上置棘，蚕室就清静严密了。风干桑叶，就可以知道蚕的性情是讨厌潮湿。不说版筑蚕室，是因为墙高宫广，可知清爽干燥，不像民间的蚕室。周朝、秦朝以下，蚕室或称为茧馆，或称为蚕宫，或称为蚕观，或者为它建殿。汉元帝的王皇后为太后时，曾到茧馆。

颜师古说：《汉官阁疏》记载上林苑有茧馆。

蔡邕《胡夫人神诰》记载：在蚕宫采摘柔嫩的桑叶，在茧馆三度浸茧用手抽丝。

《东观汉记》记载：明德马皇后设置织室、蚕宫。

曹植《卞太后诔》记载: 太后亲自设置养蚕馆, 为天下榜样。

晋武帝太康年间, 朝廷设立蚕宫。

《隋书·礼仪志》: 宋孝武大明四年, 始于台城西白石里, 为西蚕设兆域, 置大殿七间, 又立蚕观。北齐置蚕宫。唐元宗开元中, 命宫中食蚕。宋于先蚕坛侧筑蚕室, 别拘殿一区, 为亲蚕之所, 命以"无斁"为名[1]。

赵孟頫《题耕织图诗》: 女工并时兴, 蚕室临期治。则民间蚕室也。

《农桑通诀》: 民间蚕室, 必选置蚕宅, 负阴抱阳, 地位平爽。正室为上, 西南为次, 东又次之。若旧宅则当净扫尘埃, 先期泥补。若逼近临时, 墙壁湿润, 非所宜也。夫缔拘之制, 或草或瓦, 须内外泥饰材木, 以防火患。复要间架宽厂, 可容槌箔, 窗户虚明易辨。眠起仍于上各置照窗, 每临早暮, 以助高明。下就地列置风窦, 令可启闭, 除湿郁。

《乌程县志》: 清明日晚, 育蚕之家设祭以禳白虎, 门前用石灰画弯弓之状, 盖祛蚕祟也[2]。

《景龙文馆记》: 景龙四年清明, 韦承庆应制诗: 旧火收槐燧, 余寒入桂宫。莺啼正隐叶, 鸡斗始开笼。

【注释】

①无斁 (yì): 指工作尽心尽力。斁: 懈怠厌倦。

②蚕祟：指凶神恶煞，妨碍养蚕。

【译文】

《隋书·礼仪志》记载：宋孝武帝大明四年，开始在台城西面的白石里，为了举行亲蚕典礼，设界域，置七间大殿，又建立蚕观。北齐设置蚕宫。唐玄宗开元年间，命令宫中养蚕。宋朝在先蚕坛旁边建蚕室，另设置一处宫殿，作为举行亲蚕礼的地方，用"无斁"来命名。

赵孟頫《题耕织图诗》记载：女工并时兴，蚕室临期治。说的就是民间的蚕室。

《农桑通诀》记载：民间蚕室，一定要选择安置蚕宅的地方，背阴朝阳，地势平坦。正室最好，朝西南的次之，朝东的再次之。如果是旧房子就应该打扫干净尘埃，先用泥修补。如果临近养蚕时节，墙壁潮湿，那就是不适宜。建造蚕室的样式，有的用草，有的用瓦，需要里外粉刷木材，为了防止火灾。接下来要结构宽敞，可容纳槌箔，窗户明亮易辨。蚕眠后苏醒过来，仍然要在上面各自设置照窗，每到早晚，从高处可以让室内更加明亮。下到地面，排列设置风洞，让它可以随意开启关闭，用来去除湿气。

《乌程县志》记载：清明这天晚上，育蚕的人家都会陈设祭品，祈求消除白虎带来的灾殃，门前用石灰画出拉弓的形状，用来祛除妨碍养蚕的凶神恶煞。

《景龙文馆记》记载：景龙四年清明节，韦承庆作应和诗：旧火收槐燧，余寒入桂宫。莺啼正隐叶，鸡斗始开笼。

又：清明中宗幸梨园，命侍臣为拔河之戏。案：拔河、鞦韆、打毬、斗鸡诸戏，唐人寒食、清明皆然。

韦庄《长安清明诗》：内官初赐清明火，上相闲分白打钱。白打，即打毬也。

《蹴踘谱》：每人两踢名打二，曳开大踢名白打，一人单使脚名挑踢，一人使杂踢名厮弄。

明皇喜民间清明斗鸡，立鸡坊于两宫间，选六军小儿五百人[①]，使驯养之。

《辇下岁时记》：清明尚食，内园官小儿于殿前钻火，先得火者进上，赐绢三疋，金椀一口。燧，音遂。

《礼·内则》：左佩金燧，右佩木燧。金燧，取火于日；木燧，钻火也。又作遂。

《周礼》：司烜氏掌以夫遂，取明火于日。注：夫遂，阳遂也。疏：取火于日，故名阳遂，犹取火于木，为木遂也。

《管子》：当春三月，荻室熯造[②]，钻燧易火，杼井易水[③]，去毒也。

【注释】

①小儿：对仆役的称呼。

②荻：应为"萩（qiū）"。熯：烧。

③杼：取出，清除。

【译文】

又：清明节时中宗来到梨园，命令侍臣做拔河的游戏。据考证：拔河、秋千、打毬、斗鸡等游戏，是唐朝人在寒食节和清明节都会玩的游戏项目。

韦庄《长安清明诗》记载：内官初赐清明火，上相闲分白打钱。白打，就是打毬。

《蹴鞠谱》记载：每人两踢叫打二，拉开大踢叫白打，一人单用脚叫挑踢，一个用杂踢叫厮弄。

唐明皇喜欢民间的清明斗鸡，就在两宫之间设立鸡坊，从军队里选择五百人，让他们来驯养。

《辇下岁时记》记载：清明节制作帝王的膳食前，内园官在殿前生火，先生出火的上前，皇帝赐给他三匹绢，一口金碗。燧，音遂。

《礼记·内则》记载：左边带着金燧，右边带着木燧。金燧，是从太阳取火；木燧，是钻木取火。又作遂。

《周礼》记载：司烜氏掌管夫遂，从太阳取明火。郑玄注：夫遂，是阳遂。贾公彦疏：从太阳取火，所以叫阳遂，就像从木取火，叫木遂一样。

《管子》记载：季春三月，在房子里点燃艾蒿，钻燧改火，清除井内淤泥让水流通畅，可以去毒。

清明采茶

清明一候 桐始华

桐有三种，华而不实曰白桐，亦曰花桐。

《尔雅》谓之荣桐，至是始华也。按桐有四种：白桐、青桐、荏桐、冈桐。盖木之阴者，阴为阳所散，故白乳尽乃华。其实者谓之梧。

《书·禹贡》：峄阳孤桐。峄山特生之桐，中琴瑟。

《诗·鄘风》：椅桐梓漆。

《草木疏》：分青、白、赤三种。

陈翥《桐谱》列六种：紫桐、白桐、膏桐、刺桐、赪桐、梧桐。

《诗疏》：白桐花黄紫色，宜琴瑟，知月之正闰。立秋一叶落者，梧桐也。

【译文】

桐有三种，只开花不结果的叫白桐，也叫花桐。

《尔雅》中说的荣桐，到这时才开花。桐有四种：白桐、青桐、荏桐、冈桐。是因为木属阴，阴被阳所散，所以白色的胚乳落尽才开花。果实叫做梧。

《尚书·禹贡》记载：峄山的南坡长有特别的桐。峄山特有的桐，可以制作琴瑟。

《诗经·鄘风》记载：椅桐梓漆。

《草木疏》记载：桐分为青、白、红三种。

陈翥《桐谱》列出六种：紫桐、白桐、膏桐、刺桐、赪桐、梧桐。

《诗疏》记载：白桐，花黄紫色，适合制作琴瑟，可以知道月的正闰。立秋一叶落，是梧桐。

清明二候　田鼠化为鴽

鴽，鹑也，鼠阴而鴽阳也。田鼠，嗛鼠。嗛，音歉。鴽一名
鵪。鹑，阴为阳所化，故走化而飞。

《正字通》：鴽，即鹑也。十二支神，子水位，鼠属水，午伏
乃鹑火之次，岂可移易？盖三月大辰，候当出火，故田鼠至建辰
月化为鴽。八月辰伏，九月当纳火，而鴽于建酉月为鼠者，辰巳
伏也。子午阴阳之极，神交为变化如此。

《本草》：鹑大如鸡雏，头细而无尾，有斑点。雄者足高，
雌者足卑。

陆佃云：鹑无常居，而有常匹。

故《尸子》曰：尧鹑居。而卫人以为宣姜，鹑之不如也。

【译文】

鴽，是鹌鹑，鼠属阴而鴽属阳。田鼠，是嗛鼠。嗛，音歉。鴽又名
鵪。鹑，阴为阳所化，所以去化而飞。

《正字通》记载：鴽，就是鹌鹑。十二支神，子水位，鼠属水，午
伏是鹑火星次，怎么可以改变？因为三月大辰，候当出火，所以田鼠
到建辰月变成鹌鹑。八月辰伏，九月当纳火，而鹌鹑在建酉月变成田
鼠，辰巳伏了。子午阴阳之极，神交为如此变化。

鹑无常居，
而有常匹。

《本草》记载：鹌鹑如小鸡般大，头小而无尾，有斑点。公的脚高，母的脚低。

陆佃说：鹌鹑没有固定的居处，但是经常会雌雄同居。

所以《尸子》记载：尧没有固定的住所。而卫国人认为宣姜，还不如鹌鹑。

又：此鸟性淳，飞必附草，行不越草，遇草横前，即旋行避之，故曰鹑。

又：鹑尾特秃，若衣之短结，故凡敝衣曰衣若悬鹑。

又《淮南子·时则训》：田鼠化为鴽。

《毕万术》：虾蟆得瓜化为鹑。

《交州记》：南海有黄鱼，九月则化为鸡。

又星名：南方朱鸟七宿，曰鹑首、鹑火、鹑尾。

《礼·内则》：鴽酿之蓼。疏：鴽不为羹，惟蒸煮，切蓼杂和之也。

《夏小正》：三月，田鼠化鴽。

刘基诗：一任东风鼠化鴽。

【译文】

又：这种鸟本性淳厚，飞一定附在草上，行不越过草，遇到草横在前面，马上回环而行躲避过去，所以叫鹌鹑。

又：鹌鹑尾巴特别秃，像衣服的短结，所以凡是破衣服都说衣若悬鹑。

又《淮南子·时则训》记载: 田鼠变成鹌鹑。

《毕万术》记载: 蛤蟆得瓜变成鹌鹑。

《交州记》记载: 南海有黄鱼, 九月就变成鸡。

又星名: 南方朱鸟七宿, 叫鹑首、鹑火、鹑尾。

《礼记·内则》记载: 鹌鹑和上切好的蓼。疏: 鹌鹑不做羹, 只是蒸煮, 然后和上切好的蓼。

《夏小正》记载: 三月, 田鼠变鹌鹑。

刘基作诗: 一任东风鼠化鴽。

虹，日与雨交，天地之淫气也。

清明三候 虹始见

虹，日与雨交，天地之淫气也。日与雨交，倏然成质。盖雨者阴阳之和，而日复以阳奸之，故谓之淫气。其雄者竟天而明，则截雨。雌者长丈谓之霓，反能致雨，故曰"大旱之，望云霓。"

又：莫虹则旱，若日出即虹，则雨随至，故曰"朝隮于西，崇朝其雨。"盖阴阳之交，随其所胜而雨不雨分也。

《说文》：蠬蝀也。

《淮南子·说山训》：天二气则成虹。蠬，音帝。

《诗》作螮。蝀，音东，又音冻。

《尔雅》：蠬蝀谓之雩。俗名美人虹。蜺为挈贰，雌虹也。挈贰，别名也。挈，音结。蜺本作霓，屈虹，青赤或白色，阴气也。从雨儿声。

《玉篇》云：色似龙也。

《埤雅》：虹常双见，鲜盛者雄，其闇者雌也。一曰赤白色谓之虹，青白色谓之霓。

【译文】

虹，是太阳遇到雨水后，形成的天地间的淫气。太阳遇到雨水，忽然形成。因为雨水是阴阳调和而成，而太阳又用阳来奸之，所以称为淫气。雄虹照亮满天，雨就会停止。雌虹有一丈长叫做霓，反而能下雨，所以说"大旱之，望云霓。"

又：不是所有的虹出现就会发生干旱，如果太阳出来就出现虹，那么雨水随后就到，所以说"朝隮于西，崇朝其雨。"因为阴阳相交，随着胜过的一方，雨和雨不区分。

《说文解字》记载：虹是螮蝀。

《淮南子·说山训》记载：天地二气就形成虹。螮，音帝。

《诗经》作蝃。蝀，音东，又音冻。

《尔雅》记载：螮蝀称为雩。俗名美人虹。蜺是副虹，是雌虹。挈贰，是别名。挈，音结。蜺本作霓，是屈虹，青红色或白色，是阴气。从雨儿声。

《玉篇》中说：外形像龙一样。

《埤雅》记载：虹经常双双出现，颜色鲜艳的是雄虹，颜色暗淡的是雌虹。一说红白色称为虹，青白色称为霓。

《运斗枢》：枢星为虹霓。

《河图稽耀钩》：镇星散为虹霓。

《尸子》：虹霓为析翳。

《诗·正义》：日在东则虹见西方，日在西则虹见东方。

又：蜺，音啮，倪结切。

《前汉·天文志》：抱珥垂蜺。

《释名》：霓，啮也。其体断绝，见于非时，此灾气也，伤害于物，如有所食啮也。

《南史·王筠传》：沈约制《郊居赋》示筠草，筠读至"雌霓连蜷"，约抚掌欣抃曰："仆常恐人呼为霓。"盖恐人读平声也。

《学林》曰：范蜀公召试学士院，用彩霓作平声，考试者以范为失韵。

司马光曰："约赋但取声律便美，非霓不可读为平声也。"

【译文】

《运斗枢》记载：枢星为虹霓。

《河图稽耀钩》记载：镇星散为虹霓。

《尸子》记载：虹霓是析翳。

《诗经·正义》记载：太阳在东边，虹就出现在西方，太阳在西边，虹就出现在东方。

又：蜺，音啮，倪结切。

《汉书·天文志》记载：抱珥垂蜺。

《释名》记载：霓，是啮。它的形状像被切断，不合时令地出现，是灾气，对作物有伤害，像被什么东西咬了一样。

《南史·王筠传》记载：沈约作《郊居赋》给王筠草看，王筠读到"雌霓连蜷"这句时，沈约欢欣地拍掌说："我常怕别人读作霓。"是怕别人读成平声。

　　《学林》中说：范蜀公在学士院召试考生，用彩霓作平声，考生认为范镇失韵。

　　司马光说："沈约的赋只是为了声律更美，不是霓不能读成平声。"

谷 雨

三月中气，清明后十五日，斗柄指辰为谷雨。雨为天地之和气，谷得雨而生也。

《淮南子》：谷雨，音比姑洗。

王逢《宫中行乐词》：谷雨亲蚕近，花朝拾翠连。

高启诗：谷雨收茶早，梅天晒药忙。

【译文】

三月中气，清明后十五天，斗柄指向辰位为谷雨。雨水是天地间阴阳调和而成的气，谷物获得雨水后才能生长。

《淮南子》记载：谷雨，音比姑洗。

王逢《宫中行乐词》记载：谷雨亲蚕近，花朝拾翠连。

高启作诗：谷雨收茶早，梅天晒药忙。

雨为天地之和气，谷得雨而生也。

谷雨一候 萍始生

萍，阴物，静以承阳也。

《尔雅·释草》：萍，蓱，其大者苹，水中浮萍，江东谓之藻。

《本草》：浮萍，季春始生。或云杨花所生。

《逸周书》：谷雨之日，萍始生。

《月令通考》：萍浮于水，一夕生九子，故云九子萍。萍叶下有微须，即其根也。四叶合成一叶如田字者，苹也。蓱，萍别名。藻，音瓢，萍与苹音同义别。

魏文帝诗：汎汎绿池，中有浮萍。寄身流波，随风靡倾。

李群玉诗：鸟弄桐花日，鱼翻谷雨萍。

袁宏道诗：百子池头九子萍。

【译文】

萍，是阴物，安静地承托阳物。

《尔雅·释草》记载：萍，是蓱，大的叫苹，是水中浮萍，江东叫做藻。

《本草纲目》记载：浮萍，季春三月开始生长。有人说是杨花所生。

《逸周书》记载：谷雨这天，浮萍开始生长。

《月令通考》记载：萍浮在水上，一晚上就能长出九叶小萍，所以叫九子萍。萍叶下有细须，就是它的根。四叶合成一叶像田字的，就是苹。荓，是萍的别名。藻，音瓢，萍和苹读音相同，意思不同。

魏文帝作诗：汎汎绿池，中有浮萍。寄身流波，随风靡倾。

李群玉作诗：鸟弄桐花日，鱼翻谷雨萍。

袁宏道作诗：百子池头九子萍。

浮萍

谷雨二候 鸣鸠拂其羽
谷雨三候 戴胜降于桑

拂羽，飞而翼拍其身也。戴胜降于桑，蚕候也。

《月令》：是月也，命野虞毋伐桑柘。鸣鸠拂其羽，戴胜降于桑，具曲植籧筐。野虞，主田及山林之官。毋伐桑柘，爱蚕食也。

《典术》：桑，箕星之精。

《诗·豳风》：爰求柔桑，稚桑也。猗彼女桑，荑桑也。蚕月条桑，枝落采其叶也。柘，桑属。蚕，《书》：柘叶饲蚕，丝中琴瑟弦，清响胜凡丝。

崔豹《古今注》：桑实曰葚，柘实曰佳。

【译文】

拂羽，是鸟儿飞行的时候翅膀拍在自己身上。戴胜鸟落在桑树上，标志着养蚕的时节到了。

《月令》记载：这个月，官府命令野虞禁止人们砍伐桑树柘树。斑鸠拍打着翅膀，戴胜鸟落在桑树上，人们都准备好蚕箔、蚕箔架、还有各种圆的方的采桑筐。野虞，是掌管田野山林的官员。禁止砍伐桑树柘树，是因为蚕喜欢吃。

《典术》记载：桑，是箕星之精。

《诗经·豳风》记载：爰求柔桑，柔桑是嫩桑。猗彼女桑，女桑是黄桑。蚕月条桑，条桑是桑枝落下采桑叶。柘，是桑属。蚕，《尚书》记载：用柘叶养的蚕，吐出来的丝可以制作琴瑟的弦，声音清脆响亮胜过一般的丝。

崔豹《古今注》记载：桑树的果实叫葚，柘树的果实叫佳。

鸣鸠，《诗·小宛》之鸣鸠，《氓》之食桑葚者也。戴胜，织纴之鸟，一名戴鵀。鵀即头上胜也。

《尔雅》曰：鵖鴔。鵖，彼及切。鴔，皮反切。

《方言》：自关而西谓之戴鵀，或谓之戴颁。东齐吴扬之间谓之鵀，或谓之鵖鴔。鵖鴔，音福，伏降者，重之若自天而下也。

曲，薄也。薄，一作簿。

《汉·周勃传》：以织薄曲为生，苇簿为曲也。植，音致，悬蚕簿柱，所谓槌也。槌，驰伪切，音缒。关西谓之特，所以架曲与篷筐者，篷圆而筐方。篷，一作籧，又作筥，音举。

【译文】

鸣鸠，是《诗经·小宛》里的鸣鸠，《氓》里吃桑葚的鸟。戴胜，是织纴之鸟，又名戴鵀。鵀就是戴在头上的华胜。

《尔雅》中说：鵖鴔。鵖，彼及切。鴔，皮反切。

桑实曰葚，柘实曰佳。

《方言》记载：关西把它叫做戴䲹，或者叫做戴颁。东齐吴扬之间把它叫做䲹，或者叫做鹝鶝。鹝鶝，音福，俯冲飞翔，重的好像从天而下。

曲，是薄。薄，又作簿。

《汉书·周勃传》记载：以编织簿曲为生，苇簿是曲。植，音致，悬挂蚕的簿柱，就是所谓的槌。槌，驰伪切，音缒，关西叫做特，用来架设簿曲与篿筐的东西，篿是圆的，筐是方的。篿，一作篆，又作筥，音举。

又：后妃斋戒，亲东乡躬桑，禁妇女毋观，省妇使以劝蚕事。后妃先采桑，帅先天下也。东乡，乡时气也。毋观，去容饰也。妇使，缝纫组紃也。

《谷梁传》：天子亲耕，以共粢盛，王后亲蚕，以共祭礼。

躬桑也。按《农桑通诀》：后躬桑，始捋一条，执筐受桑。捋三条，女尚书跪曰："止。"执筐者以桑授蚕。

《晋书·礼志》：皇后采三条，诸妃各采五条，县、乡君以下各采九条。

《新论》：天子亲耕于东郊，后妃躬桑于北郊。国非无良农也，而王者亲耕；世非无蚕妾也，而后妃躬桑。上可以供宗庙，下可以劝兆民。

《宋·天文志》：扶筐七星，为盛桑之器，主劝蚕也。乡、观，并去声。紃，音旬。捋，卢活切。

置茧于盆，手三次缫之，而出其绪也。

【译文】

又：后妃一起斋戒，天子亲自去东郊采桑，禁止妇女打扮，减少她们的女红之事，鼓励她们养蚕。后妃先行采摘桑叶，为天下妇女做表率。东乡，是按照时节去往。毋观，去掉打扮。妇使，是缝纫纺织等女红之事。

《谷梁传》记载：天子亲自耕种，供给祭祀，王后亲自养蚕，供给祭礼。

躬桑，按《农桑通诀》记载：皇后亲自采桑，开始将起一条桑枝，拿筐装桑。将完三条桑枝，女尚书跪着说："停止。"执筐的人把桑叶喂给蚕。

《晋书·礼志》记载：皇后采三条桑枝，各个嫔妃每人采五条桑枝，县君和乡君以下各采九条桑枝。

《新论》记载：天子在东郊亲自耕种，后妃在北郊亲自采桑。国家不是没有善于耕种的农夫，而是帝王亲自耕种作为榜样；世间不是没有养蚕的妇女，而是后妃亲自采桑作为榜样。做这种事，上可以供给宗庙，下可以劝勉百姓。

《宋史·天文志》记载：扶筐七星，是装桑叶的器具，主鼓励养蚕。乡、观，并去声。紃，音旬。捋，卢活切。

又：蚕事既登，分茧称丝效功，以共郊庙之服。登，成也。分茧者，《祭义》所谓世妇卒蚕，奉茧以示于君，遂献于夫人，夫人副袆而受之。及良日，夫人缫，三盆手，遂布于三宫夫人、世妇之吉者是也。共郊庙之服者，所谓使缫，遂朱绿之，元黄之，以为黼黻文章。服既成，君服以祀先王先公是也。副，首饰。袆，音挥，上衣。缫，音搔。置茧于盆，手三次缫之，而出其绪也。

《物类相感志》：蚕过小满，则无丝。茧，音趼，古文作繭，俗作蠒。

【译文】

又：养蚕之事结束，皇后就分给后宫之人蚕茧让她们缫丝，然后开始称每个人缫丝的重量，考查她们的功绩，这些蚕丝是供给制作祭祀郊庙之服用的。登，是成。分茧，是《祭义》里所说的世妇养完蚕，把蚕茧拿给国君看，然后献给夫人，夫人穿戴上王后的首饰和衣服来接受。等到吉日，夫人缫丝，三次浸茧用手抽丝，然后分给后宫里符合吉兆的夫人和世妇。供给祭祀郊庙之服，就是所说的使缫，然后用朱绿色和元黄色的丝线，绣成祭服上色彩绚丽的花纹。祭服做成，国君穿上来祭祀祖先。副，首饰。袆，音挥，上衣。缫，音搔。把茧放在盆里，用手浸茧三次，然后抽丝。

《物类相感志》记载：蚕过了小满，就不吐丝了。茧，音趼，古文作繭，俗作蠒。

時節氣候抄

第三册

（清）喻端士 著

謙德書院 譯注

團結出版社

图书在版编目（CIP）数据

时节气候抄 /（清）喻端士著；谦德书院译 . -- 北京：团结出版社，2024.4

ISBN 978-7-5234-0573-4

Ⅰ.①时… Ⅱ.①喻… ②谦… Ⅲ.①时令—中国
Ⅳ.① P193

中国国家版本馆 CIP 数据核字 (2023) 第 208354 号

出版： 团结出版社

（北京市东城区东皇城根南街 84 号 邮编：100006）

电话： （010）65228880 65244790 （传真）

网址： www.tjpress.com

Email： 65244790@163.com

经销： 全国新华书店

印刷： 北京印匠彩色印刷有限公司

开本： 145×210 1/32

印张： 28.5

字数： 452 千字

版次： 2024 年 4 月 第 1 版

印次： 2024 年 4 月 第 1 次印刷

书号： 978-7-5234-0573-4

定价： 198.00 元（全四册）

目录

卷 三

卷 四

卷三

夏四月

《易·说卦》：相见乎离①。离也者，明也，万物皆相见，南方之卦也②。于时为夏。

《释名》③：假也④，宽假万物，使生长也。亥驾切，音暇。

《春秋释例》⑤：除春夏之夏，余皆户雅切。

《礼·乡饮酒义》：夏之为言假也，养之、长之、假之，仁也。

《尸子》：夏为乐，南方为夏。夏，兴也；南，任也。是故万物莫不任兴，蕃殖充盈，乐之至也。

《汉书·律历志》：大阳者，南方。南，任也。阳气任养物，于时为夏。

【注释】

①见：呈现，显现。

②南方之卦：离卦在方位、时令上都象征南方，所以说是"南方之卦"。

③《释名》：作者是东汉末年的刘熙，为训释词义之书。

④假：宽恕，包容，有大的意思。

⑤《春秋释例》：作者是西晋的杜预，是研究《春秋》的重要著作。

【译文】

《易经·说卦》记载：万物呈现于离。离，象征光明，万物全都呈现出旺盛生长之貌，是南方之卦。在时令上是夏季。

《释名》记载：夏，是大的意思，夏包容万物，使其生长。亥驾切，音暇。

《春秋释例》记载：除了表示春夏季节的"夏"外，其余的"夏"的读音皆为户雅切。

《礼记·乡饮酒义》记载：夏就是大的意思，夏涵养万物，使之成长，使之兴旺，这就是仁。

《尸子》记载：夏天是欢乐的，夏的方位在南方。夏，是万物兴盛的时节；南方，是任养万物的地方。因此万物无不尽情生长，繁殖充盈，实在是欢乐极了。

《汉书·律历志》记载：所谓的大阳就是南方。南方，是孕育万物的地方。阳气养育万物，在时令上是夏季。

《书·尧典》：申命羲叔①，宅南交②。平秩南讹③，敬致。

《传》：申，重也。南交，言夏与春交。讹，化也。掌夏之官，平叙南方化育之事，敬行其教，以致其功。

《月令》：孟夏之月，日在毕，昏翼中，旦婺女中④。注⑤：孟夏，日月会于实沈⑥，斗建巳之辰也⑦。毕宿在申。毕，西方阴宿，八星状如掩兔之毕⑧，旁一星为耳。白虎性猛，故以毕制之，其广十七度。月建巳而日在申⑨，巳与申合也。翼，南方火宿，二十二星，为朱雀之翼，广十九度。女，北方土宿。婺女，《吕氏》作须女。婺、须，皆女贱者之称。四星如箕，广十一度。沈，持林切，音霓。实沈，星次也，属晋分。

【注释】

①申命：重命，再命。申：重复，一再。羲叔：传说是尧时羲和的四个儿子中的一个。

②南交：指交趾。泛指今五岭以南的地区。

③南讹：指夏季耕作、劝农等事。

④毕、翼、婺女：星宿名，二十八宿之一。

⑤注：指郑玄所注的《礼记·月令》。

⑥实沈：十二星次之一，对应的二十八星宿是觜、参二宿，对应的十二辰是申。

⑦斗建：古时以北斗星的运转计算月令，斗柄所指之辰称为斗建。

⑧毕：古时用以捕捉鸟兽、老鼠之类的有长柄的网。

⑨月建巳：建巳月，即夏历四月。

【译文】

《尚书·尧典》记载：重命羲叔，让他住在南交。规定夏季耕作的先后顺序，鼓励农耕，恭敬地迎接日出。

《孔传》记载：申，是重的意思。南交，是说夏季与春季相交。讹，是化的意思。掌管夏季的官吏，负责管理南方万物生长培育之事，恭敬地施行他的教化，使他的功业达到极致。

《礼记·月令》记载：孟夏四月，太阳处于毕宿，黄昏时，翼宿位于南方空中的正中央，拂晓时，婺女宿位于南方空中的正中央。郑玄注：孟夏之月，日月在实沈星次相会，北斗星的斗柄指向巳之辰。毕宿位于申。毕，是西方的阴宿，毕宿的八星形状如同狩兔用的长柄的网，旁侧一星是耳。白虎生性勇猛，因此用毕制服它，广十七度。四月建巳，太阳在申，巳与申相合。翼，是南方的火宿，有星二十二颗，位于朱雀翅膀的位置，广十九度。女，是北方的土宿。婺女，《吕氏春秋》写作须女。婺、须，都是女子的贱称。四星仿若簸箕一般，广十一度。沈，持林切，音霖。实沈，是星次名，属于晋的分野。

《左传·昭元年》：参为晋星。实沈，参神也。

《尔雅》：浊谓之毕。郭云[1]：掩兔之毕，或呼为浊。

《诗·小雅》：有捄天毕。

《馈食礼》[2]：宗人执毕[3]。郑注：毕，状如叉。掩兔、祭器之毕，俱象毕星为之，但掩兔之毕，施网为异耳。

又：其日丙丁，其帝炎帝，其神祝融。注：丙之言炳也。日之行夏，南从赤道，长育万物。月为之佐，时万物皆炳然著见而强大。炎帝，赤精之君，即神农也。祝融，颛顼氏之子，名黎，火官之臣。

夏日荷花

【注释】

①郭：指郭璞。他曾耗时十八年研究《尔雅》，并为《尔雅》作注解。

②《馈食礼》：即《仪礼·特牲馈食礼》，记载的是一般贵族定期在家庙中祭祀祖庙的礼节。

③宗人：掌官祭祀之礼的人。毕：桑木制成的叉子，是古代丧祭时穿牲体用的横木。

【译文】

《左传·昭公元年》记载：参是晋国的星宿。实沈，是参宿之神。

《尔雅》记载：浊称作毕。郭璞说：用来捕兔的毕，有人称为浊。

《诗经·小雅》记载：长若毕宿。天毕，毕星。

《仪礼·特牲馈食礼》记载：宗人拿着穿牲体用的桑木叉。郑玄注：毕，形状如叉。用来捕兔、祭祀的毕，外观都像毕星，但捕兔的毕与祭祀的毕有差异，捕兔的毕是网状的。

又：这个月的日为丙丁，主宰之帝是炎帝，主宰之神是祝融。郑玄注：这里的丙就是炳的意思。夏季的太阳，由赤道向南运行，养育万物。月亮是它的辅佐，此时万物都光明显著而强大。炎帝，是南方之神，即神农。祝融，是颛顼氏的儿子，名叫黎，为火官之神。

又：其虫羽。其音徵，律中中吕。其数七。其味苦，其臭焦。其祀灶，祭先肺。羽虫，飞鸟之属。徵音，属火。中吕，巳律。地二生火，天七成之。七者，火之成数也。苦、焦皆火属。夏祭灶，火之养人者也。祭先肺，火克金也。

蔡邕《独断》：夏为太阳，其气长养。祀之于灶，在庙门外之东，先席于门奥，面东设主于灶陉。陉，音形。

《释名》：灶，造也，造创食物也。

《博雅》：窔谓之灶，其唇谓之陉，其窗谓之突，突下谓之甄。窔，本作窬。突，他骨切。

【译文】

又：这个月的动物是羽类。音为徵音，律为中吕。成数是七。味道是苦的，气味是焦的。祭祀的是灶神，祭品以肺为先。羽虫，属于飞鸟类。徵音，属火。中吕，为巳律。地二是火的生数，天七成火。七，是火的成数。苦、焦都属火。夏祭灶神，灶神是养火之人，是火的主人。祭先肺，是由于火克金。

蔡邕《独断》记载：夏为太阳，其气抚育培养万物。在庙门外的东面祭祀灶神，先在门的西南角铺席，面对东面，在灶边突出的地方设置主位。陉，音形。

《释名》记载：灶，是造的意思，即创造食物。

《博雅》记载：窔叫做灶，它的唇称作陉，它的窗称作突，突的下面称作甄。窔，原本写作窬。突，他骨切。

《淮南子》：炎帝作火官，死而为灶神。

《庄子·达生篇》：灶有髻。注：髻，灶神，著赤衣，状如美女。

《后汉》：阴子方腊日晨炊，而灶神形见，以黄羊祀之。

《杂五行书》：灶神名禅，字子郭。肺，肉部，四画，从市。

《说文》：金藏也。

《玉篇》：肺之言敷也。

《正字通》：肺主藏魄，六叶两耳，凡八叶，附脊第三椎，与大肠表里，为阳中太阴，通于秋气。

《素问》：肺者，相傅之官，治节出焉。

【译文】

《淮南子》记载：炎帝做火官，死后成为灶神。

《庄子·达生篇》记载：灶有髻。司马彪注：髻，灶神，身着赤衣，外表如美女。

《后汉书》记载：阴子方于腊日的早晨烧火做饭，这时灶神现形，阴子方用黄羊祭祀了灶神。

《杂五行书》记载：灶神名禅，字子郭。肺，肉部，四画，从市。

《说文解字》记载：肺是金脏。

《玉篇》记载：肺就是敷的意思。

《正字通》记载：肺有养魄的功能，六叶两耳，共八叶，附着在脊椎的第三椎，与大肠为表里，为阳中太阴，与秋气通。

《素问》记载：肺，好比朝廷中的丞相，负责治理调节呼吸和全身的气、血。

灶

《曲礼》：年谷不登，君膳不祭肺。注：礼，食杀牲则祭先。有虞氏以首，夏后氏以心，殷人以肝，周人以肺。不祭肺，谓不杀牲为盛馔也。此先肺以生克之理言也。

又：乃命乐师，习合礼乐，以将饮酎故也。

又：命太尉，赞桀俊，遂贤良，举长大。行爵出禄，必当其位。太尉，秦官。桀俊以才言，赞则引而升之；贤良以德言，遂使之得行其志也；长大以力言，举谓进而用之也。爵必当有德之位，禄必当有功之位。按：尉，音畏。黄震曰：尉，古司寇官。至秦汉改今名，义取除奸、安良民也。

【译文】

《礼记·曲礼》记载：遇到荒年，谷物不丰，国君用膳就不杀牲。郑玄注：依照礼制，国君吃饭时如果杀牲，就要先祭祀先祖。祭祀时，有虞氏用头，夏后氏用心，殷人用肝，周人用肺。不祭肺，就是说不杀牲做丰盛的饭食。这里祭品以肺为先是依照相生相克的道理。

又：天子于是命乐师将礼、乐结合起来练习，因为准备举行饮酎礼。（酎，多次酿造的酒。）

又：天子命太尉选拔才能出众之人，推荐才德兼备之人，进用形貌壮硕之人。赐爵授禄，必与其位相当。太尉，是秦时的官职。桀俊是就才能而言的，赞就是引进使其升官；贤良是就德行而言的，遂就是使其得以实施自己的志向；长大是就力气而言的，举就是进举任用的意思。享有爵位必当有相应的德行，获得俸禄必当有相应的功绩。按：尉，音畏。黄震说：尉是古时的司寇之官。到秦汉时改为今天的名称，取除奸、安良之义。

《后汉·光武纪》：廷尉，秦官。听狱必质于朝廷，故曰廷尉。尉，平也。

《张释之传》：廷尉，天下之平也。又县尉。

《汉官仪》：大县两尉，长安四尉，分左右部。五代时，尉皆军校为之。建隆间，诏诸县置尉一员，在主簿下。

《百官志》：太尉，秦官，掌军事。应邵曰：自上按下曰尉，武官悉以为称。桀俊，《唐月令》作杰俊。按：桀，亦借为隽、杰字。

《辨名记》：千人曰英，万人曰桀。

《淮南子·泰族训》：知过万人者谓之英，千人者谓之俊，百人者谓之豪，十人者谓之杰。俊，《说文》材千人也。冯氏曰："智过千人曰俊。"

【译文】

《后汉书·光武帝纪》记载：廷尉，是秦时的官职。审理诉讼必有信于朝廷，所以叫做廷尉。尉，是平的意思。

《史记·张释之传》记载：廷尉，是天下执法的标准，又名县尉。

《汉官仪》记载：大县有尉两名，长安有尉四名，分为左右两部。五代时，尉都由军校担任。建隆年间，皇帝下诏命各县设置尉一名，官位在主簿之下。

是月也，
天子始絺。

《百官志》记载：太尉，是秦时的官职，执掌军事。应邵说：从上方考察下方叫做尉，武官都以尉来称呼。桀俊，《唐月令》写作"杰俊"。按：桀，也假借为隽、杰。

《辨名记》记载：超过千人的叫做英，超过万人的叫做桀。

《淮南子·泰族训》记载：智慧超过万人的人称作英，超过千人的称作俊，超过百人的称作豪，超过十人的称作杰。俊，即《说文解字》中说的才能超过千人的人。冯氏说："智慧超过千人的叫俊。"

《北史·苏绰传》：万人之秀曰俊。长大以力言者，《王制》所谓执技论力是也。

又：是月也，继长增高，毋有坏堕，毋起土功，毋发大众，毋伐大树。长、高所该甚广，坏堕则伤已成之气。起土功，发大众，皆妨蚕农之事，伐树则伤条达之气。

又：是月也，天子始絺。絺，抽迟切，音都。又抽知切，音摛。《说文》：细葛也。

《书·益稷》：黼黻絺绣。

《诗·周南》：为絺为綌。

【译文】

《北史·苏绰传》记载：一万个人中的才智杰出之人叫俊。长大是就力量来说的，即《礼记·王制》中所说的依靠技艺力气谋生的人。

又：这个月，草木不断变长增高，不要行毁坏践踏之事，不要兴建土木工程，不要征发劳苦大众，不要砍伐高大树木。变长增高所包括的范围甚是广阔，毁坏践踏则会损伤已成之气。兴建土木工程，征发劳苦百姓，都会妨碍养蚕、农耕等事，砍伐高大树木则会损伤顺畅通达之气。

又：这个月，天子开始穿细葛布做的夏衣。絺，抽迟切，音郗。又抽知切，音摛。《说文解字》记载：絺是细葛布。

《尚书·益稷》记载：礼服上绣以半黑半白的花纹，青、黑相间的花纹。

《诗经·周南》记载：织细葛布，织粗葛布。

《曲礼》：为天子削瓜者副之[①]，巾以絺；为国君者华之[②]，巾以绤。

《传》：精曰絺，麤曰绤。

又：命野虞出行田原，为天子劳农劝民，毋或失时。命司徒循行县鄙，命农勉作，毋休于都。虞，外官。司徒，内官。农劳于事，故劳之；欲民趋事，故劝之。

又：是月也，驱兽毋害五谷，毋大田猎。夏猎曰苗，谓驱兽之害苗者，与三时大猎不同。

《白虎通》：四时之田，总名为猎，为田除害也。

《尸子》：虑羲氏之世，天下多兽，故教人以猎也。

【注释】

①副之：指将瓜切成四瓣又横着断开。

②华之：指将瓜从中间刨开又横着断开。

【译文】

《礼记·曲礼》记载：为天子削瓜，削皮后先将瓜切成四瓣，再横着断开，然后用细葛布覆盖；为国君削瓜，削皮后先将瓜从中间刨开，再横着断开，然后用粗葛布覆盖。

《毛传》记载：精细的叫絺，粗糙的叫绤。

又：命野虞去田园巡察，为天子慰劳农民，勉励百姓，让他们不要错失农时。命师徒巡行乡野，命令农民勉励耕作，让他们不要在都邑休息。虞，是外官。司徒，是内官。农民劳于农事，所以慰劳他们；想要农民耕作，所以劝勉他们。

又：这个月，要驱赶野兽，使其不能破坏五谷，不要大规模地进行田猎。夏猎叫做苗，是说驱赶破坏禾苗的野兽，与春、秋、冬三季的大规模打猎不同。

《白虎通义》记载：春夏秋冬四时之田，总称为猎，是为田除害的意思。

《尸子》记载：伏羲氏之时，天下多是猛兽，所以伏羲教人们如何打猎。

《尔雅》：春猎为蒐①，夏猎为苗，秋猎为狝，冬猎为狩。

《诗·魏风》：不狩不猎。

《礼·王制》: 豺祭兽②, 然后田猎。

《魏风》泛言猎事,《王制》谓猎之大者,《尔雅》分言四时之猎, 与《周礼》《左传》同。

《公羊》《穀梁》四时之猎异名, 则微言绝而所传不同也。

蔡邕《月令章句》: 猎者, 捷取之名。

《正字通》: 猎以供俎豆, 习兵戎, 皆国家重事也。按:《周礼·大司马》: 中春教振旅, 遂以蒐田; 中夏教茇舍, 遂以苗田; 中秋教治兵, 遂以狝田; 中冬教大阅, 遂以狩田。蒐, 音搜。狝, 息浅切, 音藓。茇, 蒲末切, 音拔。

【注释】

①蒐(sōu): 同"搜", 搜集, 打猎之意。

②豺祭兽: 豺杀兽后陈列成一圈, 犹如祭祀。

【译文】

《尔雅》记载: 春猎称作蒐, 夏猎称作苗, 秋猎称作狝, 冬猎称作狩。

《诗经·魏风》记载: 不冬狩不打猎。

《礼记·王制》记载: 豺杀兽陈列成一圈犹如祭祀, 然后人们就可以进行田猎。

《诗经·魏风》泛言打猎之事,《礼记·王制》记载的是规模较大的打猎,《尔雅》分别说了四季打猎的不同名称, 与《周礼》《左传》记载的一样。

《春秋公羊传》《春秋穀梁传》中记载的四季打猎的名称与《尔雅》《周礼》《左传》的不同，就是由于古时的精微之言断绝，所以流传下来的说法不同。

蔡邕《月令章句》记载：猎，是迅速获取之名。

《正字通》记载：猎用来供给祭祀所用的牺牲，训练军队，这些都是国家大事。按：《周礼·大司马》记载：春季的第二个月教授百姓军旅之事，接着进行春猎；夏季的第二月教授百姓在野地宿营，接着进行夏猎；秋季的第二个月教授百姓演练军事，接着进行秋猎；冬季的第二月教授百姓参与军队检阅，接着进行冬猎。蒐，音搜。狝，息浅切，音藓。茇，蒲末切，音拔。

《左传·隐五年》：蒐、苗、狝、狩。注：蒐，索，择取不孕者。苗，为苗除害也。狝，杀也，以杀为名，顺秋气也。狩，围守也，冬物毕成，获则取之，无所择也。

又《尔雅》：宵田为獠，火田为狩。獠，音辽。

又：农乃登麦，天子乃以彘尝麦，先荐寝庙。登，升之于场。

《说文》：麦，芒谷，秋种厚薶。麦，金也。金王而生，火王而死。杨慎谓麦有昧音，今江淮间语音近之，西音则皆然也。

【译文】

《左传·隐公五年》记载：春蒐、夏苗、秋狝、冬狩。杜预注：蒐，即搜索，有选择地猎取没有怀孕的野兽。苗，即为禾苗除去祸害。狝，即猎杀，将"杀"作为名称，是顺应秋季的肃杀之气。狩，即围而猎之，冬季万物都已生长完毕，只要捕获了就可以拿走享用，无须进行选择。

又《尔雅》记载：夜间打猎称为獠，以火烧草木而猎称为狩。獠，音辽。

又：农官进献新麦，天子于是就着猪肉品尝新麦的味道，在此之前要先祭献给宗庙。登，是把新麦进献到一处地方的意思。

《说文解字》记载：麦，为有芒刺之谷，秋季种下，用土厚厚埋住种子。麦，属金。金旺则生，火旺则死。杨慎称麦有昧音，如今江淮之间语音相近，西方语音则都是如此。

《群芳谱》：麦，一名来，俗称小麦。苗生如韭，成似稻，芒生壳上。生青，熟黄。秋种，夏熟。具四时中和之气，兼寒热温凉之性。继绝续乏，为利甚普。然性有南北之异，北地燥，冬多雪，春少雨，昼花，薄皮多面，食之宜人。南方卑湿，冬少雪，春多雨，夜花，食之生热。且鱼稻宜江淮，羊面宜河雒，亦地气使然也。鼋，水畜。

《史记·货殖传》：泽中千足鼋①。其人与千户侯等。

又：断薄刑，决小罪，出轻系。薄刑、小罪，如鞭作宫刑，扑作教刑之类，本不罹于五刑，姑系之以待讯者即出之。虽稍示惩，时当宽大也。

苗生如韭，
成似稻，
芒生壳上。

【注释】

①千足彘：彘，猪。一猪有四足，千足即二百五十头猪。

【译文】

《群芳谱》记载：麦，又名来，俗称小麦。麦苗刚刚生长时犹如韭，成熟后又似稻，麦芒长在壳上。未熟时呈青色，熟时呈黄色。秋季种下，夏季成熟。具备四季中和之气，兼有寒、热、温、凉的秉性。麦在其他农作物断绝不可种植的情况下能够接着种植，在其他粮食匮乏的时候能够收获以弥补粮食的不足，好处甚广。然而麦的性质有南北的差异，北方土地干燥，冬季多雪，春季少雨，白天开花，皮薄面多，吃下它令人感到舒适。南方地势低平，土壤潮湿，冬季少雪，春季多雨，夜间开花，吃下它令人身体发热。并且鱼稻适宜江淮，羊面适宜河洛，也是地区气候的不同使其如此的。彘，是水畜。

《史记·货殖列传》记载：草泽中养猪二百五十头。这些人的财富与千户侯相等。

又：应当处理轻刑，裁决小罪，释放因轻罪而被拘囚的犯人。薄刑、小罪，如用鞭打作为官的刑罚，用木条打作为学校的刑罚之类的刑罚，本来就不用遭受五刑，姑且拘囚起来等到审讯后即刻释放。虽然只是稍示惩罚，但在此时更应当为宽大处理。

又：蚕事毕，后妃献茧，乃收茧税，以桑为均，贵贱长幼如一，以给郊庙之服。收茧税者，外命妇养蚕，亦用国北近郊之公桑。受桑多则税茧多，少则税亦少。再命受服，服者，公家所给祭服也。贵，卿大夫之妻。贱，士妻。长幼老少也如一，皆税十一也。按：前记蚕事既登，则公家蚕事毕，此则指外命妇养蚕者也。前已分茧称丝效功，则献茧者，乃献所税之茧于王也。前云以共郊庙之服，则天子祭服也，曰共敬之至也。此曰给，则卿大夫祭服。孔氏谓官家所给，非凿空也。

《国语》云：命妇成祭服。谓其妻供造得之，意祭于公则服所给之衣，家之祭服则成于命妇欤？

【译文】

又：养蚕之事结束，后妃要向天子进献蚕茧，官府于是开始征收茧税，按照分配的桑树多少来收税，不论贵贱长幼全都如此，来供制作祭祀天地和祖先的祭服。收茧税，是由于朝廷命宫外的妇人养蚕，用的也是国家北边近郊的归国家所有的桑树。分配的桑树多则茧税多，少则茧税也少。又命分配衣服，服，是国家给的祭服。贵，指卿大夫的妻子。贱，指士的妻子。长幼老少收税的标准也一样，都是收取十分之一的税。按：前文说到养蚕之事既已上报天子，那么公家的蚕事就结束了，此处指的是命宫外的妇人养蚕。前面已经完成分茧抽丝的工作并且完成了考核，于是就要将用来纳税的蚕茧进献给王侯。前面说供给制作祭祀天地和祖先的祭服，指的是天子的祭服，是说极其恭敬地供给天子的祭服。此处说给，指的是给与卿大夫的祭服。孔氏认为祭服是官家所给的，这一说法并非无凭无据。

《国语》中说：命妇人制成祭服。是说由妻子提供蚕茧，制成祭服，意思是说进行公祭就穿公家所给的祭服，进行家祭所穿的祭服就是命妇人制成的祭服吗？

又：是月也，天子饮酎，用礼乐。酎，直又切，音胄。

《说文》：三重醇酒也。春酒至此始成，用礼乐而饮之，盖盛会也。南北郊、四时庙祭，《月令》皆不见，则酎谓因祭而饮，非也。按：汉庙饮酎礼最重。汉去秦近，天子饮酎祭庙，必有典礼，不尽载于《月令》。

汉《孝文纪》：高庙酎，奏《武德》《文始》《五行》之舞。是用礼乐也。

《史记》：列侯坐酎金失侯者百余人。注：王子为侯，侯岁以户口酎黄金于汉庙，皇帝临受献金以助祭。大祀日饮酎，饮酎受金，金少不如斤两，色恶，王削县，侯免国。是天子饮酎，祭而后饮也。夫酎以正月旦作，至八月始成。今四月饮酎，则秦时造酒成酎，较汉为易。其敬谨为之一也，安有不祭饮酎而用礼乐乎？且《左传·襄二十二年》：公孙夏从寡君以朝于君，见于尝酎，与执燔焉。则周时诸侯皆祭而饮酎可知也。曰尝，则秋祭也。汉八月酎，因此夏酎无考，或始于秦欤？

【译文】

又：这个月，天子举行饮酎礼，将音乐与礼仪结合起来演奏。酎，直又切，音胄。

《说文解字》记载：酎是经过反复酿造的醇酒。春酒到这个月刚刚酿成，将音乐与礼仪结合起来演奏，又饮用此酒，大概是极其盛大的聚会吧。南、北郊祭、四季庙祭，《月令》中都没有记载，那么认为饮酎是因为祭祀才饮的，就是不对的。按：汉朝祭庙以饮酎礼最为重要。汉距秦时间较短，秦天子饮酎祭祀宗庙，必然会举行隆重的仪式，只是没有全部记载到《月令》里而已。

汉朝的《史记·孝文本纪》记载：在高庙饮酎，演奏《武德》《文始》《五行》等歌舞。这是将礼仪与音乐结合起来了。

《史记》记载：列侯因酎金而失去侯位有一百多人。《汉仪注》记载：王的儿子是侯。侯每年按封国户口数将酎黄金献给汉庙，皇帝亲临宗庙接受献金以助祭祀。帝王在举行最隆重的祭祀活动的那天要行饮酎礼，在饮酎时天子要接受献金，如若黄金的斤两不足，成色不好，诸侯王要削去其所主管的县邑，列候要免去封国。天子饮酎，先进行祭祀，之后饮酎。酎于正月初一开始制作，到了八月刚刚制成。如今四月饮酎，那么秦时酿造酎，就要比汉时容易。制作酎的恭敬谨慎的过程只是饮酎的一个方面，怎么可能不举行祭祀就饮酎，并且将音乐与礼仪结合起来演奏呢？且《左传·襄公二十二年》记载：公孙夏跟随我国国君朝见晋国国君，在尝酎的时候拜见了君王，享用了祭肉。那么由此可知周时诸侯都在祭祀饮酎。此处说"尝"，说明是秋祭。汉时八月饮酎，因此夏季饮酎无从考证，或许开始于秦？

《管子》：七举时节，君服赤色，治阳气，用七数。饮于赤后

三重醇酒也。春酒至此始成，用礼乐而饮之，盖盛会也。

之井，以毛兽之火爨。火成数七。火气举，君则顺时节而布政。兵尚戟，象夏物之森耸也。其冬厚则夏热，其阳厚则阴寒。厚，谓过于寒热也。南方曰日，其时曰夏，其气曰阳，阳生火与气。其德施舍修乐。其事号令赏赐赋爵，受禄顺乡，谨修神祀，量功赏贤，以动阳气。九暑乃至，时雨乃降，五谷百果乃登，此谓日德。日掌赏，赏为暑。九暑，九夏之暑也。得赏则热，热故为暑也。禁扇去笠，不欲令人御盛阳之气也。夏赏五德，满爵禄，迁官位，礼孝弟，复贤力，所以劝功也。五德，谓五常之德。

【译文】

《管子》记载：夏季，君王身穿赤色衣裳，治理阳气，凡事以七为数。饮用南方井水，用西方之火烧火做饭。七是火的成数。火气升起，君王就要顺应时节施行政教。士兵崇尚长戟，长戟象征着夏季高大耸立的万物。冬冷则夏热，阳热则阴寒。厚，是说过于寒冷或炎热。南方称作日，它的时令称作夏，它的气称作阳，阳产生火与气。它的恩德是施舍修乐。要做的事是下令行赏授爵，授予俸禄，依从乡俗，恭谨实行祭祀天神之事，论功赏赐贤能之辈，以此来推动阳气的运行。于是九暑到来，时雨降临，五谷百果丰收，这就是日德。日掌管赏赐，赏就是暑。九暑，指夏季九十天的暑热天气。得到赏赐就热，热所以称为暑。不用扇子、摘掉斗笠，这是不想让人抵挡盛阳之气。夏季奖赏体现五德的行为的人，加爵授禄，升迁官位，礼敬孝顺父母、友爱兄弟之人，免除贤明且有作为的人的徭役，这些做法用来勉励人们建功立业。五德，是指五常之德。

《淮南子》：孟夏之月，以熟谷禾，雄鸠长鸣，为帝候岁。雄鸠，布谷也。夫寒之，与暖相反。大寒地坼水凝，火弗为衰其暑；大热铄石流金，火弗为益其烈。

《抱朴子》：谓夏必长，而荠麦枯焉；谓冬必凋，而竹柏茂焉。

《汉书》：夏，假也，物假大，乃宣平。

《礼乐志》：朱明盛长，旉与万物，桐生茂豫，靡有所诎。桐，读为通，言草木皆通达而生，美悦光泽，各无所诎。

《鲁恭传》：今始夏，百谷权舆，阳气胎养之时。权舆，始也。万物皆含胎长养之时也。

【译文】

《淮南子》记载：孟夏四月，催动谷物成熟，雄鸠放声鸣叫，为天帝预告时节。雄鸠，就是布谷。寒与暖相反。大寒之时大地冻裂，水结成冰，火不能为其削弱暑气；大热之时金石熔化，火不能使其暑气更加猛烈。

《抱朴子》记载：说夏天万物必然蓬勃生长，然而荠麦却在这时候枯萎零落；说冬天万物必然凋零衰败，然而竹柏却在这时候枝繁叶茂。

《汉书》记载：夏，就是假的意思，万物生长得十分高大，就使其变得平衡。

《汉书·礼乐志》记载：夏季万物蓬勃生长，尽情舒展身姿，茂盛且有光泽，没有什么能够阻挡它们的生长和舒展。桐，读作通，是说草木全都通达地生长，美悦且富有光泽，没有什么能够阻挡它们的生长。

《后汉书·鲁恭传》记载：如今夏天刚刚开始，百谷开始萌芽，是阳气胎养万物之时。权舆，是开始的意思。这句话是说夏季刚开始时是万物含胎发育的时候。

《荀爽传》：夫在地为火，在天为日。在天者用其精，在地者用其形。夏则火王，其精在天，温煖之气，养生百木，是其孝也。故汉制使天下诵《孝经》，选吏举孝廉。

《齐·乐志》：族云翁郁温风煽，兴雨祈祈黍苗遍。

《南史·梁南平王纬传》①：立游客省，冬有笼炉，夏设饮扇。

《隋·音乐志》：炎光在离，火为威德。执礼昭训，持衡受则。

《旧唐书》：离位克明，火中宵见，峰云暮起，景风晨扇。

《宋史·河渠志》：四月末，垄麦结秀，擢芒变色，谓之麦黄水。

【注释】

①《南史·梁南平王纬传》：纬，应写作伟，此处有误。

【译文】

《后汉书·荀爽传》记载：火在地为火，在天为日。在天上显现的是火的精气，在地上显现的是火的形体。夏季的时候火就旺盛，精气在天上，是温暖之气，用来养育一切树木，使树木生长，这就是火的孝。因此汉朝的制度使天下人都诵读《孝经》，用来选取官吏推举孝廉之人。

《南齐书·乐志》记载：浓厚的云气凝聚，和暖的风开始兴起，祈祷多下雨让黍苗遍地生长。

《南史·梁南平元襄王伟传》记载：将游廊设在客省，冬季设有取暖用的火炉，夏季设有风扇。

《隋书·音乐志》中的《歌赤帝辞》写道：炎光在离，火为威德。执礼昭训，持衡受则。

《旧唐书》中的郊庙歌辞《肃和》写道：离位克明，火中宵见，峰云暮起，景风晨扇。

《宋史·河渠志》记载：四月末，田垄间的麦子吐穗开花，麦芒耸立，颜色变黄，因此称黄河为麦黄水。

《论衡》：参、伐以冬出，心、尾以夏见。参、伐则虎星，心、尾则龙象。

《独断》：夏荐麦鱼。

嵇含《南方草木状》：鹤草，蔓生，其花麹尘^①，色蒂叶如柳而短，当夏开花，形如飞鹤，觜翅尾足，无所不备。

王嘉《拾遗记》：周昭王二十四年，涂修国献青凤、丹鹊，各一雌一雄。孟夏之时，凤、鹊脱易毛羽。聚鹊翅以为扇，缉凤羽以饰车盖。扇一名游飘，二名条翮，三名亏光，四名仄影。时东瓯献二女，一名延娟，二名延娱。使二女更摇此扇，侍于王侧，轻风四散，泠然自凉。

宗懔《荆楚岁时记》：四月，有鸟名获谷，其名自呼。农人候此鸟，则犁杷上岸。

【注释】

①麹尘：即曲尘，酒曲上所生的细菌，色淡黄如尘，因嫩柳叶色鹅黄，因此也用来借指柳树、柳条，此处指鹤草花的形状像柳条一般。

【译文】

《论衡》记载：参宿、伐星在冬季出现，心宿、尾宿在夏季出现。参宿、伐星属西白虎，心宿、尾宿属东苍龙。

《独断》记载：夏季进献麦鱼。

嵇含《南方草木状》记载：鹤草，是蔓生植物，花朵形状如同柳条一般，颜色和蒂叶好似柳叶但比柳叶短，在夏季开花，外形犹如飞鹤，鹤嘴、鹤翅、鹤尾、鹤足，无所不备。

王嘉《拾遗记》记载：周昭王二十四年，涂修国进献了青凤、丹鹊，两只鸟一雌一雄。孟夏四月时，青凤、丹鹊脱落旧羽，更换新羽。于是有人将丹鹊翅膀上脱落的羽毛收集起来做成扇子，将青凤的羽毛收集起来装饰车盖。扇子共做了四把：第一把叫做游飘，第二把叫做条翮，第三把叫做亏光，第四把叫做仄影。当时东瓯进献了两名美人，一名叫延娟，一名叫延娱。周昭王命两名美人轮流摇动这些扇子，在他的左右两侧侍奉，扇子扇动带来的轻风向四周飘散，自然

丹鹊

清凉。

宗懔《荆楚岁时记》记载：四月，有一只名叫获谷的鸟（即布谷鸟），它的名字是由它的叫声而来的。农人等候此鸟鸣叫，一旦听到鸟叫声，就将犁杷等农具拿到田岸上，准备插秧。

贾思勰《齐民要术》：四月上旬，枣叶生，桑花落，为下时。蚕入簇，时雨降，可种黍禾，谓之上时。茧既入簇，趋缲，剖线，具机杼，敬经络。

李绰《秦中岁时记》：长安四月已后，自堂厨至百司厨，通谓之樱笋厨。公䬼之盛，常日不同。䬼，音速。《易·鼎卦》：覆公䬼。《正义》：䬼，糁也。八珍之膳，鼎之实也。

《周礼·天官》：醢人糁食。注：糁食，菜䬼蒸。

陆游《老学庵笔记》：四月十九日，成都谓之浣花，遨头宴于杜子美草堂沧浪亭。予客蜀数年，屡赴此集，未尝不晴。蜀人云：虽戴白之老，未尝见浣花日雨也。

【译文】

贾思勰《齐民要术》记载：四月上旬，枣叶长出，桑花坠落，称为下时。蚕入簇，时雨降落，可以种植黍禾，称为上时。蚕茧已进入蚕簇，人们抽茧出丝，剖线，放入机杼中，小心谨慎地将丝线如经络般排列，织成布。

李绰《秦中岁时记》记载：长安四月以后，从堂厨到百司厨，都通称为樱笋厨。饭食是如此的丰盛，每天的菜品都不相同。餗，音速。

《易经·鼎卦》记载：倾覆鼎中的珍馐美味。《正义》记载：餗，是糁的意思。各种珍馐美味，充满了鼎中。

《周礼·天官》记载：醢人掌管糁食。郑玄注：糁食，是蒸菜类的佳肴。（醢人，古官职名称。）

陆游《老学庵笔记》记载：四月十九日，成都称这一天为浣花日，太守在杜子美草堂中的沧浪亭宴游。我在蜀地客居数年，每次赶上这一集会，没有一次天不晴朗。蜀人说：即使是满头白发的老人，也没见到过浣花日下雨。

《佛运统纪》：周昭王二十四年甲寅四月初八日，中天竺国净饭王妃摩耶氏生太子悉达多，三十五岁于菩提场中成无上道，号曰佛世尊。以周穆王五十二年二月十五日于拘尸那城娑罗双树间入涅槃。按：佛三十五岁成道入涅槃，合是周穆王五十九年。四月八日佛诞辰，诸寺院有浴佛会，僧尼竞以小盆贮铜像，浸以糖果之水，覆以花棚，铙鼓交迎，遍往邸第富室。以小杓浇灌佛身，以求施利。

《南史·张融传》：四月八日灌佛，僚佐僦者多至一万，少不减五千，融独注僦百钱。帝不悦曰：融殊贫，当序以佳禄。出为封溪令。僦，音褾。

【译文】

《佛运统纪》记载：周昭王二十四年甲寅四月初八日，中天竺国净饭王妃摩耶氏生下了太子悉达多，太子三十五岁的时候在菩提场中修成无上道，号称佛世尊。太子于周穆王五十二年二月十五日在拘尸那城娑罗双树间涅槃。按：佛在三十五岁的时候成道涅槃，折算后是周穆王五十九年。四月八日是佛的诞辰，这一天各个寺院都有浴佛会，僧尼们争着用小盆贮藏铜像，将铜像浸泡在糖果水中，上面盖上用花搭成的棚子，人们敲打着铙鼓迎接铜像，这些铜像全都前往贵族府邸。用小勺子浇灌佛身，来求佛祖施以利益。

《南史·张融传》记载：四月八日浇灌佛身，官吏们布施的钱财多的达一万钱，少的也不低于五千钱，只有张融一人捐了一百钱。皇帝很不高兴，说道：张融太穷，应当给予厚禄。于是他离开京城出任封溪令。儦，音襯。

刘义庆《世说新语》：范宁作豫章，八日请佛有板[①]，众僧疑或欲作答。有小沙弥在坐末，曰："世尊默然，则为许可。"众从其义。

杨衒之《洛阳伽蓝记·景明寺》：四月七日，京师诸像皆来此寺。至八日，以次入宣阳门，向闾阖宫受皇帝散花。于时金花映日，宝盖浮云，幡幢若林，香烟似雾。梵乐法音，聒动天地。名僧德众，负锡为群，信徒法侣，持花成薮。四月初八日，京师士女多至河间寺，观其廊庑绮丽，无不叹息，以为蓬莱仙室，亦不是过。

韩鄂《岁华纪丽》：八字之佛爰来，五香之水乃浴。注：荆楚人相承，此日迎八字之佛于金城，设榻、幢、歌、鼓，以为法华会。

《左传》：龙见而雩。注：建巳之月，苍龙宿之体，昏见东方，万物始盛，待雨而大，故祭天，远为百谷祈膏雨。

《春秋考异邮》：三时惟有祷礼，惟四月龙星见，始有常雩。

【注释】

①板：即写字用的木简。

【译文】

刘义庆《世说新语》记载：范宁担任豫章太守，四月八日将文书写于木简上来请佛供奉，众僧疑惑该如何答复。有一位坐在末尾的小沙弥说道："世尊静默无声，就是答应了。"众僧听从了他的话。

杨衒之《洛阳伽蓝记·景明寺》记载：四月七日，京师的佛像都被送到了景明寺。到了四月八日，这些佛像依次进入宣阳门，前往阊阖宫接受皇帝散花。这时金花映照着日光，宝盖飘飘犹如浮云，旌旗片片仿若树林，香烟袅袅好似烟雾。梵乐法音，震动天地。有名望的高僧和有道德的僧众，手持锡杖，聚在一起，信仰佛法的善男信女们手里拿着丛丛花朵。四月初八这天，京师的男男女女们大多到河间寺，观赏寺庙廊屋的华丽美好，全都叹息不已，认为纵然是蓬莱仙室，也不过是这样罢了。

韩鄂《岁华纪丽》记载：八字之佛前来，用五香之水浴之。注：

小沙弥

荆楚人相互沿袭，于此日在金城迎八字之佛，设置几案、经幢，歌唱击鼓，这便是法华会。

《左传》记载：苍龙七宿出现空中，便举行雩祭。杜预注：夏季四月，苍龙宿在黄昏时分出现在东方，万物开始兴盛，等待雨水滋润方能长大，因此举行祭天，为百谷祈祷甘霖。

《春秋考异邮》记载：其他季节只有祈祷之礼，惟有四月龙星出现的时候，才开始有雩礼。

立 夏

四月，节气谷雨后十五日，斗柄指巽，为立夏。

《月令》：先立夏三日，太史谒之天子曰："某日立夏，盛德在火。"天子乃斋。立夏之日，天子亲师三公、九卿、大夫以迎夏于南郊。还反，行赏，封诸侯，庆赐遂行，无不欣说。立春言诸侯、大夫，而此不言诸侯者，或在或否，故不同也。迎夏南郊，祭炎帝、祝融也。赏，指内臣。封，指外臣。庆，以礼锡君子。赐，以物予小人。说，音悦。

《后汉·祭祀志》注：自春分数四十六日，则天子迎夏于南堂，距邦七里，堂高七尺，堂阶二等。赤税七乘，旗旄尚赤，田车载戟，号曰助天养。唱之以徵，舞之以鼓靴，此迎迎之乐也。靴，徒刀切，音陶。

《诗·周颂》：靴磬柷圉。

《传》：靴，小鼓也。

《释文》亦作鼗。

【译文】

四月，谷雨节气后十五天，北斗星的斗柄指向巽，节气为立夏。

《月令》记载：立夏的前三天，太史禀告天子说："某日立夏，盛德在火。"天子于是进行斋戒。立夏这天，天子亲自带领三公、九卿、大夫在南郊迎夏。返回后，赏赐众人，分封诸侯，赏赐顺利地进行着，大家都十分欢欣喜悦。立春时提到了诸侯、大夫，然而此处没有提到诸侯，诸侯有时在，有时不在，因此记载不同。在南郊迎接夏天，是为了祭祀炎帝、祝融。此处的赏，赏的是内臣。封，指的则是外臣。庆，是用礼器赏赐君子。赐，是将物品给予小人。说，音悦。

《后汉书·祭祀志》注：从春分开始向后数四十六天，就是天子在南堂迎夏的日子，南堂距离国都七里，堂高七尺，堂阶有两级。天子身穿赤色衣裳，车马七驾，旌旗呈赤色，打猎的田车上载着长戟，号称辅助上天来养育万物。唱歌用徵音，跳舞用鼗鼓伴奏，这些都是迎迎之乐。鼗，徒刀切，音陶。

《诗经·周颂》记载：鼗磬柷圉。

《传》记载：鼗，是一种小鼓。

《释文》也将鼗写作鼗。

立夏一候 蝼蝈鸣

一名鼫鼠，一名蟼。阴气始，故蝼蝈应之。蝼,音楼。蝈,音馘,古获切。

《玉篇》：蛙别名。

《急就篇》：色青，小形而长股。

《周礼·秋官·蝈氏》注：蝈，今御所食蛙也。蛙，乌瓜切，音蛙。

《说文》：虾蟆属。

《本草》：似虾蟆而背青绿色，尖觜细腹，俗谓之青蛙。亦有背作黄路者，谓之金线蛙。

《前汉·五行志》：武帝元鼎五年秋，蛙与虾蟆群斗。蛙，古文作䵷。按：蝼蛄与蝼蝈异类。

《尔雅疏》：鼫鼠，蔡邕以为蝼蛄。

《尔雅·释虫》：螜，天蝼。注：蝼蛄也。据此，则鼫鼠与螜，蝼蛄别名，非蝼蝈别名也。螜，音谷。

【译文】

蝼蝈，又名鼫鼠，也叫做蟼。此时阴气开始出现，所以蝼蝈用鸣叫来回应。蝼，音楼。蝈，音馘，古获切。

《玉篇》记载：蝼蝈是蛙的别名。

青蛙

《急就篇》记载: 蝼蝈的颜色是青色的, 体形小, 腿长。

郑玄为《周礼·秋官·蝈氏》作注说: 蝈, 就是今天皇上所食用的蛙。蛙, 乌瓜切, 音蛙。

《说文解字》记载: 蝼蝈属虾蟆类。

《本草纲目》记载: 蝼蝈外表像虾蟆, 但背部是青绿色的, 嘴尖, 腹细, 俗称为青蛙。也有背部长黄色纹路的, 称之为金线蛙。

《汉书·五行志》记载: 武帝元鼎五年的秋天, 蛙和虾蟆聚在一起互相打斗。蛙, 古文写作蛙。按: 蝼蛄与蝼蝈属不同类。

《尔雅疏》记载: 鼫鼠, 蔡邕以为是蝼蛄。

《尔雅·释虫》记载: 蛬, 即天蝼。郭璞注: 天蝼就是蝼蛄。由此可知, 鼫鼠和蛬, 都是蝼蛄的别名, 并非蝼蝈的别名。蛬, 音谷。

立夏二候 蚯蚓出

蚯蚓，阴类。出者，承阳而见也。蚯，音邱。蚓，音引。

《本草》注：蚓之行也，引而后伸，其壤如丘，故名蚯蚓。

《说文》：螾，或作蚓，一名曲蟮，一名土龙，入药用。白颈是其老者。

《尔雅》谓之蝘，巴人谓之朐䏰。

《续博物志》：蚯蚓长吟地中，江东谓之歌女。

《埤雅》：蚯蚓，土精，无心之虫，与阜螽交。螾，羊进切，音釴。蝘，遣忍切。朐，音蠢。䏰，音闰。

【译文】

蚯蚓，属阴类。出来的蚯蚓，因为承受了阳气所以得以被看见。蚯，音邱。蚓，音引。

《本草纲目》注：蚯蚓行走的时候，前拉后伸，外形犹如小土丘一般，因此叫做蚯蚓。

《说文解字》记载：螾，有时也写作蚓，又名曲蟮，也叫做土龙，可入药用。白颈的是年老的螾。

《尔雅》称之为蝘，巴人称之为朐䏰。

《续博物志》记载：蚯蚓在地下长声吟叫，江东地区的人们称之为歌女。

《埤雅》记载：蚯蚓，是土里的精怪，无心，与阜螽交配。螟，羊进切，音鉥。蜷，遣忍切。朐，音蠢。朒，音闰。

蚯蚓

立夏三候 王瓜生

王瓜也。《月令》注：萆挈也。今《月令》曰王萯生。按：《本草》萆挈作菝葜。菝，音拔。葜，音恰。菝葜，犹茇结，短也。茎蔓坚强短小，故名。

《广韵》：根可作饮。

《博雅》：狗脊也。萯，音妇，即葜之别名也。茇，蒲八切，音拔。结，恰八切，音恰。茇结，短貌也。

《群芳谱·药部》：王瓜，一名野甜瓜，一名马飑瓜，一名赤雹子，一名老鸦瓜，一名师姑草，一名公公须。根味如瓜，故名。四月生苗，其蔓多须，嫩时可茹。叶圆如马蹄而有尖，面青背淡，涩而不光。五六月开小黄花，花下结子如弹丸，径寸，长寸余，上微圆，下尖长。生青，七八月熟，赤红色，皮粗涩，根如栝楼根之小者，用须深掘二三尺，乃得正根。江西栽以沃土，取根作蔬食，如山药。南、北二种微不同，若疗黄疸破血，南者大胜。飑，应同瓟，音雹。

《尔雅·释草》：果臝之实，栝楼。今齐人呼之为天瓜。

【译文】

王瓜为瓜类。郑玄为《月令》作注说：王瓜即萆挈。如今《月令》记载是王荺生。按:《本草纲目》将草挈写作菝葜。菝,音拔。葜,音恰。菝葜,即尐结,尐结是短的意思。菝葜茎蔓坚强短小,因此得名。

《广韵》记载:根可饮用。

《博雅》记载:即狗脊。荺,音妇,是葖的别名。菝,蒲八切,音拔。葜,恰八切,音恰。尐结,形容短小之貌。

《群芳谱·药部》记载:王瓜,又名野甜瓜,又名马胞瓜,又名赤雹子,又名老鸦瓜,又名师姑草,又名公公须。王瓜根的味道好似瓜的味道,因此得名。四月长出小苗,蔓上有很多须,嫩的时候可以吃。叶子圆圆的好像马蹄但是又有尖的地方,正面的颜色是青色的,背面的颜色很淡,不光滑。五六月开出小黄花,花下结的子,犹如弹丸般大小,直径一寸,长一寸多,上边微圆,下边又尖又长。生的时候颜色是青色的,七八月成熟后,呈赤红色,瓜皮粗涩,根部如同较小的栝楼根,必须向下深掘两三尺,才能得到正根。江西地区将王瓜栽种到肥沃的土壤里,挖取瓜的根部当作蔬菜食用,像山药一般。南、北两个品种有略微的差别,如果是用来治疗黄疸,活祛瘀血,则南方的王瓜品种远远胜于北方。胞,应当与脬相同,音雹。

《尔雅·释草》记载:果赢的果实,称为栝楼。如今齐人呼之为天瓜。

立夏三候

王瓜生

小 满

四月中气，立夏后十五日，斗柄指巳，为小满。物长至此，皆盈满也。

《淮南子》：小满，音比太簇。

《孝经纬》：小满者，言物于此小得满盈也。

《嬾真子》谓麦之气至此方小满，其说凿。

【译文】

四月中的节气，在立夏后十五天，此时北斗星的斗柄指向巳，就是小满。万物长到此时，都获得了盈满。

《淮南子》记载：小满，音与十二律中的太簇相当。

《孝经纬》记载：小满，是说万物在此时都小得满盈。

《嬾真子》中说的麦子的香气到此时才小满，这一说法是有依据的。

小满一候 苦菜秀

荼为苦菜，感火气而苦味成。不荣而实曰秀，荣而不实曰英，苦菜宜言英。荼，同都切，音涂。

《诗·邶风》：谁谓荼苦，其甘如荠。

《大雅》：周原膴膴，堇荼如饴。

《尔雅》：荼，苦菜，一名荼草，一名选，一名游冬。叶似苦苣而细，断之白汁，花黄似菊。荠，在礼切，音鲙，甘菜。堇，音谨。

《尔雅》：苦堇。注：今堇葵也。按：荼，同名多而类各别。

《豳风》：采荼薪樗。予手捋。荼，萑、苕也。

《郑风》：有女如荼。笺：茅秀，物之轻者，飞行无常。

《周礼·地官·掌荼》注：荼，茅秀也。

《汉·礼乐志》：颜如荼，兆逐靡。应邵曰：荼，野菅、白华也。师古曰："言美女颜貌如茅荼之柔也。荼者，即今所谓蒹锥也。"

《周颂》：以薅荼蓼。则秽草也。

《尔雅·释木》：槚，苦荼。注：树小如栀子，冬生叶，可作羹饮。则今之茶也，皆非苦菜也。

臭椿

【译文】

茶是苦菜，感受到了火气就生成了苦味。植物不开花便结果的叫秀，开花却不结果的叫英，苦菜应当叫英。茶，同都切，音涂。

《诗经·邶风》记载：谁说荼味苦，甘甜如荠菜。

《大雅》记载：周原土壤多肥沃，堇、荼好比麦芽糖。

《尔雅》记载：荼，是苦菜，又名荼草，又名选，又名游冬。叶子好似苦苣的叶子，但较细，将其折断有白汁流出，花朵呈黄色犹如菊花。荠，在礼切，音鲚，是一种甜菜。堇，音谨。

《尔雅》记载：苦堇。郭璞注：苦堇即今天的堇葵。按：荼，与之同名的植物有很多，但是种类各不相同。

《豳风》记载：采摘荼菜砍伐臭椿。采荼时要拿手捋取。荼，即萑、苕。（樗，臭椿。）

《郑风》记载：女子像荼一样。郑玄笺：荼是茅草种子上附生的白芒，非常轻，随风飞行，不知会飞向何处。

《周礼·地官·掌荼》注：荼，是茅草种子上附生的白芒。

《汉书·礼乐志》记载：美女容颜如荼，百姓追逐围观，为之倾倒。应邵说：荼，是野菅、白华。颜师古说："美女容颜如同茅荼般柔美。荼，即今天所说的蒹锥。"

《周颂》记载：拔除荼、蓼等杂草。由此可知荼是杂草。

《尔雅·释木》记载：槚，就是苦荼。郭璞注：槚树小如栀子，冬季长出树叶，可以做成羹汤饮用。由此可知如今的荼，都不是苦菜。

小满二候 靡草死

草之枝叶靡细者。葶苈之属。凡物感阳生者强而立，感阴
生者柔而靡。靡草，阴至所生也，故不胜阳而死。

《酉阳杂俎》：葶苈死于盛夏。

【译文】

是枝叶非常细小的草。属葶苈之类。万物感阳而生则强劲且挺
立，万物感阴而生则柔弱且细小。靡草，是因阴气到来而生的，所以
因不能承受阳气而死。

《酉阳杂俎》记载：葶苈在盛夏时枯死。

小满三候 麦秋至

麦以夏为秋，感火气而熟也。

《月令》：是月也，聚畜百药。靡草死，麦秋至。注：聚药，供医事也。靡草死，见上二候。靡字，不从草。蔡邕曰："百谷各以初生为春，熟为秋。麦以初夏熟，故四月于麦为秋。"

《汉·武帝纪》：劝民种宿麦。师古曰："岁冬种之，经岁乃熟，故云宿麦。"

【译文】

麦将夏季当作秋季，感受到夏季的火气而成熟。

《月令》记载：这个月，人们要积蓄存储各种草药。靡草在此时死亡了，麦子成熟的季节却到来了。注：积蓄草药，是为了供给医用之事。靡草死，参看上文中关于二候的记述。靡字，不从草。蔡邕说："百谷都各自以初生的时节为春季，以成熟的时节为秋季。麦子在初夏时节成熟，所以四月对于麦子来说就是秋季。"

《汉书·武帝纪》记载：鼓励百姓种植宿麦。颜师古说："宿麦在每年的冬季种下，经过一年才成熟，所以叫做宿麦。"

成熟麦子

夏五月

《月令》：仲夏之月，日在东井，昏亢中，旦危中。注：仲夏，日月会于鹑首，斗建午之辰也。东井，一名天井，南方木宿，八星，状如井字，故谓之井，广三十四度。月建午而日在未，午与未合也。亢，东方金宿，四星，状如弯弓，广九度。危，北方阴宿，三星，中曲而东，广十六度。

《埤雅》：南方朱鸟七宿，曰鹑首、鹑火、鹑尾。东井在未，鹑首之次。

又：律中蕤宾。蕤宾，午律。蕤，儒追切，音甤。

《周语》"蕤宾"注：蕤，委蕤，柔貌。

《汉·律历志》：蕤，继也。

【译文】

《月令》记载：仲夏五月，太阳位于东井宿的位置，黄昏时分亢星处于南方空中的正中央，佛晓时分危星处于南方空中的正中央。郑玄注：仲夏时节，日月在鹑首星相会，北斗星的斗柄指向午之辰。东

井,又名天井,是南方的木宿,有星八颗,形状好似井字,所以称之为
井,广三十四度。五月建午,太阳在未,午与未相合。兂,是东方的金
宿,有星四颗,形状如同弯弓,广九度。危,是北方的阴宿,有星三颗,
中间弯曲且弯向东方,广十六度。

《埤雅》记载:南方朱雀有七宿,分为鹑首、鹑火、鹑尾三部分。
东井宿在未位,是鹑首的第二颗星。

又:与五月相对应的音律是蕤宾。蕤宾,位于午位。蕤,儒追切,
音甤。

《国语·周语》"蕤宾"三国吴韦昭注:蕤,即委蕤,形容柔弱的
样子。

《汉书·律历志》记载:蕤,就是继。

《礼记读本》注:尝反覆蕤宾之义,而惕然惧也。是时阳
德方盛,阴气始萌,似阳为主而阴为客。然一阴既生,则阴在内
而为主,阳在外而为客矣。而阳方喜阴之至,见其柔顺,导而进
之,而不知前此由夬而乾,孚号有厉,其夬一阴也。如此其难,
由此而后,由遯而否,姤之大壮,履霜坚冰,如是乎其危也。吾
心理欲之几,国家治乱之界,皆始于至微,伏于不觉,而终于莫
救,可不惧哉?

【译文】
《礼记读本》注:我曾经反复思考蕤宾的意义,然后心中感到

惶恐忧惧。此时阳气正是兴盛的时候，阴气刚刚萌发，似乎是以阳气为主，以阴气为客。然而一阴既已生发，那么阴气就在内而成为主，阳气在外成为客。而且阳气的一方欢喜阴气的到来，看到阴气十分柔顺，于是就引导它进入，却不知道在此之前从夬卦进入乾卦，夬卦告知人们危险仍在，在夬卦中一阴是居于五阳之上的。这是如此地艰难，从此之后，由遯卦可知不应前进，由姤卦可知遇到了极为强大的一方，踏上了寒霜坚冰，是如此的危险啊。我心中理性与欲望转变的细微迹象，国家治与乱的分界，都开始于极其微小的事物，这些极其微小的事物潜伏在我们不易察觉的地方，最后终于难以挽救，怎能不令人恐惧呢？

《白虎通》：蕤者，下也；宾者，敬也。言阳气上极，阴气始，宾敬之也。

又：养壮佼。佼，古巧切，音搅。好也。

《诗·陈风》：佼人僚兮。僚，好貌。

王充《论衡》：上世之人，侗长佼好，坚强老寿。侗，音桶。朱子移此句入上章，与"举长大"相属。或谓壮佼者何须又养，且壮佼者多矣，可遍养乎？不知春养幼少，夏养壮佼，秋养耆老，冬饬死事，各以时气分属之耳。

又：是月也，命乐师修鞀、鞞、鼓，均琴、瑟、管、箫，执干、戚、戈、羽，调竽、笙、篪、簧，饬钟、磬、柷、敔。凡十九物，皆乐器也。

鞀，徒刀切，音陶。《说文》：辽也。

《玉篇》：与鞈同。或作鼗。籀作鞛，亦作鼗。

【译文】

《白虎通》记载：蕤，下降；宾，尊敬。说阳气上升到了极点，阴气开始上升，因而尊敬它。

又：养育壮健之人。佼，古巧切，音搅。是好的意思。

《诗经·陈风》记载：佳人多么美好。僚，形容美好的样子。

王充《论衡》记载：先代之人，高大美好，坚强长寿。侗，音桶。朱子将此句移到上章，与"举长大"相连。有的人认为健壮美好的人何须再加以养育，而且健壮美好的人有许多，能够全都养育吗？这是由于不知道春季养育年幼的小孩，夏季养育健壮美好之人，秋季养育德高望重的老人，冬季整治死于国事之人，只是各自依照时节气候来划分罢了。

又：这个月，天子命乐师修理鞀、鞞、鼓，调节琴、瑟、管、箫，管好干、戚、戈、羽，训练竽、笙、箎、簧，整饬钟、磬、柷、敔。这十九个物品，都是乐器。

鞀，徒刀切，音陶。《说文解字》记载：鞀是辽的意思。

《玉篇》记载：鞀与鞈同。或写作鼗。在籀文中写作鞛，也写作鼗，即拨浪鼓。

《吕氏春秋》：有倕作鞀。

《淮南子·主术训》：武王立戒慎之鞀，如鼓而小，持柄摇之，旁耳还自击。

《释名》：鞀，导也，所以导乐作。鞞，在乐器，则部述切。

《诗·周颂》：应田县鼓。

《传》：应，鞞鼓也。

《释名》：鞞，助也。鞞助鼓节。

《广韵》：本作鼖。或作鞞。鼓，工户切，音古。伊耆氏造鼓。

《说文》：鼓，郭也。春分之音，万物郭皮甲而出，故谓之鼓。徐锴曰：郭者，覆冒之意。

《玉篇》：瓦为桄，革为面，可以击也。鼓所以检乐，为群音长。

《周礼·地官》：鼓人掌教六鼓。以雷鼓鼓神祀，以灵鼓鼓社祭，以路鼓鼓鬼享，以鼖鼓鼓军事，以鼛鼓鼓役事，以晋鼓鼓金奏。

【译文】

《吕氏春秋》记载：有一位叫倕的巧匠发明制作了鞀。

《淮南子·主术训》记载：武王设立了用来警惕审慎的鞀，如同鼓一般小，手握木柄摇动，两旁的耳朵自己敲击鼓面。

《释名》记载：鞀，是导的意思，所以用来引导乐曲的演奏。鞞，用来指乐器，读音则为部述切。

《诗经·周颂》记载：应田县鼓。

《传》记载：应，即鞞鼓。

《释名》记载：鞞，是助的意思。有助于敲鼓击节。

《广韵》记载：原本写作鼖。或写作鼙。鼓，工户切，音古。伊耆氏制造了鼓。

《说文解字》记载：鼓，就是郭。是春分时的声音，万物破皮甲而出，所以称之为鼓。徐锴说：郭，是掩覆遮盖的意思。

《玉篇》记载：瓦做椌，革做面，可以击打。之所以用鼓来约束音乐，是因为鼓是群音之长。

《周礼·地官》记载：鼓人主管教授六种鼓的击打。祭祀天神要击雷鼓，祭祀土地神要击灵鼓，祭祀宗庙要击路鼓，军队作战要击鼖鼓，劳役之事要击鼛鼓，敲击钟镈奏乐要击晋鼓。

《大司乐》：雷鼓礼天神，灵鼓礼地示，路鼓礼人鬼，即此。鼖声大，故鼓军。鼛声缓，故鼓役。凡作乐，先击钟，次击鼓，故晋鼓鼓金奏。雷鼓八面，灵鼓六面，路鼓四面，鼖鼓、鼛鼓、晋鼓皆两面。夏后氏足鼓，置鼓于跗上，谓之节鼓。殷楹鼓，以柱贯中，上出而树之也。周县鼓，植簨虡而悬之也。鼖，音焚。鼓长八尺。古通作贲，《诗·大雅》贲鼓维镛是也。又作鞼、鼖，鼛，音羔。鼓长丈二尺，本作臯。《周礼·冬官·考工记》为臯鼓，长寻有四尺是也。雷鼓，《大司乐》作靁鼓。靁鼓、靁鼗，地上之圜丘奏之。灵鼓、灵鼗，泽中之方丘奏之。路鼓、路鼗，宗庙之中奏之。

【译文】

《大司乐》记载：击雷鼓礼敬天神，击灵鼓礼敬地神，击路鼓礼敬人鬼，说的就是此事。鼖声大，所以用作军事作战。鼛声缓，所以用作劳役之事。凡是演奏音乐，都要先击钟，再击鼓，敲击钟镈奏乐要击晋鼓。雷鼓有八面，灵鼓有六面，路鼓有四面，而鼖鼓、鼛鼓、晋鼓都是两面。夏后氏有足鼓，将鼓放在脚背上，称之为节鼓。殷楹鼓，用一根柱子贯通中部，上面有突出的部分，将其树立起来。周县鼓，立上簨虡将其悬挂起来。鼖，音焚。鼓长八尺。古与贲通，即《诗经·大雅》中所说的贲鼓维镛。又写作韇、鞼。鼛，音羔。鼓长一丈二尺，原本写作臯。《周礼·冬官·考工记》中写作臯鼓，长一寻四尺。雷鼓，《大司乐》中写作靁鼓。靁鼓、靁鼗，在地上的圜丘上演奏。灵鼓、灵鼗，在泽中的方丘上演奏。路鼓、路鼗，在宗庙中演奏。

《礼·王制》：天子赐伯、子、男乐，则以鼗将之。此鼗之所以为导也。鞨，《说文》骑鼓也。

《周礼·夏官·大司马》：旅帅执鼗。中冬教大阅，中军以鼗令鼓。

《吕氏春秋》：帝喾令人作鼓鼗之乐。《晋书》有鼗舞。

曹植《鼗舞诗序》：汉灵帝西园鼓吹，有李坚，能鼗舞。

又与琶通。《搜神记》琵琶作鼗婆。

簨，音笋。虡，音巨。《释名》：簨虡，所以悬鼓者。横曰簨。簨，峻也，在上高峻也。纵曰虡。虡，举也，在旁举簨也。簨上之版曰业，刻为牙，捷业如锯齿也。

《礼·明堂位》：夏后氏之龙簨虡。所以悬钟、磬。

【译文】

《礼记·王制》记载：天子赏赐伯、子、男乐器，用鼗来激励。这就是鼗之所以作为引导的原因。鼖，即《说文解字》中的骑鼓。

《周礼·夏官·大司马》记载：旅帅执掌鼖鼓。冬季的第二个月教民众大规模地检阅军队之事，中军统帅击打鼖鼓来命令击鼓。

《吕氏春秋》记载：帝喾命人创作击打鼖鼓的音乐。《晋书》中记载有鼙舞。

曹植《鼙舞诗序》记载：汉灵帝在西园鼓吹，有位叫李坚的人，能作鼙舞之歌。

鼙又与鞞相通。《搜神记》中将琵琶写作鞞婆。

簨，音笋。虡，音巨。《释名》记载：簨虡，是用来悬挂鼓的。横着的叫簨。簨，是峻的意思，位于上方而自然高峻。竖着的叫虡。虡，是举的意思，在旁边举着簨。簨上的木板叫业，雕刻称为牙，参差仿如锯齿一般。

《礼记·明堂位》记载：夏后氏的刻有龙的簨虡。所以用来悬挂钟、磬。

《周礼·春官·典庸》：及祭祀，帅其属而设笋簨，陈庸器。亦作虡。不从竹。簨，一作笋。

《周礼·冬官考工记》：梓人为筍虡。又：赢者、羽者、鳞者，以为筍虡。

《广韵》：虡，本作鐻。天上神兽，鹿头龙身，悬钟之木刻饰为之，因名曰虡。韬、鞞、鼓，三者皆革音。

琴，渠金切，音黔。

《说文》：本作珡，古文作㺭、㻅、珡。珡，禁也，神农所作。洞越，练朱五弦，周加二弦。

《白虎通》：琴以禁制淫邪，正人心也。

【译文】

《周礼·春官·典庸》记载：等到祭祀时，带领属吏陈设筍簴，陈列庸器。簴也写作虡。不从竹。簴，也写作筍。

《周礼·冬官考工记》记载：梓人发明制作了筍虡。又：用赢类、羽类、鳞类等兽类的形象来装饰筍虡。

《广韵》记载：虡，原本写作鐻。是天上的神兽，鹿头龙身，悬挂钟的木头上雕刻装饰有它，因此命名为虡。韬、鞞、鼓，三个都是革音。

琴，渠金切，音黔。

《说文解字》记载：本来写作珡，古文写作㺭、㻅、珡。珡，是禁的意思，是神农发明制作的。有贯通底部的孔，练朱丝为五弦，周时增加了两弦。

《白虎通》记载：琴用来约束淫邪，匡正人心。

《琴论》：伏羲氏削桐为琴，面圆法天，底方象地。龙池八寸通八风，凤池四寸合四气。长三尺六寸，象三百六十日；广六寸，象六合。前广后狭，象尊卑也。五弦象五行，大弦为君，小弦为臣。文武加二弦，以合君臣之恩。

《三礼图》：琴第一弦为宫，次商角羽徵，次少宫，次少商。有弦有徽，有首有尾，有唇有足，有腹有背，有腰有肩有越。唇名龙唇，足名凤足，背名仙人，腰名美女。越长者龙池，短者凤沼。临岳，琴首绲弦者也。岳山，琴尾高起绲弦者也。城路，岳山下路也。雁足，支肩下系弦者也。轸支足下，转扭调弦者也。

【译文】

《琴论》记载：伏羲氏削桐木制琴，表面呈圆形，效法上天；底部为方形，象征大地。琴底的龙池孔为八寸，来通八风，琴底的凤池孔为四寸，来合四气。琴长三尺六寸，象征三百六十天；广六寸，象征六合。前面宽广后面狭小，象征尊卑有别。五弦象征五行，大弦为君，小弦为臣。文武增加两弦，来合君臣之恩。

《三礼图》记载：琴的第一弦是宫，二、三、四、五弦分别为商、角、羽、徵，六弦是少宫，七弦是少商。有弦有徽，有首有尾，有唇有足，有腹有背，有腰有肩有孔。唇叫龙唇，足叫凤足，背叫仙人，腰叫美女。长孔叫龙池，短孔叫凤沼。临岳，是琴首的绲弦。岳山，是琴尾高起的绲弦。城路，是岳山的下路。雁足，支撑肩部，下系琴弦。琴轸支撑在足下，扭转可以调节琴弦。

瑟,色栉切,音瑟。古文作爽、奭、璱。爽,《说文》庖牺氏所作弦乐也。徐曰:"黄帝使素女鼓五十弦瑟。"黄帝悲,乃分之为二十五弦。

《礼图》:雅瑟八尺一寸,广一尺八寸,二十三弦,其常用者十九弦。颂瑟七尺二寸,广同二十五弦。

《尔雅》:大瑟谓之洒,长八尺一寸,广一尺八寸,二十七弦。琴、瑟二者皆丝音。

管,古满切,音笵。

《书·益稷·谟》①:下管鼗鼓。

《诗·商颂》:嘒嘒管声。

《仪礼·大射仪》:乃管《新宫》。管,谓吹荡以播《新宫》之乐。

《周礼·春官》:孤竹之管,特立,取阳数也。孙竹之管,根生,取阴小也。阴竹之管,山背,取阴幽之义。

【注释】

①《书·益稷·谟》:应为《尚书·益稷》。

【译文】

瑟,色栉切,音瑟。古文写作爽、奭、璱。爽,即《说文解字》中所说的庖牺氏所制作的弦乐。徐铉说:"黄帝令素女鼓五十弦瑟。"黄帝的内心感到悲伤,就将瑟分为二十五弦。

《三礼图》记载:雅瑟长八尺一寸,广一尺八寸,共二十三弦,常用的有十九弦。颂瑟长七尺二寸，广与二十五弦的相同。

《尔雅》记载：大瑟称之为洒，长八尺一寸，广一尺八寸，共二十七弦。琴、瑟都是丝音。

管，古满切，音筦。

《尚书·益稷》记载：吹起管乐，击打鼗鼓。

《诗经·商颂》记载：管声嘒嘒。

《仪礼·大射仪》记载：于是吹奏《新宫》。管，说的是吹管来传播乐曲《新宫》。

《周礼·春官》记载：用孤竹制作的管，孤竹独自挺立，取其阳数。用孙竹制作的管，孙竹依根而生，取其阴小。阴竹之管，位于山的背面，取其阴幽之义。

《尔雅·释乐》：大管谓之簥，其中谓之篞，小者谓之篎。管如篪，六孔。长尺，围寸，并漆之。有底，如笛而小，并两而吹之。簥，音乔，声高大也。篞，乃结切。篎，音渺。《说文》：管，十一月之音，物开地牙①，故谓之管。

箫，先彫切，音萧。

《风俗通》：舜作箫，其形参差，以象凤翼。十管，长二尺。

《广雅》：箫，大者二十四管，小者十六管。

《博雅》：箫，大者二十三管，无底；小者十六管，有底。

《三礼图》：箫，大者长尺四寸，二十四彄。颂箫，长尺二寸，十六彄。彄，墟侯切，口平声。

【注释】

①物开地牙: 应为 "贯地而牙"。

【译文】

《尔雅·释乐》记载: 大管称作籈, 中管称作篞, 小管称作篎。如箎管, 有六孔。长一尺, 周围一寸, 都涂漆。有底, 如笛子般大小, 并两而吹之。籈, 音乔, 声音高大。篞, 乃结切。篎, 音渺。《说文解字》记载: 管, 是十一月的声音, 万物贯地而生芽, 所以称之为管。

箫, 先彫切, 音萧。

《风俗通》记载: 舜制作的箫, 形状参差, 使其好似凤的翅膀。共有十管, 长二尺。

《广雅》记载: 箫, 大的有二十四管, 小的有十六管。

《博雅》记载: 箫, 大的有二十三管, 无底; 小的有十六管, 有底。

《三礼图》记载: 箫, 大的长一尺四寸, 有二十四弭。颂箫, 长一尺二寸, 有十六弭。弭, 墟侯切, 口平声。

《通卦验》: 箫, 夏至之乐。注: 箫管, 形象鸟翼。鸟为火, 火成数七, 生数二, 二七一十四, 箫之长由此。

《释名》: 箫, 肃也, 其声肃肃而清也。

《白虎通》: 箫者, 中吕之气。

《书·益稷》: 《箫韶》九成, 凤凰来仪。

《周颂》: 既备乃奏, 箫管备举。笺: 箫, 编小竹管, 如今卖饧者所吹也。

【译文】

《通卦验》记载：箫，是夏至时的乐器。注：箫管，外形好似鸟的翅膀。鸟为火，火的成数是七，生数是二，二七一十四，箫的长度就是由此而来的。

《释名》记载：箫，是肃的意思，萧声肃肃而且清越。

《白虎通义》记载：箫，蕴含中吕之气。

《尚书·益稷》记载：《箫韶》演奏到第九章时，凤凰前来翩翩起舞。

《周颂》记载：乐器既已完备就开始演奏，箫管之声一齐响起。郑玄笺：箫，由小竹管编成，如今为卖饴糖的人所吹。

《周礼·春官》：笙师教吹箫。

《尔雅》：大箫谓之言，小者谓之筊。声大者言言也，小者声扬而小。筊，小也。筊，何交切，音爻。

蔡邕《月令章句》：箫长则浊，短则清，以蜡蜜实其底而增减之，则和管而成音。郭璞曰："箫，一名籁。"

《庄子·寓言篇》：颜成子游谓南郭子綦曰："汝闻人籁而未闻地籁，汝闻地籁而未闻天籁。"郭象曰："籁，箫也。"

《汉·元帝纪》：吹洞箫。如淳曰："箫之无底者。"

段龟龙《凉州记》：吕纂，咸宁二年，人发张骏冢，得玉箫。

《丹阳记》：江宁县南三十里有慈姥山，积石临江，上生箫管竹。圆致，异于他处。自伶伦采竹嶰谷，其后惟此簳见珍。故历代常给乐府，俗呼为鼓吹山。

《正韵》：箫，亦作簘。管、箫二者皆竹音。

【译文】

《周礼·春官》记载：笙师教授吹箫。

《尔雅》记载：大箫称之为言，小箫称之为筊。声音大的外形高大，声音小的箫声高扬且外形较小。筊，即小箫。筊，何交切，音爻。

蔡邕《月令章句》记载：箫长则声音浑浊，箫短则声音清越，用蜡蜜填塞箫底并加以增减，就与管相和而成音。郭璞说："箫，又名籁。"

《庄子·寓言篇》记载：颜成子游对南郭子綦说："你听了人籁之音然而没有听地籁之音，你听了地籁之音然而没有听天籁之音。"郭象说："籁，就是箫。"

《汉书·元帝纪》记载：吹洞箫。如淳说："没有底的箫是洞箫。"

段龟龙《凉州记》记载：吕纂，咸宁二年，有人挖张骏墓，得到了玉箫。

《丹阳记》记载：江宁县以南三十里有慈姥山，有石块堆积且临近江水，山上长有箫管竹。圆滑细密，与其它地方的竹子不同。自从伶伦在嶰谷采摘竹子，之后唯有此处的小竹被人们当作珍品。因此历代常将此竹献给乐府，俗称之为鼓吹山。

《正韵》记载：箫，也写作簘。管、箫两者都是竹音。

江宁县南三十里有慈姥山，积石临江，上生箫管竹。

干, 居寒切, 音竿。扬子《方言》: 盾, 自关而东, 或谓之瞂,
或谓之干。

《书·大禹谟》: 舞干羽于两阶。

《诗·大雅》: 干戈戚扬。

《周礼·春官》: 司干掌舞器。

盾, 食尹切, 惇上声。戚, 仓历切, 音碱, 斧也。《释名》:
戚, 蹙也。斧以斩断, 见者蹙惧也。

戈, 古禾切, 音锅。《说文》: 平头戟也。徐锴曰: 小支上向
则为戟, 平之则为戈。

【译文】

干, 居寒切, 音竿。扬子《方言》记载: 盾, 自关向东一带, 或称
之为瞂, 或称之为干。

《尚书·大禹谟》记载: 在两阶之间舞动干、羽。

《诗经·大雅》记载: 干、戈、戚、扬。(四种兵器比喻战争。)

《周礼·春官》记载: 司干掌管跳舞的舞具。

盾, 食尹切, 惇上声。戚, 仓历切, 音碱, 就是斧。《释名》记载:
戚, 就是蹙的意思。用斧斩断物品, 看到的人都感到忧愁恐惧。

戈, 古禾切, 音锅。《说文解字》记载: 戈是平头的长戟。徐锴
说: 小支向上就是戟, 平的就是戈。

《正义》曰: 戈, 钩孑戟也。如戟而横安刃, 但头不向上, 为

钩也。直刃长八寸，横刃长六寸，刃下接柄处长四寸，并广二寸。

《周礼·冬官考工记》：戈柲六尺有六寸。戈广二寸，内倍之，胡三之，援四之。注：内谓胡以内接柲者也。胡，其子也。援，直刃也。柲，兵媚切，音祕，戟柄也。

《正字通》：锋之曲而旁出者曰胡，戈颈也。三之长六寸也。子，吉列切，音结。戈有旁出者为句子也。

《释名》：戈，过也。所刺捣则决，所钩引则制之，弗得过也。

《典略》：周有孤父之戈。

【译文】

《正义》记载：戈，就是钩子戟。外表像戟而横着安刃，但头不向上，就是钩。直刃长八寸，横刃长六寸，刃的下端连接柄的地方长四寸，都宽两寸。

《周礼·冬官考工记》记载：戈柲长六尺六寸。戈宽两寸，内的长度是宽的一倍，胡的长度是宽的三倍，援的长度是宽的四倍。郑玄注：内指的是胡内连接柲的地方。胡，就是子。援，就是直刃。柲，兵媚切，音祕，就是戟柄。

《正字通》记载：戈锋弯曲处向旁伸出的叫做胡，是戈颈。胡的长是它宽的三倍，即六寸。子，吉列切，音结。有从旁分出分支的戈就是句子。

《释名》记载：戈，是过的意思。敌人来刺捣就用戈与之对决，敌人用钩引就拿戈制衡，不能让其通过。

《典略》记载：周有孤父之戈。

羽，王矩切，音宇。翳也，舞者所执。

《周礼·地官·舞师》：教羽舞。析白羽为之，形如帗。帗，音弗。

《周礼·春官》：凡舞，有帗舞。帗，析五采缯，今《灵星舞》子持之是也。

《左传·隐五年》：初献六羽。公问羽数于众仲，对曰：天子用八，诸侯六，大夫四。干、戚、戈、羽四者，皆舞器。

【译文】

羽，王矩切，音宇。羽就是翳，是舞者所拿的舞具。

《周礼·地官·舞师》记载：教授羽舞。将白羽分开制成羽，外形好似帗。帗，音弗。

《周礼·春官》记载：舞，有帗舞。帗，是将五采缯帛分开制成的舞具，如今跳《灵星舞》的童子所拿的就是帗。

《左传·隐公五年》记载：刚开始献上六羽之舞。隐公向众仲询问持羽跳舞的人数，众仲回答道：天子用八行，诸侯六行，大夫四行。干、戚、戈、羽，都是舞器。

竽，云俱切，音于。《说文》：三十六簧乐也。

《周礼·疏》：竽长四尺二寸。注：竽，管类。用竹为之，形参差象鸟翼。鸟，火禽。火数七，冬至之时吹之。冬水用事，水数六，六七四十二。竽之长，盖取于此。

《世本》：随作竽。

《释名》：竽，汙也。其中汙空。汙，乌瓜切，音窊。

《博雅》：竽，象笙，三十六管，宫管在中央。

《乐书》：近代笙竽十九簧，竽与笙异器而同和，故《周官》竽与笙均掌之笙师。

《周礼》：笙师，掌教吹竽。

【译文】

竽，云俱切，音于。《说文解字》记载：竽是三十六簧乐。

《周礼·春官疏》记载：竽长四尺二寸。郑玄注：竽，是管类乐器。用竹子制成，外形参差好似鸟的翅膀。鸟，是火禽。火的成数是七，在冬至时吹竽。冬季对应五行中的水，水的成数是六，六七四十二。竽的长度，大概就取自这里。

《世本》记载：随发明制作了竽。

《释名》记载：竽，就是汙。中间弯曲且空。汙，乌瓜切，音窊。

《博雅》记载：竽，和笙类似，有三十六管，宫管处于中央。

《乐书》记载：近代笙竽有十九簧，竽与笙虽然是不同的乐器但是却一同合奏，因此在《周官》中竽和笙都归笙师掌管。

《周礼》记载：笙师，负责教授吹竽。

竽

《礼·乐记》：君子听笙竽，则思畜聚之臣。

《易通卦验》：冬至，吹黄钟之律，闲音以竽。

笙，师庚切，音生。《世本》：随作笙。一曰女娲作。

《说文》：笙，十三簧，象鳳之身也。正月之音，物生，故谓之笙。

《释名》：笙，生也。象物贯地而生也。以瓠为之，十三管，宫管在左方。

《白虎通》：笙之为言施也，牙也。万物始施而牙，太簇之气也。

《尔雅·释乐》：大笙谓之巢，小者谓之和。注：大者十九簧，和，十三簧。

【译文】

《礼记·乐记》记载：君子听到笙竽之声，就会想到容民畜众之臣。

《易通卦验》记载：冬至时节，吹黄钟之律，其他音律则用竽来补充。

笙，师庚切，音生。《世本说》记载：随制作了笙。也有人说是女娲发明的。

《说文解字》记载：笙，有十三簧，好像鳳的身体。是正月的声音，正月万物萌生，所以称之为笙。

《释名》记载：笙，就是生的意思。象征万物贯地而生。用瓠制作，有十三管，宫管在左方。

《白虎通义》记载：笙是施的意思，牙的意思。万物开始播撒萌芽，蕴含太簇之气。

《尔雅·释乐》记载：大笙称作巢，小笙称作和。郭璞注：大的巢有十九簧，小的和有十三簧。

《汉·律历志》：匏曰笙。注：匏，瓠也。列管瓠中，施簧管端。

《书·益稷》：笙镛以间。

《诗·小雅》：笙磬同音。匏，蒲交切，音庖。瓠，洪孤切，音胡。

陆佃《埤雅》：长而瘦上曰匏，短颈大腹曰瓠。瓠性甘，匏性苦，故《诗》曰：匏有苦叶。

《左传》：叔向曰："苦匏不材于人，共济而已。"

严粲《诗缉》：匏经霜叶枯落，乾之腰以渡水。

《尔雅翼》：匏在八音之一。笙十三簧，竽三十六簧。

【译文】

《汉书·律历志》记载：用匏制作的叫做笙。注：匏，就是瓠。将管排列在瓠中，在管端加上簧。

《尚书·益稷》记载：笙、镛在其间交替演奏。

《诗经·小雅》记载：笙声、磬声乐声相和。匏，蒲交切，音庖。瓠，洪孤切，音胡。

陆佃《埤雅》记载：细长且上边瘦的叫匏，短颈大腹的叫瓠。瓠性甜,匏性苦,所以《诗经》记载:匏有苦叶。

《左传》记载:叔向说:"苦匏对于人来说并不能当作食材食用,只能作为渡河工具罢了。"

严粲《诗缉》记载:匏叶经霜而凋落,将其护在腰上来渡水。

《尔雅翼》记载:匏是八种制造乐器的材料之一。笙有十三簧,竽有三十六簧。

篪,音池。同篪,亦作箎。

《诗·小雅》:伯氏吹埙,仲氏吹篪。

《尔雅·释乐》:大篪谓之沂。沂,音银。悲也。

《释名》:篪,啼也,声如婴儿啼也。郭注:篪,长尺四寸,围三寸,一孔上出,寸三分,横吹之,小者尺二寸。

《广雅》云八孔,郑司农云七孔,盖不数其上出一孔也。

《世本》:苏成公作篪。

《古史》:苏成公善吹篪。春分之音也。篪,竹音,俗误作篪,竹下从虎,音虎。篪,竹下从厂从虎。

簧,胡光切,音黄。《说文》:女娲作簧。

《释名》:簧,横也。于管头横施于中也,以竹、铁作于口横吹之也。

【译文】

篪,音池。与篪相同,也写作箎。

《诗经·小雅》记载：哥哥吹埙，弟弟吹篪。

《尔雅·释乐》记载：大篪称之为沂。沂，音银。声音悲伤。

《释名》记载：篪，是啼的意思，声音如同婴儿啼哭。郭璞注：篪，长一尺四寸，周长三寸，上方有一孔，一寸三分，用来横吹，小的有一尺两寸。

《广雅》记载有八孔，郑司农说有七孔，大概是没有数上方的那个孔。

《世本》记载：苏成公发明制作了篪。

《古史》记载：苏成公善于吹篪。篪是春分之音。篪，是竹制乐器，民间误写作篪，竹下从虎，音虎。篪，竹下从厂从虎。

簧，胡光切，音黄。《说文解字》记载：女娲发明制作了簧。

《释名》记载：簧，横吹。将管头横放在中央，用竹、铁制作簧口，横着吹。

《诗·王风》：君子阳阳，左执簧。疏：笙管中金薄鍱也。鍱，音叶。铜铁椎炼成斤者曰鍱①。

《礼·明堂位》：女娲之笙簧。按：竽、笙、笆三者皆簧。概言笙簧，犹五音概言宫商，五兵概言干戈，支干概言甲子，不可以簧独属之笙也。

钟，一作锺，古二字通用。

《汉志》：黄钟。

《周礼》：作锺。

《诗》：钟鼓。亦作锺。

《世本》：垂作锺。

《释名》：钟，空也。内空受气多，故声大也。

【注释】

①此句的"斤"：应是"片"，据《正字通》改。

【译文】

《诗经·王风》记载：君子喜气洋洋，左手持簧。疏：簧是笙管中的金属薄铁片。鍱，音叶。由铜铁锤击冶炼而成的薄片叫做鍱。

《礼记·明堂位》记载：女娲发明的笙簧。按：竽、笙、笢三个都是簧。用笙概括笙簧，就犹如以五音概括宫商，以五兵概括干戈，以支干概括甲子，不可以说簧独属于笙。

钟，又写作锺，古时这两个字通用。

《汉志》记载：黄钟。

《周礼》记载：作锺。

《诗经》记载：钟鼓。也写作锺。

《世本》记载：垂制作了锺。

《释名》记载：钟，是空的。内部空阔，接受的空气较多，所以声音较大。

《韵会》：律名，黄钟十一月，夹钟二月，林钟六月，应钟十月。乐器则《周礼》锺师所掌金奏也，不编之钟也。磬师掌教所击之钟，编钟也。

《考工记》：凫氏为钟。则钟之大小尺度、声音厚薄、侈弇、清浊之分也。

《尔雅》：大钟谓之镛，其中谓之剽，小者谓之栈。镛，余封切，音容。

《书·益稷》：笙镛以间。

《诗》：贲鼓维镛。又通作庸。

《诗·周颂》：庸鼓有斁。或作鄘，亦名镈，匹各切，音粕。

【译文】

《韵会》记载：钟是律名，黄钟对应十一月，夹钟对应二月，林钟对应六月，应钟对应十月。乐器钟则是《周礼》所说的锺师掌管的金奏，为不编之钟。磬师掌管教授的所敲击的钟，是编钟。

《考工记》记载：凫氏掌管制钟之事。那么钟的大小尺度、声音厚薄、钟口的大小、钟声的清浊，都有分别。

《尔雅》记载：大钟称之为镛，中钟称之为剽，小钟称之为栈。镛，余封切，音容。

《尚书·益稷》记载：笙、镛在其间交替演奏。

《诗经》记载：贲鼓维镛。镛又通写作庸。

《诗经·周颂》记载：庸鼓盛大。庸有时写作鄘，也叫做镈，匹各切，音粕。

《仪礼·大射仪》：其南鑮。

剽，毗招切，音瓢。剽者，声轻疾也。

栈，阻限切，音琖。栈，浅也。东晋兴元年，会稽剡县人家井中得一钟，长三寸，口径四寸，上有铭古文，云栈，钟之小者，既长三寸，自然浅也。

《尚书传》：天子将出，撞黄锺之钟，右五钟皆应。入则撞蕤宾之钟，左五钟皆应。

《管子》：黄帝以其缓急作五声，以正五钟。注：青钟、赤钟、黄钟、景钟、黑钟。

《诗》疏：在东曰笙钟，在西曰颂钟。

《诗》疏：铄金为钟，四时九乳，法九州也。

【译文】

《仪礼·大射仪》记载：它的南边是鑮。

剽，毗招切，音瓢。剽，声音轻疾。

栈，阻限切，音琖。栈，较浅的意思。东晋兴元年，会稽剡县人在家中的井内得到一口钟，钟长三寸，钟口直径四寸，钟上刻有古时的铭文，叫做栈，是小钟，既然长三寸，那么自然深度较浅。

《尚书传》记载：天子准备外出时，撞黄锺调的钟，右边的五钟都应和。天子归来时，撞蕤宾调的钟，左边的五钟都应和。

《管子》记载：黄帝依照缓急不同制作五声，来规正五钟。注：五钟分别是青钟、赤钟、黄钟、景钟、黑钟。

《诗经》疏：在东边的叫做笙钟，在西边的叫做颂钟。

《诗经》疏：熔化金属制成钟，饰有四时九乳，九乳效法九州。

《五经通义》：钟者，秋分之音。万物至秋而成，至冬而藏。坚成而不灭，绝莫如金。故金为钟，相继不绝。

磬，苦定切，音罄。籀文作殸，象县虡之形。

《五经要义》：磬，立秋之乐。

《白虎通》：磬者，夷则之气，象万物之成。

《礼·明堂位》：叔之离磬。注：叔之所作编离之磬。

《周礼·冬官考工记》：磬氏为磬，倨句一矩有半。注：先度一矩为句，一矩为股，而求其弦。既而以一矩有半触其弦，则磬之倨句也。陈用之曰："离磬，特悬之磬也。"

【译文】

《五经通义》记载：钟，是秋分时的声音。万物到秋季时成熟，到冬季时收藏。要说结实不灭，绝对比不上金。所以用金作钟，表示相继不绝。

磬，苦定切，音罄。在籀文中写作殸，字形好像悬挂着的虡。

《五经要义》记载：磬，是立秋之乐。

《白虎通义》记载：磬，蕴含夷则之气，象征万物成熟。

《礼记·明堂位》记载：叔的离磬。孔颖达注：即叔所发明制作的编离之磬。

《周礼·冬官考工记》记载：磬氏制作磬，弯曲的角度为一矩半。注：先用矩的一边作为句，另一边作为股，接着求出弦的长度。之后用一矩半的长度弄好弦，就是磬弯曲的角度。陈用之说："离磬，是特悬的磬。"

《三礼图》：股广三寸，长尺三寸半，十六枚同一笋虡，谓之编磬。

《周礼·春官》：眠瞭掌凡乐事，播鼗，击颂磬、笙磬。眠瞭，音观了，目睛明也，主扶瞽者。颂，读作镛[1]。与镛声相应者曰颂磬，与笙声相应者曰笙磬。又磬在东方曰笙，生也。在西方曰颂，或作庸，功也。

《书·益稷》：戛击鸣球。玉磬也。

《礼·明堂位》：搏拊、玉磬。

《左传·成二年》：齐侯使宾媚人赂以纪甗、玉磬。

《鲁语》：臧文仲以玉磬如齐告籴。

【注释】

①颂，读作镛：颂、镛古时音同，可以互借。

【译文】

《三礼图》记载：股宽三寸，长一尺三寸半，十六枚磬悬挂在同一个架子上，称之为编磬。

《周礼·春官》记载：眠瞭掌管所有的奏乐播鼗，击颂磬、笙磬之事。眠瞭，音观了，双目明亮，主管扶持盲人。颂，读作镛。与镛声相应的叫做颂磬，与笙声相应的叫做笙磬。又磬在东方叫做笙，是生的意思。在西方叫做颂，或写作庸，是功的意思。

《尚书·益稷》记载：敲击鸣球。即敲响玉磬。

《礼记·明堂位》记载：敲击玉磬，合着拍击乐器搏拊。

《左传·成公二年》载：齐侯派宾媚人赠以纪甗、玉磬。

《国语·鲁语》记载：臧文仲拿着玉磬去齐国求购粮食。

《乐记》：石声磬，磬以立辨。

《书·禹贡》：泗滨浮磬。泗水中石可以为磬。陈澔曰：玉磬，天子乐器，诸侯当击石磬。故《郊特牲》以击玉磬为诸侯之僭礼。

《尔雅·释乐》：大磬谓之馨。馨，形似犁錧。馨，虚骄反，谓其声高也。錧，古满切，音管，又音贯。自江而南呼犁刃为錧。此馨似之，但大尔。

柷，昌六切，音俶。

《尔雅·释乐》：所以鼓柷谓之止。柷如漆桶，方二尺四寸，深一尺八寸，中有椎柄，连底挏之，令左右击其椎，名止。

【译文】

《礼记·乐记》记载：石磬发出磬磬的声音，象征节义分明。

《尚书·禹贡》记载：泗滨浮磬。意思是泗水中的石头可以做磬。陈澔说：玉磬，是天子使用的乐器，诸侯应当敲击石磬。所以《礼记·郊特牲》认为击玉磬是诸侯的越礼之举。

《尔雅·释乐》记载：大磬称之为馨。馨，外形好似犁錧。馨，虚骄反，是说大磬声音高。錧，古满切，音管，又音贯。自江向南的地区称呼犁刃为犁錧。这里所说的馨外形好似犁錧，但比犁錧大。

柷，昌六切，音俶。

《尔雅·释乐》记载：所以敲击柷称作止。柷的外表犹如漆桶，方圆二尺四寸，深一尺八寸，其中有椎柄，与底部相连，撞击而发声，令左右击打椎，名叫止。

《说文》：乐，木空也，所以止音为节。

《书·益稷·谟》：合止柷敔。郭璞曰：乐之初，击柷以作之；乐之末，戛敔以止之。敔，偶举切，音语。

《说文》：禁也。《尔雅》：所以鼓敔谓之籈。敔如伏虎，背上有二十七鉏铻，刻以木，长尺栎之，名籈，音真。

《乐记》：鞉鼓椌楬。注：椌，柷也。楬，敔也。椌，音腔。楬，邱瞎切。楬，同籈、楮。

《周礼》：小师掌教鼓鼗柷敔，皆以木，故《大师》注云：木柷敔也。所以鼓动柷以出音名止，所以鼓动敔以出音名籈。

【译文】

《说文解字》记载：柷是一种乐器，由木头制成，中间是空的，所以音乐停止，敲打柷作为节拍。

《尚书·益稷》记载：合乐敲柷，止乐敲敔。郭璞说：音乐开始的时候，以敲击柷来开始；音乐结束的时候，以敲击敔来终止。敔，偶举切，音语。

《说文解字》记载：敔是禁的意思。《尔雅》记载：所以敲击敔称之为籈。敔的外形犹如蹲伏着的老虎，背上有二十七个锯齿，用木雕刻，用长尺敲击，名叫籈，音真。

《礼记·乐记》记载：鞉鼓椌楬。注：椌，就是柷。楬，就是敔。椌，音腔。楬，邱瞎切。楬，同籈，榓。

《周礼》记载：小师掌管教授并演奏敲鼓、鼗、柷、敔，这些乐器都是用木头制成的，所以《大师》注说：木制的柷、敔。所以敲打柷发出声音叫做止，所以敲打敔发出声音叫做籈。

鉏，床举切。铻，音语。鉏铻，相距貌，物不相当也。

《楚辞·九辩》：圜凿而方枘兮，吾固知其鉏铻而难入。按《说文》：齿不相值曰龃龉。

《六书故》：锯齿出入亦曰龃龉。敔背二十七鉏铻，似齿之出入，字当从齿，不从金。栎与擽通，音略。又音历，击也。修鞉鞞鼓者，理其弊也；均琴瑟管箫者，平其声也；执干戚戈羽者，操持习学也；调竽笙箎簧者，调和其音也；饬钟磬柷敔者，整治之也。以将用盛乐雩祀，故谨备之。案：十九物于八音，金、石、丝、竹、匏、革、木七音俱备，独缺土音。箎簧，吕览作埙篪。则土音不缺，似可从。

【译文】

　　鉏，床举切。铻，音语。鉏铻，彼此相隔的样子，物与物相互抵触，不相合。

　　《楚辞·九辩》记载：圆形的卯眼却要安装方形的榫头，我本来就知道它们会互相抵触而难以插入。依《说文解字》记载：齿不相合的叫做鉏铻。

　　《六书故》记载：锯齿不合也叫做鉏铻。敔的背部有二十七个鉏铻，好似不平直的齿，字当从齿，不从金。柷与攊通，音略。又音历，是击的意思。修鞉鞞鼓，是检修这些乐器的坏处；均琴瑟管箫，是使这些乐器的声音平和；执干戚戈羽，是拿着这些舞具学习练习；调竽笙篪簧，是调和这些乐器的声音；饬钟磬柷敔，是整治这些乐器。因为这些乐器将用在盛乐雩祀之中，所以要小心谨慎地准备。案：这十九种乐器在八音方面，金、石、丝、竹、匏、革、木这七音都具备，唯独缺少土音。篪簧，吕览作埙篪。如果这样，那么就不缺少土音了，似乎可以依从吕览的说法。

　　又：命有司为民祈祀山川百源，大雩帝，用盛乐。山者水之源，将欲祷雨，故先祭其源。三王祭川，先河后海，示重本也。雩者，吁嗟其声以求雨之祭。

　　《周礼·春官》：女巫旱暵则舞雩。凡邦之大菑，歌哭而请。亦其义也。帝者,天之主宰。盛乐,即韶、鞞以下十九物也。

又:乃命百县雩祀百辟卿士有益于民者,以祈谷实。雩,羽俱切,音于。

《说文》:夏祭祈甘雨也。

【译文】

又:天子命官吏祭祀山川河流的源头为民众祈雨,举行大雩祭祀天帝,各种乐器一起演奏。山是水的源头,将要祈雨,所以要先祭祀雨的源头。三王祭祀川,先祭祀河,后祭祀海,表示注重根本。雩,是说发出吁嗟之声祭祀求雨。

《周礼·春官》记载:发生旱灾,女巫就为雩祭跳舞。凡国家遭逢大灾,就或歌或哭来请求免除灾祸。这也是女巫的意义所在。帝,是上天的主宰。盛乐,即演奏韶、鞞以下十九种乐器。

又:于是命令各县举行雩祭那些有益于百姓的先代诸侯、卿士们,来祈求五谷丰登。雩,羽俱切,音于。

《说文解字》记载:夏祭祈求甘霖。

《尔雅·释训》:舞号雩也。雩之祭,舞者吁嗟而求雨。

按《左传》:秋,大雩,书不时也。凡祀,启蛰而郊,龙见而雩。

《论衡》:周之四月,正岁二月也。二月,龙星始出,故曰龙见而雩。

河流

考《左传》注：建巳之月，苍龙宿之体，昏见东方，万物始盛，待雨而大，故祭天，远为百谷祈膏雨。

《春秋考异邮》：三时惟有祷礼，惟四月龙星见，始有常雩。此说是也，《论衡》之说非也。周之四月，虽夏之二月，然于星辰之躔次，百谷之成熟，未尝不用夏时。"四月维夏""七月流火""九月肃霜"，皆《周诗》也。至于烹葵剥枣，授衣筑场，无不以夏时纪月也。且《论衡》谓心尾以夏见，心尾则龙象，何其说之矛盾耶！

【译文】

《尔雅·释训》记载：舞叫做雩。举行雩祭，跳舞的人发出吁嗟之声来求雨。

根据《左传》记载：秋季，举行大雩，这是记载的没有按时举行的祭祀。凡祭祀，冬季蛰伏的动物到春季重新出来就举行郊祭，苍龙宿出现就举行雩祭。

《论衡》记载：周时的四月，是夏历二月。二月，龙星刚出现，所以说龙星出现就举行雩祭。

考察《左传》注：夏季四月，苍龙宿在黄昏时分出现在东方，万物开始兴盛，等待雨水的滋润方能长大，因此举行祭天，为百谷祈祷甘霖。

《春秋考异邮》记载：其他季节只有祈祷之礼，惟有四月龙星出现的时候，才开始有雩礼。这一说法是对的，《论衡》的说法是错的。周时的四月，虽然是夏时的二月，但是对于星辰在运行轨道上的位置，百谷的成熟，未必不用夏时。"四月维夏""七月流火""九月肃霜"，都出自《周诗》。至于煮葵打枣，制备寒衣，修筑打谷场，都以夏时纪月。而且《论衡》记载心宿、尾宿在夏季出现，心宿、尾宿都属东苍龙，说法是何其的矛盾啊！

《六典》：旱甚则修雩，则常雩之义也。秋分以后，虽旱不雩，此不时之所以书也。命百县雩祀百辟卿士，盖百县各有生有功德于民，殁而祭于社者，不可指数，故以"有益于民者"五字浑言之。或以为句龙、后稷，非也。社稷祈报，典礼昭著，尚待加以赞语耶？

《春秋繁露》：大旱雩帝而请雨，大水鸣鼓而攻社。解：大旱，阳灭阴也，拜请之而已。大水，阴灭阳也，故鸣鼓攻之。

又：旱求雨，令县邑以水日，令民祷社。

《荆川稗编》：旱雩禁举火。故雩以祈雨，用皂衣；禜以祈晴，用朱衣。禜，为命切，音詠。

【译文】

《六典》记载：太过干旱就举行雩祭，这就是雩祭的意义。秋分以后，即使干旱也不举行雩祭，这是因为不符合举行雩祭的时间所以记载了下来。命令各县举行雩祀来祭祀先代诸侯、卿士们，大概各县都有活着时对百姓有功德，死后于社祭祀的人，不可指数，所以用

"有益于民者"五字笼统地概括。有的人认为祭祀的是句龙、后稷，并不对。祭祀社稷，春耕举行祈求的仪式，秋收举行酬答的仪式，仪式隆重显明，还需加以赞语吗？

《春秋繁露》记载：大旱时举行雩祭来祭祀天帝请求降雨，大水时击鼓惩戒土地神。解释说明：大旱，是阳消灭了阴，所以只需跪拜请雨而已。大水，是阴消灭了阳，所以要击鼓进攻。

又：干旱时求雨，令县邑百姓在水日这天向土地神祈祷。

《荆川稗编》记载：干旱举行雩祭时禁止点火。所以举行雩祭祈雨时，穿黑衣；举行禜祭祈晴时，穿朱衣。禜，为命切，音詠。

《说文》：设綦蕝为营，以祭也。蕝，子悦切，音撮，通蕞。

又：是月也，农乃登黍。天子乃以雏尝黍，羞以含桃，先荐寝庙。今用登麦、登谷例，移"农乃登黍"四字于"是月"之下。雏，鸡也。含桃，樱桃，以莺所含食也。

按《尔雅翼》：樱桃果熟最先。故汉叔孙通曰："古者春尝果，方今樱桃可献，愿陛下出取以献宗庙。"唐王维诗：才是寝园春荐后，非关御苑鸟衔残。

《秦中》谓三月为樱笋，时四月已后，自堂厨至百司厨，通谓之樱笋厨。承暮春而言也。至仲夏则再阅月，何至是始荐耶？

【译文】

《说文解字》记载：引绳束茅圈地，进行祭祀。蕝，子悦切，音撮，通蕞。

又：这个月，农官进献新黍。天子于是就着小鸡品尝新黍的味道，同时进献的还有珍馐樱桃，在此之前都要先祭献给宗庙。由于现在要使用登麦、登谷的事例，所以将“农乃登黍”这四个字移到“是月”的下边。雏，即小鸡。含桃，即樱桃，因为是莺所含食的所以叫做樱桃。

根据《尔雅翼》记载：樱桃果实最先成熟。所以汉叔孙通说：“古人春季品尝果子，而今可以进献樱桃，希望陛下取出献祭给宗庙。”唐王维有诗写道：才是寝园春荐后，非关御苑鸟衔残。

《秦中岁时记》称三月为樱笋，四月以后，从堂厨到百司厨，都通称为樱笋厨。这是承接暮春三月而说的。到了仲夏五月就又过了一个月，怎么能说到了此时是刚刚开始进献呢？

又：令民毋艾蓝以染。艾，音刈。恐伤时气也。毋烧灰。灰，一作炭。毋暴布，暴，步卜切。存疑。门闾毋闭，顺时气宣通也。关市毋索，行宽大之政也。挺重囚，益其食。挺者，拔出之义。重囚禁系严密，故特加宽假。游牝别群，则絷腾驹，班马政。季春游牝于牧，至此妊孕已遂，故不使同群。拘絷腾跃之驹，止其踶啮也。班，布也。马政，养马之政，《周礼》圉师所掌。

又：是月也，毋用火南方。南方，火位，又盛，其用则为微阴之害，故戒之。可以居高明，可以远眺望，可以升山陵，可以处台榭。凡此皆顺阳明之时。

【译文】

又：命民众不要割蓝草染布。艾，音刈。这是怕损伤时气。不要烧灰。灰，也写作炭。不要晒布，暴，步卜切。此处存疑。城门里门不要关闭，这是为了顺应时气使其畅通。关隘市场不要搜索，这是施行宽大之政。宽待犯有重罪的囚犯，增加他们的饭食。挺，是拔出的意思。重囚监禁严密，所以要特别加以宽恕。怀孕的母马要和其他马分开，这就需要将已经能腾跃的公马套上络头，同时颁布有关养马的政令。季春三月母马在马群中受孕，到此时已经完成了怀孕，所以不再使他们同处一群。束缚已经能腾跃的公马，是为了防止它们踢咬。班，是颁布的意思。马政，即养马的政令，《周礼》中说由圉师掌管。

又：这个月，不要在南方用火。南方，是火位，火又旺盛，如果用火就会被初生的阴气损害，所以禁止用火。可以居住在高且明亮的地方，可以登高向远方眺望，可以攀登山陵，可以身处亭台楼榭。这些行为都是顺应阳明之时的。

《后汉书·曹娥传》：父盱，能弦歌，为巫祝。汉安二年五月五日，于县江沂涛迎婆娑神。

《隋书·地理志》：屈原以五月五日赴汨罗，土人习以相传，为竞渡之戏。其迅楫齐驰，櫂歌乱响，喧振水陆，观者如云，诸郡率然，而南郡、襄阳尤甚。又有牵钩之戏。

宗懔《荆楚岁时记》：五日竞渡，俗为屈原投汨罗，故并命舟楫以拯之。舸舟取其轻利谓之飞凫。

吴均《续齐谐记》：屈原五日投汨罗，楚人哀之。至此日，以竹筒子贮米，投水以祭之。建武中，长沙区曲，忽见一士人，自云三闾大夫，谓曲曰："闻君当见祭，常年为蛟龙所窃，今若有惠，当以楝叶塞其上，以彩丝缠之，此二物蛟龙所惮。"曲依其言。今五月五日作粽，并带楝叶、五花丝，其遗风也。

【译文】

《后汉书·曹娥传》记载：曹娥的父亲曹盱，能用琴瑟等伴奏歌唱，于是担任巫祝。汉安二年五月五日，在县内的江上逆着波涛迎接婆娑神。

《隋书·地理志》记载：屈原在五月五日投汨罗江，当地人为此设立了习俗世代相传，就是赛舟的游戏。到那时船桨一齐飞速划动，四处响起划桨时唱的棹歌，喧闹之声振动江水陆地，观者如云，各郡情况与此相同，其中以南郡、襄阳最为盛大壮观。这一天又有拔河的游戏。

宗懔《荆楚岁时记》记载：五月五日赛舟，民间因为屈原投汨罗江，所以命大家一起用船桨搭救屈原。轻快便利的大船称作飞凫。

吴均《续齐谐记》记载：屈原在五月五日投汨罗江，楚人十分哀伤。到了这天，拿竹筒包着米，投入水中祭祀屈原。建武年间，在长沙的区曲，忽然看到一位士人，自称是三闾大夫，对区曲说："听闻您要来祭奠，但是之前的祭品常年被蛟龙偷窃，如今如果有祭品相赠，应当用楝叶包在它的上面，再拿彩丝缠绕，这两个东西都是蛟龙所

粽子

忌惮的。"区曲听从了他的话。如今五月五日制作粽子，并在外面加上楝叶、五花丝，都是当时的遗风。

马令《南唐书》：保大中，许郡县村社竞渡，每岁端午，官给彩段，俾两两较其迟速，胜者加以银椀，谓之打标，舟子皆籍其名。

范致明《岳阳风土记》：濒江诸庙皆有船，四月中择日下水，击画鼓，集人歌以櫂之，至端午罢。其实竞渡也。

《隋书·王邵传》：月五日五，合天数地数。

《苏威传》：五月五日，百寮上馈，多以珍玩，威献《尚书》一部。

《旧唐书·德宗纪》：扬州每年贡端午日江心所铸镜，罢之。

【译文】

马令《南唐书》记载：保大年间，许郡县村社赛舟，每年端午，官府发放彩段，使其两两一对比较快慢，胜的一方加赏银碗，称作打标，船夫的姓名都登记在册。

范致明《岳阳风土记》记载：江边的庙宇都有船，四月中旬选择一天下水，敲击画鼓，聚集大家一起唱歌划桨，到端午时停止。其实就是赛舟。

《隋书·王邵传》记载：月五日五，与天数地数相合。

《苏威传》记载：五月五日，百官多进献珍玩，苏威进献了《尚书》一部。

《旧唐书·德宗纪》记载：扬州每年进贡端午节那天在江心铸造的铜镜，后来于公元779年天子下令废止。

《唐·天文志》：于《易》，五月一阴生，而云汉潜萌于天稷之下，进及井、钺间，坤维之气，阴始达于地上，而云汉上升，始交于列宿，七纬之气通矣。

《选举志》：四门学生补太学，太学生补国子学。每岁五月有田假。

《宋史》：太宗征刘继元，将至太原，遣语攻城诸将："我以端午日当置酒高会于太原城中。至继元降，乃五月五日也。"

《辽史》：重午仪，臣僚昧爽赴御帐，皇帝系长寿彩缕，升车坐，引北南臣僚合班，如丹墀之仪。所司各赐寿缕，揖，臣僚跪受，再拜，引退。午时，采艾叶和棉著衣，七事以奉天子。膳夫进艾糕。

【译文】

《新唐书·天文志》记载：在《易经》中，五月，一阴初生，银河在天稷之下悄悄萌发，进入到井宿、钺星之间，获得坤维之气，阴气开始到达地面，银河上升，与列宿交汇，七纬之气得以畅通。

《新唐书·选举志》记载：四门学生保送太学，太学生保送国子学。每年五月有田假。

《宋史》记载：太宗征伐刘继元，即将到达太原，太宗派人对攻城的诸将士们说："我认为端午节那天应当在太原城中举办盛大宴会。等到刘继元投降时，刚好是五月五日。"

《辽史》记载：依照重午节礼仪，臣僚们需在佛晓时分赶到皇帝的御用帷帐，皇帝系上由彩色丝线制成的长寿彩缕，登上车驾坐好，指引北南臣僚依照次序进入，犹如丹墀之仪（宫殿台阶漆成红色，称"丹墀"）。让有关官员将寿缕赐给臣僚，拱手行礼，臣僚跪受，再拜，告退。午时，采艾叶和棉花制成衣裳穿在身上，用七事侍奉天子。膳夫进呈艾糕。

《金史》：因辽旧俗，以重五日行射柳击球之戏。

《荆楚岁时记》：五月五日，采艾以为人，悬门户上，以禳毒气。以五彩丝系臂，名曰辟兵，一名长命缕，一名续命缕，一名五色丝。

孙思邈《千金月令》：端午，以菖蒲或缕或屑，以泛酒。

韩鄂《岁华纪丽》：角黍之秋，浴兰之月。

《大戴礼》：午日以兰汤沐浴。

冯贽《云仙杂记》：洛阳人家，端午，术羹、艾酒，以花丝楼阁插鬓，赠遗辟瘟扇。重午日午时，有雨，急斫一竿竹，竹节中必有神水，沥取和獭肝为圆，治心腹块聚等病。

李绰《秦中岁时记》：端午前两日，东市谓之扇市，车马特盛。

【译文】

《金史》记载：承袭辽的旧俗，在重五日举行射柳击球的游戏。

《荆楚岁时记》记载：五月五日，将采摘艾草制成人形的物品，悬挂在门户上，来去除毒气。将五彩丝系在手臂上，名叫辟兵，又名长命缕，又名续命缕，又名五色丝。

孙思邈《千金月令》记载：端午节，将菖蒲撕成条状或研成碎末，泡入酒中。

韩鄂《岁华纪丽》记载：吃粽子的时期，是沐浴兰汤的月份。

《大戴礼》记载：端午日用兰汤沐浴。

冯贽《云仙杂记》记载：洛阳人家，在端午节，喝术羹、饮艾酒，将花丝楼阁簪插入鬟间，赠送辟瘟扇。重午日午时，如果有雨，就急忙砍下一根竹竿，竹节中必定含有神水，收集的滴落的神水，与獭肝一起使用最好，能够治疗心腹结块等病。

李绰《秦中岁时记》记载：端午节的前两天，将东市称为扇市，车马尤盛。

五彩丝

芒 种

五月，节气小满后十五日，斗柄指丙，为芒种。言有芒之谷可播种也。

《淮南子》：芒种，音比大吕。

《嬾真子录》：《周礼·稻人》：泽草所生，种之芒种。注：泽草之所生，其地可种芒种。芒种，稻、麦也。过五月节，则稻不可种。所谓芒种五月节者，谓麦至是始可收，稻过是不可种也。

《齐民要术》：芒种节后，阳气始亏，阴慝将萌，暖气始盛，虫蠹并兴。

【译文】

五月，在小满后十五天，此时正值北斗星的斗柄指向丙，节气为芒种。是说有芒之谷在此时可以播种了。

《淮南子》记载：芒种，音与十二律中的大吕相当。

《嬾真子录》记载：《周礼·稻人》记载：泽草生长的地方，都可以种植稻、麦。郑玄注：泽草生长的土地，可以种植芒种。芒种，即

稻、麦。过了五月节气, 水稻就不可以再种了。所谓的五月芒种节气,
是说麦子到了此时才开始收获, 水稻过了这时就不能种植了。

　　《齐民要术》记载: 芒种节气后, 阳气开始亏损, 为害的阴气将
要萌生, 暖气开始兴盛, 蛀虫一起开始行动。

芒种一候 螳螂生

螳螂饮风餐露，感一阴之气而生，至此时破壳而出。螳，音唐。螂，一作蜋，音郎。扬子《方言》：螳螂谓之髦。郭注：有斧虫也，江东呼为石蜋，又名龁肬。龁，恨竭切，音纥。肬，千求切，音尤。

《吴越春秋》：夫秋蝉登高树，不知螳螂超枝缘条，而稷其形。稷，应作即，就也，于义为妥。若据《诗》疏，稷，作疾字解，于本事似尚隔一层也。

《庄子·人间世》：女不知夫螳螂乎？怒其臂以当车辙，不知其不胜任也。

《韩诗外传》：齐庄公出猎，有螳螂举足，将搏其轮，问其御曰："其为虫也，知进而不知退，不量力而轻就敌。"搏，从手从甫，从寸，与从专异。搏，音團。

【译文】

螳螂饮食风露，感阴气初生而生，到了此时破壳而出。螳，音唐。螂，也写作蜋，音郎。扬子《方言》记载：螳螂称之为髦。郭璞注：有一种斧虫，江东称为石蜋，又名龁肬。龁，恨竭切，音纥。肬，千求切，音尤。

　　《吴越春秋》记载：秋蝉登上高树，不知道螳螂早已越过枝叶沿着枝条前行，马上就要捕捉秋蝉。稷，应写作即，理解为就的意思，放在这句话里较为妥当。如果依《诗经》疏，稷，应当作疾来解释，放在螳螂捕蝉这件事中似乎仍然隔着一层，不够准确。

　　《庄子·人间世》记载：你不知道螳螂吗？它奋力举起臂膀来阻挡车轮前进，却不知道以它的力量根本做不到。

　　《韩诗外传》记载：齐庄公外出打猎，有一只螳螂举起脚，准备与他的车轮搏斗，齐庄公问他的车夫说："身为一只虫子，知道前进却不知道后退，不自量力且轻敌。"搏，从手从甫，从寸，与从专的不相同。搏，音團。

螳螂

谓之髦。

芒种二候 鵙始鸣

鵙，百劳也。恶声之鸟，枭类也。不能翱翔，直飞而已。鵙，局闃切。

《韵府》收十二锡，音吴。

又《集韵》：弃役切。今俗从弃役切，转音读为决。一名伯鹩，一名伯赵，一名姑恶，一名苦吻鸟。

《尔雅》注：似鶷鹖而大。鶷，下瞎切，音辖。鹖，音曷。

《左传》曰伯赵氏。

《禽经》：伯劳似鸲鹆，喙黑。

《埤雅》：鵙能制蛇，鵙鸣在上，蛇盘不动。

《尔雅·释鸟》：鹊鵙丑，其飞也翪。丑类也。翪，音宗。竦也，竦翅上下。

《诗》：七月鸣鵙。

《易通卦验》：博劳，夏至应阴而鸣，冬至而止。故帝少皞以为司至之官。严粲曰："五月伯劳始鸣，应一阴之气，至七月犹鸣，则三阴之候，寒将至，故七月闻鵙之鸣，先时感事也。"本作鵙。

曹植《恶鸟论》：鵙声嗅嗅，故以名之。感阴而动，残害之鸟也。嗅，许救切，音臭。

【译文】

鵙,就是百劳。是一种叫声难听的鸟,属枭类。不能翱翔回旋,只能直飞罢了。鵙,局阒切。

《韵府》将其收在十二锡中,音吴。

《集韵》又说:为弃役切。如今民间依从弃役切,改变读音为决。又名伯鹩,又名伯赵,又名姑恶,又名苦吻鸟。

《尔雅》注:外形好似鹊鹒但较大。鹊,下瞎切,音辖。鹒,音曷。

《左传》称其为伯赵氏。

《禽经》记载:伯劳好似鸲鹆,喙是黑色的。

《埤雅》记载:鵙能制服蛇,鵙在上方鸣叫,蛇盘在地上就不敢动。

《尔雅·释鸟》记载:鹊鵙外表丑陋,飞翔也是上下飞。属于丑类。瞏,音宗。是竦的意思,振动翅膀上下飞动。

《诗经》记载:七月鵙鸣叫。

《易通卦验》记载:博劳,在夏至感应到阴气而鸣叫,冬至就停止鸣叫。所以少皥帝认为它是司至之官。严粲说:“五月伯劳开始鸣叫,是感应到阴气初生,到了七月仍然鸣叫,到了三阴之候,寒气将至,所以七月听到鵙的鸣声,是鵙先于时节而有感。”本写作鵙。

曹植《恶鸟论》记载:鵙声嗅嗅,因而以此取名。感应到阴气而动,是残害其他生物之鸟。嗅,许救切,音臭。

伯
劳

芒种三候 反舌无声

诸书谓反舌为百舌鸟，感阳而鸣，遇微阴而无声也。

《淮南子·说山训》：人有多言者，犹百舌之声。注：百舌，鸟名，能易其舌效百鸟之声，故曰百舌。

【译文】

众多书籍都说反舌是百舌鸟，它感应到阳气而鸣叫，遇到微小的阴气就静默无声。

《淮南子·说山训》记载：人有爱说话的，说话犹如百舌鸟的鸣叫声。高诱注：百舌，是鸟的名字，这种鸟能变换舌头效仿百鸟的叫声，所以叫做百舌。

诸书谓反舌为百舌鸟，感阳而鸣，遇微阴而无声也。

夏 至

五月中气，芒种后十五日，斗柄指午，为夏至。万物至此，皆假大而极至也。

《书·尧典》：日永，星火，以正仲夏。厥民因，鸟兽希革。

《传》：永，长也，谓夏至之日。火，苍龙之中星，举中则七星见可知，以正仲夏之气节。因，谓老弱因就在田之丁壮以助农也。夏时鸟兽毛羽希少改易。革，改也。

《礼·月令》：日长至，阴阳争，死生分。至，犹极也。夏至日长之极，阳尽午中而微阴，眇重渊矣。此阴阳争辨之际，物之感阳气而方长者生，感阴气而已成者死，此死生分别之际也。

又：君子斋戒，处必掩身，毋躁；止声色，毋或进；薄滋味，毋致和；节耆欲，定心气。斋戒以定其心，掩蔽以防其身，毋轻躁举动，毋进御声色，薄其调和滋味，节其诸事爱欲，凡以定心气而备阴疾也。和，去声。耆，音嗜。

《广韵》：嗜，或作嗜、醋。《集韵》作膳，作耆。

又：百官静，事无刑，以定晏阴之所成。刑，阴事也。举阴

夏至

事，则是助阴抑阳，故百官府刑罚之事，皆止而不行也。凡天地之气，顺则和，逆则能致灾咎。当阴阳相争之时，故须谨慎。晏，安也。阴道静，故曰晏阴。及其定而至于成，则循序而往，不为灾矣。

《淮南子》：日夏至则斗南中绳，阳气极，阴气萌，故曰夏至为刑。阳气极，则南至南极，上至朱天，故不可以夷邱上屋。万物蕃息，五谷兆长，故曰德在野。日夏至则火从之，故五月火正而水漏。正，王也。阳气为火，阴气为水。水胜，故夏至湿；火胜，故冬至燥。燥故炭轻，湿故炭重。日夏至而流黄泽，石精出。流黄，土之精也。阴气作于下，故流泽而出。石精，五色之精。

《辽史》：夏至之日，俗谓之朝节，妇人进彩扇，以粉脂囊相赠遗。

《周髀算经》：夏至昼极长，日出寅而入戌，阳照九，不覆三。三，北方。三辰，亥子丑。

《春秋繁露》：阴阳之会，冬合北方而物动于下，夏合南方而物动于上。上下大动，皆在日至之后。为寒则凝水裂地，为热则焦沙烂石。

《酉阳杂俎》：北朝妇人常以夏至日进扇及粉脂囊。

【译文】

夏至是五月中的节气，在芒种后十五天，北斗星的斗柄指向午，节气为夏至。万物到了此时，都生长到了极至。

《尚书·尧典》记载：夏至白昼最长，火星出现在南方空中，通过这些来确定仲夏时节。此时人们住在高处，鸟兽羽毛稀疏。

《传》记载：永，是长的意思，是说此时是夏至日。火，是东方七宿苍龙的中星，举中则七星可被看见知道，以此来确定仲夏节气。因，是说老弱者就田地而居，帮助青壮年农耕。夏时鸟兽羽毛稀少换毛。革，是改的意思。

《礼记·月令》记载：到了白天最长的时候，阴气与阳气争斗，生与死也由此而分。至，至极之意。夏至日白天的长度达到极点，阳气在午时达到顶点而阴气初生，深远犹如深渊。此时是阴阳互相争斗的时候，万物感应阳气而开始生长的就生，感应阴气而已经成熟的就死，这就是死生开始分别开来的时候。

又：君子要沐浴斋戒，居住在家必定要遮盖身体，不要急躁；要停止歌舞女色之事，也不要进献声色给君子；要吃味道清淡的食物，不要追求五味俱全；要节制节嗜欲，平定心气。沐浴斋戒来安定内心，遮蔽身体来保护身体，不要举动轻率急躁，不要进献歌舞女色，调和食物滋味使其清淡，节制对诸事的喜爱贪欲，这些都是为了平定心气，防备阴疾。和，去声。耆，音嗜。

《广韵》记载：嗜，或写作鰭、醋。《集韵》写作膳，也写作耆。

又：身体的各个器官处于宁静，做事不要动刑，以此来确定晏阴是否成熟。刑，属阴事。做阴事，就是助长阴气抑制阳气，所以各个官府的刑罚之事，都停止而不施行。凡是天地之气，顺之就能达到平和，逆之就会导致祸殃。所以在阴阳相争之时，须谨慎行事。晏，是安的意思。阴道安静，所以叫做晏阴。等到晏阴确定下来并达到成熟，就会循序前进，不再制造灾祸。

《淮南子》记载：夏至时，北斗星的斗柄向北正处于"绳"，此时阳气达到极点，阴气开始萌生，因此说夏至为刑。阳气达到极点，向南就会到达南方极远的地方，向上就会到达西南方的天空，所以不可以平整山丘，登房动工。万物繁殖生息，五谷繁茂生长，所以说德在田野。夏至时火就跟随它，因此五月火旺而水漏。正，是旺的意思。阳气为火，阴气为水。水胜，所以夏至潮湿；火胜，所以冬至干燥。用木炭测量湿度，干燥，所以炭轻，潮湿，所以炭重。夏至时有硫磺从土里流出，有五色石出现。流黄，是土的精气。阴气作用于地下，所以有硫磺流出。石精，是五色石的精华。

《辽史》记载：夏至，俗称之为朝节，这时妇人们购买彩扇，互相赠送粉脂囊。

《周髀算经》记载：夏至时白昼极长，太阳在寅时升起，戌时落山，光照时间为九个时辰，有三个时辰不被阳光覆盖。三，指北方。三辰，指亥时、子时、丑时。

《春秋繁露》记载：阴阳交会，冬季在北方交会而万物在地下活动，夏季在南方交会而万物在地上活动。地上地下大规模的活动，都在冬至、夏至之后。天气寒冷就凝水成冰、冻裂大地，天气炎热就烧焦沙子、烧烂石头。

《酉阳杂俎》记载：北朝妇人常在夏至购买扇子以及粉脂囊。

夏至一候 鹿角解

夏至一阴生，鹿感阴气，故角解。鹿，卢谷切，音禄。

《尔雅·释兽》：鹿，牡麚，牝麀，其子麛，其迹速，绝有力麉。

《埤雅》：仙兽也。牡者有角。麚，居牙切，音嘉。麀，于虬切，音忧。麛，緜兮切，音迷。又兽初生皆曰麛。

《曲礼》：春田不取麛卵是也。麉，经天切，音坚。

《字统》：鹿性惊防，群居分背而食，环角向外，以备人物之害。

《易·屯卦》：即鹿无虞，惟入于林中。疏：即鹿，若无虞官，虚入林木中，必不得鹿。

《诗·小雅》：呦呦鹿鸣。

【译文】

夏至阴气初生，鹿感到阴气，所以鹿角脱落。鹿，卢谷切，音禄。

《尔雅·释兽》记载：鹿，分牡麚、牝麀，它们的孩子称作麛，奔跑速度很快，极其有力的鹿称作麉。

《埤雅》记载：鹿是仙兽。雄鹿有角。麚，居牙切，音嘉。麀，于虬切，音忧。麛，緜兮切，音迷。又说初生的兽类都叫做麛。

《礼记·曲礼》记载：春季田猎不猎取幼兽和鸟卵。麉，经天切，音坚。

《字统》记载：鹿本性胆小警觉，群居生活，背对背吃饭，鹿角环起来朝向外面，以此防备人或其他动物的伤害。

《易经·屯卦》记载：即鹿无虞，惟入于林中。疏：捕捉鹿，如果没有虞官，自己怯懦地进入树林，必然不会捕到鹿。

《诗经·小雅》记载：呦呦鹿鸣。

鹿角解

夏至二候 蜩始鸣

《庄子》谓蟪蛄，夏蝉也。语曰：蟪蛄鸣朝。蜩，田聊切，音迢。

《玉篇》：蝉也。

《诗·豳风》：五月鸣蜩。

《大雅》：如蜩如螗。

《传》：蜩，蝉也；螗，蝘也。

《释虫》：蜩，蜋蜩，螗蜩。舍人曰："皆蝉也。"方语不同，三辅以西为蜩，梁宋以西谓蜩为蝘，楚地谓之蟪蛄。

《楚辞》云：蟪蛄鸣兮啾啾，是也。陆玑疏云：螗，一名蝘蚭。

《字林》：蚭或作蟟，青、徐人谓之蟪蟟。然则螗蝘亦蝉之别名耳。

《夏小正》传：蜋蜩者，五彩具，江南谓之螗姨。蜩中最大为马蝉。螗蜩，俗呼为胡蝉。蜺，寒蜩，寒蜇也，似蝉而小，青色。

《西阳杂俎》：蜩属旁鸣。蜩甲，蝉蜕也。

《庄子·寓言》：予，蜩甲也。

《尔雅·释虫》：蠽，茅蜩，似蝉而小，青色。蠽，从雀从戈，从虵。子列切，音鬋。江东呼为茅截，似蝉而小，青色。螗，音唐。螗，音偃。

《草木疏》：一名蜩蟧，秦燕谓之蛥蚗，或名蜓蚞。蜋，音郎。螇蚸，音惠孤。

《庄子·逍遥篇》：螇蚸不知春秋。注：春生者夏死，夏生者秋死。蚖，本作蛁，丁聊切，音貂。蟧，音辽。蝘蠗，音奚鹿。

《盐铁论》：诸生独不见季夏之蝬乎？音声入耳，秋风而声无。

螗姨。姨，本作蛦，音夷。

《说文》：马蜩名。螑，音绵。蜺，音倪，寒蜩。

扬子《方言》：蝉黑而赤者谓之蜺。

螇蚸，一名蜈蟟。蜈，音题。蟟，音劳。小蝉也。

蛥蚗，音舌玦，蝉类。

《尔雅》：蜓蚞，音殄木。

蜕，舒芮切，音税。《说文》：蛇蝉所解皮。

《史记·屈原列传》：蝉蜕于浊秽。

夏侯湛《<东方朔画赞>序》：蝉蜕龙变，弃俗登仙。

《神仙传》：王方平死，三日夜，忽失其尸，衣冠不解，如蛇蜕耳。

蝉，市连切，音禅。《古今注》：齐王后忿死，尸变为蝉，登庭时嘒唳而鸣[①]，王悔恨。故世名蝉曰齐女也。

《大戴礼》：蝉饮而不食。

《酉阳杂俎》：蝉未蜕时名复育。

《蠡海集》：蝉近阳，依于木，以阴而为声。

【注释】

①登庭时嘒喓而鸣：应为"登庭树嘒喓而鸣"。

【译文】

《庄子》中称作蟪蛄，即夏蝉。俗话说：蟪蛄在早晨鸣叫。蜩，田聊切，音迢。

《玉篇》记载：蜩就是蝉。

《诗经·豳风》记载：五月蜩开始鸣叫。

《大雅》记载：如蜩如螗。

《传》记载：蜩，就是蝉；螗，就是蝘。

《尔雅·释虫》记载：蜩，蜋蜩，螗。舍人说："都是蝉。"方言不同，三辅以西称为蜩，梁宋以西将蜩称为蝘，楚地称之为蟪蛄。

《楚辞》中说：蟪蛄鸣叫啊鸣声啾啾，说的就是蜩。陆玑为其注疏说：螗，又名蝘蚳。

《字林》记载：蚳或作蟭，青人、徐人称之为蜓蟧。然而螗蝘也是蝉的别名罢了。

《夏小正》传说：五种颜色的蜋蜩都有，江南称之为螗姨。蜩中最大的是马蝉。螗蜩，俗称之为胡蝉。蜕，就是寒蜩，即寒螿，外表像蝉但较小，颜色为青色。

《酉阳杂俎》记载：蜩属于用翅膀摩擦鸣叫的虫子。蜩甲，即蝉蜕下的壳。

《庄子·寓言》记载：我就像蜩甲。

《尔雅·释虫》记载：螯，即茅蜩，外表像蝉但较小，颜色为青色。蠽，从雀从戈，从蚰，子列切，音雓。江东称之为茅截，外表像蝉但较小，颜色为青色。螗，音唐。蝘，音偃。

《草木疏》记载：又名蛁蟟，秦燕称之为蛥蚗，或称之为蜓蚞。蜋，音郎。蟪蛄，音惠孤。

《庄子·逍遥篇》记载：蟪蛄不能同时知道春季和秋季。注：春季出生的在夏季死亡，夏季出生的在秋季死亡。蛁，原本写作蛁，丁聊切，音貂。蟟，音辽。螇螰，音奚鹿。

《盐铁论》记载：诸生唯独看不到季夏的螇吗？它的声音传入耳中，秋风到来时声音便消失了。

螗蛦。蛦，原本写作蛦，音夷。

《说文解字》记载：蝒是马蜩的名称。蝒，音绵。蜺，音倪，即寒蜩。

扬子《方言》记载：颜色为黑色加赤色的蝉叫做蜺。

蟪蛄，又名蝭蟧。蝭，音题。蟧，音劳。是一种体形较小的蝉。

蛥蚗，音舌块，属于蝉类。

《尔雅》记载：蜓蚞，音殄木。

蜕，舒芮切，音税。《说文解字》记载：蜕指蛇、蝉所蜕的皮。

《史记·屈原列传》记载：蝉从污浊中蜕壳解脱。

夏侯湛《<东方朔画赞>序》记载：幼蝉蜕壳化作成蝉，脱离世俗飞升成仙。

《神仙传》记载：王方平死后，第三天的夜晚，他的尸体忽然消失，但衣服帽子仍在，犹如蛇蜕去了皮。

蝉，市连切，音禅。《古今注》记载：齐王后含恨而终，尸体化作了蝉，在庭院中的树上鸣叫，齐王内心悔恨不已。所以世人将蝉命名为齐女。

《大戴礼》记载: 蝉只饮用露水, 不吃其他任何食物。

《酉阳杂俎》记载: 蝉还没蜕壳时叫做复育。

《蠡海集》记载: 蝉接近阳气, 依在树上, 依靠阴气发声。

夏蝉

夏至三候 半夏生

药名，居夏之半而生。按《月令》：午月四候。一，鹿角解，见一候。二，蝉始鸣，《群芳谱》作蜩始鸣。三半夏生同四木堇荣不收入候。

又按《群芳谱·药谱》：半夏，一名水玉，一名地文，一名守田，一名和姑。在处有之，齐州为良。二月生苗，与半夏之名不合。所谓花圆白者胜，味辛平有毒，则一也。

【译文】

半夏是药名，在夏季的中间萌生。按《月令》记载：五月有四候。一候，鹿角解，参见一候。二候，蝉始鸣，《群芳谱》写作蜩始鸣。三候半夏生和四候木堇荣不收入候中。

又按《群芳谱·药谱》记载：半夏，又名水玉，又名地文，又名守田，又名和姑。到处都有，齐州的半夏品质较为优良。二月长出小苗，与半夏的名称不符合。所说的，半夏花又圆又白的较好，味辛性平的有毒，就是其中之一。

半夏

夏六月

《易·说卦》：致役乎坤。坤也者，地也，万物皆致养焉。

《月令》：季夏之月，日在柳，昏火中，旦奎中。注：柳宿在午，鹑火之次也。柳，南方土宿，八星，广十四度。季夏，日月会于鹑火，斗建未之辰也。月建未而日在午，未与午合也。火，大火，心星也。东方阴宿，在天为大辰。三星，中星高起为帝座，左一星为太子，右一星为庶子，皆稍卑，明堂之位也。奎见仲春。

又：律中林钟。林钟，未律。

《白虎通》：林者，众也。言万物成熟，种类多也。

又：命渔师伐蛟、取鼍、登龟、取鼋。伐，以其暴恶，不易攻取也。登，尊异之也。取，易而贱之也。

【译文】

《易经·说卦》记载：万物在"坤"中努力生长。坤，就是大地，万物都依赖大地得到养育。

《礼记·月令》记载：季夏六月，此时太阳运行到了柳宿，黄昏时火星位于南方空中的正中央，拂晓时奎星位于南方空中的正中央。

注：柳宿与十二辰的午相配，即鹑火星次。柳宿，是南方土宿，有星八颗，广十四度。季夏六月，日月在鹑火星次相会，北斗星的斗柄指向建未之辰。六月建未，太阳在午，未与午相合。火，也称大火，即心宿。心宿为东方阴宿，在空中称为大辰。有星三颗，中星高起为天子座，左边的一星为太子，右边的一星为庶子，地位都稍显卑微，心宿代表天子明堂所在的位置。奎宿参见仲春。

又：这个月的音律对应着林钟。林钟，对应地支中的未。

《白虎通义》记载：林，是众的意思。是说万物成熟，种类众多。

又：天子命渔师砍杀蛟，获取鼍，进献龟、捕取鼋。伐，是因为蛟残暴凶恶，不容易捕取。登，是因为格外重视龟。取，是因为鼍、鼋容易捕取并且低贱。

又：命泽人纳材苇。蒲苇之属，生于泽中，可为用器，故曰材。泽人，纳之职也。此皆烦细之事，非专一月所为，故不以"是月"起之。

又：是月也，命四监大合百县之秩刍，以养牺牲。令民无不咸出其力，以共皇天上帝、名山大川、四方之神，以祠宗庙、社稷之灵，以为民祈福。四监，即周官山虞、泽虞、林衡、川衡之官也。前言百县，兼内外而言。此百县，乡遂之地也。秩，常也。敛此刍为养牺牲之用，各有常数，故云秩。刍也。共，音供。

《周礼》：维甸师以薪蒸役事，委人供薪刍。则秩刍非虞衡所供。郑云：今《月令》田即甸也。

【译文】

又：官府命泽人交纳材苇。材苇，属蒲苇之类，生长在草泽里，可以用来制作器物，所以叫做材。泽人，负责交纳的官职。这些都是烦琐细小之事，并非特定某一个月来做，所以不用"是月"开头。

又：这个月，天子命四监将全国百县按规定交给官家的草料聚合起来，用以饲养祭神用的牲畜。命令民众都要出力，来供皇天上帝、名山大川、四方之神享用，来祭祀宗庙、社稷的神灵，为民众祈福。四监，即周官山虞、泽虞、林衡、川衡。前面所说的百县，是兼顾畿内、畿外而言。这里的百县，指乡遂之地。秩，是常的意思。收集草料用来饲养牺牲，各有一定的数量，所以称作秩。刍即芻。共，音供。

《周礼》记载：甸师负责用薪柴劳役，委人负责提供薪柴和牧草。那么按规定交给官家的草料就并非虞衡所提供的。郑说：今《月令》田即甸。

又：是月也，命妇官染采。黼、黻、文、章必以法故，无或差贷；黑、黄、仓、赤，莫不质良，毋敢诈伪。以给郊庙祭祀之服，以为旗章，以别贵贱等给之度。《周礼》典妇功、典枲、染人等，皆妇官，此指染人也。白与黑谓之黼，黑与青谓之黻，青与赤谓之文，赤与白谓之章。染造必用旧法故事，毋得有参差贷变，皆欲质正良善也。旗，旌旆也。章者，画其象以别名位也。详见

《春官·司常》。石梁王氏曰："给"当为"级"。贷，音二。差，楚宜反。别，必列反。见，音现。染采乃染丝，非染帛也。染其丝而以两色间织之，则为黼、黻、文、章，象四隅也。以一色专织之，则为黑、黄、苍、赤，象五方也。间织则恐其过巧，故必以法，故而无或差贷。专织则恐其饰美，故必以质良而无敢诈伪。祭服皆用专色，旗章四正亦用正色，四隅则用杂色。如东之南则青多于赤，南之东则赤多于青。

又：是月也，树木方盛，命虞人入山行木，毋有斩伐。行，去声。毋斩伐，顺长养也。凡木，春夏斩者多蠹。

【译文】

又：这个月，官府命妇官将丝染成彩色。黼、黻、文、章等各种颜色必须依照旧时的标准，没有失误；黑色、黄色、仓色、赤色等染料，全都品质优良，不敢弄虚作假。用以供给制作郊庙祭祀的祭服，用来制作具有区别名分的标志的旗帜，来区别贵贱等级的不同。《周礼》中的典妇功、典枲、染人等，都是妇官，这里的妇官特指染人。白与黑称作黼，黑与青称作黻，青与赤称作文，赤与白称作章。染色制作必须使用旧时的标准制度，不得有丝毫的改变，这些规定都是为了辨别好坏。旗，即旌旃。章，是画出各自的标志来区别名称地位。详见《春官·司常》。石梁王氏说："给"应当为"级"。贷，音二。差，楚宜反。别，必列反。见，音现。染采就是染丝，并非染帛。染丝后用两种颜色相间而织，就织成了黼、黻、文、章，象征四个角落。用单一的

是月也，

命妇官染采。

颜色织，就织成了黑色、黄色、苍色、赤色，象征五个方位。相间而织则担心太过灵活，所以必须依照标准，因而没有失误。单色而织则担心遮盖了美丽，所以必须品质优良，不敢弄虚作假。祭服都要使用专色，旗章四正也用正色，四角则用杂色。例如东面的南边则青色多于赤色，南面的东边则赤色多于青色。

又：这个月，树木正旺盛生长，命虞人进入山中巡察树木，不要有砍伐树木之事发生。行，去声。毋斩伐，是顺应时节使其长大。所有的木材，在春夏砍伐的多是被蛀蚀的。

又：不可以兴土功，不可以合诸侯，不可以起兵动众，毋举大事，以摇养气。毋发令而待，以妨神农之事也。水潦盛昌，神农将持功，举大事则有天殃。大事，即兴土功、合诸侯、起兵动众之事。摇养气，谓动散长养之气也。发令而待，谓未及徭役之期，而豫发召役之令，使民废己事而待上之会期也。神农，农之神也。季夏，属中央土，土神得位用事之时，谓之神农者，土神主成就农事也。东井主水在未，故未月为水潦盛昌之月。此时神农将主持稼穑之功，举大事而伤其功，则是干造化施生之道矣。蔡以神农为炎帝，郑以神农为土神，高以神农为农官，皆不甚确。玩本文，但谓不可以大事妨农事耳。不曰农事而曰神农之事，重之，故神之也。

【译文】

又：不可以大兴土木工程，不可以会合诸侯，不可以兴兵动众，不要大规模地征发徭役，从而动摇长养之气。不要发布命令使百姓等待，从而妨碍神农主管的农耕之事。这个月雨水充沛，神农将凭借雨水成就农耕，如果大规模地征发徭役上天就会降下祸殃。大事，即大兴土木工程、会合诸侯、兴兵动众之事。摇养气，是说会动摇分散长养之气。发令而待，是说没有到征发徭役的日期，而预先发布征发徭役的命令，使民众停下自己的事情来等待官方的会期。神农，是掌管农事的神。季夏六月，属中央土，是土神得位行事之时，称为神农的土神主管成就农事。东井宿主水且位于未，所以未月为雨水充沛之月。此时神农将主持成就农事，发动大事就会伤害农事，就是干扰自然生育万物之道。蔡认为神农是炎帝，郑认为神农是土神，高认为神农是农官，都不太明确。探讨本文，只是说不可以用大事妨碍农事罢了。不说农事而说神农之事，是由于重视农事，所以将其神化。

又：是月也，土润溽暑，大雨时行。烧薙行水，利以杀草，如以热汤。可以粪田畴，可以美土疆。溽，湿也。土之气润，故蒸郁而为湿暑。大雨亦以之而时行，皆东井之所主也。除草之法，先芟薙之，俟干则烧之。烧薙者，烧所薙之草也。大雨既行于所烧之地，则草不复生矣，故云利以杀草。时暑日烈，其水之热如汤。草之烧烂者，可以为田畴之粪，可以使土疆之美。凡土之磊魄难耕者，谓之疆。薙，音替。疆，巨两切，强上声。

《周礼·地官·草人》：疆樂用蕡。樂，呼览切，音槛。疆樂，强坚者。蕡，音坟，麻子。

又：中央土。土寄旺四时，各十八日，共七十二日，除此则木火金水亦各七十二日矣。土于四时无乎不在，故无定位，无专气，而寄旺于辰戌丑未之末。未月在火、金之间，又居一岁之中，故特揭中央土，一令于此，以成五行之序焉。自天干而言，则戊己居中，且在火、金之间，以递相生也。自地支而言，则辰、戌、丑、未居四方之隅。木、火、金、水无不归于土，此即代终之义，而寄王之说所自起。

【译文】

又：这个月是，土地湿润，气候潮湿闷热，大雨不断降落。烧掉割下来的杂草，将雨水储存在土地中，有利于除草，犹如用热汤浸泡杂草。烧掉的杂草可以当作肥料使田地肥沃，可以改善土地。溽，是湿的意思。土中的气体湿润，所以浓郁的热气不断蒸发上升造成气候湿热。大雨也借此不断降下，这都由东井宿所主管。除草的方法，先将草割除，等到草干了就将其烧掉。烧薙，就是焚烧所割除的草。大雨既然已经降落在了焚烧杂草的土地上，那么草也不会再生长了，所以说有利于除草。天气炎热且日照强烈，雨水炙热犹如热汤。烧烂的草，可以当作田地的肥料，可以使土地变得肥美。众石累积，坚硬难耕的土地，称之为疆。薙，音替。疆，巨两切，强上声。

《周礼·地官·草人》记载：坚硬的土地用麻子汁。樂，呼览切，音槛。疆埸，指坚硬的土地。黂，音坟，即麻子。

又：四季的中央季夏属于五行中的土行。土寄旺于四季，每季各十八天，共七十二天，除了土以外，木、火、金、水也各七十二天。土在四季中无处不在，所以没有固定的位置，没有专门的节气，寄旺于辰、戌、丑、未四个月的末尾的十八天。未月处于火、金之间，又处于一年的中间，所以特别指出中央土，这里有一个节令，来形成五行的顺序。从天干上来说，则戊、己处于中央，并且位于火、金之间，依次相生。从地支上来说，则辰、戌、丑、未处于四方的角上。木、火、金、水都归于土，这就是一代轮回结束的意思，而寄旺的说法就是从这里开始的。

又：其日戊己。其帝黄帝，其神后土。戊己，十干之中。戊者，茂也，言物皆茂盛也。己者，言可纪理也。黄帝，黄精之君，轩辕氏也。后土，土官之臣，颛顼氏之子黎也。句龙初为后土，后祀以为社。后土官阙，黎虽火官，实兼后土也。黄帝，天土德之帝。后土，天土气之神。轩辕、句龙，则人帝、人官之配食于此者也。

又：其虫倮，其音宫，律中黄钟之宫。其数五。其味甘，其臭香。其祀中霤，祭先心。《传》曰："毛羽之虫，阳气所生；鳞介之虫，阴气所生。"惟人受天地之中以生，故倮而为万物之灵也。倮虫三百六十，若雕题、交趾、比肩、奇肱之国皆是。若郑谓虎豹，非也。虎豹乃毛虫，不可谓之倮。方氏谓蛙蠙之属，则又太微细矣。蛙，乌爪切。蠙，音寅，寒蝉也。宫属土，又为君，故配之中央。黄钟，本十一月律，诸律皆有宫音，而黄钟之宫乃八十四调之首，其声最尊而大，余音皆自此起。如土为木、火、金、水之根本，故以配中央之土。土寄旺于四时，宫音亦冠于十二律，非如十二月以候气言也。天五生土，地十成之，四时皆举成数，此独举生数者，四时之物，无土不成，而土之成数，又积水一、火二、木三、金四以成十也。四者成，则土无不成矣。甘、香皆土属。古者陶复、陶穴皆开其上，以漏光明，故雨霤之。后因名室中为中霤，亦土神也。祭先心者，心居中，君之象。又火生土也。

【译文】

又：此时的日是戊、己。主宰之帝为黄帝，主宰之神为后土。戊、己，位于天干十日的中央。戊，是茂的意思，是说万物都十分旺盛。己，是说万物可以被管理。黄帝，是黄精之君，即轩辕氏。后土，是土官之臣，是颛顼氏的儿子黎。句龙最初担任后土，后被祀为土神。因缺少后土之官，黎虽然是火官，事实上也兼任后土。黄帝，是天上的土德之帝。后土，是天上的土气之神。轩辕、句龙，则是身为人间的皇帝、人间的官员附祀于此，同受祭飨。

又：这时的动物是倮虫，五声对应的是宫，音律对应的是黄钟之宫。生数是五。五味中对应的是甘，五臭中对应的是香。祭祀的对象是中霤，祭品以心为先。《传》记载："长有毛羽的动物，是感应阳气而生的；长有鳞和介甲的动物，是感应阴气而生的。"只有人是承受天地中央之气而生的，所以赤身裸体而为万物之灵。倮虫有三百六十种，在雕题、交趾、比肩、奇肱等国，到处都有。像郑那样认为虎豹是倮虫，是不对的。虎豹是毛虫，不可以称之为倮虫。方氏认为倮虫属于蛙蟆之属，则又分得太过细微了。蛙，乌爪切。蟆，音寅，即寒螿。宫音属土，又是五音之君，所以与中央之土相配。黄钟，原本是十一月的音律，所有的音律都有宫音，然而黄钟的宫音为八十四调之首，声尊而大，其他的音都是从这里开始的。如土是木、火、金、水的根本，所以与中央之土相配。土寄旺于四季，宫音也为十二律之首，并非像十二月中的候气。天五生土，地十成之，四季都用成数，唯独土用生数，四季万物，无土不成，而土的成数，又积水一、火二、木三、金四而成十。这四者成，那么土便无所不成了。甘、香都属土。古时陶复、陶穴都在土上开辟，来使阳光从土隙中漏入，所以雨水也流入了里面。后世因而将室中命名为中霤，也指土神。祭祀以心为先，是因为心脏居于中央，是君之象。又火生土。

蔡邕《独断》：季夏土气始盛，其祀中霤，神在室，祀设主于牖下。霤，力救切，音溜。

《杜氏春秋》：在家则祀中霤，在野则为社。《郊特牲》云家主中霤而国主社是也。

《内经》：中央生湿，湿生土，土生甘。甘在天为湿，在地为土。注：六月，四阳二阴，合蒸以生湿气，蒸腐万物成土也。雾露云雨，湿之用也。安静稼穑，土之德也。

《管子》：中央曰土，土德实辅四时。

《吴志·华覈传》：是时盛夏，兴工。覈上疏曰：六月戊己，土正旺，既不可犯，加又农月，时不可失。昔鲁隐公夏城中邱，《春秋》书之，垂为后戒。

【译文】

蔡邕《独断》记载：季夏六月土气开始旺盛，祭祀对象是中霤，霤神在室中，祭祀时将主位设在窗下。霤，力救切，音溜。

《杜氏春秋》记载：在家中就祭祀中霤，在郊野就祭祀土神。即《礼记·郊特牲》中所说的家主祭祀中霤而国主祭祀土神。

《黄帝内经》记载：中央对应着季夏，季夏生湿，湿生土，土生甘味。甘在天就变化为湿气，在地就变化为土气。注：六月，在卦象上是四个阳爻在上，两个阴爻在下，四阳二阴相合上升生成湿气，蒸腐万物生成了土。雾露云雨，都是湿气的作用。能够安静地进行农事，是土的功德。

《管子》记载：中央是土，土德确实辅助四季运行。

《三国志·吴志·华覈传》记载：这时正值盛夏，大兴工程。华覈上疏说：六月戊己，土正旺盛，本来就已不可侵犯，加之又是农事繁忙之月，农时不可耽误。从前鲁隐公在夏季修筑中邱城，《春秋》将此事记录下来，流传后世作为后人的警戒。

三伏。《史记·秦本纪》：秦德公二年初伏。注：六月三伏之节，始自秦德公，周时无伏。

《释名》：伏者，金气伏藏之日也。金畏火，故三伏皆庚①。四气代谢，皆以相生。至立秋以金代火，故庚日必伏。注：夏至后三庚为初伏，第四庚为中伏，立秋后初庚为末伏。

《汉·东方朔传》：伏日，诏赐从官肉。大官丞日晏不来，朔独拔剑割肉，谓其同官曰："伏日宜蚤归，请受赐。"即怀肉去。

《后汉·和帝纪》：六年六月己酉，初令伏闭尽日。伏日万鬼行，故尽日闭，不干他事。宗懔《荆楚岁时记》：六月伏日，并作汤饼，名为避恶。

《典略》：刘松、袁绍于河朔三伏之际，昼夜饮酒，乃至无知，以避一时之暑，故河朔间有避暑之饮。

【注释】

①三伏皆庚：夏至后第三庚日为初伏，第四庚日为中伏，立秋后第一个庚日为末伏，所以说"三伏皆庚"。

【译文】

三伏。《史记·秦本纪》记载：秦德公二年初伏。注：六月三伏时节的说法，开始于秦德公，周时没有伏的说法。

《释名》记载：伏天，是金气潜藏的日子。金害怕火，所以三伏都在庚日。温、热、冷、寒四气更替，都依照相生之道来变换。到了立秋，金代替了火，所以庚日必伏。注：夏至后第三庚日为初伏，第四庚日为中伏，立秋后初庚为末伏。

《汉书·东方朔传》记载：三伏天，皇帝下诏赐肉与随从官员。

天色已晚，负责分肉的大官丞还没有来，东方朔独自拔剑割肉，对他的同僚说："伏天应当早早回家，请允许我领受赏赐。"说完东方朔就立即抱着肉离开了。

《后汉书·和帝纪》记载：六年六月己酉，开始下令要求人们伏日整天不干事。伏日万鬼出行，所以整日闭门不出，不干他事。宗懔《荆楚岁时记》记载：六月伏日，制作汤饼，说是为了躲避邪恶。

《典略》记载：刘松、袁绍在河朔三伏的时候，日夜饮酒，以至于失去了知觉，只是为了躲避一时的暑热，所以河朔之间有用来避暑的饮品。

段成式《酉阳杂俎》：历城北有使君林。魏正始中，郑公悫三伏之际，每率宾寮避暑于此。取大莲叶置砚格上，盛酒二升，以簪刺叶，令与柄通，屈茎上轮困如象鼻，传噏之，名为碧筒杯。酒味杂莲气，香冷胜于水。

《后汉·张衡传》：溽暑至而鹑火栖。言季夏之时，鹑火退于西也。

《魏志·管辂传》：裴使君檄召辂为文学从事。一相见，清论终日，不觉罢倦。天时大热，移床在庭前树下，乃至鸡向晨，然后出。

《宋书·谢灵运传》：六月采蜜。

《齐书·虞愿传》：明帝体肥憎风，夏月常著皮小衣。拜左右二人为司风令史，风起方面，辄先启闻。

《南史·齐武帝纪》：上将讨戴凯之，大犒士卒。是日大热，上各令折荆枝自蔽，言未终，有云垂荫，正当会所，会罢乃散。

【译文】

段成式《酉阳杂俎》记载：历城的北边有使君林。魏正始年间，郑公悫在三伏的时候，常常率领幕僚在此处避暑。摘取大莲叶放到砚格上，在上面盛上两升酒，用簪子刺破莲叶的中心，使其与莲叶柄相通，弯曲莲叶的茎，茎的上端曲折盘绕犹如大象的鼻子一般，相互传着吸取莲叶里的酒，称为碧筩杯。酒的味道里夹杂着莲花的香气，又香又凉远胜过水。

《后汉书·张衡传》记载：炎热潮湿的夏季到来，鹑火便栖息了。是说季夏之时，鹑火退至西位。

《魏志·管辂传》记载：裴使君传檄征召管辂为文学从事。二人一见面，就整日清论，不觉得疲倦。当时天气十分炎热，于是就将床移到庭院前的树下，等到雄鸡报晓后才离开。

《宋书·谢灵运传》记载：在六月采蜜。

《齐书·虞愿传》记载：明帝身体肥胖怕风，夏天常穿着皮裤。命左右二人担任司风令史，有风将从某一方刮来，就先报告给明帝。

《南史·齐武帝纪》记载：皇上准备讨伐戴凯之，用酒食宴犒土卒。这一天天气十分炎热，皇上令士卒们各自折荆枝遮阳，话还没说完，空中便有云朵遮挡日光，地面上出现了浓荫，正好遮住了宴会的场所，宴会结束后云才散去。

《梁南平王伟传》：立游客省，寒暑得宜，冬有笼炉，夏设饮扇。

《梁·武陵王纪传》：季夏烦暑，聚蚊成雷。

《徐陵传》：太清二年，兼通直散骑常侍。使魏，魏人授馆宴宾。是日甚热，主客魏收嘲陵曰："今日之热，当由徐常侍来。"

《郑灼传》：多苦心热。若瓜时，辄偃卧，以瓜镇心，起便读诵。

《北史·赵郡王叡传》：叡领兵监筑长城。于时六月，叡中途屏盖扇，与军人同劳苦。定州先常藏冰，长史宋钦道遣倍道送冰。叡对之叹曰："三军皆饮温水，吾何义独进寒冰！"遂至销液，竟不一尝，兵人感悦。

《旧唐书·柳公权传》：文宗夏日与学士联句，帝曰："人皆苦炎热，我爱夏日长。"公权续曰："薰风自南来，殿阁生微凉。"

《拂菻国传》：至盛暑之节，人厌嚣热，乃引水潜流，上遍于屋宇，机制巧密，人莫之知。观者惟闻屋上泉鸣，俄见四檐飞溜，悬波如瀑，激气成凉风。

【译文】

《南史·梁南平元襄王伟传》记载：将游廊设在客省，寒暑都很适宜，冬季设有取暖用的火炉，夏季设有风扇。

《梁书·武陵王纪传》记载：季夏闷热，蚊子聚集，声音如雷。

《徐陵传》记载：太清二年，徐陵兼任通直散骑常侍。出使魏，魏人为他安排行馆并设宴款待。这天十分炎热，主持接待宾客的魏收嘲笑徐陵说："今天的炎热，应当是由徐常侍带来的吧。"

《郑灼传》记载：郑灼常常苦于心热。如果正值瓜成熟之时，就仰卧下来，用瓜镇心，起身后就开始诵读。

《北史·赵郡王叡传》记载：叡领兵监督修筑长城。当时正值六月，叡在途中撤掉了车盖扇子，与军人们一同承受劳苦。定州之前常常储藏有冰块，长史宋钦道遣人日夜兼程为叡送冰。叡对他感叹道："三军都喝温水，我怎么能忍心独自享用寒冰！"于是等到寒冰融化成了水，叡竟然也不曾尝过一口，士兵们十分感动开心。

《旧唐书·柳公权传》记载：文宗在夏天与学士们联句作诗，文宗说："人皆苦炎热，我爱夏日长。"柳公权接着说道："薰风自南来，殿阁生微凉。"

《拂菻国传》记载：到了酷暑时节，人们厌恶浮躁炎热，于是引水暗流，水流布满屋顶，屋顶构造原理十分巧妙严密，人们都不知道是怎么做到的。观看的人们只听到了屋顶上的泉鸣声，一会儿就看见四檐的水流直泻而下，悬下的水波犹如瀑布，激荡着空气自成凉风。

《唐书·明崇俨传》：盛夏，帝思雪，崇俨坐顷取以进，自云往阴山取之。

周处《风土记》：六月有大雨，名濯枝雨。

王嘉《拾遗记》：黑蚌千岁一生珠。昭王常怀此珠，当隆暑之月，体自轻凉，号曰"销暑招凉之珠"。灵帝以盛暑之时，奏

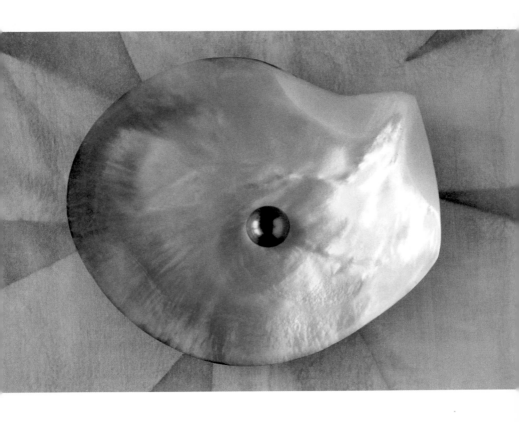

黑蚌千岁一生珠。
昭王常怀此珠，
当隆暑之月，
体自轻凉，
号曰「销暑招凉之珠」。

《招商》之歌，以来凉气。歌曰："凉风起兮日照渠，青荷昼偃叶夜舒。"

杨衒之《洛阳伽蓝记》：高祖造凉风观。观东有灵芝钓台，累木为之，去地二十丈。风生户牖，云起梁栋。三伏之月，皇帝在灵芝台以避暑。河东人刘白堕善酿酒。季夏六月，时暑赫晞，以瓮贮酒，暴于日中，经旬不动，饮之香美，醉经月不醒。朝相饷馈，逾于千里，以其远至，号曰"鹤觞"。

【译文】

《唐书·明崇俨传》记载：盛夏，皇帝心中思念雪，崇俨坐了片刻就取来了雪进献给皇帝，自己说是前往阴山取来的。

周处《风土记》记载：六月有大雨，名叫濯枝雨。

王嘉《拾遗记》记载：黑蚌一千年才产一颗珍珠。昭王常常怀揣着这颗珍珠，每当盛暑之月，身体自然轻快凉爽，号称"销暑招凉之珠"。灵帝在盛暑之时，演奏《招商》之歌，引来凉气。歌词说："凉风起兮日照渠，青荷昼偃叶夜舒。"

杨衒之《洛阳伽蓝记》记载：高祖修造凉风观。观的东面有灵芝钓台，是由木头累积而成的，距离地面有二十丈。凉风在门窗中产生，梁栋高耸入云。三伏之月，皇帝在灵芝台避暑。河东人刘白堕善于酿酒，季夏六月，当时炎暑炽盛，刘白堕用瓮贮酒，放在太阳下暴晒，经过一旬，不曾移动，喝起来味道十分香美，醉酒一个月不醒。朝廷权贵从远方运来互相赠送，路途超过了千里，因为此酒从远方而来，所以号称"鹤觞"。

段成式《酉阳杂俎》：宁王常夏中挥汗鞔鼓，所读书乃龟兹乐谱。上知之，喜曰："天子兄弟，当醉乐耳。"鞔，音瞒，冒鼓也。

冯贽《云仙杂记》：房寿六月召客，坐糠竹簟，凭狐文几，编香藤为俎，刳椰子为杯，捣莲花制碧芳酒，调羊酪造含风鲊，皆凉物也。霍仙鸣别墅在龙门，一室之中，开七井，皆以雕镂木盘覆之。夏月，坐其上，七井生凉，不知暑气。

苏鹗《杜阳杂编》：武宗会昌元年，夫余国贡松风石，方一丈，莹彻如玉，其中有树，形若古松偃盖，飒飒焉而凉飔生于其间。至盛夏，上令置于殿内，稍秋风飕飕，即令撤去。同昌公主一日大会韦氏之族于广化里，玉鏆①俱列。暑气将盛，公主命取澄水帛，以水蘸之，挂于南轩。良久，满座皆思挟纩。蘸，庄陷切，斩去声。《说文》：以物投水也。此盖俗语。

庾信《镜赋》：朱开锦蹹，黛蘸油檀。纩，苦谤切，音旷。《说文》：絮也。《玉篇》：绵也。

【注释】

①玉鏆：作"玉馔"，指珍美的饮食。

【译文】

段成式《酉阳杂俎》记载：宁王常常在夏季挥洒汗水制作鼓面，读的书是龟兹乐谱。皇上知道了，高兴地说道："天子的兄弟，就应当沉醉于音乐。"鞔，音瞒，就是蒙鼓的意思。

冯贽《云仙杂记》记载：房寿于六月宴请宾客，坐在用糠竹制成的竹席上，倚在绘有狐文的几上，编织香藤作为俎具，剖开椰子作为酒杯，捣碎莲花制成碧芳酒，调制羊酪酿造含风鲊，这些都是寒凉之物。霍仙鸣的别墅位于龙门，一室之中，开凿了七口井，都用雕琢刻镂的木盘覆盖。夏季，坐在上面，七口井散发凉气，丝毫感受不到盛夏的热气。

苏鹗《杜阳杂编》记载：武宗会昌元年，夫余国进贡松风石，松风石的面积为一丈，晶莹剔透犹如美玉，中间有一棵树，形状好似枝叶横垂如伞盖般的古松，松叶飒飒作响，凉风生于其间。到了盛夏，皇上令人将松风石放到殿内，不一会儿便秋风飕飕，随即令人撤去了松风石。同昌公主有一天在广化里大会韦氏之族，桌上列满了珍馐佳肴。暑气即将旺盛，公主命人取来澄水帛，用水将其蘸湿，挂在南轩。过了很久，满座宾客都想披上绵衣。蘸，庄陷切，斩去声。《说文解字》记载：蘸就是将物品投到水里。大概是俗语。

庾信《镜赋》记载：脚踏朱红色的锦绣，蘸取油檀画眉。纩，苦谤切，音旷。《说文解字》记载：纩就是绵絮。《玉篇》记载：纩就是绵。

小 暑

　　六月节气，夏至后十五日，斗柄指丁为小暑，暑气至此尚未极也。

　　《说文》：热也。

　　《释名》：暑，煮也，热如煮物也。

　　《易·系辞》：日月运行，一寒一暑。按《月令》：午月一候小暑。至汉以后，始以小暑为六月节气，气之差也。

【译文】

　　小暑为六月节气，在夏至后十五天，北斗星的斗柄指向丁就是小暑，暑气在此时尚未达到顶点。

　　《说文解字》记载：暑就是热的意思。

　　《释名》记载：暑，就是煮，炎热如同煮物一般。

　　《易经·系辞》记载：日月运行，一寒一暑。依照《月令》记载：午月一候为小暑。到了汉朝以后，才开始将小暑作为六月的节气，这是由古今气候的差异导致的。

小暑一候 温风至

温热之风，至小暑而极，故曰至。朱氏曰：温风，温厚之极。

【译文】

温风就是温热之风，到了小暑温风达到了极点，所以叫做至。朱氏说：温风，温厚到了极点。

小暑二候 蟋蟀居壁

感肃杀之气初生则在壁，感之深则在野。蟋蟀生于土中，此时羽翼犹未能远飞，但居其穴之壁，至七月则远飞而在野矣。

《尔雅·释虫》：蟋蟀，蛬。疏：蟋蟀，一名蛬，今促织也，亦名青蛚。

《诗·唐风》：蟋蟀在堂，岁聿其莫。陆玑曰："蟋蟀似蝗而小，正黑，有光泽如漆，有角、翅。楚人谓之王孙，幽州人谓之趣织。里语曰'趣织鸣，嬾妇惊'是也。"蟋，息七切，音悉。蟀，朔律切，音率。

《古今注》：一名吟蛩。

《开元遗事》：宫人以金笼著蟋蟀，从事为游戏闲玩。蛬，居竦切，音巩。

《蠡海集》：蛬阴，性妒，相遇必争斗。蛚，力薛切，音列。

《酉阳杂俎》：蛚属却行。

《直音》作蛚。蛩，音邛。

【译文】

蟋蟀感到肃杀之气刚刚萌生就住在壁上，感到肃杀之气加深就住在郊野。蟋蟀在土中出生，这时的羽翼还不能飞向远处，只能住在出生的洞穴的壁上，等到七月就飞向远方住在郊野了。

《尔雅·释虫》记载：蟋蟀，就是蛬。疏：蟋蟀，又名蛬，就是今天的促织，也叫做青蛚。

《诗经·唐风》记载：蟋蟀进入了堂屋，一年已然到尽头。陆玑说："蟋蟀外表好似蝗虫但体形较小，颜色为正黑色，富有光泽如同油漆，长有角和翅翅。楚人称之为王孙，幽州人称之为趣织。即俗语所说的'趣织鸣，懒妇惊'。"蟋，息七切，音悉。蟀，朔律切，音率。

《古今注》记载：蟋蟀又名吟蛩。

《开元遗事》记载：宫人拿金笼放蟋蟀，用来游戏闲玩。蛬，居竦切，音巩。

《蠡海集》记载：蛬属阴，生性善妒，相遇后必定会争斗。蛚，力薛切，音列。

《酉阳杂俎》记载：蜊属于倒行的动物。

《直音》写作蛚。蛩，音邛。

蟋
蟀

小暑三候 鹰始鸷

　　击也。《月令》：鹰乃学习。杀气未肃，鸷鸟始学击搏，迎杀气也。挚，脂利切，音至，与鸷通。

　　《礼记》疏：兽挚，从执下手。鸟鸷，从执下鸟。各别。

【译文】

　　鸷是击的意思。《礼记·月令》记载：雏鹰于是开始学习飞翔搏击。杀气还未严峻的时候，鸷鸟就开始学习搏击，来迎接杀气。挚，脂利切，音至，与鸷通用。

　　《礼记》疏说：兽挚，从执下手。鸟鸷，从执下鸟。各有区别。

雏鹰

大 暑

　　六月中气，小暑后十五日，斗柄指未，为大暑。暑至此而尽洩。

【译文】
　　大暑是六月中的节气，在小暑后十五天，北斗星的斗柄指向未，就是大暑。暑气到了此时已经开始尽情散发。

大暑一候 腐草为萤

离明之极，则幽阴至微之物亦化而为明。不言化者，不复原形也。萤，互扃切，音荧。《尔雅·释虫》：荧火，即炤。疏：荧火，一名即炤，夜飞，腹下有火虫也。《古今注》：荧，一名耀夜，一名景天，一名熠燿，一名丹良，一名燐，一名丹鸟，一名夜光，一名宵烛。《诗·东山》：熠燿宵行。《晋书·车允传》[1]：家贫，不常得油，夏日则练囊盛数十萤火以照书。

【注释】

①《晋书·车允传》：应为《晋书·车胤传》

【译文】

距离光明已然极其接近，那么阴幽至微之物也变化为光明。不说化，是因为原形已然不复存在。萤，互扃切，音荧。《尔雅·释虫》记载：荧火，就是即炤。疏：荧火，又名即炤，夜间飞行，腹下有火虫。《古今注》记载：荧，又名耀夜，又名景天，又名熠燿，又名丹良，又名燐，又名丹鸟，又名夜光，又名宵烛。《诗经·东山》记载：熠燿宵行。《晋书·车胤传》记载：车胤家中贫寒，不能时常有油，夏天的时候就在绢袋中装几十只萤火虫来照亮书籍。

大暑二候　土润溽暑

大暑三候　大雨时行

并见前《月令》。

【译文】

都参见前文的《礼记·月令》。

卷四

秋七月

《易·说卦》：说言乎兑^①。兑，正秋也^②，万物之所说也。兑位西方，万物已足，皆油然欣畅自适。

《释名》^③：秋，就也，言万物成就也。又：緧也^④，緧迫品物使时成也。緧，七由切^⑤，音秋，又音酉。

《礼·乡饮酒义》：西方者秋。秋，愁也。愁之以时察，守义者也。注：愁，读为揫，敛也。察，严杀之貌。

《春秋繁露》^⑥：秋之言湫也。湫者，忧悲状也。

【注释】

①说：古同"悦"，高兴，愉悦。

②正秋：仲秋，农历八月。

③《释名》：东汉末刘熙作，共八卷，是一部从语言声音的角度来训解字义由来的著作。

④緧（qiū）：古同"鞧"，是敛聚的意思。

⑤切：旧时汉语标音的一种方法，用两个字，取上一字的声母与下一字的韵母拼成一个音。亦称"反切"。

⑥《春秋繁露》：西汉董仲舒所著的政治哲学，是西汉统治制度的理论基础。

【译文】

《易经·说卦传》记载：喜悦就是兑的意思。兑，仲秋时节，这时万物都因收获而喜悦。兑卦的位置在西方，万物丰收，欢欣鼓舞、悠闲自得之情都油然而生。

《释名》记载：秋，就是就，是万物成熟的意思。又说：秋就是緧，秋天，就是五谷果实收获的季节。緧，七由切，音秋，又音酋。

《礼记·乡饮酒义》记载：西方是秋的位置。秋，就是愁，收敛的意思。按照时节进行收敛和杀戮，意为守义。注：愁，读为揫，收敛的意思。察，是肃杀的样子。

《春秋繁露》记载：秋所说与湫同义。湫，是忧愁悲凉的样子。

《管子》：岁有四秋①，而分有四时。故曰：农事且作，请以什伍农夫赋耜铁②，此谓春之秋。大夏且至，丝纩之所作③，此谓夏之秋。大秋成，五谷之所会，此谓秋之秋。大冬营室中，女事纺绩④，缉缕之所作⑤，此谓冬之秋。

又：西方曰辰，其时曰秋，其气曰阴。又：辰掌收，收为阴。注：辰以收敛杀奸邪为德也。又：炙阳⑥，夕下露，地竞环，五谷邻熟。注：环，炙实貌。方秋时，昼则暴炙，夕则下寒露而润之，阴阳更生，故地气交竞而炙实邻紧也⑦。阴阳气足，故紧熟。炙，之石切，音只，与炙异，炙音九。

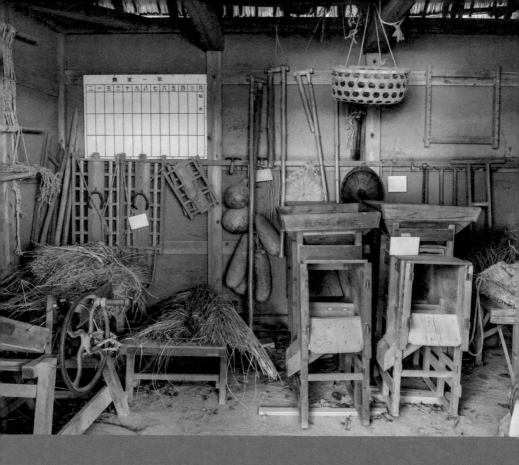

农事且作，请以什伍农夫赋耜铁，此谓春之秋。

【注释】

①四秋：指春、夏、秋、冬四季的收成。

②什伍：古代户籍编制，五家为伍，十户为什，相联相保。

③丝纩（kuàng）：丝和丝绵。

④纺绩：把丝麻等纤维纺成纱线。古代"纺"指纺丝，"绩"指缉麻。

⑤缉缕：把麻析成缕连接起来。

⑥炙阳：让太阳曝晒。

⑦地气：不同地区的气候。

【译文】

《管子·轻重乙》记载：一年中有四个取得收获的时节，分别在四季。所以说，农事活动开始之时，让农夫按什、伍互相担保，向他们出租农具，这称为春天的时机。盛夏将至，是缫丝做丝绵的时节，这称为夏天的时机。而到了深秋，是五谷收获的时节，这称为秋天的时机。隆冬时节，妇女在室内纺织，是纺丝、缉麻的时节，这称为冬天的时机。

又有《管子·四时》记载：西方为辰，其时节称为秋，其气为阴。又说：辰主管收敛，收敛就是阴。注：辰以收敛万物、禁止奸邪为德。又有《管子·五行》记载：让太阳暴晒，在夜间降下凉露，大地竞相炙热，五谷逐次成熟。注：环，就是炙实的样子。方秋之日，白天暴晒，晚上就降下寒露以湿润土地，阴阳交替，所以地气相争而土地炙实，作物逐渐成熟。阴阳气足，所以作物成熟收获。炙，之石切，音只，与灸不同，灸音九。

《尸子》：秋为礼，西方为秋，秋，肃也，万物莫不礼肃，敬之至也。

《庄子》：春气发而百草生^①，正得秋而万宝成^②。

《汉书·律历志》：秋，䆞也^③。物䆞乃成就。注：䆞，子由反。从米下韦，左从焦，音揪。

《说文》：收，束也。

《书·尧典》：分命和仲，宅西，曰昧谷。寅饯纳日，平秩西成。传：昧，冥也。日入于谷而天下冥，故曰“昧谷”。此居治西方之官，掌秋天之政也。饯，送也。日出言“导”，日入言“送”，因事之宜。秋西方，万物成，平序其政，助成物。

【注释】

①百草生：指包括谷物的自然生长。

②万宝成：指各种果实成熟。

③䆞（jiū）：收束的意思。

【译文】

《尸子》记载：秋是礼法，西方是秋的位置，秋，是肃的意思，万物没有不庄敬恭顺的，这正是礼敬的极致。

《庄子·庚桑楚》记载：春天阳气蒸发谷物自然生长，当秋天来临时庄稼成熟果实累累。

《汉书·律历志》记载：秋，是䆞的意思。万物收敛就是成熟收获。注：䆞，子由反。从米下韦，左从焦，音揪。

《说文解字》记载：收，是束的意思。

《尚书·尧典》记载：又命令和仲，住在西方，叫作昧谷的地方。恭敬地送别落日，辨别测定太阳西落的时刻。孔氏传：昧，是冥的意思。太阳落入谷中，天就昏暗下来，所以叫"昧谷"。这里居住的是管理西方的主官，掌管秋天的事务。饯，是送的意思。太阳出来称为"导"，太阳进入称为"送"，是根据不同的情况来处理的。秋在西方，万物成熟，政治措施得当，就能助成万物，赢得丰年。

《月令》：孟秋之月，日在翼。昏建星中，旦毕中。翼宿在巳，鹑尾之次，建星说见仲春。孟秋，日月会于鹑尾，斗建申之辰也。月建申而日在巳，申与巳合也。

又：其日庚辛，其帝少皞，其神蓐收。注：庚之言更也，辛之言新也。日之行秋，西从白道，成熟万物，月为之佐，万物皆肃然改更，秀实新成。少皞，金天氏也。蓐收，少皞氏之子，曰该，为金官。

《左传》：郯子云我祖少昊挚之立也，是少昊，名挚。少皞天，金德之帝。蓐收天，金气之神。金天与该，则人帝、人官之配食于此者也。

【译文】

《礼记·月令》记载：孟秋七月，太阳运行的位置在翼星。黄昏时，建星位于南方中天；拂晓时，毕星位于南方中天。这个月，翼星在巳，即鹑尾星次，建星说见仲春。孟秋，就是日月相会于鹑尾，北斗星的斗柄指向申。孟秋七月而太阳在巳，申与巳相合。

又：秋季的吉日是庚辛，五行中属金。尊崇金德王少皞帝，敬奉金官蓐收神。郑玄注：庚就是更的意思，辛就是新的意思。太阳运行到秋季，出黄道西，万物成熟，月亮环绕其周围，万物都肃然而变，作物都可以收获了。少皞，就是金天氏。蓐收，少皞之子，名该，是金官。

《左传》记载：郯子说我的祖先少昊挚刚刚成为国君。是少昊，名挚。少皞天，是金德之帝。蓐收天，是金气之神。金天氏与该，人帝、人官的配享指的就是他们。

又：其虫毛，其音商，律中夷则，其数九，其味辛，其臭腥，其祀门，祭先肝。毛虫，兽也。商音属金，秋气和则商声调。

《汉·律历志》：商之言章也，物成孰可章度也。夷则申律。九，金之成数。地四生金，天九成之。辛、腥皆属金。秋阴气出，故祀门[①]，祭先肝，金克木也。

【注释】

①祀门：原本为"祠门"，根据《礼记》中记载"孟秋之月其祀门"，可知此处讲的是秋季三个月的祭祀，所以改为"祀"。

【译文】

又：动物中毛虫与金相配，五声中商声与金相配，音律中夷则与这个月相应，成数九与金相配，五味中辛与金相配，五臭中腥与金相配，五祀中祭祀的是门神，祭品中以肝脏为尊。毛虫，是一种野兽。商音属于金，秋气则与商声相协调。

《汉书·律历志》记载：商就是章的意思，万物成熟后就可以计算了。夷则就是七月。九，是与金相配的成数。地四生金，天九成之。辛、腥都属金。秋天阴气出现，所以要祭祀门神，祭品中以肝脏为尊，因金克木。

又：是月也，命有司修法制，缮囹圄，具桎梏，禁止奸，慎罪邪，务搏执。缮，治也。奸在人心，故当有以禁止之。邪见于行，故慎以罪之。务，事也。搏，戮也。执，拘也。命理瞻伤、察创、视折、审断。决狱讼，必端平。戮有罪，严断刑。理，治狱之官也。伤者损皮肤，创者损血肉，折者损筋骨也。严者谨重之意，非峻急之谓也。天地始肃，不可以赢。朱氏曰："阳道常饶，阴道常乏，故赞化者不可使阴气之赢也。"创，初庄切，音疮，伤也。注疏：于"审断句"无训，蔡氏以"审断"为句，吴氏纂言从之。方氏以"审断决"为句，《陈氏集说》从之。"不可以赢"，"赢"郑训"解"，高训"骄"，谓有罪之人，不可解纵。徐谓"阳道"不可使大过，方谓"阴道"不可使有余。"伤""创""折""断"，陆氏以民之相斗言，徐氏以官之用刑言，二说可兼。盖既伤、创、折、断，皆所当恤也。

【译文】

又：这个月，下令让官员修改法令制度，修缮监狱，准备脚镣手铐，禁止奸恶的事发生，警惕罪犯，对触犯刑律的人一定要逮捕惩罚。（侯官吴曾祺评注）缮，即"治"，修改。人心狡诈，所以应当有法令制度用以制止犯罪。人的行为不正派，所以要警惕罪犯，对犯罪的人一定要惩罚。务，即"事"，一定。搏，即"戮"，惩罚。执，即"拘"，逮捕或扣押。法官亲自察看罪犯的伤、创、折、断情况。判决案件，一定要公正，杀戮有罪，要严肃量刑。（陈澔注）理，就是审理案件的官员。伤指皮肤的损伤，创指血肉的创伤，折指筋骨的断折。严是谨慎稳重的意思，并非严厉的意思。天地之间开始产生肃杀之气，不可以有所宽纵。朱熹说："阳道常常很多，阴道常常匮乏，所以统治者不可使阴气有余。"创，初庄切，音疮，伤的意思。注疏：于"审断句"无训诂，蔡邕以"审断"为句，吴氏的撰述从之。方氏以"审断决"为句，《陈氏礼记集说》从之。"不可以赢"中"赢"郑玄解释为"解"，高解释为"骄"，意思是有罪之人，不能释放。徐说"阳道"不可太过，方说"阴道"不可有余。"伤""创""折""断"，陆氏以民众相互打斗的受伤程度的角度而言，徐氏从官府用刑的角度而言，二种说法都可以。可能是罪犯已经伤、创、折、断了，所以都值得体恤。

又：是月也，农乃登谷，天子尝新，先荐寝庙，命百官始收敛，完堤防，谨壅塞，以备水潦。修宫室，坏垣墙，补城郭。所以为水潦之备者，以月建在西，西中有毕星，好雨也。坊，音防。

是月也，

农乃登谷。

坏,音培。农乃登谷,专指稷言。

又:是月也,毋以封诸侯、立大官,毋以割地,行大使,出大币。以其违收敛之令也。使,去声。

《春秋·襄公五年》:秋,大雩。《左传》:秋,大雩,旱也。注:雩,夏祭,所以祈甘雨。若旱,则又修其礼。故虽秋雩,非书过也。

【译文】
又:这个月,农民开始收谷,天子品尝新谷之前,先要敬献给宗庙,命令百官施行收敛政策,完善堤防,检查水道有没有堵塞,以防备水灾。修缮宫室,加固墙壁,修补城郭。所以为防止水患而做的准备,仲秋八月,月亮经过毕星,这时多雨。坊,音防。坏,音培。农民开始收谷,专指稷谷等农作物。

又:这个月,天子不要分封诸侯,不要委任大官,不要赐予臣下土地,不要向外国派出高级使者,不要馈赠别人厚礼。因为这些都违背了收敛的政令。使,去声。

《春秋·襄公五年》记载:秋季,大雩。《左传》记载:秋季,大雩,是旱的意思。注:雩,是夏祭常礼,用以防止旱灾而祈求降雨。若发生旱灾,则举行雩祀用以求雨。所以虽是秋雩,并非书写错误。

《诗·豳风》:七月流火。笺:大火者,寒暑之候也。火星中而寒暑退。故言寒,先著所在①。疏:火,大火,心也。季冬十二月平旦正中在南方，大寒退；季夏六月黄昏火星中，大暑退。是火为寒暑之候也。

又：七月烹葵及菽。疏：葵、菽当烹煮乃食。

《春秋繁露》：尝者，七月尝黍稷也^②。

《后汉·章帝纪》：幸偃师，东涉卷津，至河内。下诏曰："车驾行秋稼，观收获，因涉郡界。皆精骑轻行，无佗辎重，不得辄修桥道^③，远离城郭。"

【注释】

① "故言"二句：当为"故将言寒，先著火所在"。

② "尝者"两句：出自董仲舒《春秋繁露·四祭》，古人在农历孟秋七月作物成熟时，奉上新收获的瓜果蔬菜和黍稷等谷物粮食，谓之"秋尝"，又称"荐新""尝新"，即秋天让祖先尝新之意。

③ "无佗"二句：当作"无他辎重。不得辄修道桥"。

【译文】

《诗经·豳风》记载：夏历七月，大火星向西落下，天气开始逐渐转凉。郑玄笺：大火星，就是寒暑的节候。大火星在中间而寒将来暑将退。所以要说寒，先说火的位置。孔颖达疏：火，就是大火星，是心宿三星中间的那颗星。季冬十二月拂晓时大火星行于南方中天，最冷的日子就过去了；季夏六月黄昏时大火星行于西边地平线，最热的日子就过去了。所以说大火星是寒暑的节候。

又：七月烹煮苋菜及豆类。孔疏：苋菜、豆类需烹煮后才能食

七月烹葵及菽。

疏：葵、菽当烹煮

乃食。

用。

《春秋繁露·四祭》记载：尝，就是秋尝，七月奉上黍稷，让祖先尝新。

《后汉书·章帝纪》记载：章帝临幸偃师县，东行，在卷县渡口渡过黄河，到达河内郡。下诏说："朕巡视秋季的庄稼，察看收获的情况，因而进入河内郡界。一路都是精骑，轻装前进，没有其它辎重。地方官府不得为此筑路修桥，不准派官吏远离城郭来迎接。"

《和帝纪》：诏曰："高祖功臣，萧、曹为首，有传世不绝之义。曹相国后容城侯无嗣。大鸿胪求近亲宜为嗣者，须景风绍封，以章厥功。"注：夏至四十五日景风至，则封有功也。

《张衡传》：注：周灵王太子晋，好吹笙，作凤鸣，游伊洛间，道士浮邱公接上嵩高山三十余年。后于山上①，见桓良曰："告我家，七月七日待我缑氏山头。"果乘白鹤住山巅②，望之不得到。举手谢时人，数日去。

《晋书·阮咸传》：咸与籍居道南，诸阮居道北。七月七日，北阮盛晒衣服，皆锦绮粲目。咸以竿挂大布犊鼻于庭，曰③："未能免俗，聊复尔耳。"

【注释】

①后于山上：当作"后求之于山上"，根据清四库全书本《列仙传·王子乔》改，译文从之。

②"果乘"句：当作"至时，果乘白鹤驻山头"，根据清四库全书本《列仙传·王子乔》改，译文从之。

③曰：当作"人或怪之，答曰"，根据清武英殿刻本《晋书》改，译文从之。

【译文】

《后汉书·和帝纪》记载：诏书说："高祖的功臣，首推萧何、曹参，有流芳百世而不被淹没的重大意义。曹相国的后人容城侯没有后代。大鸿胪在近亲中寻求适合作为继承人的，在景风到来之际，继承封爵，以表彰功勋。"注：《春秋考异邮》说："夏至后四十五日景风到来，就分封有功之臣。"

《后汉书·张衡传》记载：注：周灵王的太子，名晋，喜欢吹笙，学凤凰鸣叫，在伊水、洛水之间游历，道士浮邱公接他上了嵩高山，住了三十多年。后来，人们到山上找他，他见到桓良说："请告诉我的家人，七月七日在缑氏山头上等我。"到了那天，太子晋果然乘着白鹤飞来，停在山顶之上，人们只能望见他却不能上到山顶。他举手向当时来看他的人致意，过了几天才离去。

《晋书·阮咸传》记载：阮咸和阮籍居住在路南，其他阮姓族人居住在路北。到了七月七日这天，北边阮氏族人晒了各种衣服，都是绫罗绸缎灿烂夺目。阮咸用竹竿在大庭挂出一件粗布做的裤头，有人感到奇怪，他说："不能免俗，姑且如此罢了。"

《庾亮传》：亮在武昌，诸佐吏，乘秋夜往登南楼，俄而亮至，诸人将起避之。亮曰："诸君少住，老子于此处兴复不浅。"

《张翰传》：翰因见秋风起，乃思吴中菰菜、蓴羹①、鲈鱼脍，曰："人生贵得适志，何能羁宦数千里以要名爵乎！"遂命驾而归。

《宋书·乐志》：星汉西流夜未央，牵牛织女遥相望。又：金枝委树，翠镫竛悬。淳波澄宿，华汉浮天。又：轻舟竟川，初鸿依浦。

《南史·褚彦回传》：尝聚袁粲舍，初秋凉夕，风月甚美，彦回援琴奏《别鹄》之曲，宫商既调，风神谐畅。

【注释】

①蓴羹：当作"莼羹"，据清武英殿刻本《晋书·张翰传》为"翰因见秋风起，乃思吴中菰菜、莼羹、鲈鱼脍"，译文从之。

【译文】

《晋书·庾亮传》记载：庾亮在武昌时，诸位佐使，乘着秋夜前往登南楼，不一会庾亮到了，众人准备起身回避。庾亮说："各位暂留，我在此处的兴趣还很浓呢。"

《晋书·张翰传》记载：张翰因见秋风刮起，就思念起吴地的菰菜、莼羹、鲈鱼脍这些家乡美味，于是说到："人生最难得的就是舒适自得，怎能束缚在几千里外为官来谋取功名爵位呢！"于是命人驾车回归故里。

《宋书·乐志》记载：星河沉沉向西流，忧心不寐夜漫长，牵牛织女远远地相望。又：金色树枝委于树干，翠色的镫铃伫立在东位，澄宿映在清澈的水波上，华丽的天河在天际。又：轻舟竞川，初鸿依浦。

《南史·褚彦回传》记载：褚彦回曾经在袁粲家聚会，初秋的夜晚极为凉爽，微风习习，明月当空，景色甚美。他弹琴演奏《别鹄》的曲子，音调和谐，韵致和美。

《隋书·王贞传》：高天流火，早应凉飚，陵云仙掌，方承清露。

《旧唐书·王义方传》：金风届节，玉露启涂。

《宋史·河渠志》：七月，菽豆方秀，谓之"豆华水"。

《王安居传》①：刘孝鼚七月八日过其家一，见安居异凡儿，使赋八夕诗，援笔成之，有思致。

葛洪《西京杂记》：汉彩女常以七月七日穿七孔针于开襟楼。戚夫人侍儿贾佩兰，说在宫内，七月七日，临百子池，作于阗乐。乐毕，以五色缕相羁，谓为"相连爱"。

【注释】

①《王安居传》：当为"《王居安传》"，原文"一"当为"塾"，译文从之。

【译文】

《隋书·王贞传》记载：高高的天空中，公宿由中天逐渐西降。早上凉风袭来，天空中云彩如同仙人的手掌，正去采洁净的露水。

《旧唐书·王义方传》记载：金风届节，玉露启涂。（意为秋风恰逢时节，秋露开始降临大地。）

《宋史·河渠志》记载：七月，苋菜和豆类刚刚成熟，称之为"豆华水"。

《宋史·王居安传》记载：刘孝趯七月八日经过他家的私塾时，看见居安异于一般孩子，便让他作一首八夕诗，他提笔而成，很是有才思。

葛洪的《西京杂记》记载：汉代的宫女常在七月七日这天在开襟楼穿七孔针。戚夫人的侍女贾佩兰，说在宫内时，七月七日这天，登临百子池，演奏西域于阗国的乐曲。演奏结束后，用五色丝线相互束扎头发如马尾，称之为"相连爱"。

王嘉《拾遗记》：汉昭帝以文梓为船，随风轻漾，毕景忘归。使宫人歌曰："秋素景兮泛洪波，挥纤手兮折芰荷。凉风凄凄扬棹歌，云光开曙月低河，万岁为乐岂云多！"

宗懔《荆楚岁时记》：七月七日，为牵牛织女聚会之夜。是夕，人家妇女结彩缕，穿七孔针，陈瓜果于庭中以乞巧。

刘义庆《世说》：郝隆七月七日出日中仰卧，人问其故，答曰："我晒书。"

吴均《续齐谐记》：桂阳成武丁有仙道，忽谓其弟曰："七月七日，织女当渡河，吾已被召，与尔别矣。"弟问："织女何事渡河？去当何时还？"曰："织女暂诣牵牛，吾复三年当还。"明日失武丁，至今云织女嫁牵牛。

【译文】

王嘉的《拾遗记》记载：汉昭帝用有花纹的梓木造船，船随微风在水中轻荡，日影已尽还流连忘返。让宫人唱道："秋素景兮泛洪波，挥纤手兮折芰荷。凉风凄凄扬棹歌，云光开曙月低河，万岁为乐岂云多！"

宗懔的《荆楚岁时记》记载：七月七日晚上，是牵牛星和织女星相会的时候。这天晚上，每家每户的妇女都会结彩缕，对月引线穿针，并在庭院中摆上瓜果用以乞巧。

刘义庆的《世说新语》记载：郝隆在七月七日这天仰卧晒太阳，有人问他原因，他说："我在晒书。"

吴均的《续齐谐记》记载：桂阳的成武丁，是神仙道法，忽有一天对他的弟子说："七月七日，织女会渡河，我已被召回，要与你分别了。"弟子问："织女为什么要渡河？您离开了什么时候回来呢？"武丁答道："织女暂时去见牵牛，我还有三年会回来。"第二天武丁就不见了，到现在仍然说织女嫁给牵牛了。

韩鄂《岁华纪丽》：注：谢朓《七夕赋》：金祇司炬，火曜方流。

何逊《七夕诗》：仙车驻七襄，凤驾出天潢。

　　庾肩吾《七夕诗》：玉匣卷悬衣，针楼开夜扉。嫦娥随月落，织女逐星归①。

　　苏彦《咏织女诗》：织女思北征，牵牛叹南阳。时来嘉庆集，整驾巾玉箱。琼珮垂藻蕤，雾裾结云裳。

【注释】

①"嫦娥"二句：当作"姮娥随月落，织女逐星移"。

【译文】

　　韩鄂的《岁华纪丽》记载：注：谢朓的《七夕赋》记载：金祗司炬，火曜方流。

　　何逊的《七夕诗》记载：仙车驻七襄，凤驾出天潢。

　　庾肩吾的《七夕诗》记载：玉匣卷悬衣，针楼开夜扉。姮娥随月落，织女逐星移。

　　苏彦的《咏织女诗》记载：织女思北征，牵牛叹南阳。时来嘉庆集，整驾巾玉箱。琼珮垂藻蕤，雾裾结云裳。

　　段成式《酉阳杂俎》：魏仆射收临代①，七月七日登舜山②，徘徊顾眺，谓主簿崔曰："吾所经多矣，至于山川沃壤，襟带形胜，天下名州，不能过此。"遂命笔为诗。时新故之际，司存缺然，求笔不得，乃以伍伯杖画堂北壁为诗③，曰："述职无风政，复路阻山河。还思麾盖日，留谢此山阿。"李白《祠亭上宴别杜考功诗》："我觉秋兴逸，谁言秋兴悲？山将落日去，水共晴空宜。"烟归碧海夕,雁度青天时。相失各万里,茫然空尔思。"天宝十年,上谓宰臣曰:"近日于宫内种甘子数株,今秋结实一百五十颗,与江南、蜀道所进不异。"宰臣表贺曰:"雨露所均,混天区而齐被;草木有性,凭地气而潜通。故得资江外之珍果,为禁中之华实。"

【注释】

①临代:结合下文,此处指魏收任齐州刺史一事。

②舜山:山东济南千佛山。

③五伯杖:五伯,即伍佰或五百,古代在官舆前导引的役卒。负责开路,手持棍棒,也司行刑、杖刑。

【译文】

段成式的《酉阳杂俎》记载:仆射魏收赴齐州任刺史,七月七日登上千佛山,徘徊远眺,对崔主簿说:"我游历过很多地方了,但是说到山川沃壤,山川环绕的险峻之地,壮美的景色,天下名川,没有能超过它的。"于是让崔主簿拿笔墨,打算作诗。当时正值新旧朝廷交接之时,随从属官人手不足,没有随身带着笔墨的人,于是只好用伍佰手中的棍棒在舜祠北面墙上题诗写道:"述职无风政,复路阻山河。还思麾盖日,留谢此山阿。"李白的《祠亭上宴别杜考功诗》首尾两句:"我觉秋兴逸,谁言秋兴悲?山将落日去,水共晴空宜。""烟归碧海夕,雁度青天时。相失各万里,茫然空尔思。"天宝十年,皇帝对大臣说:"最近在宫内种了几株柑树,今年秋天结了一百五十颗果

山川河流

实，与江南蜀道进献的没有区别。"宰臣上表祝贺说："雨露调和，不分上下四方全都覆盖；草木有性，借助地气与江南暗中相通。所以得到江南珍果的供给，在宫中开花结果。"

隐侯《行园诗》云：寒瓜方卧垅，秋菰正满陂。紫茄纷烂漫，绿芋郁参差。取鹰，七月二十日为上时，内地者多，塞外者殊少。八月上旬为次时。下旬为下时，塞外鹰毕至矣。

韦绚《刘宾客嘉话录》：上官侍郎，凌晨入朝，巡洛水堤，步月徐辔。咏云："鹊飞山月曙，蝉噪野风秋。"

《旧唐书·王缙传》：代宗七月望日于内道场造盂兰盆，饰以金翠，又设高祖以下七圣神座，备幡节、龙伞、衣裳之制。各书尊号于幡上，陈于寺观。是日，排仪仗，百寮序立于光顺门以俟。幡花鼓舞，迎呼于道，岁以为常。

【译文】

隐侯沈约的《行园诗》中说：寒瓜方卧垅，秋菰正满陂。紫茄纷烂漫，绿芋郁参差。取鹰之法，七月二十日是最好的时间，内地的鹰多，塞外的鹰很少。八月上旬是次一等的时间。八月下旬是最下等的时间，因为塞外的鹰都来了。

韦绚的《刘宾客嘉话录》记载：侍郎上官仪，凌晨入宫朝见，沿着洛水长堤，在月光下驱马缓行。吟咏道："鹊飞山月曙，蝉噪野风秋。"

《旧唐书·王缙传》记载：唐代宗七月望日在内道场修造盂兰盆，用黄金、翡翠装饰，又设置高祖以下七圣神座，以幡节、龙伞、衣裳等制品装饰。把各自的尊号写在幡上，以示区别，陈列在寺观中。当天，排列仪仗，百官依次站在光顺门等待。幡花迎风飞舞，道路两旁百官迎呼，每年都是如此。

《杨炯传》：如意元年七月望日，宫中出盂兰盆，分送佛寺，则天御洛南门，与百僚观之。炯献《盂兰盆赋》，词甚雅丽。

《辽史·礼志》：七月十三日夜，天子于宫西三十里，饮宴至暮乃归行宫，谓之迎节。十五日中元，大宴。十六日昧爽，复往西方，随行诸军大噪，谓之送节。

韩鄂《岁华纪丽》：众僧解夏。注：四月八日结夏，至七月十五日解，长养之节，在外恐伤草木虫类，故九十日安居。又：道门宝盖，献在中元。注：《道经》云："中元日作元都大献，于玉京山以诸奇异妙好，幡幢宝盖，供养之具，精膳饮食，献诸众圣。"道士于其日讲论老子经，十方大圣，高咏灵篇。

【译文】
《旧唐书·杨炯传》记载：如意元年七月十五日，宫中拿出的盂兰盆，分别送到佛寺，武则天亲临洛阳城南门，与百官一起观看盂兰盆会。杨炯献上《盂兰盆赋》，文辞颇为雅致清丽。

佛
寺

《辽史·礼志》记载：七月十三日夜晚，天子在宫西三十里处。摆宴畅饮直至傍晚才回到行宫，称为迎节。七月十五日中元节，大宴群臣。七月十六日拂晓，继续向西，随行的诸军部落大声鼓噪，称为送节。

韩鄂在《岁华纪丽》记载：所有僧人安居期满为解夏。元费的《岁华记丽附注》说：四月八日安居的首日为结夏，到七月十五日圆满结束而散去，长养之节，草木、虫类繁殖最多，僧人在外行走，恐会伤害生灵，所以在夏天九十天中安居结夏。又说：佛道伞盖，在中元节献上。注：《道经》记载："以中元日作元都大斋献，于玉京山采各种花果和奇异妙物，拿出幡幢宝盖，供养之具，将精膳饮食，献给诸位众圣。"道士在这天讲论老子经，十方大圣，高咏灵篇。

《东京梦华录》：中元前一日，即卖练叶，享祀时铺衬桌面。又卖麻谷窠儿，亦是系在桌子脚上，乃告祖先秋成之意。十五日供养祖先素食，缠明即卖稞米饭，巡门叫卖，亦告成意也。

【译文】

《东京梦华录》记载：中元节的前一天，就有人卖竹叶了，是为了祭祀时铺在桌面上。又有卖麻谷窠儿的，也是用来祭祀时系在桌子腿上，是向祖先报告秋天有个好收成的意思。十五日给祖先供上素食，天刚刚亮就有人卖稞米饭，挨门挨户地叫卖，也有向祖先报告秋天好收成的意思。

立 秋

七月节气。大暑后十五日，斗柄指坤为立秋。

《月令》：先立秋三日，太史谒之天子曰："某日立秋，盛德在金，天子乃斋。"立秋之日，天子亲帅三公，九卿，诸侯，大夫，以迎秋于西郊。还反，赏军帅武人于朝。天子乃命将帅，选士厉兵，简练桀俊，专任有功，以征不义，诘诛暴慢，以明好恶，顺彼远方。帅，所类反。"专任有功"，谓大将有已试之功，乃使之专主其事也。诘者，问其罪。诛者，戮其人。残下，谓之暴。慢上，谓之慢。顺，服也。

【译文】

立秋是七月节气。大暑过后十五天，北斗七星的斗柄指向坤，就是立秋。

《月令》记载：立秋前三天，太史拜见天子说："某日立秋，金德当令。天子要斋戒，准备迎秋。"立秋当天，天子亲率三公、九卿、诸侯、大夫，在西郊设坛祭祀白帝少皞。礼仪完成后回朝，天子在朝

七月节气。

大暑后十五日，

斗柄指坤为**立秋**。

堂对将帅和勇士进行赏赐。天子下令让将帅挑选士卒磨砺武器，挑选杰出人才进行训练，任用有功的将领，征讨不义之人，问罪诛杀那些残下慢上之人，以示爱憎分明，让身处远方的人知道并产生归顺之心。帅，所类反。"专任有功"，指大将已经用战功证明了自己，仍让他去做他擅长的事情。诘，就是问罪的意思。诛，就是诛杀的意思。残下，称为暴。慢上，称为慢。顺，即服，顺服，归顺。

《汉书·魏相传》：西方之神少昊，乘兑执矩司秋。

《后汉·礼仪志》：立秋，迎气于黄郊，乐奏黄钟之宫，歌《帝临》，冕而执干戚，舞《云翘》《育命》，所以养时训也。又：立秋之日，京都百官皆衣白，施皂领缘中衣，迎气于白郊。礼毕，皆衣绛。

又《祭祀志》注：自夏至数四十六日，则天子迎秋于西堂，距邦九里，堂高九尺，堂阶九等。白税九乘，旗旄尚白，田车载兵，号曰助天收。唱之以商，舞之以干戚，此迎秋之乐也。

《晋书·礼志》：立秋一日，白路光于紫庭，白旂陈于玉阶。

【译文】

《汉书·魏相传》记载：西方之神叫少昊，凭持兑卦，拿着矩掌管秋天。

《后汉·礼仪志》记载：立秋，百官要穿着黄色的衣服去郊外祭拜黄帝，演奏黄钟宫之乐，唱《帝临》之歌，戴冠冕执干戚，跳《云翘》《育命》之舞，用以奉养先王的遗教。又记载：立秋之日，京都的百官都要除去黄衣，换上皂领白衣在西郊迎接第一阵秋风。祭拜仪式结束后，百官再脱掉白衣换上绛色朝服。

又《后汉书·祭祀志》注：从夏至起数四十六天，天子在西堂迎秋，西堂距离京城九里，堂高九尺，堂阶九等。身穿白衣，白车九辆，旌旗也是白色，田车中放着兵刃，称为助天收。唱商调之歌，执干戚跳舞，是为迎秋之乐。

《晋书·礼志》记载：立秋这天，天子乘坐白辂来到紫庭，在玉阶两旁陈列白旗。

任昉《述异记》：列御寇，郑人，御风而行，常以立春日归乎八荒，立秋日游于风穴。是风至即草木皆生，去则草木皆落，谓之离合风。

《后汉·刘圣公传》：张卬、廖湛等与隗嚣合谋，欲以立秋日貙膢时共劫更始。注：貙，兽。以立秋日祭兽，王者亦此日出猎，用祭宗庙。冀州北郡以八月朝作饮食为膢。貙，丑于反，音蹋。

【译文】

任昉在《述异记》记载：列御寇，是郑国人，可以御风而行，常在立春日乘风而游八方，立秋日就来到风穴。风至则草木皆生，风去则草木皆落，这风被称为离合风。

《后汉书·刘圣公传》记载：张卬、廖湛等人与隗嚣合谋，准备在立秋这天趁更始祭祀之时以武力劫持更始。李贤注引《前书音义》：貙，即兽。在立秋这天祭兽，君王也在这天外出打猎，用来祭祀宗庙。冀州北郡以八月初作饮食为膢。貙，丑于反，音踰。

《尔雅·释兽》注：今貙虎也。大如狗，文如貍。

《字林》：似貍而大。一云似虎而五爪。膢音娄。

《汉武帝纪》：膢五日。苏林曰："膢，祭名也。"

《后汉·礼仪志》：貙刘之礼，祠先虞。

《正字通》：按：膢、刘字别义同。膢亦读留，刘亦读闾。

《李通传》：材官都试骑士日。注：汉法以立秋日都试骑士，谓课殿最也。翟义诛王莽，以九月都试日勒车骑材官士是也。

【译文】

《尔雅·释兽》注：如今的貙虎。大如狗，纹路像貍。

《字林》记载：像貍却比貍大。也有人说像虎却有五爪。膢，音娄。

《汉武帝纪》记载：膢五天。苏林说："膢，是祭祀名。"

《后汉书·礼仪志》记载：貙刘之礼，用来祭祀先祖。

《正字通》记载：按：膢、刘字不同意思相同。"膢"也读作"留"，"刘"也读作"闾"。

《李通传》记载：立秋日是材官都试骑士的日子。李贤注：汉代法律规定在立秋日都试骑士，成绩最差的称为课殿。翟义诛杀王莽之后，把每年九月定为都试日，用来管理车骑材官等军士。

立秋一候 凉风至

西方凄清之风，温变而肃也。《韵会》：薄寒为凉，凉本作凉。

【译文】

西方凄清的风，因气温变化而充满了肃杀之气。《韵会》记载：微寒是凉，凉原本写作凉。

立秋二候 白露降

大雨之后，凉风来，天气下降茫茫而白，尚未凝珠也。

《说文》：润，泽也。从雨露声。

《释名》：露，虑也，覆虑物也。

《玉篇》：天之津液，下所润万物也。

《大戴礼》：阳气胜则散为雨露。

《五经通义》：和气津凝为露。

【译文】

大雨之后，凉风来临，天空中的冷气下降，白茫茫一片，还没有凝结成水珠。

《说文解字》记载：润，就是泽。从雨露声。

《释名》记载：露，就是虑，养育万物。

《玉篇》记载：天上的津液，降下以润泽万物。

《大戴礼》记载：阳气上升凝聚成的水滴太大时，则降下为雨露。

《五经通义》记载：空气中的小水滴凝结起来形成雨露。

天之津液，下所润万物也。

立秋三候 寒蝉鸣

初秋夕阳,声小而急疾者是也。

《夏小正传》曰:寒蝉者,蜋蜩也。蝉,哑蝉也,青赤色,
与仲夏之蝉异种。前此瘖哑,此时得风露乃鸣,盖阴类也。瘖,
《正韵》于禽切,音音。哑,幺下切,雅上声。

【译文】
初秋夕阳之际,鸣叫声小而急促的就是寒蝉。

《夏小正传》中说:寒蝉,就是蜋蜩。蝉,即哑蝉,青赤色,与仲
夏的蝉不同。寒蝉声音低沉干涩,此时得风露才会鸣叫,属性为阴。
瘖,《洪武正韵》于禽切,音音。哑,幺下切,雅上声。

处 暑

七月中气，立秋后十五日，斗柄指申为处暑。阴气渐长，暑将伏而潜处也。

【译文】

处暑是七月中气，立秋后十五日，北斗星的斗柄指向申，就是处暑。气温逐渐下降，暑气开始减退，天气渐渐变凉。

金气肃杀，

鹰感其气，

始捕击，

必先祭。

处暑一候 鹰乃祭鸟

金气肃杀，鹰感其气，始捕击，必先祭。

按：《月令》：鹰乃祭鸟。下又曰：用始行戮。注：鹰欲食鸟之时，先杀鸟而不食，似人之食，而祭先代为食之人也。用始行戮，顺时令也。

【译文】

此节气中金气肃杀，老鹰有感于金气，开始大量捕猎鸟类，并且先陈列如祭而后再食用。

按：《礼记·月令》记载：老鹰开始捕杀鸟类先陈列如祭。接着又说：对犯人进行杀戮处决。注：老鹰想吃鸟的时候，先杀鸟而不吃，就像人的食物，要先祭祀先祖来代替先祖食用了。对犯人进行处决，也是顺应时令的行为。

处暑二候 天地始肃^①

说见前。

【注释】

①天地始肃：指天地间万物开始凋零，充满肃杀之气。

【译文】

说明见前文。

处暑三候 禾乃登

禾者，谷之连藁秸总名。成熟曰登。

《月令》：农乃登谷。注：专指稷而言也。

【译文】

所谓禾，是谷、黍、稷、稻、粱类农作物的总称。成熟后称为登。

《礼记·月令》记载：农民开始在这个月里收谷。注：专指稷谷等农作物而言。

秋八月

《月令》：仲秋之月，日在角，昏牵牛中，旦觜觿中。注：仲秋日月会于寿昱，斗建酉之辰也。角在辰，寿星之次。月建酉而日在辰，酉与辰合也。觜觿，西方火宿。三星如燧。觜，遵为切，醉平声。觿，弦鸡切，音携。

《史记·天官书》：觜觿，虎首。主葆旅事。又：律中南吕。南吕，酉律。

《国语》：五间南吕，赞阳秀物也。注：南，任也。阴任阳事，助成万物也。

又：是月也，养衰老，授几杖，行糜粥饮食。注：月至四阴，阴已盛矣。时以阳衰阴盛为秋，人以阳衰阴盛为老。养衰老，顺时令也。几杖所以安其身，饮食所以养其体。行犹赐也，糜即粥也。此"养衰老"与"养老礼"不同，养老是大礼，此是通行之令。

【译文】
《礼记·月令》记载：仲秋八月，太阳运行的位置在角宿，黄昏时, 牵牛星位于南方中天; 拂晓时, 觜觿星位于南方中天。

陈澔注: 仲秋, 是日月相会于寿昱, 此时北斗星的斗柄指向辰, 角星在辰, 即寿星在其星次。仲秋八月, 太阳在辰, 酉与辰相合。觜觿, 是西方火星。三星如棨。觜, 遵为切, 醉平声。觿, 弦鸡切, 音携。

《史记·天官书》记载: 觜觿, 虎头。主要负责野菜。又说: 音律中南吕与这个月相配。南吕, 就是酉律。

《国语》记载: 第五间为南吕, 以辅助阳气助成万物。注: 南, 即任。即所谓 "阴任阳事, 助成万物。"

又: 这个月, 国家对衰弱的老人进行赡养, 赠予他们坐几和手杖, 赐以他们稀粥食用。注: 月到四阴, 阴气极盛。一年中到了阳衰阴盛之时为秋天, 人到了阳衰阴盛之时就老了。赡养衰弱的老人, 是顺应时令的行为。几杖可以帮助他们安身, 饮食可以保养他们的身体。行即赐, 糜即粥。此处的 "养衰老" 与 "养老礼" 不同, "养老" 是大礼, 此令是通行天下的法令。

又: 乃命司服, 具饬衣裳, 衣绣有恒, 制有小大, 度有长短, 衣服有量, 必循其故; 冠带有常。司服, 官名。具饬, 条具而饬正之也。上曰衣, 下曰裳。衣绘而裳绣, 祭服之制也。有恒, 有定制也。小大, 小则元冕之一章, 大则衮冕之九章也。衣服谓朝服、燕服及当为寒备者也。各有剂量必率循故法, 不得更为新异也。冠与带亦各有常制, "具饬衣裳" 句提纲, 下详其目。朝祭燕私之服, 无不饬正之。衣裳以命服为重, 故先举文绣。至于小大，若裕之可以运肘，长短者，短毋见肤，长无被土。其制度当各随其人以为量，无定数而有定式，当必循其故也。

《诗》以"其带伊丝，其弁伊骐"，明君子用心之一，所谓有常也。若子臧之鹬冠，子玉之琼弁，则非当矣。人之变常弃礼，每于衣服见端。具饬而正之，亦辨上下，定民志之一事也。时将授衣，亦以顺秋令明肃之义。郑氏训文为绘，得之。方以青赤合为文，非也。鹬，以律切，音聿。

【译文】

又：天子下令给司服，开始置备祭服，祭服的图案，该画的要画，该绣的要绣，祭服的大小长短，都有相关的规定；除开祭服以外的其他服饰也有规定，置备时要遵循古法，帽子和带子都有常法。司服，是官名。具饬，准备整饬使符合礼法。上面的衣服叫衣，下面的衣服称裳。衣要绘而裳要绣，就是祭服的定制。有恒，就是有定制。小大，小指元冕的一章，大指衮冕的九章。衣服有朝服、燕服及为御寒准备的衣服。各有规定必须要遵循古法，不能改变。冠与带也各有常制。"具饬衣裳"一句提纲挈领，下面详述具体内容。朝祭时、宴会时的衣服，无不整饬使之符合礼法。衣裳以命服为重，所以先说文绣。至于小大，如裕要能够自由活动肘部，而衣服的长短，规定短不能见肤，长不能拖地。其制度应当随着不同的人具体测量，没有固定的大小却有固定的样式，一定要遵循古法。

《诗经·鸤鸠》以"其带伊丝，其弁伊骐"，表明君子用心专一，就是所谓的有常。若是子臧的鹬冠，子玉的琼弁，则非常法。人们改变常法不遵礼法，常常于衣服上就可见端倪。准备整饬服饰使之符合礼法，也要分辨上下，安抚百姓，使百姓用心专一。九月是人们制备寒衣的时候，也是遵顺秋令明白肃杀的意思。郑玄把"文"解释为"绘"，是正确的。方认为青赤相合而为"文"，是错误的。鹬，以律切，音聿。

《说文》：鹬，知天将雨鸟也。知天文者冠鹬。陈藏器云："鹬如鹑，色苍喙长，村民云田鸡所化。"

《战国策》：鹬蚌相持。又：一种翠鸟曰鹬。

《尔雅·翠鹬》注：似燕，绀色，生郁林。疏：李巡曰："一名翠，其羽可以为饰。"又：一种赤足黄文曰鹬。

《左传·郑子臧》：好聚鹬冠是也。琼，葵营切，音茕。

《韵会》：钱氏曰：《诗》言玉以琼者多矣，琼华、琼英、琼莹、琼瑶、琼琚、琼玖，皆谓玉色之美，非玉之名也。许叔重云："赤玉。"然木瓜所谓琼玖，玖乃黑玉，非赤也。

【译文】

《说文解字》记载：鹬，是一种知道什么时候会下雨的鸟。善于天文的人戴鹬冠。陈藏器说："鹬像鹑，色青而喙长，村民都说是田鸡所化。"

《战国策》记载：鹬蚌相持。又说：有一种翠鸟叫鹬。

《尔雅·翠鹬》注：似燕，颜色黑中带红，生活在草木茂盛的林

鹬

中。疏：李巡说："又名翠，其羽毛可以作为装饰。"又：一种赤足黄纹的鸟叫鹬。

《左传·郑子臧》记载：郑子臧喜欢收集鹬毛冠。琼，葵营切，音茕。

《古今韵会》记载：钱氏说：《诗经》中说玉被称为琼的比较多，琼华、琼英、琼莹、琼瑶、琼琚、琼玖，都指的是玉色的美，并非是玉名。许叔重说："琼是赤玉。"然而木瓜所谓的琼玖，玖是黑玉，并非赤玉。

又：乃命有司，申严百刑，斩杀必当，毋或枉桡；枉桡不当，反受其殃。注：刑罚之令，前月已行，此月又申戒之也。枉、桡皆屈曲之义，谓不申正理而违法断之以逆理，故必反受殃祸也。抑彼听我曰枉，屈己孰彼曰桡。

《考工记》：惟辕直且无桡是也。盖于弱者不得其情，但据法以断，则彼必受枉；于强者屈法以就，不正其理，则我之法桡矣。

【译文】

又：天子命令官员，对要严肃执行的法律进行重申，或斩或杀，刑必当罪，不得有贪赃枉法，轻重任意而为；假如贪赃枉法，执法的人也终将会受罪，一定是不会有好下场的。注：执行刑法的法令，上个月就已经施行了，本月又重新警戒。枉、桡都是弯曲的意思，引申为执法的人不合正道而违法曲断，违背事理，必将受到惩罚。压制他人听从自己称为枉，委屈自己听从他人称为桡。

《考工记》记载：只有辕直而不弯曲才是正确的。大概是指面对弱者时不了解实际情况，就依法来判，那么他一定会受到冤枉；在强者面前违法而断，不合乎法理，那么一定违背了我的法令。

又：是月也，乃命宰、祝循行牺牲，视全具，按刍豢，瞻肥瘠，察物色；必比类；量小大，视长短，皆中度。五者备当，上帝其飨。注：宰，主牲者。祝，告神者。全，谓色不杂。具，谓体无损。养牛羊曰刍，养犬豕曰豢。得养则肥，失养则瘠。物色或骍或黝，阳祀用骍牲，阴祀用黝牲。比类者，比附阴阳之类而用之也。小大以体言，长短以角言，皆欲中法度也。所视、所案、所瞻、所察、所量五者悉备而当，于事上帝，且歆飨之矣，况群神乎？行、当，并去声。养牲者，充人之事。此又命宰、祝循行之，重其事也。

【译文】
又：在这个月，天子下令太宰、太祝巡视用来祭祀用的牺牲，查看它们是不是完好无损，再检查它们吃的草料，肥瘦、毛色等情况；全部要符合成例和不同种类祭祀的需要；它的大小，角的长短，都要符合要求才可以。牺牲的完整、肥瘦、毛色、大小、长短这五方面都符合要求了，上帝才会来歆享。陈澔注：宰，掌管牺牲的官员。祝，掌管祭祀祈祷的官员。全，即颜色不杂。具，是身体无损伤。养牛羊叫刍，养犬豕叫豢。饲养方法得当则肥，饲养方法不当则瘦。牲畜的颜色有赤色的有黑色的，阳祀用赤色的牲畜，阴祀用黑色的牲畜。其它类似的情况，比照阴阳之类的祭祀而用。小大是以体格而言，长短是以角而言，都要遵循法度。所视、所案、所瞻、所察、所量五者都要准备得当，才能献给上帝，请上帝歆享，何况群神呢? 行、当，并去声。养牲者，把牲畜养肥。此处天子又命宰、祝巡视用来祭祀用的牺牲，慎重对待此事。

又：天子乃难，以达秋气；以犬尝麻，先荐寝庙。注：季春命国难，以毕春气，此独言天子难者，此为除过时之阳暑，阳者，君象。故诸侯以下不得难也。暑气退，则秋之凉气通，故云以达秋气也。难，音那。

又：是月也，可以筑城郭，建都邑，穿窦窖，修囷仓。注：四者皆为敛藏之备，穿地圆曰窦，方曰窖。窦，音豆。窖，音教。囷，音箘，区伦切。《说文》：廪之圆者，方曰仓。

又：乃命有司，趋民收敛，务畜菜，多积聚。注：孟秋已有收敛之命矣。此又趋之，以时不可缓故也。菜所以助谷之不足，故畜之为备。多积聚者，凡可为岁备者，无不贮储也。趋，音促。畜，音蓄。积，音恣。

粮仓

【译文】

又：于是天子举行傩祭，使金秋之气通畅；就着狗肉来品尝新收的糜子，在品尝之前，先敬献给宗庙。陈澔注：季春天子命令百姓举行驱逐疫鬼的仪式，制止春季的不正之气，此处特指天子举行的祭祀。此时是为了驱除残余的夏阳之气，阳，即君象。所以诸侯以下之人不得举行傩祭。暑气退去，则秋天的凉气畅通，所以说用以引导秋气通畅舒发。难，音那。

又：这个月，可以对城郭进行修缮，建设都邑，挖掘地窖，修理各种粮仓。陈澔注：城郭、都邑、地窖、粮仓四者都是准备用来作为储藏的，圆形地窖叫窦，方形地窖叫窖。窦，音豆。窖，音教。囷，音箘，区伦切。《说文解字》记载：廪是圆形的粮仓，方形的粮仓叫仓。

又：天子命令官员，催促农民加紧收获，一定要储存各种干菜，尽量多积蓄，做好过冬的准备。注：孟秋已有收敛的命令。这时又有催促农民收获的命令，是由于时间不可延缓的缘故。菜是用来补充粮食的不足，需要储备干菜。多积累的原因，一般是用来作为一年的准备的，百姓没有不储存的。趋，音促。畜，音蓄。积，音恣。

又：乃劝种麦，毋或失时，其有失时，行罪无疑。注：麦所以续旧谷之尽，而及新谷之登，尤利于民，故特劝种而罚其惰者。种，去声。南麦多种于仲冬，北麦且有种于仲春者，然惟秋种者得四时之气为金，故食之最有益，北麦秋种者，至冬尽萎，而根力已厚，其收视春种者倍之。

《诗·豳风》：八月萑苇。传：蒹为萑，葭为苇。豫蓄萑苇，可以为曲薄也。萑，音桓。初生者为葭，长大为蒹，成则为萑。葭，吐敢切，音毯。蒹，五患切，音绾。

【译文】

又：国家鼓励农民要多种麦，不得错过农时；若是错过农时，将会严惩不贷。陈澔注：麦之所以在旧谷收获之时就要种下，是因为等到新谷成熟之时，尤其对百姓有利，所以特别鼓励农民种麦，而处罚错过农时的人。种，去声。南麦多种在仲冬，北麦有种在仲春的，然而，只有秋季播种的得到四时之气为金麦，所以吃起来最有益处，北麦秋季播种的，到了冬天全部枯萎，然而根力已厚，这种时候的收成是春季播种的几倍。

《诗经·豳风》记载：八月割萑苇。传：蒹长成后为萑，葭长成后为苇。事先储藏萑苇，可用来编织曲薄。萑，音桓。初生的称为葭，长大后称为蒹，成熟后则称为萑。葭，吐敢切，音毯。蒹，五患切，音绾。

《尔雅》：葭，蒹。注：似苇而小，实中。葭，或谓之荻。苇，羽鬼切，音伟。

《说文》：大葭也。葭，音嘉。

《说文》：苇之未秀者，即芦也。

又：八月其获，八月剥枣，八月断壶。八月禾可刈，获枣须就树击之。壶，瓠也。甘瓠可食，就蔓断取而食之。

《夏小正》：八月剥瓜，蓄瓜之时也。按：壶，即葫芦也。

《鹖冠子》：一壶千金。瓠，音胡。

《正字通》：瓜类，分甘苦二种，甘者大，苦者小。又音护，义同。

《旧唐书》：神龙元年，改秋社用仲秋。

【译文】

《尔雅》记载：葰，即薠。郭注：像苇而略小，中间是实心的。葰，有的人称之为荻。苇，羽鬼切，音伟。

《说文解字》记载：苇即大葭。葭，音嘉。

《说文解字》记载：苇中特别挺秀的，就是芦。

又：八月在田间忙着收获，八月开始打枣，八月采摘葫芦。八月禾可以割了，获得枣就要用竿子竖起来打枣。壶，即瓠。甘瓠可以食用，等蔓断了就可以摘取食用了。

《夏小正》记载：八月是剥瓜，蓄瓜的时候。按：壶，就是葫芦。

《鹖冠子》记载：一壶值千金。瓠，音胡。

《正字通》记载：瓜类，分为甘、苦两种，甘的大，苦的小。又音护，义同。

《旧唐书》记载：神龙元年，改祭祀土地神的"秋社"依旧用"仲秋"。

《宋书·礼志》：祠大社、帝、太稷，常以岁八月秋社日祠之。

《东京梦华录》：八月秋社，各以社糕、社酒相赍送。贵戚宫院以猪肉羊肉、腰子、嬭房、肚肺、鸭饼、瓜姜之属，切作碁子片样，滋味调和，铺于饭上，谓之"社饭"。

《孝经·援神契》：仲秋穰禾，拜祭社稷。

《田家五行》：八月中旬作热，谓之"潮热"，又名"八月小春"。

《农桑通诀》：八月社前，即可种麦，麦经两社，即倍收而坚好。

【译文】

《宋书·礼志》记载：祭祀大社、帝和太稷，常在每年八月秋社日祭祀。

《东京梦华录》记载：八月举行秋社的这天，各家都以社糕、社酒相互赠送。达官显贵、皇亲国戚之家及宫廷中，都以猪肉羊肉、腰子、奶房、肚肺、鸭饼、瓜姜等食物，切作棋子那么大的小片，加上各种调料拌合均匀蒸熟，铺在饭上，称之为"社饭"。

《孝经·援神契》记载：仲秋八月穰禾，是拜祭社稷的日子。

《田家五行》记载：八月中旬作热，称之为"潮热"，又名为"八月小春"。

《农桑通诀》记载：八月秋社前，农人就可种麦了，麦经过两社，就可获得加倍的收成而结实良好。

《金史·食货志》：金宣宗元光元年，京南司农卿李蹊言："按《齐民要术》，麦晚种则粒小而不实，故必八月种之。今南方输秋税，皆以八月为终限，若输远仓及泥淖，往返不下二十日，使民不暇趋时。乞宽征敛之限，使先尽力于二麦。"

《后汉书·安帝纪》：诏曰："《月令》：仲秋养衰老，授几杖，行糜粥。方今案比之时，郡县多不奉行。"

《东观记》：案比，谓案验户口次比之时也。

又：汉法，常因八月算人，八月初为算赋，故曰算人。

【译文】

《金史·食货志》记载：金宣宗元光元年，京南司农卿李蹊说："按《齐民要术》上所说，麦种得晚了则麦粒小而不结实，所以一定要在八月种麦。如今南方运来的秋税，都以八月为最终的期限，若是运往远处的粮仓或难走的地方，往返不下二十日，使民众没有时间收粮。请求暂缓征收赋税的期限，让百姓先尽力去收获二麦。"

《后汉书·安帝纪》记载：皇帝下诏说："《月令》记载：仲秋八月，对衰弱的老人进行赡养，赠予他们坐几和手杖，赐以他们稀粥食用。如今案比之时，多数郡县已经不执行了。"

《东观记》记载：案比，就是检验人的年龄和相貌，是否与所报户口符合的时候。

又：汉代法律，官府常在八月计算人民丁口数，八月初对成年人征收丁口税，所以叫算人。

又《礼仪志》注:《韩诗》曰郑国之俗,三月上巳,之溱、洧两水之上,秉蘭草,袯除不祥。

《汉书》:八月被灞水,亦斯义也。又:仲秋之月,县道皆案户比民,年始七十者,授之以玉杖,餔之糜粥。八十九十,礼有加赐。玉杖端以鸠鸟为饰。鸠者,不噎之鸟也,欲老人不噎。

又《郑均传》:拜议郎,告归,常以八月长吏存问,赐羊酒,显兹异行。注:问遗贤良,必以八月,诸物老成,故顺其时气,助养育之也。

《宋书·乐志》:仲秋狝田。

又《河渠志》:八月荻蘆华,谓之荻苗水。

【译文】

又有《后汉书·礼仪志》注:《韩诗》中说郑国的风俗,三月上巳节,来到溱、洧两水之上,手持兰草,袯除不祥。

《汉书》记载:八月在灞水袯除不祥,也是这个意思。又记载:仲秋八月,各县各道都要清理户籍和人口,年龄在七十岁以上的,要赠给他们玉杖,赐予他们稀粥食用。八十九十岁,依礼多加恩赐。玉杖一头以鸠鸟作为装饰。鸠,就是不噎之鸟,把老人比喻为不噎之鸟。

又《郑均传》记载:拜为议郎,告老还乡,每年八月长吏慰问,赐羊和酒,以显与平常人不同。注:慰劳贤良,一定要在八月,各物成熟,所以要顺应节气,帮助赡养抚育老弱。

《宋书·乐志》记载:仲秋八月进行秋猎。

又《宋书·河渠志》记载：八月荻蔍繁盛，称之为"荻苗水"。

《穆天子传》：仲秋丁巳，天子射鹿于林中，乃饮于孟氏，爰舞白鹤二八。仲秋甲戌，天子东游，次于雀梁①，蠹书于羽陵。注：谓暴书中蠹虫。

魏伯阳《参同契》：八月麦生，天罡据西。罡，音则，即北斗也。

葛洪《西京杂记》：汉宗庙在八月饮酎，用九酝。酎，直又切，音胄。酝，纡问切，音愠，酿也。

张衡《南都赋》：酒则九酝甘醴，十旬兼清。九酝、十旬，皆以酿法名酒也。

【注释】

①次：旅行暂住之处。一宿为舍，再宿为信，过信为次。

【译文】

《穆天子传》记载：仲秋八月丁巳这天，穆天子在林中射鹿，又到孟氏家中饮酒，于是让舞女十六人跳起白鹤舞。仲秋甲戌这天，穆天子东游，留宿在雀梁，在羽陵上曝晒书中蛀虫。注：就是暴晒书中的蠹虫。

魏伯阳的《参同契》记载：八月万物皆收，荠麦反生，罡星戌时指西罡。罡，音则，即北斗七星的斗柄。

葛洪的《西京杂记》记载：汉代宗庙八月饮酎，用九酝。酎，直又切，音胄。酝，纡问切，音愠，酿的意思。

酒则九酝甘醴，
十旬兼清。

张衡的《南都赋》记载：酒则九酝甘醴，十旬兼清。九酝、十旬，都是以酿造方法为酒命名的。

吴均《续齐谐记》：宏农邓绍，尝八月旦入华山采药，见一童子，执五彩囊，承柏叶上露，皆如珠满囊。绍问："用此何为？"答曰："赤松先生取以明目。"言终，便失所在。今世人八月旦作眼明袋，其遗象也。

柳宗元《龙城录》：开元六年，上皇与申天师、道士鸿都客，八月望日，同在云上游月中，过一大门，在玉光中飞浮，宫殿往来无定。顷见一大宫府，榜曰"广寒清虚之府"。天师引上皇跃身烟雾中，见素娥十余人，皆皓衣，乘白鸾，往来舞笑于桂树之下。又听乐音嘈杂。上皇素解音律，熟览而意已传。顷天师亟欲归，三人下若旋风。次夜，上皇因制"霓裳羽衣舞曲"。

【译文】

吴均的《续齐谐记》记载：弘农邓绍，曾于八月早晨进入华山采药，看见一个童子，手持五彩囊，承接柏树叶上的露珠，一颗颗的露珠都如珍珠填满了口袋。邓绍问："这是用来做什么的？"童子答道："赤松先生用来拭目从而使眼睛明亮。"说完，童子就消失不见了。现在世人八月早晨制作眼明袋，就是他流传下来的。

柳宗元的《龙城录》记载：开元六年，上皇与申天师、道士鸿都客，八月十五这天，同时在云上游月宫中，经过一个大门，在玉光中飞浮，在宫殿中往来无定。一会儿看到一个大宫府，榜说"广寒清虚之府"。天师牵引上皇跃身进入烟雾之中，看到十多个素娥，都身穿白衣，骑乘白鸾，在桂花树下往来跳舞嬉笑。又听到乐声嘈杂。上皇本来就很擅长音律，仔细看后心中已经掌握其意。不一会儿天师急欲回家，三人犹如旋风般向下坠去。第二天晚上，上皇因此创作了"霓裳羽衣舞曲"。

段成式《酉阳杂俎》：张曲江诗"桂花秋皎洁"。又：长庆中，有人玩月。八月十五夜，月光属于林中如匹布，其人寻视之，见一金背虾蟆，疑是月中者。

释赞宁《笋谱》：竹八月谓之小春，热欲去，寒欲来，气至而凉，故曰小春。

【译文】

段成式的《酉阳杂俎》记载：张曲江的诗"桂花秋皎洁"。又记载：长庆年间，有一人外出游玩赏月。在八月十五的夜晚，他看见月光从树林中照射出来就好像一匹白色的布一样。这个人就寻过去看，看到一只金背蛤蟆，怀疑就是月中的那只蟾蜍。

释赞宁的《笋谱》记载：竹八月称为小春，暑热将去，寒气将来，寒气来临而天气变凉，所以叫小春。

八月十五夜，

月光属于林中如匹布。

白 露

八月节气，处暑后十五日。斗柄指庚为白露，阴气渐重，露凝而白也。

按：《月令》：孟秋之候，首凉风至，次白露降。汉以后移白露为八月节气，而申月白露降一候未改。

《内经》：寒风晓暮，蒸热相薄，草木凝烟，湿化不流，则白露阴布，以成秋令。又：金郁之发，夜零白露，林莽声凄。注：夜濡白露，晓听风凄，乃秋金发征也。

《易通卦验》：白露，黄阴云出。

《齐民要术》：崔实曰："凡种大小麦，得白露节，可种薄田。"

《农政全书·种麦》：八月白露节后，逢上戊为上时，中戊为中时，下戊为下时。

【译文】

白露是八月的节气，在处暑后的十五日。此时北斗七星的斗柄指向庚为白露, 阴气渐重, 露珠凝结而发白。

按:《礼记·月令》记载: 孟秋之候, 一候凉风至, 二候白露降。汉代后把白露移动到八月的节气, 而七月白露降这一候却未改。

《黄帝内经》记载: 早晚寒凉, 白日炎热, 雨水偏多, 寒湿热同时存在。草木处于烟雾迷蒙之中, 湿气聚积成烟雾不流动, 产生雾露, 则白露阴布, 以成秋令。又说: 金之郁气欲发, 夜间露浓如霜, 丛林深处风声凄凉。注: 夜间露水较重, 清晨倾听秋风凄怆, 这是秋天金之郁气欲发的先兆。

《易通卦验》记载: 白露, 黄阴云出。

《齐民要术》记载: 崔实说:"种大麦小麦, 要在白露节, 可耕种贫瘠的土地。"

《农政全书·种麦》记载: 八月白露节以后, 逢上戊为上时, 中戊为中时, 下戊为下时。

白露一候 鸿雁来

《淮南子》作候雁。《月令》注：孟春言鸿雁来，自南而来北也。此言来，自北而来南也。

【译文】

《淮南子》写作候雁。《礼记·月令》注：孟春正月说鸿雁回来，从南方飞到北方。这句鸿雁来，是说鸿雁从北方飞往南方。

白露二候 玄鸟归

玄鸟，北方之鸟，故曰归。《月令》注：仲春言玄鸟至，此言归，明春来而秋去也。

【译文】

玄鸟，是北方的鸟，所以说"归"。《礼记·月令》注：仲春二月说玄鸟到了，此处说"玄鸟归"，是说玄鸟在明年春季来而秋季离去。

白露三候 群鸟养羞

谓藏美食以备冬月之养。《夏小正》作丹鸟羞白鸟。陆氏谓:"先养之,仁也;后羞之,义也。"

【译文】

说的是群鸟储藏美食准备过冬。《夏小正》写到丹鸟会以白鸟为珍馐。陆氏说:"先储藏食物,为仁;后食用储藏的食物,为义。"

秋 分

八月中气，白露后十五日，斗柄指酉，为秋分。至此而阴阳适中，当秋之半也。

《书·尧典》：宵中星虚，以殷仲秋。厥民夷，鸟兽毛毯。宵，夜也。春言日，秋言夜，互相备。虚，元武之中星，亦言七星，皆以秋分日见，以正三秋。夷，平也，老壮在田，与夏平也。毯，理也，毛更生整理。毯，苏典切，音选。

《正义》：毛羽美悦之状。夏时毛羽希少，余则复生。

《说文》：仲秋鸟兽毛盛，可选取以为器用。毯，读若选。包氏言：霜后选毛，与《说文》义同。

【译文】

秋分是八月中气，在白露后十五日，此时北斗星的斗柄指向酉，就是秋分。这时，太阳直射赤道，白天和黑夜的时间基本相等，为秋天的一半，昼夜平分。

《尚书·尧典》记载：昼夜长短相等，北方玄武七宿中的虚星黄

收谷

昏时出现在天的正南方, 依据这些确定此时为仲秋时节。这时, 人们又回到平地上居住, 鸟兽换生新毛。宵, 是夜晚。春分说日, 秋分说夜, 互相完备。虚, 是玄武的中星, 也叫北斗七星, 都以秋分日出现, 用来校准三秋。夷, 平, 老弱青壮在田中收获谷物, 与夏时相同。毨, 即理, 鸟兽新换的毛整齐。毨, 苏典切, 音洗。

《正义》记载: 毛羽美丽赏心悦目的样子。夏季时毛羽稀少, 秋天时重新长出。

《说文解字》记载: 仲秋八月鸟羽兽毛旺盛, 可以选取用来使用。毨, 读若选。包氏说: 霜后选毛, 与《说文解字》的意思相同。

《月令》: 日夜分, 则同度量, 平权衡, 正钧石, 角斗甬。注: 与仲春同。

《国语》: 辰角见而雨毕。

《唐历志》: 秋分后五日, 日在氐十三度, 龙角尽见, 时雨可以毕矣。

《六典》: 旱甚, 则修雩。秋分以后, 虽旱不雩。

《淮南子》: 秋分薸定, 薸定而禾熟。薸, 匹沼切, 音缥, 禾穗粟孚甲之芒。定者, 成也。

《说文》: 酉为秋门, 万物已入。

【译文】

《礼记·月令》记载: 在这白天黑夜时长相等的时候, 国家要统一和校正各种度量衡器具。注: 与仲春相同。

《国语》记载: 辰角出现而雨季结束 。

《唐历志》记载: 秋分后五天, 太阳在氐宿十三度, 龙角尽现, 雨水就会结束了。

《唐六典》记载: 干旱严重, 就举行雩礼。秋分以后, 虽干旱却不举行雩礼。

《淮南子·天文训》记载: 秋分时稻谷的芒尖已长成, 芒尖长意味着稻谷成熟。藨, 匹沼切, 音缥, 禾穗、稻谷上长出的芒。定, 成熟。

《说文解字》记载: 酉是秋天的门户, 万物开始收敛。

《易通卦验》: 秋分日入酉, 白气出直兑, 此正气也。又: 秋分白阴云出。

《齐民要术》: 凡种大小麦, 秋分种中田, 后十日种美田。

《田家杂古》: 八月中气前后, 起西北风, 谓之霜信。未风先雨, 谓之料信雨。

《汉·天文志》: 月有九行, 立秋、秋分, 西从白道。

【译文】

《易通卦验》记载: 秋分时日入酉, 白气出于直兑, 这就是正气。又说: 秋分时, 白阴云出。

《齐民要术》记载: 凡是要种大麦和小麦, 秋分种中田, 后十天种良田。

　　《田家杂古》记载：八月中气前后，兴起西北风，称之为"霜信"。风未至先下雨，称为"料信雨"。

　　《汉书·天文志》记载：月有九条轨道，立秋、秋分，月从西面顺从白道。

秋分一候 雷始收声

雷属阳，八月阴中，故收声，入地万物随以入也。

《汉书·五行志》：于《易》，雷以八月入，其卦曰归妹，言雷复归。入地则孕毓根核，保藏蛰虫，避盛阴之害。

《淮南子》：白露加十五日，指酉中绳，故曰秋分。雷戒。

【译文】

雷属阳，八月阴气开始旺盛，所以就消声了，阳气入地万物随之而入。

《汉书·五行志》记载：在《易经》上，雷到了八月就消声入地，对应卦为《归妹》，是说雷鸣结束了。阳气入地就孕育植物的根或核，保护躲藏蛰伏的动物，使它们避免盛阴的伤害。

《淮南子》记载：白露过了十五天斗柄指向酉辰时，与酉卯纬线重合，所以叫秋分。雷声消弥。

秋分二候 蛰虫坯户

坯，益其蛰穴之户，使通明处稍小，至寒甚乃墐塞之也。坯，音培。

【译文】
坯，蛰伏的小虫给冬眠洞穴的门加细土，使洞穴的门变小，等到寒冷的时候将洞口封起来。坯，音培。

秋分三候 水始涸

水，春气所为。春夏气至，故长秋冬气返，故涸也。

按《月令》：是月也，日夜分，雷始收声，蛰虫坏户，杀气浸盛，阳气日衰，水始涸。汉以后取以为秋分三候。坏，以土封罅隙也。扬雄解：嘲作坏，与坏同。涸，音鹤。

【译文】

水，是春气所为。春夏气至，而长秋冬气返回，所以河水干涸了。

按：《礼记·月令》记载：这个月，秋分这一天昼夜长短相等，雷鸣就要结束，蛰伏的动物正要准备它们要居住的洞穴。肃杀的阴气渐渐兴盛，阳气一天天衰竭，河水开始干涸。汉代以后把水始涸作为秋分三候。坏，是以土封住裂缝。扬雄解释：嘲在《解嘲》中作坏，与坏同。涸，音鹤。

春夏气至，

故长秋冬气返，

故洄也。

秋九月

《月令》：季秋之月，日在房，昏虚中，旦柳中。注：季秋日月会于大火，斗建戌之辰也。房，东方阳宿，四星直下微曲，广六度。月建戌而日在卯，戌与卯合也。虚，北方阳宿，二星正直，广九度。

又：律中无射。无射，戌律。射，音亦。无射者，九月之卦为剥。剥穷上反下，无有厌斁。上阳甫终，下阴即始，所谓不远复也。

又：是月也，申严号令，命百官贵贱，无不务内，以会天地之藏，无有宣出。务内，谓专务收敛诸物于内。会，合也，合天地闭藏之令也。宣出，则悖时令。

【译文】

《礼记·月令》记载：季秋九月，太阳运行的位置在房宿，黄昏时，虚星位于南方中天；拂晓时，柳星位于南方中天。陈澔注：季秋，就是日月相会于大火昱，正值北斗星的斗柄指向戌。房，是东方阳宿，四星直下而微曲，广六度。季秋九月而太阳在卯，戌与卯相合。虚，北方阳宿，二星正直，广九度。

又：音律无射与这个月相应。无射，就是戌律。射，音亦。无射，九月的卦为剥卦。剥卦，穷上反下，没有厌弃。上阳刚结束，下阴即将开始，就是所谓的"不远复"。

又：在这个月，天子严明号令，命令百官不论级别高低，都要致力于秋收，以顺应秋季里天地闭藏万物的时令，不能有向外散出的行为。务内，就是专心致力于把各种物品收敛起来。会，符合，符合天地闭藏的时令。宣出，则是违背时令。

又：乃命冢宰，农事备收，举五谷之要，藏帝籍之收于神仓，祗敬必饬。农事备收，百谷皆敛也。要者，租赋所入之数。籍田所收，归之神仓，将以供粢盛也。祗谓谨其事。敬谓一其心。饬谓致其力也。

又：上丁，命乐正入学习吹。吹，主乐声而言。吹，去声。吹有声无歌，如《南陔》六篇本无辞，而以笙吹之，所谓笙吹也。《象武》有辞而不歌，以管吹之，所谓管吹也。飨帝不止用吹，言吹，则歌舞从可知矣。

【译文】

又：天子还命令太宰，在所有农作物都收获之后，将各种谷物的租税都登记造册，把籍田里的收获都收藏到神仓之中，收仓时必须小心谨慎、用心专一、竭尽心力。农事备收，即各种谷物都收获了。要，即田租、赋税收入的数量。籍田所收，收归于神仓，将其作为供祭祀用的谷物。祗是谨慎行事。敬是用心专一。饬是竭尽心力。

又：上旬的丁日，天子命令乐正组织大家入宫学习吹奏管乐。吹，指的是主乐声。吹，去声。吹有声无歌，如《南陔》六篇本无文辞，而用笙来吹奏，就是所谓的"笙吹"。《象武》有文辞而无歌，用管吹奏，就是所谓的"管吹"。祭祀天帝不只用吹，说吹，从唱歌跳舞就可以知道了。

又：是月也，大飨帝，尝牺牲，告备于天子。仲夏大雩，祈也。此月大飨，报也。飨尝皆用牺牲，仲秋已视全具，至此，则告备而后用焉。帝尝并句，绝尝本秋祭，言四时之祭者，或以为孟月，或以为仲月、季月，则未之闻也。此李秋之月而言尝，故蔡、郑二家并舍时祭而别为之说。惟吴氏说，较为近似。盖秦不师古，其为岁也，既可以十二辰之末为首，则其为祭也，又何不可以三秋之末而尝？姑以疑存之。

【译文】

又：这个月，要遍祭五方天帝，用牲畜祭祀诸神，大臣向天子告备说祭品已经准备好了。仲夏举行大雩，即祈。此月遍祭五方天帝，即报。遍祭、祭祀都要用牺牲，仲秋已经检查了各种器具是否完备，到此时，则在向天子告备后供祭祀使用。帝尝两句，"尝"本指秋祭，说的是四季的祭祀，有人认为是孟月，有人认为是仲月、季月，却从来没有听过。此季秋之月称为"尝"，所以蔡、郑二家合并舍弃时祭而另做解释。只有吴氏的说法，意思较为接近。可能是秦不效法古礼，而为年，既可以十二个时辰的末尾为首，以此为祭，又为什么不可以用三秋之末为"尝"呢？姑且作为疑惑记录下来。

又：合诸侯，制百县，为来岁受朔日，与诸侯所税于民。轻重之法，贡职之数，以远近土地所宜为度，以给郊庙之事，无有所私。刘氏曰："合诸侯者，总命诸侯之国也。"制，犹勑也。百县，诸侯所统之县也。天子总命诸侯，各勑百县，为来岁受朔日，与税法贡数，各以道路远近，土地所宜为度，以给上之事，而不可有私也。言郊庙者，举其重也。旧说秦建亥，此月为岁终，故行此数事者得之。或疑是时秦未并天下，此乃古制。愚按：吕不韦相秦十余年，此时已有必得天下之势，故大集群儒，损益先王之礼，而和此书，名曰《春秋》。将欲为一代兴王之典礼也，故其间多有未见与礼经合者。

又按：昭襄王之时，封魏冉穰侯，公子市宛侯，悝邓侯，则分封诸侯，行王者事久矣。不韦作相时，已灭东周君，六国削甚，秦已得天下大半，故其立制，欲如此也。其后徙死，始皇并天下，李斯作相，尽废先王之制，《吕氏春秋》亦无用矣。然其书亦当时儒生学士有志者所为，犹能仿佛古制，故记礼者有取焉。

【译文】

又：天子召集诸侯和各地长官，制定各个县的制度，准备明年诸事，以及确定各诸侯向百姓征收税收的轻重，向天子交纳贡赋的数量。贡赋的数量，是依据每个诸侯国距离京师远近和每个诸侯国土地肥沃为准则的。这些贡赋，都是用来祭天、祭祖的，个人不得私藏。刘氏说："合诸侯，即天子命令所有诸侯国。"制，即勅。百县，各诸侯管理的县。天子命令所有的诸侯，各勅百县，为明年诸事做准备，抽税轻重、纳贡数量，都以道路远近，土地肥沃为依据，这些贡赋都是用来祭天、祭祖，个人不得私藏。提起郊庙的原因，是为了突出郊庙的重要性。旧说是秦建亥，这个月为年终，所以做这几件事有利于统治。有人怀疑当时秦国还没有统一天下，这是古制。我按：吕不韦在秦国作了十多年宰相，此时已有必得天下之势，所以聚集天下的儒生，增减先王之礼，而著成此书，名为《吕氏春秋》。欲将其作为一代帝王兴盛的典礼，所以其中有很多未曾出现的符合礼经的内容。

又按：秦昭襄王时，封魏冉为穰侯，封公子市为宛侯，封公子悝为邓侯，分封诸侯，行王者事很久了。吕不韦为丞相时，秦已灭东周国君，六国被严重削弱，秦已得到大半天下，所以他们建立制度，想通过这些做法巩固统治。后来吕不韦死在了迁徙的路途中，始皇吞并天下，李斯为相，废除了所有的先王制度，《吕氏春秋》也就没有用了。然而吕不韦的书也是当时儒生学士有志者所为，还能模仿古制，所以重视礼义的人会选用。

又：是月也，天子乃教于田猎，以习五戎，班马政。教于田猎，谓因猎而教之以战陈之事，习用弓矢、殳、矛、戈、戟之五兵，班布乘马之政令，其毛色之同异，力之强弱，各以类相从也。

又：命仆及七驺咸驾，载旌旐，授车以级，整设于屏外，司徒搢扑，北面誓之。仆，戎仆也。天子马有六种，各一驺主之，并总主六驺者为七驺也。皆以马驾车。又载析羽之旌，龟蛇之旐，既毕，而授车于乘者，以尊卑为等级，各使正春行列向背，而设于军门之屏外。于是司徒插扑于带，于陈前北面誓戒之。此时六军皆向南而陈也。扑即夏、楚二物也。

【译文】

又：在这个月，天子举行田猎，借此机会教百姓战阵，练习各种兵器的使用，并颁布马政。教授田猎，即借着打猎的机会教习百姓排列战阵之事，让百姓学习使用弓矢、殳、矛、戈、戟五种兵器，颁布骑乘马的政令，马的毛色的异同，马力的强弱，都以此类推。

又：田猎时，天子命令田仆和七驺全都驾好猎车，车上插着各种旗子，按照田猎者的身份等级来分配车辆，让他们有秩序地排列在猎场大门口的屏障外，司徒腰插鞭杖，面向北告诫将要田猎的那些人。仆，戎仆。天子的马有六种，每种都有一个驺主管，与总管六驺的人合起来称为七驺。都以马驾车。并载着析羽的旗帜，龟蛇的旐，礼毕，把车分配给乘坐之人，以尊卑来定等级，各使正春行列向背，排列在军门的篱笆外面。这时司徒腰间插着鞭杖，在队列前面朝北面誓戒。此时六军都朝南陈列。扑就是夏、楚二物。

《周礼》：戎仆，中大夫二人。按：田以习戎，金辂、玉辂、象辂非所当驾，且尚强尚疾，驽马又安用之？恐是天子六军，分别左右，亲军、虎贲居中，故为七也。

又：天子乃厉饰，执弓挟矢以猎，命主祠祭禽于四方。天子戎服，而严厉其威武之饰，亲用弓矢，以杀禽兽，盖奉祭祀之物，当亲杀也。猎竟，则命典礼之官，取所获之兽祭于郊，以报四方之神。禽者，兽之通名也。按：仆及七驺咸驾，此班马政之事；执弓挟矢以猎，此习五戎之事。获兽必资于兵，驾车必资于马。咸驾，是未猎之时，先备事而致戒；厉饰，是方猎之时，必亲事而行礼习武之事皆在其中。天子猎后，诸侯百姓皆以次而猎，习与班之政行矣。

【译文】

《周礼》记载：戎仆，有中大夫两人。按：借田猎来练习军事，金辂、玉辂、象辂并非用来驾车，尚且能又强又快，驽马又怎么用呢？可能是天子六军，分列于左右，亲军、虎贲居中，所以称为七驺。

又：然后天子穿着戎装，持弓射箭开始田猎。完了以后，命令祭祀的官员，用猎获而来的鸟兽祭祀四方的神灵。天子身穿戎装，并披多种打猎时所需的饰物，亲自用弓箭，射杀禽兽，因为供奉祭祀的牲畜，应当由天子亲手猎杀。田猎结束后，天子则命令掌管礼仪的官员，用打猎所获的禽兽祭祀郊庙，以报四方之神。禽，是野兽的通称。按：天子命令田仆和七驺全都驾好猎车，这是颁布马政之事；手执弓箭来打猎，这是练习五戎之事。获得野兽一定会用到士兵，驾车一定要用到马。咸驾，是打猎还未开始之时，先做好各种准备且提前告戒；厉饰，这是打猎之时，一定要事必躬亲且行礼习武之事都包括在内。天子打猎之后，诸侯百官都依次打猎，是为了熟悉与执行颁布的政令。

又：乃趣狱刑，毋留有罪。刑，于罪相得，即决之，留而不决，亦悖时令也。趣，音促。

又：收禄秩之不当，供养之不宜者。收，如汉法收印绶之收。禄秩不当，谓不应得，而恩命滥赐者也。供养，各有宜用。不宜，谓侈僭踰制者。此亦顺秋令之严肃也。

又：是月也，天子乃以犬尝稻，先荐寝庙。

《诗·唐风》：蟋蟀在堂，岁聿其暮。笺：蟋在堂岁时之候，是时农功已毕。聿，古勇切，音巩。

《尔雅》：蟋蟀，蛬。注：今促织也。

又：蟋蟀在堂，役车其休。役车，方箱，可载任器以供役。收纳禾稼，亦用此车。庶人乘役车。役车休，农功毕，无事也。

【译文】

又：于是天子派人督促主管刑狱的官员结案和处决囚犯，不再将有罪的人留到第二年。刑，就是对于那些罪有应得之人，立即处决，留而不决，是违背时令的。趣，音促。

又：没收那些不该享受俸禄的人的俸禄，取消那些不该享受供应的人的供应。收，如汉法中收印绶的没收。禄秩不当，就是不该享受俸禄的人，是皇帝不加节制赐恩的人。供养，各人应享受的供应不同。不宜，即为奢侈逾制之人。这也是顺应秋令的严正态度。

又：在这个月，天子就着狗肉品尝新稻，先祭献给宗庙的神灵们。

《诗经·唐风》记载：天寒蟋蟀进堂屋，一年将要结束。郑笺：蟋蟀在堂是岁时节令，这时农事完毕。蜇，古勇切，音巩。

《尔雅》记载：蟋蟀即蜇。注：如今叫促织。

又：天寒蟋蟀进堂屋，役车也休息了。役车，即方箱，可以装载各种工具以供役。人们收纳庄稼，也用此车。庶人乘的是役车。役车歇息，农事完毕，就无事了。

《豳风》：九月叔苴。叔，拾也。苴，麻之有实者也。麻，九月初熟，拾取以供羹菜。其在田收获者，犹纳仓以供常食也。又：九月筑场圃。场圃同地。自物生之时，耕治之以种菜茹，至物尽成熟，筑坚以为场。

《夏小正》：树麦。传：鞠荣而树麦，时之急也。

《说文》：戌，灭也。九月阳气微，万物毕成，阳下入地也。

《齐民要术》：九月治场圃，涂囷仓，修窦窖，缮五兵，习战

自物生之时，耕治之以种菜茹，至物尽成熟，筑坚以为场。

野菊花

射，以备寒冻穷厄之寇。存问九族孤寡老病不能自存者，分厚彻重，以救其寒。

【译文】

《诗经·豳风》记载：九月拾秋麻子。叔，拾起。苴，大麻中开花后能结果实的。麻，九月初成熟，拾起来以供羹菜。百姓在田中收获的麻，也要收入仓库以供平常食用。又说：九月修筑打谷场。场圃是同一个地方。从农作物生长的时候开始，耕种整治土地以种菜蔬，等到农作物完全成熟，就把场地修筑坚固作为打谷场。

《夏小正》记载：可以种麦了。传说：野菊开花就可以种麦了，正是当务之急。

《说文解字》记载：戌，灭。九月阳气微弱，万物成熟，阳气下潜入地。

《齐民要术》记载：九月适合治理场圃，修缮粮仓，建设地窖，修缮兵器，进行军事训练，以防备寒冻穷困敌寇的侵犯。慰问九族中孤、寡、老、病等不能自理的人，分别根据他们需要帮助的情况、程度，以救其寒。

《晋书·礼志》：九月九日，马射。或云秋金之节，讲武习射，象立秋之礼也。

《孟嘉传》：九月九日，桓温燕龙山，寮佐毕集。时佐吏并著戎服，有风至，吹嘉帽堕落，嘉不之觉。温命孙盛作文嘲嘉，嘉见即答之,其文甚美。

《齐书·武帝纪》:永明五年,九月己丑,诏曰:"九日出商飚馆,登高宴群臣。辛卯,车驾幸商飚馆。在孙陵冈,世呼为九日台者也。宋武为宋公,在彭城,九日出项羽戏马台,至今相承。"

【译文】

《晋书·礼志》记载:九月九日,进行骑射。有人说金秋时节,讲习武艺,练习射箭,是立秋的礼仪。

《孟嘉传》记载:九月九日,桓温在龙山宴饮,僚属都到了。这时佐吏都穿着戎装,恰巧有风吹来,吹落孟嘉的帽子,孟嘉没有发觉。桓温让孙盛作文嘲笑孟嘉,孟嘉看到后立即回应,文辞甚美。

《齐书·武帝纪》记载:永明五年,九月己丑,皇帝下诏说:"初九从商飚馆出来,登高宴请群臣。辛卯,皇帝亲临商飚馆。在孙陵冈,世人称为九日台的地方。宋武帝为宋公,在彭城,九日从项羽戏马台出来,名字沿袭至今。"

《南史·萧子显传》自序云:天监六年,始预九日朝宴。稠人广坐,独受旨云:"今云物甚美,卿将不斐然赋诗?"诗既成,又降旨曰:"可谓才子。"

《旧唐书·德宗纪》:四序嘉辰,历代增置,汉崇上巳,晋纪重阳。贞元十三年,九月九日,宴宰臣百官于曲江,上赋诗以赐之。十八年九月癸亥，赐群臣宴于马璘山池，上赋《九日赐宴诗》六韵赐之。

【译文】

《南史·萧子显传》在自序中说：天监六年，第一次参加九月九日朝中的宴会，众人广坐，我独自接到圣旨说："今天云彩和风景很美，卿何不一展文采赋诗一首？"诗成以后，皇帝又降下圣旨称赞道："真是一位大才子。"

《旧唐书·德宗纪》记载：四季良辰，历代都有增加，汉代崇尚上巳节，晋重视重阳节。贞元十三年，九月九日，皇上在曲江宴请宰辅大臣和百官，皇上赋诗赠臣下。十八年九月癸亥，皇上在马璘山池举办宴会赏赐群臣，赋《九日赐宴诗》六韵十二句赐给群臣。

《刘太真传》：贞元四年九月，赐宴曲江亭，诏曰："卿等重阳会宴，朕想欢洽，欣慰良多，情发于中，因制诗序。今赐卿等一本，可中书门下简定文词士三五十人应制，同用清字。"宰臣李泌等虽奉诏简择，难于取舍，由是百寮皆和。上自考其第，以太真及李纾等四人为上等，鲍防、于邵等四人为次等，张濛、殷亮等二十三人为下等。而李晟、马燧、李泌三宰相之诗，不加考第。德宗为诗序曰："因重阳之会，聊示所怀。早衣对廷燎，躬化勤意诚。时此万枢暇，适与佳节并。曲池洁寒流，芳菊舒金英。乾坤爽气澄，台殿秋光清。"

【译文】

《旧唐书·刘太真传》记载：贞元四年九月，皇上在曲江亭赐宴，下诏说："卿等重阳聚会宴饮，朕想到大家如此欢乐融洽，非常欣慰，内心情感勃发，因此作应制诗序。如今赐予卿等一本，让中书门下审定三五十个文词之士作的应制诗，同用清字。"宰臣李泌等人虽然奉诏选择，实在难于取舍，于是百官不分高下。皇上亲自考察等次，以刘太真、李纾等四人的诗为上等，鲍防、于邵等四人为次等，张蒙、殷亮等二十三人为下等。而李晟、马燧、李泌三位宰相的诗，不加考第。德宗为诗作序说："借着重阳之会，我略微表达一下我的感怀。早上穿上朝服，对着庭院燃烧着的香炉，我以身体则地以勤勉、真诚的态度迎接佳节。此时此刻，万物宁静无事，正好与美好的节日碰到一起。曲池中的清池寒流在流动，芳菊努放，金英绽彩。整个天池都洋溢着清爽的气息，殿台间的秋光明亮清澈。"

《韦绶传》：召为尚书右丞，兼集贤院学士。遇重阳，赐宰臣百官曲江宴，绶请与集贤学士别为一会，从之。

《选举志》：四门学生补太学，太学生补国子学。每岁九月，有授衣假。

又《韦绶传》：九月九日，帝为《黄菊歌》，顾左右曰："安可不示韦绶？"即遣使持往，绶遽奉和，附使进。

《崔信明传》：郑世翼遇信明江中，谓曰："闻公有'枫落吴江冷'，愿见其余。"信明欣然，多出众篇，世翼览未终，曰："所见不逮所闻!"引舟去。

【译文】

《旧唐书·韦绶传》记载:朝廷征召他做尚书右丞,兼任集贤院学士。遇上重阳节,皇上赏赐宰臣百官在曲江亭宴饮,韦绶请求跟集贤院的学士在另一处宴会,皇上答应了他。

《新唐书·选举志》记载:四门学生补入太学,太学生补入国子学。每年九月有授衣假。

《新唐书·韦绶传》又记载:九月九日,皇帝作《黄菊歌》,对随侍之人说:"怎能不给韦绶看呢?"于是皇帝让人拿着去给韦绶看,韦绶马上作诗奉合,交给使者送进宫中。

《新唐书·崔信明传》记载:郑世翼在江中偶遇崔信明,对崔信明说:"听说先生写出了'枫落吴江冷'这样的句子,希望可以看一看先生其余的诗作。"崔信明欣然,拿出了自己多年来的众多诗作,郑世翼浏览了一下,还没有看完,就说:"真是所见不如所闻!"之后就乘船离开了。

《王勃传》:九月九日,都督大宴滕王阁,宿命其婿作序以夸客,因出纸笔遍请客,莫敢当。至勃,慨然不辞。都督怒,起更衣,遣吏伺其文辄报。一再报,语益奇,乃矍然曰:"天才也。"

《宋·仁宗纪》:九月辛卯,以重阳,曲宴近臣宗室于太清楼,遂射苑中。

研茱萸酒洒门户，
以禬禳。

《辽史·礼志》：九月重九日，天子率群臣部族射虎，少者为负，罚又重九日^①，研茱萸酒洒门户，以禬禳。

《元·郝经传》：汴中民射雁金明池，得系帛，书诗云："霜落风高恣所如，归期回首是春初。上林天子援弓缴，穷海累臣有帛书。"后题曰："至元五年九月一日放雁，获者勿杀，国信大使郝经书于真州忠勇军营新馆。"其忠诚如此。

【注释】

①罚又重九日：应作"罚重九宴"。据清四库全书本改，译文从之。

【译文】

《新唐书·王勃传》记载：九月九日，都督在滕王阁大宴宾客，事先暗中让他的女婿作了一篇序用来向宾客炫耀文采，于是拿出纸笔遍请宾客作序，大家都不敢。到王勃那里，他竟漫不经心地接过笔来，也不推辞。都督大怒，起身假装去更衣，暗中派遣下属窥探王勃的文章，随时汇报。汇报了一两次后，文章的语言愈发奇妙，都督兴奋地说："真是个天才！"

《宋史·仁宗纪》记载：九月辛卯，因重阳节，皇帝在太清楼曲宴近臣、宗室，于是在苑中射箭。

《辽史·礼志》记载：九月九日，天子率领群臣和各部族射虎，数量少的人就算败，处罚在重阳九日宴请大家，研茱萸酒洒在门户之上，用以祈求消除祸患灾异。

《元史·郝经传》记载：汴中的百姓在金明池射雁，得到系帛，上面写了一首诗说:"霜落风高恣所如,归期回首是春初。上林天子援弓缴,穷海累臣有帛书。"后面题道:"至元五年九月一日放雁,捕获的人请不要杀它,国信大使郝经写于真州忠勇军营新馆。"由此可见其忠诚。

葛洪《西京杂记》:戚夫人侍儿贾佩兰说,在宫内时,九月九日,佩茱萸,食蓬饵,饮菊花酒,令人长寿。

宗懔《荆楚岁时记》:九月九日,四民并籍野饮宴。

吴均《续齐谐记》:汝南桓景随费长房游学累年。长房谓曰:"九月九日,汝家中当有灾,宜急去,令家人各作绛囊,盛茱萸以系臂,登高饮菊花酒,此祸可除。"景如言,齐家登山。夕还,见鸡犬牛羊一时暴死。长房曰:"此可代也。"今世人九日登高饮酒,妇人带茱萸囊,盖始于此。

【译文】

葛洪在《西京杂记》记载:戚夫人的侍女贾佩兰说,在宫内时,九月九日,佩带茱萸,吃蓬饵,喝菊花酒,可以令人长寿。

宗懔在《荆楚岁时记》记载:九月九日,士、农、工、商各阶层的人都会到郊外摆宴畅饮。

吴均的《续齐谐记》记载:汝南桓景跟随费长房游学多年。长房说:"九月九日,你的家中会有灾祸,应该赶快离开,让家里的人都作红色的香囊,里面放上茱萸系在手臂上,登高饮菊花酒,可以消

香囊

除这场灾祸。"桓景按照他说的,在九月九日这天全家登山。晚上回来,看到鸡犬牛羊同一时间暴死。长房说:"这可以代替了。"现在世人九月九日登高饮酒,妇女佩带茱萸香囊,就是从这儿开始。

郦道元《水经注》:赣水又北迳龙沙西,沙甚洁白,高峻而陁有龙形,连亘五里中,旧俗九月九日升高处也。

又:虎圈东,魏太平真君五年城之以牢虎也。季秋之月,上亲御圈,勒虎士效力于其下,事同奔戎,生制猛兽,即《诗》所谓祖裼暴虎,献于公所也,故魏有《捍虎图》。

杨衒之《洛阳伽蓝记》:华林园中有大海,即汉天渊池。世宗在海内作蓬莱山,山上有仙人馆,上有钓台殿,并作虹蜺阁。至于三月禊日,季秋九辰,皇帝驾龙舟鹢首游于其上。

【译文】

郦道元的《水经注》记载:赣水又向北流经龙沙西,沙石十分洁白,龙沙非常洁白,高峻倾斜,像龙的形状,绵延长达五里,旧俗说此处是九月九日登高之地。

又说:虎圈是魏太平真君五年为关押猛虎而建的。农历九月,皇上亲临虎圈之上,命勇士虎圈,就同勇士高奔戎的行为,生擒猛虎。正如《诗经》所记载的:赤手空拳,降服猛虎,把它进献于公的住所。因此魏时有《捍虎图》。

杨衒之的《洛阳伽蓝记》记载:华林园中有大海,即汉天渊池。

世宗在海内建造蓬莱山,山上有个仙人馆,再上有钓台殿,并建造了虹蜺阁。到了三月禊日,九月九辰,皇帝驾龙舟,船头游于其上。

孙思邈《千金·月令》:重阳之日,必以肴酒登高眺望,为时宴之游赏,以畅秋志。

韩鄂《岁华纪丽》注:汉武帝《秋风辞》云:"秋风起兮白云飞,草木黄落兮雁南归。兰有秀兮菊有芳,怀佳人兮不能忘。"又《魏文帝与钟繇书》曰:"九月九日,草木遍枯,而菊芬然独秀,今奉菊一束。"

韦绚《刘宾客嘉话录》:为诗用僻字,须有来处。重阳欲押一餻字①,寻思六经竟未见有糕字,不敢为之。

窦苹《酒谱》:汉人采菊花并茎叶,酿之以黍米,至来年九月九日,熟而就饮,谓之菊花酒。

【注释】
①餻:同"糕"。

【译文】
孙思邈的《千金方·月令》记载:重阳这天,一定要携带酒菜登高眺望,为游赏而举行宴会,用以尽情地抒发秋志。

韩鄂的《岁华纪丽》注:汉武帝的《秋风辞》说:"秋风刮起,白云飞翔。草木枯黄,大雁南归。秀美的是兰花,芳香的是菊花,对佳人的思念难以停止。"又有《魏文帝与钟繇书》说:"九月九日,花草树木全都枯萎，只有菊花芬芳独秀，如今奉上一束菊花。"

韦绚的《刘宾客嘉话录》记载：作诗时使用的生僻字，需要有来处。重阳想要押一"糕"字，反复思索六经中竟没有见到有"糕"字，故而不敢用这个字。

窦苹《酒谱》记载：汉朝人采摘带着茎叶的菊花，用黍米来酿酒，到第二年九月九日，酒酿好就可以喝了，称为"菊花酒"。

朱子《名臣言行录》：韩魏公重阳有诗云："不羞老圃秋容淡，且看寒花晚节香。"公居常谓，保初节易，保晚节难。故晚节事事尤著力。

陆游《南唐书·元宗子从善传》：后主常制《却登高文》曰[1]："玉罍澄醪，金盘绣糇。茱房气烈，菊蕊香豪。"又左右进而言曰："惟芳时之月令，可藉野以登高，矧上林之伺幸，而秋光之待褒乎？"又曰："年年不负登临节，岁岁何曾舍逸邀。小作花枝金剪菊，长裁罗枝翠为袍。"

《冷斋夜话》：黄州潘大临工诗，谢无逸以书问有新作否，潘答书曰："昨日闲卧，闻搅林风雨声，起题壁曰：'满城风雨近重阳。'忽催租人至，遂败意，止此一句奉寄。"

【注释】

①常：应作"尝"，曾经。

【译文】

朱熹在《宋名臣言行录集》记载：韩魏公重阳有诗说："不羞老圃秋容淡，且看寒花晚节香。"韩魏公平日里常说，早年保持节操比较容易，但能够保持晚节就不容易了。所以晚年每件事都竭尽全力。

陆游在《南唐书·元宗子从善传》记载：南唐后主李煜曾经创作了一篇《却登高文》说："玉罍澄醪，金盘绣糕。茱房气烈，菊蕊香豪。"又有随侍之人进言说："如此良辰美景，正可去野外登高，更何况山林等着您去游览，秋光也等着您欣赏呢？"李后主又说："我年年参加登临节，从未舍弃过游乐。轻剪金菊戴头上，长裁罗枝作为袍。"

《冷斋夜话》记载：黄州潘大临善于作诗，谢无逸写信询问他有没有新作，潘大临回信说："昨天闲卧于榻上，听到风雨吹打树林的声音，起身在墙壁上题诗：'满城风雨近重阳。'忽然催租人到了，十分扫兴，只有这一句话寄送给你。"

寒 露

九月节气，秋分后十五日。斗柄指辛为寒露，气渐肃，露寒而将凝也。

《易通卦验》：寒露正阴，云出如冠缨。

《国语》：天根见而水涸，本见而草木节解。天根，亢氐之间也。本，氐也。涸，竭也。寒露，雨毕之后五日，天根朝见，水潦尽竭。十日阳气尽，草木枝节皆理解。

《三礼义宗》：寒露者，九月之时，露气转寒也。

【译文】

寒露是九月的节气，在秋分后十五日。此时正值北斗星的斗柄指向辛为寒露，天气渐渐肃杀，露水寒冷将要凝结。

《易通卦验》记载：寒露正阴，云出如冠缨。

《国语》记载：天根在早晨出现时表示河流将干枯，氐星在早晨出现时表示草木将凋落。天根，亢宿、氐宿之间。本，氐宿。涸，竭。寒露，在雨水结束之后第五天，若天根早晨出现，预示水源将枯竭。

第十天阳气消失,草木枝节都凋落了。

　　《三礼义宗》记载:寒露是九月的时节,露气转寒。

寒露一候 鸿雁来宾①

后至者为宾，雁非中国之鸟也。

《月令》纪雁为详，以生于阴而能从阳，非中国而知有中国，故重之，重之，故详之。十二月雁北乡，则七月雁南乡可知，乡之未启行也。正月鸿雁归，启行未至北也。八月鸿雁来，启行未至南也。九月则若宾之至矣。九月来宾，则三月至其乡可知。而详于南，其所见也；略于北，其所不见也。于北曰乡，曰归，乡其乡，归其乡也。于南曰来，曰来宾，客之也，以雁固非中国之鸟也。爵亦号嘉宾，高氏宾爵之训不为无据。而《春秋》孟仲皆言鸿雁来则辞复，不若来宾之义正也。

【注释】

①鸿雁来宾：寒露前五日，鸿雁会排成一字或人字形的队列大举南迁。此时是最后一批，故古人称后至者为"宾"。

【译文】

后至者为"宾"，雁并非中国的鸟。

《月令》中对鸿雁的记载很详细，鸿雁生于寒冷之地却向往温暖之地，并非中国的鸟却知道有中国，所以人们很推崇鸿雁，推崇它，故而我详细记载。十二月鸿雁感北方阳气，向北迁移，那么就可知道七月大雁会向南迁移,归乡而没有出发。正月鸿雁开始北归,已经动身却未到北方。八月鸿雁开始南迁,虽已动身却未到南方。九月,则最后一批鸿雁南迁。九月鸿雁南迁,那么可知三月可回到它的家乡。详细记载鸿雁在南方的情况,是因为他们看到了;鸿雁在北方时潦草记录,是因为他们看不见。把北方叫乡,叫归,面对其家乡,回归其家乡。对于南方而言称其为"来",叫"来宾",是去南方作客,因为鸿雁本来就不是中国的鸟啊。也授予它"嘉宾"的称号,高氏宾爵的解释不是没有根据的。而《春秋》中孟子、仲子都说"鸿雁来"是繁辞复说,不如"来宾"的意思正确。

寒露二候 爵入大水为蛤

严寒所至，蜚化为潜也。爵不言化，蛤不复为爵，与鹰鸠之相复异也。蛤无阴阳牝牡，而能生珠，一于阴也，一于阴者，须阳化也。雉化蜃，亦阳化阴。而蜃五百年化蛟，蛟五百年为龙，阴老复化阳也。爵，与雀同。蛤，音鸽，蚌蛤也。蚌，步项切，音棒，蜃属。

《大戴礼》：蚌蛤龟珠，与月盈亏。蜃，时轸切，音肾。

《述异记》：黄雀秋化为蛤，春复为黄雀，五百年为蜃。蛤，《山海经》注：蜃，一名蚌，一名含浆。

【译文】

严寒到来，飞物变化为潜物。雀不说变化，蛤不再变为雀，与鹰鸠可以互相转化不同。蛤不分阴阳雌雄，都能生珠，一在阴处，一属阴物，需要阳化。野鸡变为蜃，也是从阳变阴。而蜃五百年化蛟，蛟五百年化龙，阴到了尽头又化为阳。爵，与"雀"同。蛤，音鸽，蚌与蛤。蚌，步项切，音棒，属于蛤蜊之类。

《大戴礼》记载：蚌蛤龟珠，代表月亮的盈亏。蜃，时轸切，音肾。

《述异记》记载：黄雀秋季变成蛤，春天又变回黄雀，五百年化为蜃。蛤，《山海经》注：蜃，一名蚌，又名含浆。

寒露三候 菊有黄华

菊独华于阴，故曰有也。

《月令》菊作鞠，《唐韵》作蘜。按：此蘜、鞠皆通菊也。菊色不一，专言黄者，秋令在金，菊色以黄为正，金亦有五色，而以黄为贵也。

【译文】

只有菊花因阴气而开花，所以说有黄花一称。

《礼记·月令》中菊写作"鞠"，《唐韵》中写作"蘜"。按：这"蘜""鞠"都通"菊"。菊花的颜色不同，特指黄色的菊花，因秋令属金，菊花的颜色以黄为正，金也有五色，而以黄色为贵。

霜 降

九月中气，寒露后十五日。斗柄指戌为霜降，气愈肃，露凝为霜也。按：《月令》：是月也，霜始降，则百工休。乃命有司曰："寒气总至，民力不堪，其皆入室。"总至，凝聚而至也。汉以后以为九月中气。

《诗·豳风》：九月授衣。笺：九月霜降始寒，蚕绩之功成，可以授衣矣。

又：九月肃霜。传：肃，缩也，霜降而收缩万物。

《易通卦验》：霜降，太阳云上如羊①，下如磻石。

【注释】

①太阳：应作"大阴"，据南宋绍兴年间的浙江刊本《艺文类聚》改，译文从之。

【译文】

霜降是九月中气，在寒露之后的十五天。此时正值北斗星的斗柄指向戌就是霜降，气温愈加肃杀，露水凝结为霜。按：《礼记·月令》记载：这个月，开始霜降，百工都停工开始休息。于是天子命令相关官员说："寒气即将到来，民众的身体忍受不了这样的寒冷，让他们全都进入室内避寒。"总至，是说寒气将凝聚到来。汉代以后把霜降作为九月中气。

《诗经·豳风》记载：九月制备寒衣。郑笺：九月霜降天气开始寒冷，蚕茧都收获了，可以制备寒衣了。

又：九月寒来开始降霜。传：肃，缩，霜降而开始收缩万物。

《易通卦验》记载：霜降时，冷气遍布，云出，云上像羊，云下像盘石。

《春秋繁露》：季秋九月，阴乃始多于阳，天乃于是时出漂下霜。

《三礼义宗》：九月霜降为中，露变为霜，故以为霜降节。

《续本事诗》：北方白雁，似雁而小，秋深乃来。白雁至则霜降，河北人谓之"霜信"。杜甫诗"故国霜前白雁来"，谓此。

【译文】

《春秋繁露》记载：季秋九月，阴气开始多于阳气，这时天上开始落下寒霜。

《三礼义宗》记载：霜降为九月中气，露变为霜，所以人们把霜降作为节气。

《续本事诗》记载：北方有一种白雁，像雁而形体小，羽毛是白色的，深秋时就飞来。白雁飞来就是霜降的节气，所以河北人把这种鸟叫做"霜信鸟"。杜甫的诗说"故国霜前白雁来"，指的就是这种鸟。

霜降一候 豺乃祭兽

以兽祭天, 报本也。按:《月令》: 豺乃祭兽, 下又曰: 戮禽。
注: 戮禽者, 杀之以食也。禽者, 鸟兽之总名。然鸟不可曰兽, 兽
亦可曰禽, 故鹦鹉不曰兽, 而猩猩通曰禽也。按: 祭, 仁者之事
也。豺、獭、鹰, 不仁之物也。其皆言祭, 贵仁也。獭言祭, 不言
戮。春生, 仁也, 不忍言杀也; 秋杀, 义也, 戮于是始可用也。于
鹰言戮, 犹不言禽, 豺乃明言戮, 禽于杀不忍遽尽其辞也。其曰
乃如, 不得已之辞也。

【译文】
　　豺狼捕获猎物, 并用猎物祭天, 以报恩思源。按:《礼记·月令》
记载: 豺把野兽四面摆放就像祭祀。下面又说: 捕杀飞禽走兽。注: 戮
禽的原因, 是捕杀禽兽以食用。禽, 是鸟兽的总称。但鸟不可称为兽,
兽却可称为禽, 所以鹦鹉不叫兽, 而猩猩通称为禽。按: 祭, 仁者的
事情。豺、獭、鹰, 都是不仁的动物。它们都说祭, 表明重视仁义。獭
说祭, 不说戮。春生, 是仁, 不忍说杀; 秋杀, 是义, 这样就可用戮了。
于鹰说戮, 却不说禽, 豺就直接说戮, 不忍杀禽就用尽文辞。其说乃
如, 都是不得已用的文辞。

霜降二候　草木黄落

色黄摇落也。按:《月令》:是月也,草木黄落。下又曰:乃伐薪为炭,备御寒也。

【译文】
草木颜色枯黄凋残落下。按:《礼记·月令》记载:这个月草开始枯黄,树开始落叶。下面又说:于是百姓们开始砍伐木柴制作炭,用来抵御寒冷。

霜降三候 蛰虫咸俯

皆垂头，畏寒不食也。按：《月令》：蛰虫咸俯。下又曰：在内，皆堇其户。内，穴之深处也。堇，塞也。堇，音觐。

【译文】
蛰虫都垂下头，进入冬眠状态不吃不喝。按：《礼记·月令》记载：蛰虫都潜入洞中。下面又说：钻进洞穴，并且用泥土封塞好洞口。内，洞穴的深处。堇，塞。堇，音觐。

時節氣候抄

第四册

（清）喻端士 著

謙德书院 译注

团结出版社

图书在版编目（CIP）数据

时节气候抄 / （清）喻端士著；谦德书院译 . -- 北
京 : 团结出版社 , 2024.4

ISBN 978-7-5234-0573-4

Ⅰ . ①时… Ⅱ . ①喻… ②谦… Ⅲ . ①时令—中国
Ⅳ . ① P193

中国国家版本馆 CIP 数据核字 (2023) 第 208354 号

出版： 团结出版社

（北京市东城区东皇城根南街 84 号 邮编：100006）

电话： （010）65228880　65244790　（传真）

网址： www.tjpress.com

Email： 65244790@163.com

经销： 全国新华书店

印刷： 北京印匠彩色印刷有限公司

开本： 145×210　1/32

印张： 28.5

字数： 452 千字

版次： 2024 年 4 月 第 1 版

印次： 2024 年 4 月 第 1 次印刷

书号： 978-7-5234-0573-4

定价： 198.00 元（全四册）

目录

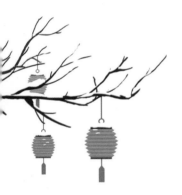

卷五

卷 六

卷五

冬十月

《易·说卦》：劳乎坎。坎者，水也，正北方之卦也。劳者，万物归藏于内，而休息安好慰劳之卦，于时为正冬，万物之所归也。

《礼·乐记》：冬，藏也。

又《乡饮酒义》：北方者冬，冬之为言中也，中者，藏也。

《汉·律历志》：冬，终也。

《管子》：北方曰月，其时曰冬，其气曰寒，寒生水与血，其德淳越。冬时花叶凋落，惟根干存焉，故以淳质为德。越，散也。又：此谓月德，月掌罚，罚为寒。

【译文】

《易经·说卦传》记载：劳乎坎。坎，指水，正北方的卦。劳，万物潜藏于内，是休息安好慰劳的卦，这时为冬至之时，万物必当归藏休息，以待来春复萌生机。

《礼记·乐记》记载：冬，就是藏。

冬时花叶凋落，惟**根干**存焉，故以淳质为德。

草端大月，孟冬也。

又有《礼记·乡饮酒义》记载：北方是冬的位置，冬是终了的意思，终了又含有收藏的意思。

《汉书·律历志》记载：冬，即终。

《管子》记载：北方是月，它的时令称冬，它的气是寒，寒产生水和血，它的特征是淳质清越。冬季时花叶凋落，只剩下根和枝干了。因此以淳质为德。越，即散。又：这叫作月德，月掌管刑罚，刑罚就是寒。

《尸子》：冬为信，北方为冬，万物冬皆伏，贵贱若一，美恶不减，信之至也。

《吕氏春秋》：冬之德寒，寒不信，其地不刚。地不刚，则冻闭不开。又：草端大月，孟冬也。端，朱遄切，音专。《说文》：数也。一曰相让也。

《扬子》：深合黄纯，广含群生。黄纯，谓十月也。纯坤用事，坤为土，其色黄。

【译文】

《尸子》记载：冬季象征诚信，北方是冬的位置，冬季万物都潜伏起来，贵贱如一，好坏不减，是诚信的最高境界。

《吕氏春秋》记载：冬天的特征是寒冷，若寒冷不能按时到来，地冻得就不坚固，地冻得不坚固，就不能冻开裂缝。又：草类到十月就要枯萎，就是孟冬。端，朱遄切，音专。《说文解字》记载：端，就是数。另一说法是相让。

《扬子太玄经》记载：与十月相合，万物全都潜藏。黄纯，指十月。纯坤用事，坤卦五行属土，颜色是黄色。

《书·尧典》：申命和叔，宅朔方，曰幽都，平在朔易。传：北称朔，亦称方。都谓所聚也。易，谓岁改易也。平，均在察，察其政以顺天常。疏：一岁之事，在东则耕作，在南则化育，在西则成熟，在北则改易，故以方名配岁事为文，言顺天时气以劝课人也。春则生物，秋则成物。日之出也，物始生长，人当顺其生长，致力耕耘。日之入也，物皆成熟，人当顺其成熟，致力收敛。东方之官，当恭敬导引日出，平秩东作之事，使人耕耘。西方之官，当恭敬从送日入，平秩西成之事，使人收敛。平秩南讹，平在朔易，亦导日送日之事。

【译文】

《尚书·尧典》记载：尧帝又命令和叔，住在北方的幽都，辨别观察太阳往北运行的情况。传说：北称为朔，也称为方。都称为聚集的地方。易，是运行的变动。平，意思是辨别观察，观察其政治执行情况以顺应天道。疏：一年中的农事，在东边是耕作，在南方为生长，在西方则成熟，在北方则改易，所以以四方的名称来匹配一年中的农事记录下来，是顺应天时节气来劝课农桑的。春天则万物生长，秋天则万物成熟。太阳出来，万物开始生长，人要顺应其生长的规律，努力耕耘。太阳落下，万物都已成熟，人要顺应其成熟的规律，尽力收敛。东方的官员，应当恭敬地引导日出，平秩东方耕作的事情，使人耕耘。西方的官员，应当恭敬地送别日落，平秩西方收成的事情，使人收敛。辨别观察太阳向南运行的情况，辨别观察太阳往北运行的情况，也是引导日出送别日落的事情。

《月令》：孟冬之月，日在尾，昏危中，旦七星中。尾在寅，析木之次也，七星见季春，月建亥而日在寅，亥与寅合也。

又：其日壬癸，其帝颛顼，其神元冥。壬之为言任也，言阳气任养万物于下也。癸之为言揆也，冬时水土平，可揆度也。颛顼，黑精之君。元冥，水官之臣。少皞氏之子，曰修，曰熙，相代为水官。

《左传》：修及熙为元冥是也。颛顼，天水德之帝。元冥，天水气之神。高阳与修、熙，则人帝、人官之配食于此者也。

【译文】

《礼记·月令》记载：孟冬十月，太阳运行的位置在尾宿，黄昏时，危星位于南方中天；拂晓时，七星位于南方中天。尾星在寅，即析木星次，七星见季春，孟冬十月而太阳在寅，亥与寅相合。

又：冬季的吉日是壬癸，五行中属水。尊崇水德的颛顼帝，敬奉水官玄冥神。壬就是任，说阳气于地下孕育万物。癸说的是揆，意味着冬天的时候水土平坦，可以测量了。颛顼，北方之神。玄冥，是水神。少皞氏之子，名修，也叫熙，世代为水官。

《左传》记载：修与熙为玄冥。颛顼，是天水德之帝。玄冥，是指天水气之神。高阳氏与修、熙，人帝、人官的配享指的就是他们。

又：其虫介，其音羽，律中应钟。其数六，其味咸，其臭朽。其祀行，祭先肾。介虫，龟为长，水物也。羽，音属。水，应钟，亥律，水成数六。咸、朽皆水属，水受恶秽，故有朽腐之气也。行者，道路往来之处，冬阴往而阳来，故祀行也。春夏秋皆祭先所胜，冬当先心，以中央祭心，故但祭所属。又：冬，主静不尚克制故也。

蔡邕《独断》曰：冬为太阴，盛寒为水，祀之于行，在庙门外之西，軷。按：扬雄、刘安皆谓冬祀井，盖井水灶火，皆功在养人，而夏火冬水，亦于义为合。若行道之神出祖，则祭之无定时，不当列于五祀中也。

【译文】

又：动物中的介虫与水相配，五声中的羽与五声相配，音律中的黄钟与这个月相应。水的成数为六，五味中的咸与水相配，五臭中的朽与水相配。五祀中祭祀行神，祭品中以五脏的肾脏为尊。介虫，龟为长，水生物。羽，音属。水，对应黄钟，音律为亥，水的成数为六。咸、腐朽都是水属，水有了污秽，所以有腐朽的气味。行，道路往来的地方，冬天阴去阳来，所以祭祀行神。春、夏、秋都祭祀先所胜，冬季应先心，以中央祭心，所以只祭祀所属。又：冬季，主静不尚克制的缘故。

蔡邕《独断》记载：冬季为太阴，极寒为水，祭祀的是行神，在庙门外的西面，称为"軷"。按：扬雄、刘安都说冬季祭祀井，大概指的是井水、灶火，他们的作用都是供给人民生活所需，而夏火、冬水，也在意思上相合。如果是行道之神，即外出时祭祀路神，则没有固定的祭祀时间，不应该列于五祀之中。

但《生民》诗言：取羝以軷，以兴嗣岁。则周于岁暮，实祀行。然观诗别举其文，则不在五祀中也。春光脾，夏先肺，秋先肝，皆食其所胜。而中央不先肾，冬不先心者，五行惟水最卑，五脏惟心最贵。心为君主之官，最尊不可屈，故以居中之位配之。而最卑者亦不敢以逾尊，故但自食其所藏也。

又：是月也，命太史衅龟筴，占兆审卦吉凶。冯氏曰："衅龟筴者，杀牲取血而涂龟与蓍筴也。古者器成而衅以血，所以攘却不祥也。占兆者，玩龟书之繇文。审卦者，审易书之休咎，皆所以豫明其理而待用，太史之职也。"

【译文】

但《诗经·大雅·生民》中说：取牡羊为牲以用軷祭，祈求来年是个丰年。在接近年末之时，祭祀行神。然而看《诗经》采用别的文辞，就不在五祀之中。春季祭脾，夏天祭肺，秋天祭肝，都是依照五

行相克的原则来安排祭祀的。而中央不先祭肾，冬天不先祭心，五行中水最为卑微，五脏中心最为贵重。心是代表君主的器官，最为尊贵不可屈从，所以以居中的位置来匹配。而最卑微的人也不敢越过尊君，所以依照内脏来祭祀。

又：在这个月，天子命令太卜用牲血涂抹龟甲蓍草，通过辨别兆象卦象来判断吉凶。冯氏说："衅龟筴的人，要杀牲畜取血来涂抹龟甲和蓍草。古时候的人器具做好了就用血涂抹其上，用以驱逐不祥。占兆的人，观察龟书的占卜之辞。审卦的人，推算易书的吉凶，都是为了预先了解其中的道理而等以后使用，这是太史的职责。"

又：是月也，天子始裘。
《周礼》：季秋献功裘，至此月乃衣之也。
又：命百官谨盖藏，命有司循行积聚，无有不敛。行，去声。申严仲秋积聚之令。
又：坏城郭，戒门闾，修键闭，慎管籥。坏，补其缺薄处也。城郭欲其厚实，故言坏。门闾备御非常，故言戒。键，锁须也。闭，锁筒也。管籥，锁匙也。键闭或有破坏，故云修。管籥不可妄开，故云慎。

【译文】
又：这个月，天子开始穿毛裘。
《周礼》记载：诸侯在季秋进献功裘，天子到这个月时就可以穿了。

又：天子命令百官谨慎小心储存的各种物。命令司徒巡视露天堆放的禾稼、柴草，将这些东西全部都收藏起来。行，去声。重申仲秋积聚的政令。

又：有关官吏要加固城郭，加强城门戒备，修理门栓，谨慎保管钥匙。坏，修补缺失薄弱之处。内外城墙想要加厚，所以说"坏"。城门和里门严格防备，所以说"戒"。键，是锁簧。闭，是锁筒。管籥，即钥匙。键、闭有的损坏了，所以说"修"。管籥不可以随意开启，所以说"慎"。

又：固封疆，备边竟，完要塞，谨关梁，塞徯径。要塞，边城要害处也。关，境上门。梁，桥也。徯径，野兽往来之路也。竟，音境。塞，先代反。按：盖藏积仓府库之在官者，故命有司谨之；积聚，困仓窖窦之在民者，故命司徒循行之。"坏城"四句，谨于内；"封疆"五句，谨于外。皆所以顺天地之闭塞也。

【译文】

又：军民加固疆界，加强边防，修缮要塞，警戒关卡和桥梁，堵塞小路。要塞，边城的要害之地。关，边境上的门户。梁，即桥。徯径，野兽往来的道路。竟，音境。塞，先代反。按：应该是负责管理储藏的粮仓和府库的在职官吏，所以天子命令相关官员行事谨慎；积聚，粮仓和地窖在民间的，所以天子命令司徒去巡视。"坏城"四句，是警戒内部；"封疆"五句，是防备外部。这些都是为了顺应天地而关闭堵塞的。

又：饬丧纪，辨衣裳，审棺椁之厚薄，茔邱垄之大小、高卑、厚薄之度，贵贱之等级。饬丧纪者，饬正丧事之纪律也，即辨衣裳以下诸事，是以上衰下裳，以布之精丽为亲疏，故曰辨，亦谓袭敛之衣数多寡也。棺椁厚薄，有贵贱之等，茔有大小，邱垄有高卑，皆不可逾越。厚薄之度，主礼而言；贵贱之等级，主人而言，故总曰审。朱氏曰："丧者人之终，冬者岁之终，故于此时饬丧纪焉。"按：棺，天子厚二尺四寸，椁厚一尺；递降至庶人棺厚四寸，椁五寸。衣衾，天子百二十称；递降至士三十称。邱垄，天子高一丈，至士四尺。凡礼之厚薄，皆以其人之贵贱为等级，所当饬正之者也。

【译文】

又：整饬丧事的规定要使之合乎礼制，装殓死者需要用衣的多少，内棺外椁的厚薄，坟墓的大小、高低、厚薄尺寸，都要合乎身份贵贱的等级才行。饬丧纪，就是要整饬丧事的纪律，即"辨衣裳"以下诸事，所以上衰下裳，以布的精美程度为亲疏，所以说"辨"，也指大敛时死者所穿衣服的多少。棺椁厚薄，要合乎身份贵贱的等级，墓地有大小，坟墓有高低，都不可逾越。棺椁厚薄的程度，主要依礼而言；贵贱的等级，主要针对死者而言，所以总说"审"。朱熹说："死者是人的终结，冬季是一年的结尾，所以在此时整饬丧事的规定使之合礼。"按: 棺, 天子厚二尺四寸, 椁厚一尺; 递降到平民棺厚四寸, 椁五寸。衣衾, 天子一百二十称; 递降到士三十套。邱垄, 天子高一丈, 到士四尺。凡礼义中规定棺椁的厚薄, 都以死者的贵贱为等级, 所应当整饬丧事使之合乎礼义规定。

又: 是月也, 命工师效功, 陈祭器, 按度程, 毋或作为淫巧, 以荡上心, 必功致为上。物勒工名, 以考其诚, 功有不当, 必行其罪, 以穷其情。工师, 百工之长。效, 呈也。诸器皆成, 独主祭器, 尊也。度, 法也。程, 式也。淫巧, 指诸器而言。致, 读为緻, 谓功力密緻也。勒, 刻也。诚, 考其诚伪也。行, 犹治也。穷, 究诘其诈伪之情也。当, 去声。

又: 是月也, 大饮烝。因烝祭而与群臣大为燕饮也。

又: 天子乃祈来年于天宗, 大割祠于公社及门闾。腊先祖五祀, 劳农以休息之。天宗, 日月星辰也。割祠, 割牲以祭也。社以上公配祭, 故云公社。又祭及门闾之神也, 腊之言猎, 以田猎所获之物, 而祭先祖及五祀之神, 故曰腊也。蔡邕曰: "夏曰清祀, 殷曰嘉平, 周曰蜡, 秦曰腊。"

【译文】

又: 这个月, 天子命工师开始考核百工, 摆出工匠制作的祭器, 检查它们是否合乎法度与程式, 百工不能制作得太过奇巧, 而使天子产生奢侈图享受的心理, 要以坚固精致者为上等。器物上面都要刻上制造者的名字，以便将来核查这些器物的真伪。如果考察不合适或不合格，就要治他的罪，并追究原因。工师，是百官之长。效，即呈。这所有的器具都制作好了，只注重祭器，是因祭器最为尊贵。度，即法。程，即式。淫巧，指的是各种器具过于精巧而无实际用处。致，读为缌，说的是器物要坚固精致。勒，即刻。诚，即考察器物的真伪。行，是治。穷，深入追究其弄虚作假的原因。当，去声。

又：这个月，天子要举行大饮烝之礼。因举行烝祭而君主和群臣大为宴饮。

又：天子祭祀天宗以祈求来年丰收，祷祠于公社及门闾和先祖五祀诸神。慰劳农夫且让他们得到休息。天宗，即日月星辰。割祠，分解牲畜用以祭祀。社以上公配祭，所以叫公社。又祭及门闾之神，腊就是猎，以狩猎所获的猎物，来祭祀祖先及五祀之神，所以叫"腊"。蔡邕说："夏朝叫清祀，商朝叫嘉平，周朝叫蜡，秦朝叫腊。"

然《左传》言：虞不腊。是周亦名腊也。劳农，即《周礼》党正属民饮酒之礼也。

按：《虞书》：先言类上帝，次言禋六宗，则六宗内不应有天。且记言天宗，而不言六，其非六宗审矣。

又：天子有大社，有王社；诸侯有国社，有侯社，此公社即侯社也。门亦五祀之一，而此别言，其在家则一家之门也，在国则国门也，在闾则闾门也。上而公社，下而里社，无不祭；则大而国门，小而闾门，无不祭，皆举一以该之也。

门

亦五祀之一

【译文】

然而《左传》记载：虞国不腊祭。所以周朝也叫腊。劳农，即《周礼》中党正聚集民众举行的祭饮酒的礼义。

按：《虞书》记载：先说肆类于上帝，再说禋祀六宗，那么六宗内就不应该有天。且记说天宗，而不说六宗，就不一定是六宗了。

又：天子有大社，有王社；诸侯有国社，有侯社，这里的公社就是指侯社。门神也是五祀之一，而此处另外说，门神在家就是一家之门，门神在国就是一国之门，门神在闾就是一闾之门。上至公社，下到里社，无不祭祀；而大到国门，小到闾门，无不祭祀，都可以做到举一而推及所以。

又：天子乃命将帅讲武，习射御、角力，以仲冬大阅也。

按：《周礼》：春蒐、夏苗、秋狝、冬狩，皆不见于《月令》，唯驱兽无害五谷，略似于苗，然在孟夏，非苗时也。则此讲武于孟冬，正泰制耳，安见其仲冬必大阅，而以为预习其事乎？预习其事，且记，而大阅之正反不见乎？或以为此即大阅，当在仲冬，脱简在此，亦非也。秦以亥正故于戌月，即行大阅，所谓"天子乃教于田猎，以习五戎"，观《月令》所记田猎莫重于此可知。先儒必以《月令》与《周礼》相附合，故说多凿。

【译文】

又：天子于是命令将帅讲习武备，练习射箭和驾车，较量勇气和力量，为仲冬大规模地检阅军队做准备。

按：《周礼》记载：春蒐、夏苗、秋狝、冬狩，都不记载于《月令》中，只有要对野兽进行驱赶使庄稼不受到危害，大概与庄稼相似，然而在孟夏，并非是种植庄稼的时候。而此处说在孟冬讲习武备，是正泰制，难道只记其在仲冬一定会大阅，用以提前熟悉武备之事？提前熟悉武备这件事，记录下来了，而大阅的正礼却反而不做记录吗？有人认为此处说的就是大阅，应当在仲冬，但是在这时举行，也不对。秦朝用亥正本来就在戌月，所以举行大阅，即所谓的"天子教授百姓种田和射猎的技艺，便于人们学习五种兵器的使用"，看《月令》所记的田猎没有比这更重要的了，便由此可知。先儒必以《月令》和《周礼》相附合，所以说"多凿"。

又：是月也，乃命水虞渔师，收水泉池泽之赋，毋或敢侵削众庶兆民，以为天子取怨于下，其有若此者，行罪无赦。水虞、泽虞、渔师，渔人也，见《周礼》。水冬涸，故以冬时收赋。

按：文王"泽梁无禁"，而周公定《周礼》则有禁者。山林薮泽，实藏与焉，货财殖焉，不为之制，则不为天地留其有余，非撙节爱养之道。且民取之而多得，则必启其骄淫；取之而有得有不得，则必生其争竞，皆足以长奸而召乱。然后知圣人之综理周密，正所以辅相而裁成也。然则文王非欤？曰："商辛之虐甚矣，如毁之伤，不如是不足以稍苏之也。"孟子之告齐宣王，意亦如此。有禁者法之经，无禁者时之权也。以公物之心而尽物之性，节以制度，不伤财，不害民，其庶几乎！

【译文】

又：在这个月，天子命令水虞和渔师征收水泉池沼湖泽的赋税，官员不得借此机会侵扰盘剥百姓，使百姓归怨天子。若有这样的情况发生，一定严加惩处。水虞、泽虞、渔师，都是掌管川泽和捕鱼的官员，见《周礼》。水冬季干涸，所以官府在冬天的时候征收赋税。

按：周文王时，任何人到湖泊捕鱼都不加禁止，于是周公制定《周礼》则有了禁止渔猎的政令。山林湖泽，实际上都是大地的储藏和赐予，货财的增加，不加制止，就不会给天地留有剩余，这不是节省爱护养育之道。而且百姓取用资源都能得到很多，就一定会变得骄奢淫逸；取用资源有的能得到、有的得不到，就一定会发生争执，都足以助长奸邪从而招致混乱。然后才知道圣人的治国之道周全细密，正是为了辅佐君王编制而成的。既然如此，那么文王做错了吗？说："商纣太过于残暴，应当毁掉他造成的伤害，不这样不足以让百姓恢复过来。"孟子说服齐宣王，就是这样的意思。禁止这些行为的法律是永久的，没有限制的行为只是权宜之计。用公物之心而尽物之性，用制度加以节制，不浪费钱财，不伤害百姓，国家差不多就可以治理好了吧！

又《唐月令·孟冬节》有是月也，祭神州地祇于北郊。是月也，命有司祭司寒。是月也，命有司祭司中、司命、司人、司禄。

《左传·襄十三年》：冬，城防，臧武仲请俟毕农事，礼也。

《大戴礼》：方冬三月，草木落，庶虞藏，五谷必入于仓。于时有事，丞于皇祖皇考，息国老六人，以成冬事。

《诗·豳风》：十月获稻，为此春酒，以介眉寿。春酒，冻醪也。获稻为酒，唯助养老。又：十月涤场，朋酒斯飨。曰杀羔羊，跻彼公堂。称彼兕觥，万寿无疆。

【译文】

又《唐月令·孟冬节》中有这个月，在北郊祭祀神州地祇。这个月，天子命令有司祭司寒。这个月，命令有司祭司中、司命、司人、司禄。

《左传·襄公十三年》记载：冬季，国家在防地修筑城墙，臧武仲请求等农忙结束后再动工，这是合乎礼制的。

《大戴礼》记载：当冬季三月，草木凋落，山林川泽的收获已经贮藏，五谷全都归入仓库。在有祭事的时候，要蒸祭于皇祖皇考，养息国老六人，以完成冬时的政事。

《诗经·豳风》记载：十月收获稻谷，以此酿成春酒，以求可以长寿。春酒，即冻醪。收获稻谷酿酒，用来助老养老。又：十月清扫谷场，以两樽美酒敬宾客，宰杀羊羔给大家品尝。登上主人的公堂，举杯共敬主人，齐声高呼万寿无疆。

《白虎通》：律中应钟。钟，动也，言万物应阳而动也。

《岁时事要》：十月天气和暖似春，花木重花，故曰小春。

《后汉书·马融传》：至于阳月，百草毕落。林衡戒田^①，焚莱柞木。

《魏志·王朗传》：董遇，历注经传，颇传于世。注：从学者云："苦渴无日。"遇言："当以三余。"或问三余之意，遇言："冬者岁之余，夜者日之余，阴雨者时之余也。"

《晋书·乐志》：孟冬十月，北风徘徊，天气肃清，繁霜霏霏。耨镈停置^②，农收积场。

《齐书·谢超宗传》：昇明二年，诣东府门自通，其日风寒惨厉，太祖谓四座曰："此客至，使人不衣自暖矣。"

【注释】

①林衡：官名，专门巡守与保护林木。

②耨镈（nòu bó）：皆指锄草类工具。

【译文】

《白虎通》记载：音律中的黄钟与这个月相应。钟，动，说万物感应阳气而动。

《岁时事要》记载：十月天气暖和好似春天，花木重新开花，所以叫小春。

《后汉书·马融传》记载：到了十月，所有的草木都凋落了。林衡巡守田林，焚烧田间的荒草和灌木。

《魏志·王朗传》记载：董遇，给所有的《经》《传》都做过注，传承于世。注：跟从董遇学习的人说："苦于没有学习的时间。"董遇

董遇，历注经传，颇传于世。

说:"应当用'三余'时间。"有人问何为"三余"?董遇说:"冬天是一年的农余时间,夜晚是白天的多余时间,下雨的日子一年四季都有余。"

《晋书·乐志》记载:孟冬十月,北风徘徊,天气寒冷,气氛肃杀,寒霜又厚又密。农民都放下了农具不再劳作,收获的庄稼堆满了谷场。

《齐书·谢超宗传》记载:昇明二年,谢超宗到东府拜访太祖从府门自己直接进去,那天气候冷得厉害,太祖对所有在座的人说:"这位客人一到,让人不加衣服就自觉暖和了。"

《梁书·武帝纪》:勤于政务,孜孜无怠。每至冬月,四更竟,即敕把烛看事,执笔触寒,手为皴裂。

《南史·梁南平王伟传》:立游客省,寒暑得宜。冬有笼炉,夏设饮扇。

《周书·王褒传》:水皮春厚[①],桂树冬荣。

《唐书·礼乐志》:孟冬祭司寒。

《李适传》:天子飨会游豫,惟宰相及学士得从。冬幸新丰,历白鹿观,上骊山,赐浴汤池,给香粉兰泽。

【注释】

①水皮春厚:此处为误,应为"木皮春厚",译文从之。

寒霜

【译文】

《梁书·武帝纪》记载：武帝勤于政事，孜孜不倦。每到冬月，四更天一过，就下令宫人掌火烛查阅奏请事宜，握笔时接触寒冷，手因此而皲裂。

《南史·梁南平王伟传》记载：前来游玩招待客人，寒暑适宜。冬天有取暖用的火炉，夏天有设置于酒席旁的风扇。

《周书·王褒传》记载：木皮春厚，桂树冬荣。

《唐书·礼乐志》记载：孟冬祭司寒。

《新唐书·李适传》记载：天子宴会游乐，只有宰相和学士随侍左右。冬季李适去往新丰，经过白鹿观，上骊山，赐于在汤池沐浴，赐给香粉兰泽。

《宋史·真宗纪》：祥符元年，冬十月甲寅，次太平驿，赐从官辟寒丸、花茸袍。

《夏小正》：十月，黑鸟浴。鸟浴者，飞乍高乍下也。

《师旷禽经》：鸬以水言，自北而南。鸬，音雁，随阳鸟也。冬适南方，集于江干之上，故字从干。

董仲舒《春秋繁露》：荠以冬美。冬，水气也。荠，甘味也。乘于水气而美者，甘胜寒也。

蔡邕《独断》：冬荐稻雁。

荠菜

女功一月得四十五日。

妇人同巷夜绩，

冬则民既入，

【译文】

《宋史·真宗纪》记载：祥符元年，冬十月甲寅，宋真宗到达太平驿，赐给从官辟寒丸、花茸袍。

《夏小正》记载：十月，黑鸟飞得忽上忽下。鸟浴是指，鸟飞得忽高忽低。

《师旷禽经》记载：鴚以水而言，自北向南。鴚，音雁，追随温暖的鸟。冬天飞往南方，聚集在江边上，所以字从干。

董仲舒的《春秋繁露》记载：荠菜在冬季味道最好，冬季的水气充足。荠菜的味道甘甜。借着水气而味道美好，就是甘甜在天气寒冷时最为美好的原因。

蔡邕的《独断》记载：冬天祭祀祖先的荐新之礼是稻子和大雁。

荀悦《汉纪》：冬则民既入，妇人同巷夜绩，女功一月得四十五日。必相从者，所以省费烛火，同巧拙而合习俗也。

葛洪《西京杂记》：汉制，天子玉几，冬则加绨锦其上，谓之"绨几"。以象牙为火笼，笼上皆散华文。后宫则五色绫文。以酒为书滴，取其不冰；以玉为砚，亦取其不冰。公侯皆以竹木为几，冬则以细罽为橐，不得加绨锦。罽，音计，织毛为之，若今之毛氍毹也。

郦道元《水经注》：丙穴中嘉鱼，常以春末游渚，冬初入穴。

韩鄂《岁华纪丽》：羽律才移，乾风更肃。注：十月乾风至。又：菊谢篱金，冰生池玉。

【译文】

荀悦的《汉纪》记载：入冬后，百姓已经搬进屋里住，不再外出干活，同住一条巷子里的妇女，便在夜里聚集在一起纺纱织布，这样就相当于一个月做四十五天的工。妇女们之所以在一起干，是因为这样不但可以节省灯火费用，还能相互提高技术，而又合乎风俗习惯。

葛洪的《西京杂记》记载：汉代的制度，天子的玉几，冬天就在上面铺上光亮厚滑的彩色丝锦，称为"绨几"。用象牙做成火笼，火笼上布满花纹。后宫的嫔妃们用的火笼则是五色花纹的。天子以酒当水滴磨墨，是看中酒不易结冰；用玉作砚台，也是看中它不易冻结。王公诸侯都以竹木作几，冬天就用细毛做成的毛毡口袋套在几上，不在几上加铺光洁厚滑的彩色丝织品。罽，音计，用毛做成的毛织品，就像现在毛织的布或地毯。

郦道元的《水经注》记载：丙穴中有嘉鱼，常常于暮春之时游到沙洲旁，初冬时进入穴内。

韩鄂的《岁华纪丽》记载：羽律才移，乾风更肃。注：农历十月西北风来到。又：菊谢篱金，冰生池玉。

冯贽《云仙杂记》：寶云溪有僧舍①，盛冬若客至，则然薪火，暖香一炷，满室如春。

陆游《老学庵笔记》：淮南谚曰："鸡寒上树，鸭寒下水。"验之皆不然。有一媪曰："鸡寒上距，鸭寒下嘴耳。"上距，谓缩一足。下嘴，谓藏其味于翼间。

【注释】

①寶：同"寶"，即"宝"，玉器宝物等。

【译文】

冯贽的《云仙杂记》记载：宝云溪有个僧人的住所，隆冬时要是有客到来，就燃起火炬，点起一炷暖香，则整个屋子都温暖如春。

陆游的《老学庵笔记》记载：淮南的谚语说："鸡寒上树，鸭寒下水。"经过验证都是错误的。有一个老妇人说：是"鸡寒上距，鸭寒下嘴。"上距，是说鸡缩起一只脚独立。下嘴，是说鸭子将嘴藏在翅膀间。

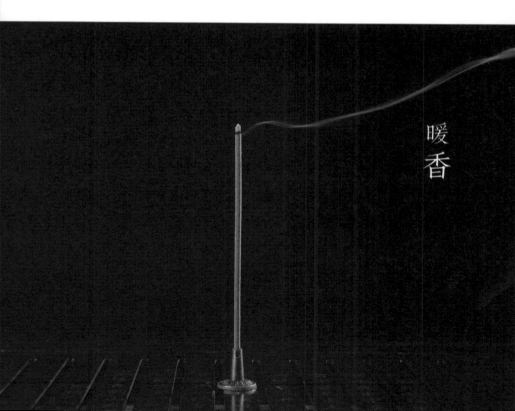

暖香

立 冬

十月节气，霜降后十五日，斗柄指乾为立冬。

《月令》：先立冬三日，太史谒之天子曰："某日立冬，盛德在水。"天子乃齐。立冬之日，天子亲帅三公九卿大夫以迎冬于北郊。还反，赏死事，恤孤寡。死事，为国事而死也。孤寡，即死事者之妻子。不言诸侯，与夏同。按：仲春，养幼少，存诸孤，顺生气之盛也。孟冬，赏死事，恤孤寡，感杀气之盛也。赏与恤分二义，盖死事之子孙，不孤寡则赏之，其孤寡者则恤之。恤视赏，其惠又有加也。

《三礼义宗》：十月立冬为节者。冬，终也。立冬之时，万物终成，因为节名。

《史记·天官书》：黑帝行德，天关为之动。黑帝，北方协光纪之帝也。冬，万物闭藏。为之动，为之开闭也。

【译文】

立冬是十月的节气，在霜降后十五日，正值北斗星的斗柄指向乾位，就是立冬。

《礼记·月令》记载：立冬前三天，太史向天子察告说："某日立冬，水德当令。"于是天子进行斋戒。立冬当天，天子要亲率三公、九卿、大夫到北郊行迎冬之礼。回朝后，对那些为国捐躯的人进行奖赏，对烈士留下的孤儿寡妇给予抚恤。死事，是指那些为国而死的人。孤寡，就是为国捐躯的烈士留下的孤儿寡妇。不提及诸侯，与立夏的礼制相同。按：仲春，官府要养育小孩子和少年，抚恤众多孤儿，是为了顺应旺盛的生气。孟冬，对那些为国捐躯的人进行奖赏，对烈士留下的孤儿寡妇给予抚恤，是感应到旺盛的杀气。赏与恤分指两个意思，赏指的是烈士的子孙，没有孤儿寡妇的则给与赏赐，恤是指有孤儿寡妇的则进行抚恤。抚恤比照赏赐，恩惠又有增加。

《三礼义宗》记载：十月以立冬作为节气的名称。冬，就是终。立冬的时候，万物终成，所以作为节气的名称。

《史记·天官书》记载：北方黑帝得以施行德泽，天关为之变动。黑帝，就是北方协光纪之帝。冬天万物都闭藏起来。是因为顺应黑帝的德泽而动，而为之打开闭藏。

《汉书·魏相传》：北方之神颛顼，乘坎执权司冬。

《后汉书·礼仪志》：立冬之日，京都百官皆衣皂，迎气于黑郊。礼毕，皆衣绛。

又《祭祀志》注：自秋分数四十六日，则天子迎冬于北堂，距邦六里，堂高六尺，堂阶六等，黑税六乘，旗旄尚黑，田车载甲铁鍪,号曰助天诛。唱之以羽, 舞之以干戈, 此迎冬之乐也。

又《崔骃传》: 阴事终而水宿藏。立冬之后, 水星伏藏不见也。

【译文】

《汉书·魏相传》记载: 北方之神叫颛顼, 凭持坎卦, 拿着权掌管冬天。

《后汉书·礼仪志》记载: 立冬当天, 在京都的百官都穿着黑色的衣服, 去郊外迎接代表冬季的神。祭拜仪式结束后, 百官再脱掉黑衣换上绛色朝服。

又《后汉书·祭祀志》注: 从秋分起数四十六天, 天子在北堂迎秋, 北堂距离京城六里, 堂高六尺, 堂阶六等, 身穿黑衣, 黑车六辆, 旌旗也是黑色, 田车中放着铠甲铁鍪, 称为助天诛。唱羽调之歌, 执干戈跳舞, 是为迎冬之乐。

又《后汉书·崔骃传》记载: 阴事结束而水宿隐藏。立冬以后, 水星隐藏不见。

立冬一候 水始冰

水面初凝，未至于坚，故曰始冰。

【译文】
水面刚刚凝结，冰还没有冻坚实，因此被称为"始冰"。

立冬二候 地始冻

土气凝寒，未至于坼，故曰始冻。

【译文】

温度越来越低，土地开始冻结，但还没有到达冻裂的程度，因此称之为"始冻"。

立冬三候 雉入大水为蜃

大水，淮也。蜃，蛟属。此亦飞物化潜物也。晋武库中，忽有雉雏，张华曰："此必蛇化为雉也。"开视，雉侧果有蛇蜕。

《类书》言，雉与蛇交而生子，子必为蜃，不皆然也。然则雉之为蜃，理或有之。蜃，时轸切，音肾，大蛤也。

《述异记》：黄雀秋化为蛤，春复为黄雀，五百年为蜃蛤。按：《本草》：蜃，蛟之属，其状亦似蛇而大。

【译文】
大水，即淮水。蜃，蛟属。此处是说立冬之后飞行的禽鸟就会变成蛤蜊藏入水中避寒。晋朝武库中，忽有一只野鸡鸣叫，张华说："这一定是蛇变成了野鸡。"打开一看，野鸡旁边果然有蛇蜕。

《类书》上说，野鸡与蛇交配而生子，生下的一定是蜃，但也不一定都是这样的。然而说野鸡可以化为蜃，或许是有一定的道理的。蜃，时轸切，音肾，即大蛤。

《述异记》记载：黄雀秋季化为蛤蜊，春天再重新变为黄雀，五百年后化为蜃蛤。按：《本草》记载：蜃，蛟之类，它的形状像蛇而比蛇大。

野
鸡

小 雪

十月中气，立冬后十五日，斗柄指亥为小雪，气寒将雪矣。

《三礼义宗》：十月小雪为中者，气序转寒，雨变成雪，故以小雪为中。

《诗·小雅》：上天同云，雨雪雰雰。传：雰雰，雪貌。丰年之冬，必有积雪。疏：明年将丰，必有积雪为宿泽也。

【译文】

小雪是十月中气，在立冬后的十五日，正值北斗星的斗柄指向亥为小雪，气温寒冷将要下雪。

《三礼义宗》记载：小雪为十月中气，气候转为寒冷，雨水变成雪，所以以小雪作为中气。

《诗经·小雅》记载：冬天的阴云密布于天上，雪花纷纷扬扬坠落下来。毛传：雰雰，霜雪很盛的样子。丰年的冬天，一定有积雪。孔颖达疏：明年将要丰收，一定有积雪可为宿泽。

十月**小雪**为中者，气序转寒，雨变成雪，故以小雪为中。

小雪一候 虹藏不见

虹，音洪。《说文》：螮蝀。

《淮南子》：天二气则成虹，阴阳气交而为虹。此时阴阳极乎辨，故虹伏。虹非有质而曰藏，亦言其气之下伏耳。

【译文】

虹，音洪。《说文解字》中说：虹即螮蝀。

《淮南子》记载：天地间二气形成彩虹，阴阳之气交泰而形成彩虹。此时阴气旺盛阳气隐伏分成两个极端，所以叫虹伏。彩虹并没有实质所以叫藏，也称彩虹下伏不见。

小雪二候 天气上升地气下降

《群芳谱》分为两候，今遵《时宪书》合为一候。

【译文】

《群芳谱》中分为两候，如今遵循《时宪书》合为一候。

小雪三候 闭塞而成冬

按:《月令》: 命有司曰:"天气上腾,地气下降,天地不通,闭塞而成冬。"疑汉以后摘取作小雪二候、三候,易腾为升,又节去"天地不通"四字,不知天地之气,不交则不通,不通则闭塞。

【译文】

按:《礼记·月令》记载: 天子命令主管官员说:"天气向上升,地气往下降,导致阴阳不交,天地不通,所以天地闭塞而转入严寒的冬天。"怀疑汉朝以后摘取作小雪第二候、第三候,改腾为升,又截去"天地不通"四字,当时的人却不知天地间的阴阳之气,不交就不通,不通就闭塞。

冬十一月

《月令》：仲冬之月，日在斗，昏东辟中，旦轸中。斗在丑，星纪之次也。辟，音壁。斗，北方木宿，六星形如北斗，故亦谓之斗，广二十五度。月建子而日在丑，子与丑合也。东壁，西方水宿，二星，广七度。轸，南方水宿，四星似张，广十七度。

又：律中黄钟。黄钟，子律。

又：命有司曰："土事毋作，慎毋发盖，毋发室屋及起大众，以固而闭。"顺闭藏之令，以安伏蛰之性也。固，坚也。而，犹其也。

【译文】

《礼记·月令》记载：仲冬十一月，太阳运行的位置在斗宿，黄昏时，东壁星位于南方中天；拂晓时，轸星位于南方中天。斗星在丑，即星纪星次。辟，音壁。斗，是北方木宿，六星形状如北斗，所以也称之为斗，广二十五度。仲冬十一月而太阳在丑，子与丑相合。东壁，是西方水宿，二星，广七度。轸，是南方水宿，四星似张，广十七度。

又：音律中黄钟与这个月相应。黄钟，是乐律十二律中的子律。

又：天子命令主管官员说："凡属土木之事，不可兴作，有盖藏的地方以及房屋宫室都不可揭开其覆盖，不能调集大批的劳力干活，这样就能封固地气，防止其泄露。"目的就是为了顺应闭藏的政令，以安冬季蛰伏的特性。固，即坚。而，就是其。

又：地气沮泄，是谓发天地之房，诸蛰则死，民必疾疫，又随以丧，命之曰"畅月"。天地之闭固气，犹房室之安藏人也。丧，一说读去声，谓民因避疾疫而逃亡也。畅，克也。言所以不可发泄者，以此月万物皆克实于内故也。按：阴包于外，故言固；阳动于中，故言闭。以固而闭，言毋发动，以顺阴之固于外，而阳乃闭于内也。沮者固之反，泄者闭之反。阴沮洳而不坚，则阳且泄而易散。蛰之出，民之疫，皆以阳易泄故，而虫必死，民且丧，则以微阳不能敌盛阴也。

【译文】

又：地气泄漏，这就称为开启天地且用来闭藏万物的房舍，一旦如此，所有蛰伏的动物就会死去，百姓则会感染上瘟疫，而随之丧命，这个月被命名为"畅月"。天地闭塞封固地气，就像房屋安稳人藏于内。丧，一种说法是读去声，说是百姓因躲避瘟疫而逃亡。畅，就是克。说是不可发泄的原因，是因为这个月万物都闭藏于内的缘故。按：阴气包在外面，所以说固；阳气动于内，所以说闭。封固地气防止其泄露,说不能打开,是为了顺应阴气封固于外,而阳气封闭于内。沮是固的反面,泄是闭的反面。阴气低湿就不坚固,而阳气泄露就容易散开。蛰伏的动物出来,百姓感染瘟疫,都是因为阳气轻易泄露的原因,所以虫子一定会死,百姓因此丧命,都是因为阳气微弱抵挡不住旺盛的阴气。

又:是月也,命奄尹,申宫令,审门闾,谨房室,必重闭。省妇事,毋得淫,虽有贵戚近习,毋有不禁。奄尹,群奄之长也,以其精气奄闭,故名奄人。宫令,宫中之政令也。重闭,内外皆闭也。减省妇人之事,顺阴静也。淫,谓女功之过巧者。

又:乃命大酋,秫稻必齐,麴糵必时,湛炽必洁,水泉必香,陶器必良,火齐必得,兼用六物,大酋监之,毋有差贷。大酋,酒官之长。秫稻,酒材也。必齐,多寡中度也。必时,制造及时也。湛,渍而涤之也。炽,蒸炊也。必洁,无所污也。必香,无秽恶之气也。必良,无罅漏之失也。必得,适生熟之宜也。差贷,不中法式也。酋,音擎。湛,音尖。齐,去声。监,古衔切。贷,音二。

【译文】

又:这个月,天子命令奄尹重申宫中的有关政令,稽查宫内门户,宫内房屋,内外的门都要关闭。同时,减少妇女的劳动量,禁止妇女制作奇巧的东西,就算是皇亲国戚和天子宠幸的嬖人,也不得有

乃命大酋，秫稻必齐，
麹糵必时，湛炽必洁，
水泉必香，陶器必良，
火齐必得，兼用六物，
大酋监之，毋有差贷。

例外。奄尹，就是所有宦官的长官，因为他们的精气已经被阉割了，所以叫奄人。宫令，宫中的政令。重闭，内外的门都要关闭。减少妇女的工作，是顺应阴气的安静。淫，即为女工过于精巧的东西。

又：天子命令酿酒的大酋，在酿造过程中要最好六件事：一是酿酒的秫稻要选择质量优质的；二是制造蘖曲时要及时；三是浸泡和蒸煮的过程要干净；四是酿酒用的泉水要香甜；五是盛酒用的陶器一定要精良；六是酿酒时的火候一定要掌握好。以上六点由酿酒的大酋负责监督酿造，不得有任何差错。大酋，就是酒馆之长。秫稻，酿酒用的材料。必齐，是多少适中。必时，制造蘖曲要及时。湛，浸泡和洗涤酒材。炽，就是蒸煮。必洁，没有被污染。必香，没有污秽的气味。必良，没有裂缝、漏洞的地方。必得，符合生熟的情况。差贷，不符合标准的。酋，音撃。湛，音尖。齐，去声。监，古衔切。贷，音二。

又：天子命有司，祈祀四海、大川、名源、渊泽、井泉。冬令方中，水德至盛，故为民祈而祀之也。

又：是月也，农有不收藏积聚者，马牛畜兽，有放逸者，取之不诘。不诘者，罪在不收敛也。诘，起吉反。

又：山林薮泽，有能取蔬食、田猎禽兽者，野虞教道之；其有相侵夺者，罪之不赦。不赦者，恶其不与人共利也。

又：是月也，可以罢官之无事，去器之无用者。官以权宜而设，器以权宜而造，当此闭藏休息之时，故可罢去。

家畜

【译文】

又：天子下令典礼的官员，分别祭祀四海、大川、大河之源、深渊大泽以及井泉之神，祈求上苍的福佑。冬季，水德盛行，故而为了为民祈福而祀冬。

又：这个月，假如农民有没来得及收藏积聚的谷物，或者把马牛等家畜放在外乱跑，别人可以将它们牵走，官府不进行追问。不诘的原因，是人们罪在不加收敛的缘故。诘，起吉反。

又：在山林蔽泽之中，发现有可以让百姓收获的草木果实，可以猎取鸟兽的地方，主管山林的管理就要对百姓进行指引和帮助；如发现有侵夺他人劳动果实的，一定严加惩处，决不加以宽恕。不赦的原因，是厌恶他们不与他人共享利益。

又：这个月，天子可以罢免那些闲散无事的官员，可以扔掉那些没有用处的器物。因权宜之计而设的官职，因权宜之计而制造的器具，正当在这个时候收藏休息，因此可以免去。

又：涂阙廷门间，筑囹圄，此以助天地之闭藏也。修旧曰缮，更新曰筑。可仍旧者，孟秋已令缮之；必更新者，至此乃营筑之。然土功之事，惟囹圄独后。城郭宫室，卫人之生，囹圄以禁人，未必皆死，而有死之道，先王所不忍急也。

《汉书·律历志》：律中黄钟。黄者，中之色；钟者，种也。阳气施种于黄泉，孳萌万物，为六气元也。

《淮南子》：斗指子，子者，兹也。律受黄钟，黄钟者，钟已

旁勃，**白蒿**也。白兔公食之，寿八百年。

黄也。

　　贾思勰《齐民要术》：《神仙服食经》曰"七禽方"，十一月采旁勃。旁勃，白蒿也。白兔公食之，寿八百年。

【译文】

　　又：粉刷宫阙和门闾，修筑牢狱，是为了帮助天地封闭收藏气势而采取的措施。修整旧物称为缮，建造新的称为筑。可以继续用的旧物，七月已经下令修缮了；一定要重新建造的，到这个月才能开始建筑。然而土木工程之事，只把牢狱放在最后。城郭宫室，是用来保卫百姓可以活下来的，牢狱是用来关押人的，不一定都会死，哪怕是判处了死刑的，先王也不忍心立刻处死的人。

　　《汉书·律历志》记载：音律中的黄钟与这个月对应。黄是中间的颜色；钟就是种。阳气注入地下深处，使万物萌芽生长，是六气之首。

　　斗柄指向子，子，就是兹。音律中黄钟与之相应，黄钟，就是钟已经黄了。

　　贾思勰《齐民要术》记载：《神仙服食经》中的"七禽方"，十一月采摘旁勃。旁勃，就是白蒿。白兔公吃后，活了八百年。

大雪

十一月节气，小雪后十五日，斗柄指壬为大雪。

《三礼义宗》：大雪为节者，形于小雪为大雪。时雪转甚，故以大雪名节。

【译文】

大雪是十一月的节气，小雪后的十五天，北斗星的斗柄指向壬，就是大雪。

《三礼义宗》记载：大雪为节气，表现与小雪相似为大雪。这时降雪的时候变多了，所以以大雪作为节气的名称。

大雪一候 鹖鴠不鸣

阳鸟感六阴之极而不鸣。按:《月令》:冰益壮, 地始坼, 鹖旦不鸣。鸣从旦。鹖旦, 夜鸣求旦之鸟也。鹖, 音曷。《坊记》作"盍旦"。

【译文】

阳鸟感到天气寒冷就不再鸣叫了。按:《礼记·月令》记载:冰结得更厚了, 地也开始冻裂, 鹖旦不再鸣叫。鸣从旦。鹖旦, 是一种夜鸣求旦的鸟。鹖, 音曷。《礼记·坊记》中写作"盍旦"。

鹖

大雪二候 虎始交

虎感微阳萌动，故交也。

【译文】
老虎感到阳气已有所萌动，所以开始求偶交配。

大雪三候 荔挺出

《群芳谱》作荔挺生。按:《月令》:芸始生, 荔挺出。
注: 芸与挺皆香草。又邹以挺上属, 高以挺下属, 未知孰是。
荔, 音丽。

《说文》: 章也, 似蒲而小, 根可作刷。

《礼》本注: 荔, 马薤也, 荤菜也。俗作荔。

【译文】

《群芳谱》中写作荔挺生长。按:《礼记·月令》记载: 此时芸草
生长, 荔挺开始长出新芽。注: 芸与挺都是香草。又有邹以挺上属, 高
以挺下属, 也不知道孰是孰非。荔, 音丽。

《说文解字》记载: 章, 似蒲而略小, 根可作为刷子。

《礼》本注: 荔, 就是马薤, 是荤菜。俗称为荔。

冬　至

十一月中气，大雪后十五日，斗柄指子为冬至。至者，极也。

《书·尧典》：日短星昴，以正仲冬，厥民隩，鸟兽氄。毛传曰：短，冬至之日。昴，白虎之中星，亦以七星并见，以正冬之三节。隩，室也。民改岁入此室处，以避风寒，鸟兽皆生奕毳细毛，以自温焉。

《月令》：是月也，日短至，阴阳争，诸生荡。短至，短之极也。阴阳之争，与夏至同。诸生者，万物之生机也。荡者，动也。按：唐历，十一月之节，日在箕，昏营室中，晓轸中，斗建子位之初。十一月中气，日在南斗，昏东壁中，晓角中，斗建子位之中。

【译文】

冬至是十一月的中气，在大雪后的十五天，正值北斗星的斗柄指向子，就是冬至。至，就是极。

《尚书·尧典》记载：昼最短夜最长，西方白虎七宿中的昴星黄

鸟兽皆生奥毳细毛，以自温焉。

昏时出现在天的正南方,依据这些来确定仲冬时节。这时,人们住在室内避寒,鸟兽长出了柔软的细毛。毛传说:短,冬至的白天。昴,是白虎的中星,也以七星一起出现,用来确定正冬的三节。隩,就是内室。百姓由旧岁进入新年进入室内,用来躲避风寒,鸟兽都长出了柔软的细毛,用来保温。

《礼记·月令》记载:这个月进入冬至,白昼时间最短,虽然阴气旺盛,但阳气也开始产生了,正是阴阳二气互为消长的时节,万物的生机因而动荡,将要发芽。短至,即短到了极致。阴阳二气之争,与夏至相同。诸生,就是万物的生机。荡,就是动。按:唐历,十一月节气,太阳运行的位置在箕星,黄昏时,营室星位于南方中天;拂晓时,轸星位于南方中天。北斗星的斗柄指向子位之初。十一月中气,太阳运行的位置在南斗星,黄昏时,东壁星位于南方中天;拂晓时,角星位于南方中天。北斗星的斗柄指向子位之中。

《通书》:大雪日在尾八度,冬至日在箕六度。

《今时宪书》:大雪日在尾二度,冬至日在箕二度。

《孟子》言:"千岁之日至,可坐而致。"盖古虽三正迭用,而造历必以甲子为历元,元正则余无不正矣。唐尧甲子冬至,日在虚一度,日入而昴中,所谓日短星昴是也。秦庄襄元年,差二十七度,至日在牛三度,而此言斗者,斗度宽,牛度狭,仲冬之节犹在斗十四度,故约言之耳。汉元和三年,日在斗二十一度。晋太元九年,在斗十七度。宋元嘉十年,日在斗十四度;唐开元十二年，在斗九度，《唐月令》所云是也。宋统天历在斗二度，元授时历退在箕十度，明大统历在箕五度。本朝康熙甲子，犹在箕三度，乾隆已在箕二度矣。大约七十年而差一度，二千一百十七年而差一辰，积二万五千四百十年有奇而差一周，此岁差也。举日至而其余中节，可仿此推之。

【译文】

《通书》记载：大雪日，太阳在尾宿八度；冬至日，太阳在箕宿六度。

《今时宪书》记载：大雪日，太阳在尾宿二度；冬至日，太阳在箕宿二度。

《孟子》说："千年之后的冬至，都可以坐着推算出来。"大概是因为古时虽然三正迭用，而编制历法一定是以甲子为历数的开头，元旦则余无不正。唐尧甲子冬至，太阳在虚宿一度，太阳进入到昴宿中，就是所谓的"日短星昴"。秦庄襄王元年，差二十七度，至日在牛宿三度，而这里说斗宿，斗宿度宽，牛宿度狭，仲冬之节仍在斗宿十四度，所以简单说了。汉章帝元和三年，太阳运行在斗宿二十一度。晋孝武帝太元九年，太阳运行在斗宿十七度。宋文帝元嘉十年，太阳运行在斗宿十四度；唐玄宗开元十二年，太阳运行在斗宿九度，《唐月令》所说的是正确的。宋《统天历》太阳运行在斗宿二度，元朝《授时历》太阳运行在箕宿十度，明《大统历》太阳运行在箕宿五度。本朝康熙甲子年，太阳仍运行在箕宿三度，乾隆已运行在箕宿二度。大约七十年而差一度，二千一百一十七年而差一辰，积二万五千四百一十年有余而差一周，这是岁差。从日至到其余中节，可以依照这种方法推算。

又：君子斋戒，处必掩身，身欲宁，去声色，禁耆欲，安形性，事欲静，以待阴阳之所定。此皆与夏至同，而有谨之至者，彼言止声色而此言去，彼言节耆欲而此言禁，盖仲夏之阴犹微，而此时之阴犹盛，阴微则盛阳未至于甚伤，阴盛则微阳当在于善保故也。

又：日短至，则伐木取竹箭。阴盛则材成，故伐而取之。大曰竹，小曰箭。

《诗·豳风》：一之日觱发。风，寒也。周，正月也。

《孝经说》：斗指子为冬至。至有三义：一者阴极之至，二者阳气始至，三者日行南至。

【译文】

又：君子要斋戒，居住地要掩藏的深，身心都要安宁，摒除声色的诱惑，禁止放纵内心的欲望，安定自己的身心，遇事不急躁，静心等待阴阳二气消长的结果。这些都与夏至相同，不同的地方是，夏至说止声色而冬至说去，夏至说节耆欲而冬至说禁，大概是夏至阴气微弱，而冬至阴气却很旺盛，阴微而盛阳所以不应该太过损伤，阴盛而微阳应当好好保养的缘故。

又：在白天最短的月份里，适合砍伐树木，取用箭竹。阴盛则木材长成，所以让百姓砍伐而取用。大的叫竹，小的叫箭。

《诗经·豳风》记载：十一月北风劲吹。风，就是寒。周，就是正月。

《孝经说》记载：北斗星的斗柄指向子，就是冬至。冬至有三种含义：一是阴气到了极致，二是阳气开始出现，三是太阳运行到了最南边。

《管子》：其冬厚则夏热，其阳厚则阴寒。是故王者谨于日至。

《吕氏春秋》：冬至日行远道，周行四极，命曰玄明。

《淮南子》曰：冬至峻狼之山，南极之山。日冬至则北斗中绳，阴气极，阳气萌，故曰冬至为德。德，始生也。阴气极，则北至北极，下至黄泉，故不可以凿地穿井，万物闭藏，蛰虫首穴，故曰德在室。日冬至则水从之，故十一月水正阴胜。水正，水王也。阳气为火，阴气为水。水胜，故夏至湿；火胜，故冬至燥。燥故炭轻，湿故炭重。日冬至，井水盛，盆水溢。阳生于子，故十一月日冬至，鹊始加巢，人气钟首。冬日至则阳乘阴，是以万物仰而生。

【译文】

《管子》记载：冬有极寒则夏热，阳气极厚则阴寒。所以王者极为注意冬至和夏至这两个节令。

《吕氏春秋》记载：冬至这天，太阳运行在离北极最远的圆形轨道上，环行于四个极限点，称为玄明。

《淮南子》中说：北斗星到了冬至斗柄位于峻狼山处，即南极之山。冬至时北斗的斗柄向北指向子辰，与子午经线重合，这时阴气极为兴盛，阳气开始萌发，所以说冬至是给万物带来兴盛之气的节气。德，始生的旺气。阴气达到极盛时，向北可以到达北极、向下可以到达黄泉，所以这时不适合凿地打井。万物都隐藏起来，有的藏到地穴进行冬眠，所以说阳德之气在室内。冬至时虽然阴水旺盛，但阳火也随之而来，十一月水旺，火气也随之上升。水正，就是水旺。阳气为火，阴气为水。水气上升，所以夏至时空气湿润；火气上升，所以冬至时天气干燥。天气干燥，木炭没有吸水就变轻，空气潮湿，木炭吸水多就变重。到了冬至，井水水位上升，盆水溢出。阳气生于子辰，所以冬至十一月，喜鹊开始修筑巢穴，人的阳气也运行聚集到头部。冬至时阴气落阳气升，因此万物都繁荣生长。

《扬子》：阳气潜萌于黄宫，信无不在乎中。冬至之节，万物萌牙于黄宫之中，阳气周神而反乎始，物继其汇。冬至之后，阳气之所始也。周，复也。

《易》曰"七日来复"是也。

《史记·律书》：日冬至则一阴下藏，一阳上舒。

《天官书》：冬至日，产气始萌。冬至极短，悬土炭动，鹿角

鹿角

解，兰根出，泉水跃。

《汉书·薛宣传》：日至休吏。冬夏至之日，不省官事，故休吏。

《后汉·章帝纪》：月充冬至之后^①，有顺阳助生之文。

【注释】

①月充：此处应作"《月令》"，据《群书治要》改。

【译文】

《扬子太玄经》记载：阳气萌发于大地中，信无不在大地之中。冬至之节，万物萌芽于大地中，阳气一周后复生而重新开始，万物相继汇合。冬至之后，阳气开始出现。周，即复。

《易》说"阳气自剥尽至复来共七天"。

《史记·律书》记载：冬至日阴气到了尽头，阳气开始复生。

《史记·天官书》记载：冬至日，阳气开始产生。冬至日白昼极短，人们可把土和炭分别悬挂在衡的两端，若悬挂炭的一端开始仰起，此后鹿换新角，兰根生芽，泉水涌出。

《汉书·薛宣传》记载：至日官府休假不治事。冬至日和夏至日，官府不治事，所以叫"休吏"。

《后汉书·章帝纪》记载：《月令》上说冬至以后，有顺从阳气而助生长的条文。

《后汉·律历志》：候气之法，为室三重，户闭，涂衅必周，密布缇缦。室中以木为案，每律各一，内卑外高，从其方位，加律其上，以葭莩灰抑其内端，案历而候之，气至者灰去。其为气所动者其灰散，人及风所动者其灰聚。殿中候，用玉律十二。惟二至乃候灵台，用竹律六十。日道发南，去极弥远，其景弥长，远长乃极，冬乃至焉。

《礼仪志》：冬至前后，君子安身静体，百官绝事不听政，择吉辰而后省事。

【译文】

《后汉书·律历志》记载：候气的方法，是造三重密室，紧闭门户，并涂抹四壁封堵缝隙，悬挂橘红色的帷幔。室内为每一个音律都做一张木案，里面低外面高，按照方位，把律管摆在案上，并用葭莩灰填充到管内，按照历法，然后等待节气到来，当节气至时律管中的灰便会动。如果是为气所动，葭灰就会飞散，如果是被人或被风吹动，葭灰就会聚集。宫中候气，用十二根玉质律管。只有冬至日和夏至日才在灵台候气，用六十根竹质律管。太阳在轨道上南行，离得越来越远，影子越来越长，影子达到最长的时候，冬至就到了。

《后汉书·礼仪志》记载：冬至前后，君子要静养身体，百官不听政不理事，选择良辰吉日后再办公理事。

《后汉书·陈宠传》：夫冬至之节，阳气始萌，故十一月有兰、射干、芸、荔之应。

《时令》曰：诸生荡，安形体。天以为正，周以为春。注：《易通卦验》曰：十一月广莫风至，则兰、射干生。

《月令》：仲冬，日短至，阴阳争，诸生荡。芸始生，荔挺出。射，音夜，即今之乌扇也。芸，香草。荔，马薤。

《晋书·天文志》：冬至极低，而天运近南，故曰去人远，而斗去人近，北天气至，故冰寒也。

《礼志》：魏晋则冬至日受方国及百寮称贺，因小会，其仪亚于献岁之旦。

【译文】

《后汉书·陈宠传》记载：冬至这个节气，阳气开始萌动，所以十一月有兰花、射干、芸、荔等物生长。

《时令》中说：各种生物动荡，君子应斋戒以安身体。天以为正，而周朝将此作为春。注：《易通卦验》中说：十一月北风到，则兰花、射干生长。

《礼记·月令》记载：仲冬，白昼时间最短，虽然阴气旺盛，但阳气也开始产生了，正是阴阳二气互为消长的时节，万物的生机因而动荡，将要发芽。芸草生长，荔挺开始长出新芽。射，音夜，就是如今的乌扇。芸，香草。荔，马薤。

《晋书·天文志》记载：冬至时极点低下，而天向南接近，所以太阳距离人远，而斗宿距离人近，北天之气降临，所以寒冷。

《晋书·礼志》记载：魏、晋时期在冬至日，天子要接受四方诸侯国和百官称贺的仪式,叫小会,其仪式仅次于新年元旦那天。

《乐志》:《冬至初岁小会歌》"庶允群后,奉寿升朝。我有寿礼,式晏百寮。"

《魏书·高祖纪》:太和十五年冬十有一月丙戌,初罢小岁贺。

《旧唐书·礼仪志一》:阳交生①,为天地交际之始。故《易》曰:"复,其见天地之心乎!"即冬至卦象也。

《音乐志》:冬至《祀圆丘乐章》:"日丽苍壁,烟开紫营。""律周玉琯,星迴金度。次极阳乌,纪穷阴兔。"

《宋史·礼志》:元祐二年十一月冬至,诏赐御筵于吕公著私第,遣中使赐上尊酒、香叶、果实、缕金花等。

【注释】

①阳交生:应作"阳爻生",据《旧唐书》清四库全书本改,译文从之。

【译文】

《晋书·乐志》记载:《冬至初岁小会歌》"在四方诸侯和九州牧伯到来之后,大家欢乐地上朝。我设置了祝寿的环节,大宴群臣。"

《魏书·高祖纪》记载:太和十五年冬十一月丙戌,小岁贺刚刚结束。

《旧唐书·礼仪志一》记载:阳气复返,从初爻开始兴起,是天

冬
至

地交会的开始。故《周易》说："复卦，是天地之心的表现吧！"复卦
是象征冬至的卦。

《旧唐书·音乐志》记载：冬至日《祀圆丘乐章》："在太阳照耀
下，祭坛上的玉器闪烁着美丽的光芒，祭祀场上的烟雾袅袅升起，仿
佛紫色帷幕。""夜空中的星星和月亮象征着时光的流转和周而复始
的律动。次极阳乌和穷阴兔循环往复。"

《宋史·礼志》记载：元祐二年十一月冬至，下诏赐予吕公著私
第御筵，派中使送去皇上赐予的尊酒、香叶、果实、缕金花等物。

《乐志》：葭飞璇稔孕初阳。

《周髀算经》：冬至昼极短，日出辰而入申，阳照三，不覆
九。阳，日也。覆，遍也。照三者，南三辰，巳、午、未。

《逸周书》：惟一月既南至，昏昴毕见。日短极，基践长，微
阳动于黄泉，阴惨于万物。是月，斗柄建子，始昏北指。阳气亏，
草木萌荡。日月俱起于牵牛之初，右回而行，月周天起一次而与
日合宿。日行月一次，周天历舍于十有二辰。终则复始，是谓日
月权舆。

【译文】

《宋史·乐志》记载：芦苇飞旋如同钥匙，孕育初阳。

《周髀算经》记载：冬至白昼最短，辰时日出，申时日落，日照时
间是三个时辰，没有遍及其他九个时辰。阳，就是日。覆，就是遍。照

三，就是南方的三个时辰，巳、午、未。

《逸周书》记载：在一月冬至过后，黄昏是，昴宿、毕宿出现于南方中天。白昼短到极点，又开始变长，微弱的阳气在地下活动，阴气降于地上使万物凄惨。这个月，斗柄指向子位，刚刚黄昏，就开始向北指。由于阳气亏损，草木萌发激荡。日月都起于牵牛初度，向右运转而西行。月绕天一周，每月进一次而与太阳会合。太阳运行，每月行一次，绕天一周经历十二辰。这样终而复始，称为日月权舆。

班固《白虎通》：冬至所以休兵不举事，闭关商旅不行何？此日阳气微弱，王者承天理物，故率天下静。十一月之时，阳气始养根株，黄泉之下，万物皆赤。赤者，盛阳之气也，故周为天正，色尚赤也。

崔寔《四民月令》：冬至之日，荐黍糕，先荐元冥，以及祖祢。其进酒肴及谒贺君师耆老，如正旦日。

蔡邕《独断》：冬至，阳气始起，麋鹿解角，故寝兵鼓。身欲宁，志欲静，不听事，送迎五日。冬至，阳气起，君道长，故贺。

【译文】

班固的《白虎通》记载：冬至时国家间休兵不进行军事活动，关闭关口不允许商旅通行的原因是什么？因为这天阳气微弱，天子当顺应天理治理万民，所以让天下都安静下来。十一月的时候，阳气开始滋养万物根株，地底之下，万物都有阳气。赤，就是盛阳之气，所以

冬至之日，
荐黍糕，
先荐元冥，
以及祖祢。

周为天正，崇尚红色。

崔寔的《四民月令》记载：冬至这天，荐新之礼是黍糕，先祭祀玄冥和祖先。然后进献酒菜，拜见祝贺君师及老人，就像元旦一样。

蔡邕的《独断》记载：冬至日，阳气开始产生，麋鹿开始换角，所以要休兵止鼓。天子身要安宁，心要安静，不听政事，迎送五日。冬至日，阳气出现，君道长，所以要祝贺。

韩鄂《岁华纪丽》注：冬至律中黄钟，其管最长，故有履长之贺。

段成式《酉阳杂俎》：北朝妇人，常以冬至日进履袜及靴。

陆游《老学庵笔记》：陈师锡家享仪，谓冬至前一日为冬住，与岁除夜为对，盖闽音也。予读《太平广记》有《卢顼传》云："是夕冬至除夜。"乃知唐人冬至前一日亦谓之除夜。

《诗·唐风》：日月其除。除，直虑反。则所谓冬住者，冬除也。盖传其语而失其字耳。

《齐民要术》：冬十一月，阴阳争，血气散。冬至日先后各五日，寝别内外。

【译文】

韩鄂的《岁华纪丽》注：冬至音律中对应黄钟，管最长，所以有履长之贺。

段成式的《酉阳杂俎》记载：北朝的妇人，常常在冬至日买履袜和靴子。

陆游的《老学庵笔记》记载：陈世锡家举行享仪，称冬至的前一天为冬住，与每年的除夜一样，大概是闽地的叫法。我读《太平广记》中的《卢顼传》说："当天晚上就是冬至除夜。"才知道唐朝人把冬至前一天也称为除夜。

《诗经·唐风》记载：日月流逝。除，直虑反。所谓的冬住，就是冬除。可能只流传下来了发音，而遗失了文字的原因。

《齐民要术》记载：冬十一月，阴阳二气相争，血气耗散。冬至日前后五天之内，男女不能同居一室。

冬至一候 蚯蚓结

六阴寒极之时，蚯蚓交结如绳。结，犹屈也。

【译文】

阴气极寒之时，蚯蚓交结如绳。结，就是屈。

冬至二候 麈角解[1]

冬至一阳生，感阳气，故角解。解，脱也。按：《月令》本作麋角解。

【注释】

①麈：当作“麋”，据后文说作“麋角解”，译文从之。

【译文】

冬至阳气复生，麋鹿感到阳气渐生，所以开始解角。解，就是脱。按：《月令》本就写作麋角解。

冬至三候 水泉动

水者，天一之阳所生，阳生而动，言枯涸者，渐滋发也。按：《月令》十二月，惟子午之月皆再记其候者，详于阴阳之萌也。汉以后有不尽用为候者，如本月不记芸始生是也。其摘取《月令》叙论之文为候，如十月以天气上升，地气下降为小雪二候，闭塞而成冬为小雪三候是也。

【译文】

水，是天一之阳所生，阳生而动，干涸了的话，逐渐滋发。按：《月令》十二月，只有子午之月都记了候，详于阴阳之气的萌发。汉代以后有不都用候的，如本月不记"芸始生"就是这样的。摘取《月令》中论述的文字作为候，如十月以"天气上升，地气下降"为小雪第二候，"闭塞而成冬"为小雪第三候。

冬十二月

《月令》：季冬之月，日在婺女，昏娄中，旦氐中。女在子，元枵之次也。十二月丑，商为正月，地辟于丑，商取地统用之。月建丑而日在子，丑与子合也。娄，西方金宿，三星直而不勾，广十一度。氐，东方土宿，四星似斗而侧，广十六度。

又：律中大吕。大吕，丑律。

《汉·律历志》：吕，旅也，言阴大，旅助黄钟宣气而牙物也。

《白虎通》：大，大也。吕，拒也。言阳气欲出，阳旅抑拒难之也。

【译文】

《礼记·月令》记载：季冬十一月，太阳运行的位置在婺女星，黄昏时，娄星位于南方中天；拂晓时，氐星位于南方中天。婺女星在子，即元枵星次。十二月斗柄指向丑，商为正月，地辟于丑，商取地统而用之。季冬十二月而太阳在子，丑与子相合。娄，是西方金宿，三星成一条直线而不勾，广十一度。氐，是东方土宿，四星似斗而倾斜，广十六度。

又：音律中的大吕与这个月相应。大吕，乐律十二律中的丑律。

《汉书·律历志》记载：吕，就是旅，是说阴气很强，用以帮助黄钟疏通气流而使万物萌芽。

《白虎通》记载：大，就是大。吕，就是拒。是说阳气欲出，阳气被阴气抑制难以出现。

又：命有司大难，旁磔，出土牛，以送寒气。季春惟国家之难，仲秋惟天子之难。此则下及庶人，又以阴气极盛，云大难也。旁磔，谓四方之门皆披磔其牲，以攘除阴气，不但如季春之九门磔攘而已。旧说，此月日经虚危。司命二星在虚北，司禄二星在司命北，司危二星在司禄北，司中二星在司危北。此四司者，鬼官之长。又坟四星在危东南。坟墓四司之气，能为厉鬼，故难磔以攘除之。出，犹作也。月建丑，丑为牛，土能制水，故特作土牛以毕送寒气也。难，音那。磔，音责。

【译文】

又：天子命令官员举行大规模驱除疫鬼的仪式，在国都所有城门分裂牲体用来消除邪恶，命令官员制作土牛来送走寒气。季春三月是国家之难，仲秋八月是天子之难。这里则下到庶人，又以阴气极盛，所以说大难。旁磔，称为四方城门都分裂牲体，用来消除阴气，不只是像三月的九门碎石祛除阴气而已。旧时说，这个月，太阳经过虚星、危星。司命二星在虚星北，司禄二星在司命北，司危二星在司禄北，司中二星在司危北。此四司，是鬼官之长。又有坟墓四星在危宿东南。坟墓四司之气，能变成厉鬼，所以举行仪式、分裂牲畜来驱除疫鬼。出，就是作。斗柄指向丑，丑为牛，土能克水，所以专门制作土牛用以送走寒气。难，音那。砾，音责。

又：乃毕山川之祀，及帝之大臣、天之神祇。大臣，谓五帝之佐句芒、祝融之属。句，音勾。芒，音忙。

又：是月也，命渔师始渔，天子亲往，乃尝鱼，先荐寝庙。猎而亲杀，为奉祭也。渔而亲往，亦为先荐也。按：夏不渔鱼，方别孕也。秋不渔鱼，未成也。

《周礼》：鳖人秋献龟鱼，乃鱼之埋藏于土泥中者，非渔也。至孟冬獭祭鱼，虞人入泽梁，乃听民取之，而君犹不取。至此以鱼最美，将荐寝庙，故命渔师始渔。天子亲往，顺阳气之始升，且重祭事也。季春荐鲔，为继事矣，故不言始渔。然季春乘舟，此但亲往观之，不乘舟者，冰方盛也。

【译文】

又：对名山大川的祭祀，对五帝的辅佐大臣的祭祀，对天神地祇的祭祀，都要在这个月完成。大臣，说的是五帝的辅佐大臣句芒、祝融等五位属臣。句，音勾。芒，音忙。

渔

又：这个月，朝廷下令让渔师捕鱼，天子亲自前往观看，于是天子品尝新捕来的鱼，在品尝前，先敬献给宗庙。田猎时要亲自射杀牲畜，是为了献祭。捕鱼时天子亲自前往观看，也是为了献祭。按：夏季不捕鱼，是因为这时是鱼类繁衍的时候。秋季不捕鱼，是因为这时小鱼还没有长成。

《周礼》记载：鳖人秋天献祭龟鱼，这些龟鱼是埋藏在泥土中的鱼，并非水里捕的鱼。到了十月，水獭捕鱼祭祀，虞人才能进入山林水泽进行狩猎捕鱼活动，于是官府任由百姓索取，而君王仍不能获取。到了此时鱼肉最美，将向宗庙进献，所以令渔师开始捕鱼。天子亲自前往，是顺应阳气开始复生，而重视祭祀之事。三月进献鲔鱼，是此事的继续，所以不说始渔。然而三月乘船，此时天子只是亲自前往观看，不乘船的原因，是这个月的水面冰很厚。

又：冰方盛，水泽腹坚，命取冰，冰以入。冰之初凝，惟水面而已，至此则彻，上下皆凝，故云腹坚。腹，犹内也。藏冰正在此时，故命取冰。冰入，则阴事之终也。

又：令告民，出五种，命农计耦耕事，修耒耜，具田器。冰入之后，大寒将退，令典农之官告民出其所藏五保之种，计度耦耕之事，揉木为耒，斲木为耜，今之耜以铁为之。田器，镃基之属。此皆豫备东作之事，阳事之始也。种，上声。

又：命乐师大合吹而罢。郑氏曰：岁将终，与族人大饮，作乐于大寝，以缀恩也。

【译文】

又：这个月冰很厚，水泽上下都结成了厚厚的冰，天子下令凿取冰块，并将冰块存到冰窖。冰刚刚凝结的时候，只有水面上一层而已，到这时候才冻坚实了，上下都凝结了，所以说腹坚。腹，就是内。藏冰正在此时，所以下令凿取冰块。冰入，则是阴事的结束。

又：天子下令农官告示百姓，从仓库中取出五谷的种子，仔细进行挑选，命令农官计划农耕之事，修理耒耜，准备好所有要用的农具。冰块藏入地窖之后，大寒将退去，天子令典农的官员告诉百姓从仓库中取出储藏的五谷的种子，计划耕作的事情，揉弯木杆制成耒，砍削树木制成耜，现在的耜都是用铁做的。田器，锄头这类农具。这些都是为春耕之事作准备，是国内政事的开始。种，上声。

又：天子命令乐师举行一次吹奏乐的大合奏，然后结束这一年的训练。郑玄说：一年将尽，与本族人畅饮，在大寝欣赏吹奏乐，以联络亲族间感情。

《王居明堂礼》：季冬命国为酒，以合三族。疏曰："此用礼乐与族人最盛，后年季冬乃复如此。"按：春夏皆用乐，秋冬止用吹者，君子礼乐斯须不去。断无禁乐之理，而吹较舞为凝静，故于秋冬用之。此冬将终，故大合吹而罢，明有终也。郑据明堂礼亦止命国为酒，以合三族，未尝言天子与族人为大饮也。文王世子言族食世降一等，则天子与族人大饮诚有之。然言世降一等，则一年中齐衰四会食，大功三会食，小功再会食，缌麻一会食。古人称同高祖庙未毁者为族，则于族人亦无停顿一年之礼，岂郑、孔所云，乃五服以外，所谓系之以姓而弗别，缀之以食而弗殊者欤？

【译文】

《王居明堂礼》记载：季冬之月天子命令国家酿酒，与三族共饮赏乐。孔颖达疏说："这时用礼乐与族人共饮最多，第二年季冬才又这样。"按：春、夏都用舞乐，秋冬只用吹奏乐，对于一个君子礼乐片刻不离。绝对没有禁止音乐的道理，而吹奏乐比舞乐更为凝静，所以秋冬用吹奏乐。这个冬天即将结束，所以大合奏举行完就结束了一年的训练，而第二年仍旧如此。郑玄根据明堂礼也命令国家酿酒，与三族共饮赏乐，却没有说过天子与族人是大饮。文王世子说同族人参加国君的饮宴次数，则视世系的亲疏，亲的次数多，疏的次数少，那么天子与族人的大饮确实是有的。然而说世降一等，那么与同父兄弟一年中聚饮四次，同祖父的兄弟辈则降为一年燕饮三次，同曾祖兄弟辈降为一年会饮两次，同高祖父辈兄弟则一年只乐饮一次。古人称高祖庙没有毁坏的为亲族，所以同族之间的宴饮也没有停止一年之礼，岂是郑玄、孔颖达所说的，就算出了五服，他们都在同一个老祖宗的正姓之下也没有分别，难道在宗庙聚会时还是按照辈分入席的吗？

又：乃命四监收秩薪柴，以共郊庙及百祀之薪燎。四监，说

大而可析者谓之薪，小而束者谓之柴。

见《季夏》。秩，常也，谓有常数也。大而可析者谓之薪，小而束者谓之柴。薪燎，炊爨及夜燎之用也。共，音供。

【译文】

又：天子命令管理山林川泽的官员，将征收薪柴，用来祭天祭祖及其他各种祭祀烧柴及火把的需要。四监，详见《季夏》。秩，就是常，叫有常数。大的可以劈开的称为薪，小的可以捆起来的称为柴。薪燎，是用来做饭和夜间点燃的。共，音供。

又：是月也，日穷于次，月穷于纪，星回于天，数将几终，岁且更始。日穷于次者，去年季冬次元枵，至此穷尽，还次元枵也。纪，会也。去年季冬，月与日相会于元枵，至此穷尽，还复会于元枵也。二十八宿随天而行，每日虽周天一匝，而早晚不同，至此月而复其故处，与去年季冬早晚相似，故云回于天也。几，近也。以去年季冬至今年季冬三百五十四日，未满三百六十五日，不为正终，故云几于终也。岁且更始，所谓终则有始也。按天本无度，而曰天三百六十五度四分度之一者，以日所不及天者计之也。天亦无形，而指日月所经之二十八宿以为形，必三百六十五日三时而后日所躔与往岁如一，则以为三百六十五度四分度之一耳。天与日月五星皆升于东，中于南，入于西，晦于北，而曰天左旋。日月五星右旋者，主日也。日出于东，故纪日行之宿由苍龙始。日之行天，每日一周而不及一度，则一岁而天之行较日多一周矣。月亦每日一周天而不及十三度有奇，则二十九日有奇，而不及日者巳一周。

【译文】

又：到这个月，日、月、星都绕地球运行了一圈，重新回到了出发的地方。一年三百六十五天，差不多过完了，新的一年又将开始。日穷于次，就是去年十二月从玄枵开始，到这个月运行一圈，回到玄枵。纪，就是会。去年十二月月亮与太阳相会于玄枵，到这个月绕了地球一圈，又回到了玄枵。二十八星宿随天而行，每天虽然都绕天一圈，但早晚不同，到这个月，又回到了原来的位置，与去年十二月早晚相同，所以说"回于天"。几，就是近。从去年十二月，到今年十二月共三百五十四天，未满三百六十五天，不是真正的终点，所以说"几于终"。岁且更始，就是一年结束重新开始。按：天本来没有度，说天有三百六十五度四分之一度的人，是以日不及天的方法计算的。天也无形，而是以日月经过的二十八星宿为形，一定有三百六十五日三时，而后太阳的运行轨迹与往年一样，就是三百六十五度四分之一度了。天与日月五星都从东方升起，运行于南方中天，从西方落下，在北方昏暗，称为"天左旋"。日月五星向右旋转的，主要是在天上。日出东方，所以记录太阳运行的星宿从苍龙开始。太阳在天上运行，每日差一度一周，那一年天的运行比日多一周。月也每日一周天而不到十三度多，即是二十九天有余，而不到一天的巳一周。

又：专而农民，毋有所使。而，汝也。在上者当专一汝农之事，毋得徭役使之也。

又：天子乃与公卿大夫共饬国典，论时令，以待来岁之宜。朱氏曰："国典有常，饬之以应来岁之变；时令有序，论之以防来岁之差。岁次更始，故事亦有异宜者。"按：孟春命太史守典奉法，而于此先饬之论之。守法者臣，制法者君也。而君不敢自贤也，必与公卿大夫共饬论之。

又：乃命太史次诸侯之列，赋之牺牲，以共皇天、上帝、社稷之飨。列，大小之等差也。共，音供。

【译文】

又：天子让农民专心务农，不再派他们干其他的活。而，就是汝。作为上位者应当让农民专心农事，不能征发徭役。

又：天子和公卿大夫一起整理国家的常典，讨论出适应不同季节的政令，以便来年实行。朱熹说："国有常典，整理法典以应对来年的变化；时令有序，经过讨论用以防备来年的差异。一年交替更始，典章制度也会有差异。"按：一月命太史准守典章奉行法制，而此月先整顿典章讨论制度。遵守法律的是大臣，制定法律的是君王。而君王却不敢自专，必须与公卿大夫共同整理讨论国家的常典。

又：天子命令太史把所有的诸侯按国家的大小排列名单，确定好每个诸侯应交纳贡品的数额，用来祭祀上帝、土神和谷神。列，大小的等差。共，音供。

又：乃命同姓之邦，共寝庙之刍豢。人本乎祖，故祖庙之牲，使同姓诸侯供之。

又：命宰历卿大夫至于庶民土田之数，而赋牺牲，以共山林名川之祀。历者，叙次其多寡之数也。

又：凡在天下九州之民者，无不咸献其力，以共皇天、上帝、社稷、寝庙、册林、名川之祀。按：治莫急于礼，礼莫重于祭，而圣人之祭，凡以为民也。故于季夏曰：以共皇天上帝、名山大川之神，以祠宗庙社稷之灵，以为民祈福。于季冬曰：民咸献其力，以共皇天上帝、社稷寝庙、山林名川之祀。勤民即所以事神，故圣人之于鬼神也无私祈，而鬼神之于圣人也，亦无私福。

【译文】

又：于是国家令那些与天子同姓的诸侯，提供祭祀宗庙所需要的贡品。人的根本在于祖先，所以祖庙的牺牲，需要同姓诸侯供给。

又：天子命令宰相按等级计算上至卿大夫下到平民所占土地数额的多少，以此为依据向他们征收贡品，用来祭祀山林名川。历，按等级确定所占土地数额的多少。

又：所有生活在九州之内的百姓，都将贡献他们各自的力量，用来敬献给皇天上帝、社稷宗庙、山林名川的祭祀。按：治理国家的方法没有什么能比礼更重要的了，五礼之中最重要的就是祭礼，而圣人的祭祀，皆以百姓为重。所以在六月的时候说：用以供给祭祀皇天上帝、名山大川、四方之神，祭祀宗庙和社稷的神灵，为万民求福。在十二月的时候说：百姓都将贡献他们各自的力量，用来敬献给皇天上帝、社稷宗庙、山林名川的祭祀。勤于民事是为侍奉神明，所以圣人侍奉鬼神时不会私自祈祷，而鬼神对于圣人来说，也没有暗中赐福。

《淮南子》：斗指丑，丑者，纽也。律受大吕，大吕者，旅旅而去也。

《史记·秦始皇纪》：三十一年十二月，更名腊曰嘉平。注：《茅盈内纪》曰：始皇三十一年九月庚子，盈曾祖父蒙乃于华山之中，乘云驾龙，白日升天。先是其邑谣歌曰："神仙得者茅初成，驾龙上升入太清，时下元洲戏赤城。继世而往在我盈，帝若学之腊嘉平。"始皇闻谣歌，欣然有寻仙之志，因改腊曰嘉平。

《后汉·章帝纪》注：十二月万物始牙而色白。白者，阴气，故殷为地正，色尚白。

【译文】

《淮南子》记载：北斗星的斗柄指向丑，丑，就是纽。大吕与这个月相应，大吕，是帮助阳气腾空以发散给万物。

《史记·秦始皇纪》记载：始皇帝三十一年十二月，把腊月改名为"嘉平"。裴骃《史记集解》引《太原真人茅盈内纪》说：秦始皇三十一年九月庚子日，茅盈的曾祖父茅蒙就在华山之中，乘云驾龙，白日升天。然后当地就有了歌谣说："神仙得者茅初成，驾龙上升入太清，时下元洲戏赤城。继世而往在我盈，帝若学之腊嘉平。"始皇

乘　驾龙，

白日升天。

帝听到歌谣,寻仙之志欣然而生,因此把腊月改名叫"嘉平"。

《后汉书·章帝纪》注:十二月万物开始萌芽而颜色是白的。白色,就是阴气,所以殷为地正,崇尚白色。

《礼仪志》:季冬之月,星迥岁终,阴阳以交,劳农大享腊。注:帝王各以其行之盛而祖,以其终而腊。火生于寅,盛于午,终于戌,故火家以午祖,以戌腊。午南方,故以祖。冬者,岁之功物毕成,故以戌腊。

又:先腊一日,大傩,选中黄门子弟为侲子,作方相,与十二兽舞三过,持炬火送疫出端门,设桃梗、郁儡①、苇茭毕②,苇戟、桃杖以赐公卿、将军、特侯、诸侯云。

【注释】

①郁儡:神话中治鬼的神,汉代以其做门神。

②苇茭:古人认为是避邪灵物。

【译文】

《后汉书·礼仪志》记载:十二月,星回原位,一年将尽,阴阳相交,百姓要勤勉农耕,天子要举行合祭先王和腊祭。注:各朝帝王以王朝五行的盛行之时为祖,以其终止之时而腊。火生于寅,盛于午,终于戌,所以以火德而兴的王朝以午祖,以戌腊。午在南方,所以为祖。十二月,一年的工作和作物都完成了,因此以戌腊。

又:在腊祭的第一天,举行大傩,选中黄门子弟为侲子,扮成方相，与十二兽傩，欢呼、周遍前后省三过，手持火炬，送瘟疫出端门，设置的桃梗、郁儡、苇芨用完之后，把苇戟、桃杖赏赐给公卿、将军、特侯、诸侯等人。

《阴识传》：宣帝时，阴子方者，至孝有仁恩，腊日晨炊而灶神形见，子方再拜受庆，家有黄羊，因以祀之。自是已后，暴至巨富，至识三世而遂繁昌。故后常以腊日祀灶而荐黄羊焉。

《甄宇传》注：建武中每腊，诏书赐博士一羊，羊有大小肥瘦。时博士祭酒议，欲杀羊分肉，又欲投钩，宇复耻之，因先自取其最瘦者，由是不复有争讼。后召会，问瘦羊博士所在，京师因以号之。

《宋书·礼志》：季冬之月，冰壮之时，凌室长率山虞及舆隶取冰于深山穷谷涸阴沍寒之处，以纳于凌阴。

【译文】

《后汉书·阴识传》记载：汉宣帝时，阴子方，非常孝顺，还有仁德，他腊日早上做饭，灶神显形，阴子方再三拜谢庆贺，他家有一只黄羊，于是就拿来祭祀灶神。此后，他家很快就变得非常富有，到三代孙阴识时，家中已经非常昌盛。所以他家后来经常在腊日祭灶时供奉黄羊。

《后汉书·甄宇传》注：建武年间，有一年腊月，皇上下诏赏赐博士，每人一只羊，羊的体格肥瘦大小各不相同。当时的博士祭酒提

黄羊

议可以把这些羊都杀掉，然后按重量将羊肉平均分给各位博士，还有人提议抓阄分羊，甄宇深意为耻，因此直接从羊群中牵走最瘦小的一只走了，这样大家就不再有争执了。后来召会之时，皇帝问"瘦羊博士"在哪里，后来京城中人都以此来称呼甄宇。

《宋书·礼志》记载：腊月，冰壮之时，凌室长带着山虞和奴仆在深山穷谷水流干涸的阴寒之地取冰，收纳在冰室之中。

《旧唐书·音乐志》：姬蜡开仪，幽歌入奏，兰馥彫俎，兰芬玉酎。

《百官志》：中尚署，腊日献口脂。

桓宽《盐铁论》：贫者鸡豕五芳，卫保散腊，倾盖社场。

《白虎通》：殷曰而祭，谓之诩者，十二月之时，施气受化，诩张而后得芽，故谓之诩。

应劭《风俗通》：腊者，猎也，田猎取兽以祭祀先祖也。或曰腊者，接也，新故交接，故大祭以报功也。

【译文】

《旧唐书·音乐志》记载："姬蜡燃起仪式，幽歌奏响，芬芳的兰草飘香于雕刻的祭器上，香醇的美酒斟满玉杯。"

《百官志》记载：中尚署（古代隶属于少府的皇家机构），腊日进献口脂。

桓宽的《盐铁论》记载：贫苦人家杀鸡宰猪，卫保散腊，倾盖社场。

《白虎通》记载：殷曰昪而祭，称为"昪"，十二月，万物施气受化，昪张而后发芽，所以叫做"昪"。

应劭的《风俗通》记载：腊，就是猎，田猎获取的野兽用来祭祀先祖的意思。有的人称腊，就是接，新旧交接，所以举行大祭向祖先报功。

周处《风土记》：蜀之风俗，晚岁相与馈问，谓之馈岁。酒食相邀为别岁，至除夕，达旦不眠，谓之守岁。

宗懔《荆楚岁时记》：十二月八日为腊日，谚语："腊鼓鸣，春草生。"村人并击细腰鼓，作金刚力士以逐疫。

又：岁暮，家家具肴蔌，诣宿岁之位，以迎新年，相聚酣饮。

刘《世说注》：秦汉以来，腊之明日为祝岁。

贾思勰《齐民要术》：腊夜，令持椒卧房床旁，无与人言，内井中除病。

【译文】

周处的《风土记》记载：蜀地的风俗，年末互相馈赠慰问，称为"馈岁"。相互邀请酒食为"别岁"，到了除夕这天晚上，人们通宵不眠，称为"守岁"。

宗懔的《荆楚岁时记》记载：十二月初八为腊日，谚语说："腊鼓

岁暮，家家具肴蔌，诣宿岁之位，以迎新年，相聚酣饮。

鸣，春草生。"村人一起击打细腰鼓，并扮成金刚力士用来驱逐瘟疫。

又：年底，家家户户都准备肉类和蔬菜，守岁迎接新年，佳人相聚饮酒，吃团年饭。

刘孝标《世说新语注》记载：秦汉以来，腊的第二天为祝岁。

贾思勰在《齐民要术》记载：腊日夜里，让人拿着花椒放在卧房的床边，整夜不能与人说话，清晨时分将其丢入井中，便可除病。

段成式《酉阳杂俎》：山茶花叶似茶树，高者丈余。花大盈寸，色如绯，十二月开。鹧鸪飞数逐月，如十二月十二起最难采，南人设网取之。

冯贽《云仙杂记》：贾岛常以岁除，取一年所得诗，祭以酒脯，曰："劳民精神，以是补之。"都下寺院，每岁除用破磨，是曰作破磨斋。裴度除夜，迨晓不寐，炉中商陆火凡数添也。洛阳人家，腊日造脂花馓。

黄休复《茅亭客话》：先是，蜀主每岁除日，诸宫门各给桃符一对，俾题元亨利贞四字。时伪太子善书札，选本宫策勋府桃符，亲自题曰天垂余庆，地接长春八字，词翰之美也。

【译文】

段成式在《酉阳杂俎》记载：山茶叶像茶树的叶，高大的山茶树有一丈多高。花朵巨大超过一寸，颜色是绯红色，在十二月开放。鹧鸪的飞翔次数随着月份而变化，如十二月起飞十二次，最难捕获，南方人架起网来捕捉。

冯贽在《云仙杂记》记载：贾岛常在除夕之夜，将一年所作的诗卷，放在几案上，用酒肉祭之说："这是我耗费一年精神所得，应当以酒肉来补偿。"京都寺院，每年除夕之夜都用硙磨，所以叫做"硙磨斋"。裴度在除夕夜，到早上还没有睡，炉子里的商陆火要添加好几次。洛阳的人家，腊日制作"脂花餤"（脂花饼）。

黄休复在《茅亭客话》记载：此前，蜀主在每年除夕，每个宫门各给一对桃符，使题"元亨利贞"四字。当时伪太子善于书法，选本宫策勋府桃符，亲自题"天垂余庆，地节长春"八个字，以为词章之美。

小 寒

十二月节气。冬至后十五日，斗柄指癸为小寒。

《三礼义宗》：小寒为节者，亦形于大寒，故谓之小，言寒气犹未极也。

《易通卦验》：小寒合冻苍阳，云出氏。

【译文】

小寒是十二月的节气。冬至后十五日，北斗星斗柄指向癸，就是小寒。

《三礼义宗》记载：小寒为节气的原因，也表现在寒冷，之所以称为小，说是还未达到极为寒冷的时候。

《易通卦验》记载：小寒合冻苍阳，云出氏。

小寒一候 雁北乡

雁避热而南，今则北飞，得气之先也。

【译文】

大雁飞往南方过冬，如今则飞向北方，是感到阳气已动而先行。

小寒二候 鹊始巢

至后二阳已得来年之气，鹊逐为巢，知所向也。

【译文】

冬至后二阳之时已得来年之气，喜鹊于是筑巢，准备孕育后代。

鹊始巢

小寒三候 雉鸲

雉，阳鸟也，雌雄同鸣，感于阳而有声也。

【译文】
雉，就是阳鸟，雌雄同鸣，感到阳气的滋长而发声。

大 寒

十二月中气。小寒后十五日，斗柄指丑，为大寒。时已二阳，而寒威更甚者，闭塞不盛，则发泄不盛，所以启三阳之泰，此造化之微权也。

《三礼义宗》：大寒为中者，上形于小寒，故谓之大。十一月一阳初起，至此始彻，阴气出地方尽，寒气并在上，寒气之逆极，故谓之大寒。

《易通卦验》：大寒降雪黑阳，云出心。

《国语》：及寒，击菒除田，以待时耕。注：菒、藁同。寒，谓季冬大寒时也。

《风俗通》：腊者，所以迎刑送德也。大寒至，常恐阴胜，故以戌日。腊戌者，温气也。

【译文】

大寒是十二月中气。小寒后十五日，斗柄指向丑，就是大寒。此时天时已转二阳，寒冷的程度更强，寒冷不到极致，阳气就不会暴

小寒后十五日，斗柄指丑，为 **大寒**。

涨，所以冬去春来，是大自然的规律。

《三礼义宗》记载：大寒为十二月中气，是因为寒气在小寒的基础上进一步显现出来，所以称其为大。从十一月冬至阳气开始复苏，到此时寒气一直在抗衡阳气，而且它所使用的力量已经达到了最大限度，于是就有了大寒的名称。

《易通卦验》记载：大寒降雪黑阳，云出心。

《国语》记载：大寒之时，掠去枯草整治田地，以待春耕。注：菜，与稾相同。寒，就是腊月大寒时节。

《风俗通》记载：腊，就是迎刑送德。大寒一来，常常担心阴气太盛，所以戌日腊祭。戌，就是温气。

大寒一候 鸡乳

乳，育也。鸡，木畜，丽于阳而有形，故乳。

【译文】

乳，就是育。鸡，属木，遇阳光而出生，所以说乳。

大寒二候 征鸟厉疾

　　至此而猛。厉，迅疾也。按：《月令》：征鸟厉疾在出土牛送寒气之下，疑汉以后取以为大寒二候。后人谓此句当在雉雊鸡乳下，乃记候之脱简耳，亦臆说也。征鸟，鹰隼之属。

【译文】
　　征鸟此时快速而凶猛。厉，迅疾的意思。按：《礼记·月令》记载：征鸟凶猛迅捷，在制作土牛以送寒气之下，可能是汉以后取用作为大寒第二候。后人说此句应该在雉雊、鸡乳之下，是在记录节候时遗漏了，也是猜测。征鸟，鹰隼等猛禽。

大寒三候 水泽腹坚

水彻上下皆凝，故曰腹坚。按：《月令》：冰方盛，水泽腹坚，命取冰。非记候也。取以为大寒三候，殆亦汉魏以下欤？

【译文】
湖水上下都冻得很坚固，所以叫腹坚。按：《礼记·月令》记载：冰很厚，连湖水中央都冻得很坚固，于是天子下令凿取冰块。并非记录节候。以此作为大寒三候，这也是在汉、魏以后吗？

卷六

四时咎徵

孟 春

行夏令

《月令》：孟春行夏令，则雨水不时，草木蚤落，国时有恐。注：言人君于孟春之月而行孟夏之政令，则感召咎徵如此。

又曰：此巳火之气所泄。

【译文】

据《月令》记载：若早春时节行夏令，当年则将有风雨不调，草木早衰的现象出现，国家将罹患灾祸。注：意思是说为人君者，若在正月发布夏天的政令，则天地感应就会出现天灾的征验。

又说：这是巳火之气所泄的征验。

行秋令

行秋令,则其民大疫,猋风暴雨总至,藜莠蓬蒿并兴。注:此申金之气所伤。猋,音标,风之回转。莠,音有,以生气逆乱,故恶物乘之而茂。

【译文】

若早春时节行秋令,百姓则会有大瘟疫,暴风骤雨频至,野草丛生。注:这是申金之气受到损伤的征验。猋,音标,意为风的回转。莠,音有,意为因生气逆乱,致使不好的事物趁虚而入。

行冬令

行冬令,则水潦为败,雪霜大挚,首种不入。注:此亥水之气所淫。挚,音至,伤折也。百谷惟稷先种,故云首种。

【译文】

若早春时节行冬令,则会有洪水泛滥,霜雪大作,稷谷无法播种的灾祸出现。注:这是亥水之气受到侵扰的征验。挚,音至,意为伤折。百谷中唯有稷谷最先播种,因此称为首种。

稷谷

仲 春

行秋令

行秋令,则其国大水,寒气总至,寇戎来征。注:此酉金之气所伤。

【译文】

若仲春二月行秋令,则国内当年将出现洪水泛滥,寒气频至,外敌入侵的灾祸。注:这是酉金之气受到损伤的征验。

行冬令

行冬令,则阳气不胜,麦乃不熟,民多相掠。注:此子水之气所淫。

【译文】

若仲春二月行冬令,则阳气无法生发,当年国内麦子收成不好,百姓之间频繁出现抢掠争斗的灾祸。注:这是子水之气受到侵扰的征验。

行夏令

行夏令，则国乃大旱，煖气早来，虫螟为害。注：此午火之气所泄。螟，食苗心者。

【译文】

若仲春二月行夏令，则国家当年会有大的旱灾，和暖之气提早到来，使虫螟为患。注：这是午火之气外泄的征验。螟，专吃作物髓部的一种害虫。

季 春

行冬令

行冬令，则寒气时发，草木皆肃，国有大恐。注：此丑土之气所应。肃者，枝叶减缩而急。大恐，讹言惊动。

【译文】

若季春时节行冬令，则寒气时发，草木萎缩，国家当年会出现重大灾荒。注：这是丑土之气受损的征验。肃，枝叶疾速萎缩。大恐，以讹言制造恐慌。

行夏令

行夏令，则民多疾疫，时雨不降，山陵不收。注：此未土之气所应。不收，谓无所成遂也。

【译文】

若季春时节行夏令，则百姓多发疾病、瘟疫，时雨不能如期而至，山中无可以采伐的植株。注：这是未土之气受损的征验。不收，是没有长成的意思。

行秋令

行秋令，则天多沈阴，淫雨蚤降，兵革并起。注：此戌土之气所应。

【译文】

若季春时节行秋令，则天气大多阴沉沉的，淫雨提前到来，战事不断。注：这是戌土之气受损的征验。

孟 夏

行秋令

行秋令, 则苦雨数来, 五谷不滋, 四鄙入保。注: 此申金之气所泄。四鄙, 四面边鄙之邑也。保与堡同, 小城也, 入而依以为安也。

【译文】

孟夏时节行秋令, 则国家当年会有苦雨频繁而至, 五谷不得滋养, 四方边境驻民要进入城堡避敌。注: 这是申金之气外泄的征验。四鄙, 四方边境驻民。保同堡, 意为小城邑, 可驻留安居的地方。

行冬令

行冬令, 则草木蚤枯, 后乃大水, 败其城郭。注: 此亥水之气所伤。

【译文】

孟夏时节行冬令, 则草木提前枯萎, 之后大水灾损毁城郭。注: 这是亥水之气受损的征验。

行春令

行春令，则蝗虫为灾，暴风来格，秀草不实。此寅木之气所淫。格，至也。

【译文】

孟夏时节行春令，则会有蝗虫为患，暴风来袭，草木不结果实的灾祸。这是寅木之气受到侵扰的征验。格，意为至。

仲 夏

行冬令

行冬令,则雹冻伤谷,道路不通,暴兵来至。注:此子水之气所伤。

【译文】

仲夏时节行冬令,则会有冰雹冻伤谷物,道路无法通行,将有残暴的不义之师来犯。注:这是子水之气受损的征验。

行春令

行春令,则五谷晚熟,百螣时起,其国乃饥。注:此卯木之气所淫。螣,音特,食苗叶之虫。

【译文】

仲夏时节行春令,则五谷晚熟,各种害虫时不时成灾,国内一片饥荒。注:这是卯木之气受到侵扰的征验。螣,音特,专食苗叶的害虫。

冰雹

行秋令

行秋令，则草木零落，果实早成，民殃于疫。注：此西金之气所泄。

【译文】

仲夏时节行秋令，则草木凋零，果实提早成熟，百姓罹患瘟疫。注：这是西金之气外泄的征验。

季 夏

行春令

行春令，则谷实鲜落，国多风欬，民乃迁徙。注：此辰土之气所应。鲜，音仙。鲜落，未成熟而堕落。欬，苦代反。风欬，因风而致欬疾也。

【译文】

季夏时节行春令，则谷实未熟先落，国民大多会染上风疾咳嗽，百姓背井离乡，迁居他乡。注：这是辰土之气受损的征验。鲜，音仙。鲜落，意为果实未成熟而先落。欬，苦代切。风欬，因受风寒导致咳嗽。

行秋令

行秋令，则邱隰水潦，禾稼不熟，乃多女灾。注：此戌土之气所应。女灾，妊孕多败。

【译文】

季夏时节行秋令，则会出现高坡与洼地被水淹没，庄稼没有收成，女子多发流产或不育的灾祸。注：这是戌土之气受损的征验。女灾，意思为女子流产或不流。

行秋令，

则邱隰水潦，

禾稼不熟，

乃多女灾。

行冬令

行冬令，则风寒不时，鹰隼蚤鸷，四鄙入保。注：此丑土之气所应。鹰隼善击，必待秋焉。以感疫厉之气，故蚤鸷于夏也。隼，音笋。

【译文】

季夏时节行冬令，则风寒没有规律地袭来，鹰隼提早成熟，四方边境驻民要进入城堡避敌。注：这是丑土之气受损的征验。鹰隼善于搏击的技能，必须是等到秋季才能形成。因感受到疫厉之气的侵扰，所以提前在夏季形成。隼，音笋。

孟 秋

行冬令

行冬令，则阴气大胜，介虫败谷，戎兵乃来。注：此亥水之气所泄。败谷，蟹食稻也。

【译文】

孟秋时节行冬令，则阴气太过强盛，会有介虫败坏谷物，且有军队来犯。注：这是亥水之气外泄的征验。败谷，意为螃蟹食咬稻谷。

行春令

行春令，则其国乃旱，阳气复还，五谷无实。注：此寅木之气所损。寅中箕星好风，能散云雨，故致旱。

【译文】

孟秋时节行春令，则国内大旱，阳气复还，五谷不结果实。注：这是寅木之气受损的征验。寅中箕星喜欢风，能消散云雨，因此导致干旱。

行夏令

行夏令，则国多火灾，寒热不节，民多疟疾。注：此巳火之气所伤。

【译文】

孟秋时节行夏令，则国内火灾频繁，寒热不按节令，百姓多发疟疾。注：这是巳火之气受损的征验。

螃蟹

仲 秋

行春令

行春令，则秋雨不降，草木生荣，国乃有恐。注：此卯木之气所应。

【译文】

仲秋时节行春令，则当年该下的秋雨不下，不该生发的草木再次生发，国民将有恐慌之事。注：这是卯木之气受损的征验。

行夏令

行夏令，则其国乃旱，蛰虫不藏，五谷复生。注：此午火之气所伤。

【译文】

仲秋时节行夏令，则国内当年干旱，蛰虫也不进洞藏身，五谷重新生长。注：这是午火之气受损的征验。

行冬令

行冬令，则风灾数起，收雷先行，草木蚤死。注：此子水之气所泄。数，音朔。收声之雷，先期而动。

【译文】

　　仲秋时节行冬令，则风灾频繁发生，雷声提前消失，草木提前死亡。注：这是子水之气外泄的征验。数，音朔。收声之雷，提前发动。

季 秋

行夏令

行夏令, 则其国大水, 冬藏殃败, 民多鼽嚏。注: 此未土之气所应。冬藏, 窦窖之藏, 为水所侵。鼽, 音求。嚏, 音帝。鼽者, 气窒于鼻。嚏者, 声发于口。

【译文】

季秋时节行夏令, 则国内当年会出现大水灾, 冬储的粮食和蔬菜腐败, 百姓多发伤风鼻塞。注: 这是未土之气受损的征验。冬藏, 指储藏在地窖的粮食和蔬菜, 被水浸泡。鼽, 音求。嚏, 音帝。鼽的意思是因气窒而鼻塞。嚏, 打喷嚏, 声音从口中发出。

行冬令

行冬令, 则国多盗贼, 边境不宁, 土地分裂。注: 此丑土之气所应。裂, 坼也。

【译文】

季秋时节行冬令, 则国内盗贼增多, 国界边境不宁, 国土被叛乱者瓜分。注: 这是丑土之气受损的征验。裂, 意为裂开。

行春令

行春令，则暖风来至，民气解惰，师兴不居。注：此辰土之气所应。解，音懈。不居，不得止息也。

【译文】

季秋时节行春令，则暖风袭来，百姓精神懈怠懒散，兴起无休无止的战争。注：这是辰土之气受损的征验。解，音懈。不居，意为无休无止。

孟 冬

行春令

行春令，则冻闭不密，地气上泄，民多流亡。注：此寅木之气所泄。

【译文】

孟冬时节行春令，则大地冻结得不够结实、严密，将会导致地气外泄到地面之上，致使百姓大多四处流亡。注：这是寅木之气外泄的征验。

行夏令

行夏令，则国多暴风，方冬不寒，蛰虫复出。注：此巳火之气所损。

【译文】

孟冬时节行夏令，则国内暴风频发，冬季不是很寒冷，蛰虫又从地下钻出。注：这是巳火之气受损的征验。

行秋令

行秋令，则霜雪不时，小兵时起，土地侵削。注：此申金之气所淫。

【译文】

孟冬时节行秋令，则霜降、下雪不按时令，小规模战事时有发生，国土被外敌侵占。注：这是申金之气受到侵扰的征验。

仲 冬

行夏令

行夏令，则其国乃旱，氛雾冥冥，雷乃发声。注：此午火之气所克。旱，火气乘之，应于来年。氛雾，亦火气之所蒸。雷，阴不能固阳也。

【译文】

仲冬时节行夏令，则国内干旱，雾气蒙蒙，冬天打雷。注：这是午火之气被克的征验。旱，火气升腾所致，征验于来年。氛雾，也是由火气上升所致。雷，阴不能固守阳所致。

行秋令

行秋令，则天时雨汁，瓜瓠不成，国有大兵。注：此西金之气所淫。雨，去声。汁，音执。雨雪杂下曰汁。

【译文】

仲冬时节行秋令，则国内当年经常会有雨雪交加的情况出现，瓜类作物没有收成，国内有大规模战事。注：这是西金之气受到侵扰的征验。雨，去声。汁，音执。雨雪交加称为汁。

行春令

行春令, 则蝗虫为败, 水泉咸竭, 民多疥疬。注: 此卯木之气所泄。竭者, 卯中大火之所生。

【译文】

仲冬时节行春令, 则蝗虫成灾, 河水泉水同时枯竭, 百姓多发恶疮。注: 这是卯木之气外泄的征验。竭, 由卯中大火所生。

季 冬

行秋令

行秋令，则白露蚤降，介虫为妖，四鄙入保。注：此戌土之气所应。介虫为兵之象。

【译文】

季冬时节行秋令，则白露早降，甲虫泛滥成灾，四方边境驻民要进入城堡避敌。注：这是戌土之气受损的征验。介虫为兵之象。

行春令

行春令，则胎夭多伤，国多固疾，命之曰逆。注：此辰土之气所应。胎，未生者。夭，方生者。固久不瘳。

【译文】

季冬时节行春令，则会导致未出生及刚出生的小动物夭折或受损伤，国内百姓多患顽疾，这种现象称之为逆。注：这是辰土之气受损的征验。胎，意为未出生的个体。夭，指刚出生的个体。固，意为经久难以痊愈的病。

行秋令，

则白露蚤降，

介**虫**为妖，

四鄙入保。

行夏令

行夏令, 则水潦败国, 时雪不降, 冰冻消释。注: 此未土之气所应。水潦, 火夺木之令也。消释, 盛阳烁之。

【译文】

季冬时节行夏令, 则水灾危害国家, 该下雪时没下, 冻结的冰也融化了。注: 这是未土之气受损的征验。水潦, 火抢夺了木的时令所致。消释, 为旺盛的阳气炙烤所致。

闰月总

置 闰

《晋书·律历志》：炎帝分八节以始农功，轩辕纪三纲而阐书契。乃使羲和占日，常仪占月，车区占星气，伶伦造律吕，大挠造甲子，隶首作算数，容成综斯六术，考走气象，建五行，察发敛，起消息，正闰余。

《书》：朞三百有六旬有六日，以闰月定四时。

《传》：一岁十二月，月三十日，除小月六日。又：三百六旬余六日，是为一岁余十二日，未盈三岁，是得一月，则置闰焉，以定四时之气节。

【译文】

《晋书·律历志》记载：炎帝为开展农事最早设立八节，轩辕黄帝考定历纪，始造书契。他命羲氏、和氏占卜太阳，常仪占卜月亮，臾区占星望气，伶伦制造律吕，大挠开创甲子，隶首从事算数，容成综合以上六术，考察气象，建立五行，察验万物的生发与积聚，开启阴阳机关枢纽，考定年与岁之间的多余天数。

《尚书》记载：一岁有三百六十六天，并以闰月来划定四季。

《传》记载：一岁有十二个月，每月有三十天，除去六个小月的天数，又为六日。又：三百六十天余六天，也就是一岁余十二天，这样不到三年就多出一个月，于是便采取置闰的办法，以此来划定四季。

《易》：五岁再闰。疏：凡前闰后闰，相去大略三十二月，在五岁之中，故五岁再闰。

《左传》：先王之正时也，履端于始，举正于中，归余于终。注：步历之始，以为术之端首。昔之日三百六十有六日，日月之行有迟速，必分为十二月。举中气以正月，有余日则归之于终，积而为闰。

《逸周书》：闰无中气，斗指两辰之间。

《历术》：斗星夜随天左旋，各指十二辰之位，谓之斗建，亦名月建。闰月则指十二辰之间。

【译文】

《易经》记载：五年再闰。疏：凡是前一个闰月年和后一个闰月年，相距大约是三十二个月，两者相距在五年之内，因此五年再闰。

《左传》记载：先王端正时令，年历的推算必须以日月全数为始，剩余的日子归在一年的末尾。注：年历推算的开端，必须以日月全数为始，以此日为术之端首。期间三百六十六天，日月运行有快慢，必分为十二月。根据中气来划分月，剩余的日子则归在年尾，积累起来形成闰月。

《逸周书》记载：闰月没有中气，北斗星的斗柄指向两个辰位之间。

《历术》记载：北斗星在夜空顺时针旋转，分别指向十二个辰位，称为斗建，也叫月建。闰月时北斗星斗柄指向十二辰位之间。

《礼》：天子听朔于南门之外，闰月则阖门左扉，立于其中。

《周礼·春官·大史》：闰月，诏王居门终月。注：门，谓路寝门也。郑司农云："《月令》十二月分在青阳、明堂、总章、元堂左右之位，惟闰月无所居，居于门，故于文王在门谓之闰。"

【译文】

《礼记》记载：每月初一，天子要以特牲告于明堂，而在南门之外颁布一月的政令，如果是闰月的初一，则要阖上明堂的左半扇门，只打开右侧的门扇，天子站在门中行听朔之礼。

《周礼·春官·大史》记载：闰月，诏告天子居路寝门一个月。注：门，指路寝门。郑司农说："根据《月令》，青阳、明堂、总章、元堂各有左右之位，十二个月分别对应不同的居所，只有闰月无所居，居于门，因此门字里面一个王字，称之为闰。"

闰月

闰月

论 闰

闰七曰章。《后汉书·律历志》：月分成闰，闰七而尽，其岁十九，名之曰章。陈氏曰："古历十九岁为一章，章有七闰：三年闰九月，六年闰六月，九年闰三月，十一年闰十一月，十四年闰八月，十七年闰四月，十九年闰十二月。若于后渐积余分，每月参差，气渐不正，但观中气所在，以为此月之正，取中气以为正月。闰前之月，中气在晦；闰后之月，中气在朔。无中气则谓之闰月也。"

【译文】
闰七曰章。《后汉书·律历志》记载：划分十二个农历月时，出现了闰月，十九年置七闰，正好是一个阴阳交汇的年度，称为章。陈氏说："古历十九年为一章，一章置七闰，其中：第三年闰九月，第六年闰六月，第九年闰三月，第十一年闰十一月，第十四年闰八月，第十七年闰四月，第十九年闰十二月。若有后来逐渐积累的余分，便会每个月参差不齐，致使节气逐渐出现偏差，只有通过观测中气出现的时段，来划分月。闰月的前一个月，中气在月末最后一天；闰月后的一个月，中气在月初第一天。没有中气的月则称之为闰月。"

《沙随程氏易解》：七闰为一章，二十七章为一会，三会为一统,三统为一元。元四千六百十七岁,冬至甲子朔旦无余分,是谓天统。千五百三十九岁,甲辰朔旦冬至,无余分,是谓地统。又千五百三十九岁,甲申朔旦冬至,无余分,是谓人统。冬至后积分置闰。

《宋史·律历志》:天正冬至乃历之始,必自冬至后积三年余分,而后可以置第一闰。

《独断》:闰月者,所以补小月之减日,以正岁数。

【译文】

《沙随程氏易解》记载:七闰为一章,二十七章为一会,三会为一统,三统为一元。一元为四千六百一十七年。冬至甲子朔旦,无余分,称为天统。一千五百三十九年后,甲辰朔旦冬至,无余分,称为地统。又过一千五百三十九年,甲申朔旦冬至,无余分,称为人统。冬到后积累的余分,设置为闰。

《宋史·律历志》记载:天子为端正时令,把冬至作为推算年历的开始,必然从冬至开始产生余分,积累三年,而后可置第一闰。

《独断》记载:所谓闰月,就是补齐小月所差的时间,以此来补足一岁。

《谷梁》:闰月不告月。

《传》:闰月者,附月之余日也,积分而成于月者也。注:一岁三百六十日,余六日,又有小月六日,积五岁得六十日而再闰。

又闰是丛残之数，非月之正，故吉凶大事皆不用也。

《公羊》：闰月不告月。

《传》：不告月者何？不告朔也。曷为不告朔？天无是月也。闰月矣，何以谓之天无是月？是月非常月也。注：所在无常，故无政也。

《通考》：按历法，月无中气为闰。凡闰月，节前作前月用，节后作后月用。

【译文】

《谷梁传》记载：闰月初一这天，天子、诸侯不行告朔听政之礼。

《传》记载：闰月是将每月的余分，积累起来而形成的一个月。注：一岁为三百六十天，余六日，又有小月的六天，积累五年得到六十日，便可再次置闰。又，闰是岁与年相比所余的零头数，并非正规的月份，所以吉凶大事都不在闰月举行。

《公羊传》记载：闰月初一这天，天子、诸侯不行告朔听政之礼。

《传》记载：何为不告月？也就是不行告朔听政之礼。为何不行告朔听政之礼？因为天地间本没有这个月。为什么说天地间本没有闰月呢？因为这个月并非正常的月份。注：因闰月属于无常之月，所以也便没有听政一说。

《通考》记载：按历法，没有中气的月为闰月。凡是闰月，闰月之前的节气归入上一个月，闰月之后的节气均归入下个月。

应 闰

《遁甲书》：梧桐可知闰月。无闰生十二叶，一边有六叶，从下数一叶为一月。有闰则生十三叶，视叶小者，则知闰何月。

《埤雅》：藕生应月，月生一节，闰辄益一。

《尔雅》：翼茈、菰，种水中，一茎十二实，岁有闰，则十三实。

《石室奇方》：椶榈，俗名棕披，其木最堪为展。其木应月生片棕，遇闰则生半片。岁长十二节，闰月增半节。

《云南志》：和山花，树高六七丈，其质似桂；其花白，每朵十二瓣，应十二月，过闰辄多一瓣。又：优昙花在安宁州西北十里曹溪寺右，状如莲，有十二瓣，闰月则多一瓣。

《羽毛考异》：凤尾十二翎，遇闰岁生十三翎。

【译文】

《奇门遁甲书》记载：梧桐树能预知闰月。没有闰月的年份，梧桐树生十二片叶子，一边六片，从下往上数，一片树叶代表一个月。有闰月的年份，则梧桐树生十三片叶子，通过观察较小的树叶，便知道是闰几月。

《埤雅》记载：藕的生长与月份相对应，每月生长一节，有闰月

棕榈

的年份则多生长一节。

《尔雅》记载：将芘、菰的侧枝种在水中，一根茎结十二个果实，若赶上有闰月的年份，则一根茎结十三个果实。

《石室奇方》记载：樱椆，俗称棕衣，用它做鞋最为结实耐穿。它是对应着月份生长片棕，遇到闰月则多生半片。它每年长高十二节，遇到闰月则多增高半节。

《云南志》记载：和山花，树高六七丈，和桂花相似；其花白，每朵花有十二个花瓣，对应十二个月，赶上闰月年则多生长一个花瓣。又：优昙花生长于安宁州西北十里的曹溪寺右侧，状如莲花，有十二个花瓣，闰月年多生长一个花瓣。

《羽毛考异》记载：凤尾有十二根翎，遇到有闰月的年份则还能长出第十三根翎。

象 闰

《羽毛考异》：今乐府小调尾声一十二板，以象凤尾，故曰尾声。或增四字，亦加一板，以象闰。

陈旸《乐书》：琴徽自古十有三，其一象闰。又：笙，十三簧，象凤身，其簧十二以应十二律，其一以象闰也。

《文献通考》：筝五弦合乎五音，十二弦合乎十二律，其十三弦以象闰也。

【译文】

《羽毛考异》记载：今乐府小调的尾声一十二板，象征凤凰尾巴，因此将其称为尾声。有人再增加四个字，也加一板，来象征闰月。

陈旸《乐书》记载：自古以来琴徽有十三个，其中一个象征闰月年。又：笙，有十三簧，象征凤凰的身体，其中十二簧以对应十二韵律，一簧以象征闰月。

《文献通考》记载：筝的五弦与五音相合，十二弦与十二律相合，它的十三弦象征闰月。

推 闰

《齐东野语·推闰歌括》云：欲知来岁闰，先算至之余，更看大小尽，决定不差殊。谓如来岁合置闰，止以今年冬至后余日为率，且以今年十一月二十二日冬至，本月尚余八日，则来年之闰，当在八月。或小尽，止余七日，则当闰七月。若冬至在上旬，则以望日为断。

【译文】

《齐东野语·推闰歌括》中有载：欲知来年闰月的情况，先要推算冬至后的余分，还要看大小月尽时的天数，以此来决定闰几月。比如要推算来年几月置闰，则要以今年冬至后余几日来计算，且如今年十一月二十二日冬至，则本月尚余八天，则来年置闰应当在八月。或小月尽，仅余七日，则应当为闰七月。若冬至在上旬，则根据农历十五日来判断。

纪闰疏数

《齐东野语·以杜征南长历》: 考《春秋》之月日, 虽甚精密, 其置闰窃有疑焉。如隐公二年闰十二月, 五年、七年亦皆闰十二月, 然犹是三岁一闰, 五岁再闰。如庄公二十年置闰, 其后则二十四年以至二十八年, 皆以四岁一闰, 无乃失之疏乎? 僖公十二年闰, 至十七年方闰, 二十五年闰, 至三十年方闰, 率以五岁一闰, 何其愈疏乎? 如定公八年置闰, 其后则十年以至十二年、十四年, 皆以二岁一闰, 无乃失之数乎? 闵之二年辛酉既闰矣, 僖之元年壬戌又闰, 僖之七年、八年, 哀之十四年、十五年, 皆以连岁置闰, 何其愈数乎? 至于襄之二十七年, 一岁之间顿置两闰, 盖曰十一月辰在申, 司历过也, 于是既觉其谬, 故前闰建酉, 后闰建戌, 以应天正。然前乎此者, 二十一年既有闰, 二十四年、二十六年又有闰, 历年凡六, 置闰者三, 何缘至此失闰已再, 而顿置两闰乎? 近则十余月, 远或二十余年, 其疏数殆不可晓。

【译文】

《齐东野语·以杜征南长历》记载: 研究《春秋》中的月日, 虽然很精密, 但它关于置闰的记载似乎存在一些疑问。例如隐公二年

（前721）闰十二月，第五年、第七年也都是闰十二月，却仍然是三年一闰，五年再闰。又如庄公二十年（前674）置闰，其后的二十四年至二十八年，皆是四年一闰，怎能没有疏忽？僖公十二年（前648）是闰月年，到十七年方为闰月年，二十五年是闰月年，到三十年方为闰月年，基本上是五年一闰，这也是何等的疏忽啊？例如定公八年（前502）置闰，其后则十年至十二年、十四年，皆是二年一闰，怎会如此密集？闵公二年（前660）辛酉是闰月年，到了僖公元年（前659）壬戌又闰，僖之七年（前653）、僖公八年（前652），哀公十四年（前481）、十五年（前480），皆是连年置闰，怎会如此密集？到了襄公二十七年（前546），一年之间就置闰两次，大致是因为十一月乙亥朔，有日食，辰在申，是掌管司历的官员失误所致，于是他马上觉察有误，因此前闰北斗星斗柄指向酉位，后闰北斗星斗柄指向戌位，以对应天正。然而从前文至此，有的二十一年才置闰，二十四年、二十六年就又置闰，六年当中置闰了三次，是什么原因致使置闰终止、反复，从而连置两闰呢？近则十余月，远则二十余年，这置闰的频率无从知晓。

日
食

后九月为闰

《齐东野语》：程氏《考古编》，谓汉初因秦历，以十月为岁首，不置闰，当闰之岁，率归余于终为后九月。《汉纪》《表》及《史记》，自高帝至文帝，其书后九月皆同，是未尝推时定闰也。

【译文】

《齐东野语》记载：程氏《考古编》中有载，汉初仍沿用秦历，以十月作为岁首，不置闰，到了应该置闰之年，便统统将余分归入后九月。《汉纪》《表》及《史记》中，从高帝至文帝时期，关于后九月的记载都一样，都未曾推定闰月。

宋不移闰

《宋史》：嘉祐四年正月朔，日食。日官杨维德等欲移闰以避。仁宗曰："闰以正天时，授民事，不许。"

【译文】

《宋史》记载：嘉祐四年（1059）正月初一，有日食。日官杨维德等人打算推移闰月以避开日食。仁宗说："闰月是用来端正天时节令，以确保民事的，不许推移。"

熙宁改闰

《梦溪笔谈》：开元《大衍历法》最为精密，历代用其朔法。至熙宁中考之，历已后天五十余刻，而前世历官皆不能知。《奉元历》乃移其闰朔：熙宁十年天正元用午时，新历改用子时；闰十二月改为闰正月。

【译文】

《梦溪笔谈》记载：开元《大衍历法》最为精密，历朝历代都沿用它推算朔日的方法。然而到了宋代熙宁年间考校，当时的历法已经落后实际天象五十余刻，可前世的历官们皆无法预测这一误差。于是《奉元历》推移了闰月和朔日：熙宁十年冬至的临界点原用午时，新历改用子时；闰十二月改为闰正月。

闰有常月

《真腊风土记》：国人亦有通天文者，日月薄蚀，皆能推算，但大小尽却与中国不同。亦置闰，但只闰九月。

【译文】

《真腊风土记》记载：其国内也有通晓天文的人，日月相掩食，都能推算出来，但大小月尽，却与中国的算法不同。他们也置闰，但只闰九月。

无闰月

《续文献通考》：榜葛剌，本忻都州府西天东印度也。有十二月，无闰。

【译文】

《续文献通考》记载：榜葛剌国，本忻都州府即西天竺，此地为东印度国。也将一年划分了十二个月，但没有置闰。

闰年图

《玉海》：太平兴国二年闰七月二十八日，有司上诸州所贡《闰年图》。故事，三年令天下贡地图，与版籍皆上尚书省。国初以闰为限，所以周知地理之险易，户口之众寡。淳化四年，令诸州所上闰年图，自今再闰一造。咸平四年，职方员外郎、秘阁校理吴淑言："诸路所纳闰年图，当在职方，近者并纳仪鸾司。伏以山川险要，皆玉室秘奥，国家急务。《周礼》职方氏掌天下图籍，又诏土训以夹王车。汉祖入关中，萧何收秦图籍，由是周知天下险要。请今闰所纳图，并上职方。"又州郡地理，犬牙相入，向者独尽一州地形，何以傅合他郡？请令诸路转运使，从今闰各画本路诸州图一面上之，每十年各纳本路图一，亦上职方。所冀天下险要，不窥牖而可知；九州广轮，如指掌而斯在，从之。

【译文】

《玉海》记载：太平兴国二年（977）闰七月，二十八日，官员们上贡诸州《闰年图》。依照惯例，天子每三年命天下进贡地图，连同户口版籍一起上报至尚书省。立国之初以闰为限，以此来了解和掌握山川的险易情况和户籍的寡众。淳化四年，朝廷下令诸州所上贡的《闰年图》，从此改为每隔五年造一次。咸平四年，职方员外郎、秘阁校理吴淑说："各地所进贡的《闰年图》，均上交并保存在兵部职方。近处的一并纳入仪鸾司管理。各地的山川形势，险要与否，这些都是王室的秘密，国家的当务之急。《周礼》中记载职方氏掌管天下的疆土和人口，天子又下诏士训来辅佐他治理好。汉高祖初入关中，萧何就尽收记录秦朝疆土和人口的书籍，因此知道天下的地势情况。请陛下将各地所献《闰年图》交由兵部职方保管。"又，各州郡的地形，如犬牙参差交错，进贡者只绘制了各自州郡的地形，如何才能与其他州郡的地图合为一体？于是朝廷便命各地转运使，从此每逢闰月年当地官员就绘制当地诸州地形图各一张上贡，每十年各缴纳本地地图一张，也上交至兵部职方。如此一来，天下险要之处皆严整有序，即使不出门也了如指掌；天下的国土面积，尽在掌握之中。

闰月次

闰正月

《宋书·明帝纪》：泰始三年闰正月。

《宋史·河渠志》：政和六年闰正月。

《玉海》：乾道元年闰正月。又九年闰正月。

【译文】

《宋书·明帝纪》记载：泰始三年（267）闰正月。

《宋史·河渠志》记载：政和六年（1116）闰正月。

《玉海》记载：乾道元年（1165）闰正月。又乾道九年（1173）闰正月。

闰月	年份	闰月	年份
闰正月	泰始三年（267）	闰六月	天宝八载（749）
	政和六年（1116）		皇祐三年（1051）
	乾道元年（1165）		大中祥符八年（1015）
	乾道九年（1173）		绍兴十年（1140）
闰二月	孝武帝孝建三年（456）	闰七月	永初二年（108）
	延昌二年（513）		贞观六年（632）
	开元二年（714）		太平兴国二年（977）
	绍圣四年（1097）	闰八月	贞元十一年（795）
	咸平二年（999）		贞观六年（632）
	武德二年（619）		乾德四年（966）
	祥符三年（1010）		绍兴十八年（1148）
	淳化二年（991）	闰九月	始元元年（前86）
闰三月	太和二年（828）		大明五年（461）
	光启元年（885）		太建七年（575）
	贞观二十年（646）		太和十二年（488）
	祥符四年（1011）		庆历二年（1042）
	贞观元年（627）		雍熙二年（985）
	元和四年（809）		太平兴国二年（977）
	上元三年（676）		金宣宗贞祐元年（1213）
闰四月	太平兴国五年（980）	闰十月	大梁天监六年（507）
	永平十年（66）		显庆四年（659）
	太康三年（282）		长庆二年（822）
	太和七年（833）		绍兴二十六年（1156）
	开皇九年（589）		开宝七年（974）
	开元二十九年（741）		祥符五年（1012）
	天禧三年（1019）	闰十一月	熙宁二年（1069）
	绍兴十三年（1143）		皇祐二年（1050）
	嘉定元年（1208）		绍兴十五年（1145）
	元成宗元贞元年（1295）		至元二十二年（1285）
闰五月	元嘉二十二年（445）	闰十二月	阳嘉元年（132）
	大历十四年（779）		开元十二年（725）
	治平元年（1064）		乾德元年（963）
	端拱元年（988）		太平兴国七年（982）
	景德四年（1007）		天禧四年（1020）
	至治二年（1322）		宣德五年（1430）

闰二月

《宋书·符瑞志》：孝武帝孝建三年闰二月。

《魏书·世宗纪》：延昌二年闰二月。

《唐会要》：开元二年闰二月。

《宋史·河渠志》：绍圣四年闰二月。

《宋史·五行志》：咸平二年闰二月。

《通鉴》：武德二年闰二月。

《长编》：祥符三年闰二月。

《玉海》：淳化二年闰二月。又天圣七年闰二月。又元祐元年闰二月。又绍兴五年闰二月。

【译文】

《宋书·符瑞志》记载：孝武帝孝建三年（456）闰二月。

《魏书·世宗纪》记载：延昌二年（513）闰二月。

《唐会要》记载：开元二年（714）闰二月。

《宋史·河渠志》记载：绍圣四年（1097）闰二月。

《宋史·五行志》记载：咸平二年（999）闰二月。

《通鉴》记载：武德二年（619）闰二月。

《长编》记载：祥符三年（1010）闰二月。

《玉海》记载: 淳化二年 (991) 闰二月。又天圣七年闰二月。又元祐元年闰二月。又绍兴五年闰二月。

闰三月

《旧唐书·敬宗纪》：太和二年闰三月。

又《僖宗纪》：光启元年闰三月。

《唐会要》：贞观二十年闰三月。

《宋史·礼志》：祥符四年闰三月。

《通鉴》：贞观元年闰三月，又元和四年闰三月。

《春明退朝录》：上元三年闰三月。

《玉海》：太平兴国五年闰三月。

【译文】

《旧唐书·敬宗纪》记载：太和二年（828）闰三月。

又《僖宗纪》记载：光启元年（885）闰三月。

《唐会要》记载：贞观二十年（646）闰三月。

《宋史·礼志》记载：祥符四年（1011）闰三月。

《通鉴》记载：贞观元年（627）闰三月，又元和四年（809）闰三月。

《春明退朝录》记载：上元三年（676）闰三月。

《玉海》记载：太平兴国五年（980）闰三月。

闰四月

《后汉·明帝纪》：永平十年闰四月。

《晋书·武帝纪》：太康三年闰四月。

《魏书·世宗纪》：太和七年闰四月。

《隋书·文帝纪》开皇九年闰四月。

《通鉴》：开元二十九年闰四月。

《玉海》：天禧三年闰四月，又绍兴十三年闰四月，又嘉定元年闰四月。

《续文献通考》：元成宗元贞元年闰四月。

【译文】

《后汉·明帝纪》记载：永平十年（66）闰四月。

《晋书·武帝纪》记载：太康三年（282）闰四月。

《魏书·世宗纪》记载：太和七年（833）闰四月。

《隋书·文帝纪》记载：开皇九年（589）闰四月。

《通鉴》记载：开元二十九年（741）闰四月。

《玉海》记载：天禧三年（1019）闰四月，又绍兴十三年（1143）闰四月，又嘉定元年（1208）闰四月。

《续文献通考》记载：元成宗元贞元年（1295）闰四月。

闰五月

《宋书·符瑞志》：元嘉二十二年闰五月。

《唐书·德宗纪》：大历十四年闰五月。

郑樵《金石略》：治平元年闰五月。

《玉海》：端拱元年闰五月，又景德四年闰五月。

《元史·英宗纪》：至治二年闰五月。

【译文】

《宋书·符瑞志》记载：元嘉二十二年（445）闰五月。

《唐书·德宗纪》记载：大历十四年（779）闰五月。

郑樵《金石略》记载：治平元年（1064）闰五月。

《玉海》记载：端拱元年（988）闰五月，又景德四年（1007）闰五月。

《元史·英宗纪》记载：至治二年（1322）闰五月。

闰六月

《旧唐书·元宗纪》：天宝八载闰六月。

《宋史·五行志》：皇祐三年闰六月，又大中祥符八年闰六月。

《玉海》：绍兴十年闰六月。

【译文】

《旧唐书·元宗纪》记载：天宝八载（749）闰六月。

《宋史·五行志》记载：皇祐三年（1051）闰六月，又大中祥符八年（1015）闰六月。

《玉海》记载：绍兴十年（1140）闰六月。

闰七月

《后汉·安帝纪》：永初二年七月闰月。

《通鉴》：贞观六年秋七月闰月。

《玉海》：太平兴国二年闰七月。

【译文】

《后汉·安帝纪》记载：永初二年（108）七月闰月。

《通鉴》记载：贞观六年（632）秋七月闰月。

《玉海》记载：太平兴国二年（977）闰七月。

闰八月

《旧唐书·德宗纪》：贞元十一年闰八月。

《实录》：贞观六年闰八月。

《玉海》：乾德四年闰八月，绍兴十八年闰八月。

【译文】

《旧唐书·德宗纪》记载：贞元十一年（795）闰八月。

《实录》记载：贞观六年（632）闰八月。

《玉海》记载：乾德四年（966）闰八月，绍兴十八年（1148）闰八月。

闰九月

　　《史记·吕后纪》：代王后九月晦日已酉，至长安，舍代邸。注：即闰九月也。时律历废，不知闰，谓之后九月也。

　　《汉书·昭帝纪》：始元元年九月闰月。

　　《宋书·符瑞志》：大明五年闰九月。

　　《陈书·宣帝纪》：太建七年闰九月。

　　《魏书·高祖纪》：太和十有二年九月闰月。

　　《宋会要》：庆历二年闰九月。

　　《玉海》：雍熙二年闰九月，又太平兴国二年闰九月。

　　《续文献通考》：金宣宗贞祐元年闰九月。

　　【译文】

　　《史记·吕后纪》记载：代王派人向朝廷辞谢，在后九月最后一天的已酉时，抵达长安，住进代王府。注：后九月即指闰九月。因当时律历被废止，所以不知是闰九月，因此谓之为后九月。

　　《汉书·昭帝纪》记载：始元元年（前86）闰九月。

　　《宋书·符瑞志》记载：大明五年（461）闰九月。

　　《陈书·宣帝纪》记载：太建七年（575）闰九月。

　　《魏书·高祖纪》记载：太和十二年（488）闰九月。

《宋会要》记载: 庆历二年（1042）闰九月。

《玉海》记载: 雍熙二年（985）闰九月，又太平兴国二年（977）闰九月。

《续文献通考》记载: 金宣宗贞祐元年（1213）闰九月。

闰十月

沈约《光宅寺刹下铭序》：大梁天监六年闰十月。

《唐书·高宗纪》：显庆四年闰十月。

《唐会要》：长庆二年闰十月。

《宋史·高宗纪》：绍兴二十六年闰十月。

《玉海》：开宝七年闰十月，又祥符五年闰十月。

【译文】

沈约《光宅寺刹下铭序》记载：大梁天监六年（507）闰十月。

《唐书·高宗纪》记载：显庆四年（659）闰十月。

《唐会要》记载：长庆二年（822）闰十月。

《宋史·高宗纪》记载：绍兴二十六年（1156）闰十月。

《玉海》记载：开宝七年（974）闰十月，又祥符五年（1012）闰十月。

闰十一月

《宋史·河渠志》：熙宁二年闰十一月。

又《乐志》：皇祐二年闰十一月。

《玉海》：绍兴十五年闰十一月。

《元史·礼乐志》：至元二十二年冬闰十有一月。

【译文】

《宋史·河渠志》记载：熙宁二年（1069）闰十一月。

又《乐志》记载：皇祐二年（1050）闰十一月。

《玉海》记载：绍兴十五年（1145）闰十一月。

《元史·礼乐志》记载：至元二十二年（1285）冬闰十一月。

闰十二月

《后汉·顺帝纪》：阳嘉元年十二月闰月。

《唐会要》：开元十二年闰十二月。

《宋史·礼志》：乾德元年闰十二月。

《玉海》：太平兴国七年闰十二月，天禧四年闰十二月。

《续文献通考》：宣德五年冬闰十二月。

【译文】

《后汉·顺帝纪》记载：阳嘉元年（132）十二月闰月。

《唐会要》记载：开元十二年（725）闰十二月。

《宋史·礼志》记载：乾德元年（963）闰十二月。

《玉海》记载：太平兴国七年（982）闰十二月，天禧四年（1020）闰十二月。

《续文献通考》记载：宣德五年（1430）冬闰十二月。

闰月节序

移上元节

《宋史·礼志》: 政和六年正月七日御笔: 今岁闰, 余候晚, 犹未春和, 曷短气寒, 于宴集无舒缓之乐。上元节移于闰正月十四日为始。

【译文】
《宋史·礼志》记载: 政和六年正月七日皇帝御笔: 今年置闰, 余候推迟, 到目前为止, 春日仍未和暖, 日影短且气候寒冷, 集体宴无法保证舒缓取乐。因此特将上元节移至闰月年正月十四日。

犹未春和，
暑短气寒

今朝准拟花朝醉，

奈今宵别是光阴。

闰元宵

张炎《闰元宵》词：

向人圆月转分明，箫鼓又逢迎。

风吹不老蛾儿闹，绕玉梅、犹恋香心。

报道依然放夜，何妨款曲行春。

锦灯重见丽繁星，水影动梨云。

今朝准拟花朝醉，奈今宵别是光阴。

帘底听人笑语，莫教迟了梅青。

【译文】

关于闰元宵，张炎的《闰元宵》（《风入松 闰元宵》）词如下：

向人圆月转分明，箫鼓又逢迎。

风吹不老蛾儿闹，绕玉梅、犹恋香心。

报道依然放夜，何妨款曲行春。

锦灯重见丽繁星，水影动梨云。

今朝准拟花朝醉，奈今宵别是光阴。

帘底听人笑语，莫教迟了梅青。

闰重三

张雨《闰三月三日北山看花不与盟》诗：

应笑黄花厄闰时，后三仍复负芳期。

老无刘几簪花分，闲有陶潜止酒诗。

谷雨林中先紫笋，郁冈山口足黄鹂。

韩湘自倩奴星去，袖得瑶台第一枝。

【译文】

关于闰三月三，张雨的《闰三月三日北山看花不与盟》诗如下：

应笑黄花厄闰时，后三仍复负芳期。

老无刘几簪花分，闲有陶潜止酒诗。

谷雨林中先紫笋，郁冈山口足黄鹂。

韩湘自倩奴星去，袖得瑶台第一枝。

谷雨林中先紫笋，

郁冈山口足黄鹂。

闰七日

王湾《闰月七日织女》诗：

耿耿曙河微，神仙此会稀。

今年七月闰，应得两回归。

李商隐《壬申闰秋题赠乌鹊》诗：

绕树无依月正高，邺城新泪溅云袍。

几年始得逢秋闰，两度填河莫告劳。

【译文】

关于闰七月七日，王湾的《闰月七日织女》诗如下：

耿耿曙河微，神仙此会稀。

今年七月闰，应得两回归。

李商隐的《壬申闰秋题赠乌鹊》诗如下：

绕树无依月正高，邺城新泪溅云袍。

几年始得逢秋闰，两度填河莫告劳。

闰中秋

吴文英《闰中秋》词：

丹桂花开第二番，东篱展却宴期宽。

人间宝镜离仍合，海上仙槎去复还。

分不尽，半凉天，可怜闲剩此婵娟。

素娥未隔三秋梦，赢得今宵又倚阑。

【译文】

关于闰中秋，吴文英的《闰中秋》词如下：

丹桂花开第二番，东篱展却宴期宽。

人间宝镜离仍合，海上仙槎去复还。

分不尽，半凉天，可怜闲剩此婵娟。

素娥未隔三秋梦，赢得今宵又倚阑。

丹
桂

闰九日

《唐诗纪事》：景龙二年，闰九月九日，幸总持，登浮图。李峤诗：

闰月开重九，真游下大千。

花寒仍荐菊，座晚更披莲。

刹凤回雕辇，蟠虹间彩斿。

还将西梵曲，助入南薰弦。

李乂诗：

清跸幸禅楼，前驱历御沟。

还疑九日豫，更想六年游。

圣藻辉缨络，仙花缀冕旒。

所欣延亿载，宁止庆重秋。

宋之问《奉和圣制闰九月九日登庆严总持二寺阁》诗：

闰月再重阳，仙舆历宝坊。

帝歌云稍白，御酒菊犹黄。

风铎喧行漏，天花拂舞行。

豫游多景福，梵宇日生光。

【译文】

关于闰九月九日，《唐诗纪事》记载：景龙二年（708），闰九月九日，巡幸总持寺，登上佛塔。李峤吟诗如下：

闰月开重九，真游下大千。

花寒仍荐菊，座晚更披莲。

刹凤回雕辇，蟠虹间彩旆。

还将西梵曲，助入南薰弦。

李乂作诗如下：

清跸幸禅楼，前驱历御沟。

还疑九日豫，更想六年游。

圣藻辉缨络，仙花缀冕旒。

所欣延亿载，宁止庆重秋。

宋之问的《奉和圣制闰九月九日登庆严总持二寺阁》诗如下：

闰月再重阳，仙舆历宝坊。

帝歌云稍白，御酒菊犹黄。

风铎喧行漏，天花拂舞行。

豫游多景福，梵宇日生光。

干支名义

太岁在甲曰阏逢，《史记》作焉逢。月在甲曰毕。

甲，言万物剖孚甲而出也，为十干之首。《汉·律历志》：出甲于甲。《后汉·章帝纪》：方春生养，万物莩甲。阏，音遏，遮壅也，止也，塞也。逢，音缝，遇也，言万物锋芒欲出，壅遏未通也。毕，音必。

【译文】

太岁在甲称阏逢，《史记》作焉逢。月在甲称毕。

甲，寓意草木发芽后种皮裂开的形象，为十天干之首。《汉·律历志》记载：甲是指嫩芽破荚而出的初生现象。《后汉·章帝纪》记载：春季万物复苏，草木破甲而出。阏，音遏，拥聚、阻拦、阻塞的意思。逢，音缝，遇到的意思，是说万物锋芒欲出，却遇到阻拦无法通达。毕，音必。

太岁在乙曰旃蒙，《史记》作端蒙。月在乙曰橘。

方春生养，万物荥甲。

乙，言万物生轧轧也。东方木行。《汉·律历志》：奋轧于
乙。《白虎通》：乙者，物蕃屈有节欲出。《京房易传》：乙，屈
也。旃，音饘。蒙，音濛，微昧闇弱也。轧，乌辖切，音乙。轧轧，
难出之貌。陆机《文赋思》：轧轧其若抽是也。橘，钧入声。

【译文】

太岁在乙称旃蒙，《史记》作端蒙。月在乙称橘。

乙，寓意万物生长弯曲受阻，能伸能曲。五行属木，为东方之灵。
《汉·律历志》记载：草木萌生，初生屈曲状。《白虎通》记载：乙的
字形像屈曲着身体休眠而跃跃欲出的生物，也用作象征春日。《京房
易传》记载：乙，使弯曲的意思。旃，音饘。蒙，音濛，遮蔽幽隐，晦暗
微弱的意思。轧，乌辖切，音乙。轧轧，艰难突破状。陆机的《文赋
思》记载：轧轧其若抽说的就是这个意思。橘，钧入声。

太岁在丙曰柔兆，《史记》作游兆。注作游桃。月在丙曰修。

丙，言阳道著明也。《说文》：南方之位。南方属火，而丙
丁适当其处，故有文明之象。《汉·律历志》：明炳于丙。《白虎
通》：丙者，其物炳明。《史记》注：游兆，景也。《索隐》：唐人
作，故讳丙为景。修，思留切。

【译文】

太岁在丙称柔兆，《史记》作游兆。注：作游桃。月在丙称修。

丙，寓意万物皆火光明亮，炳然显著。《说文解字》记载：南方

之位属火，而丙丁正好位于其中，因此有光亮显著之象。《汉·律历志》记载：丙即为明炳。《白虎通》记载：丙，意思是万物炳然显著。《史记》注：游兆，即是景。《索隐》记载：唐人为避高祖父李昞讳，将丙改为景。修，思留切。

太岁在丁曰彊圉，《史记》作彊梧。月在丁曰圉。

丁，言万物丁壮也。《说文》：夏时万物皆丁实。丁承丙，象人心。《汉·律历志》：大盛于丁。《白虎通》：丁者，强也。彊，音强。圉，音语。梧，亦音语。

【译文】

太岁在丁称彊圉，《史记》作彊梧。月在丁称圉。

丁，寓意草木生长壮实，就像人的成年状态。《说文解字》记载：夏季万物皆壮实。丁承续于丙，字形像人心。《汉·律历志》记载：丁，即为大盛。《白虎通》记载：丁，意为强壮。彊，音强。圉，音语。梧，亦音语。

太岁在戊曰著雍，《史记》作徒维。月在戊曰厉。

戊，莫候切，音茂，言万物皆茂盛也。《汉·律历志》：丰楙于戊。《白虎通》：戊，茂也。《五代史》：梁开平元年改曰辰。戊字为武，避讳也。今又从武转读务。著，音除。徒维，当是屠维之伪。厉，音例。

【译文】

太岁在戊称著雍,《史记》作徒维。月在戊称厉。

戊,莫候切,音茂,寓意万物茂盛。《汉·律历志》记载:戊,即为丰茂。《白虎通》记载:戊,即茂。《五代史》记载:五代梁开平元年（907），改为辰。后因避讳茂音,而改戊字为武。如今人们又从武转读为务。著,音除。徒维,应该是屠维。厉,音例。

太岁在己曰屠维,《史记》作祝犁。月在己曰则。

己,言可纪理也。《说文》:日中宫也,象万物辟藏诎形也。己承戊,象人腹。《汉·律历志》:理纪于己。《白虎通》:己者,抑屈起也。屠,音徒。维,音惟。祝犁,义阙。则,即德切。

【译文】

太岁在己称屠维,《史记》作祝犁。月在己称则。

己,寓意万物抑屈而起,有形可纪。《说文解字》记载:己,处中宫之位,具有缠绕曲折之象。己承续于戊,字形像人腹。《汉·律历志》记载:万物已成熟且有条理。《白虎通》记载:己,意为万物抑屈而起,有形可纪。屠,音徒。维,音惟。祝犁,义阙。则,即德切。

太岁在庚曰上章,《史记》作商横。月在庚曰窒。

庚,言阴气庚万物也。《说文》:庚,位西方,象秋时万物庚。庚,有实也。《汉·律历志》:敛更于庚。上,音尚。章,音张。商横,义阙。窒,音挃。

【译文】

太岁在庚称上章,《史记》作商横。月在庚称窒。

庚,寓意秋天万物庚庚有实。《说文解字》记载:庚,定位于西方,像秋天万物坚硬有果实的样子。庚,意为有果实。《汉·律历志》记载:生命开始收敛。上,音尚。章,音张。商横,义阙。窒,音挃。

太岁在辛曰重光,《史记》作昭阳。月在辛曰塞。

辛,言万物之辛也。《说文》:秋时万物成熟,金刚味辛。辛之言新也。辛承庚,象人股。《汉·律历志》:悉新于辛。《白虎通》:辛者,阴始成。重,平声。塞,苏则切,音赛。

【译文】

太岁在辛称重光,《史记》作昭阳。月在辛称塞。

辛,寓意万物秀实新成。《说文解字》记载:秋季万物成熟,金味辛。万物成熟而有味。辛承续庚,像人的大腿。《汉·律历志》记载:辛,即为新,万物肃然更改,秀实新成。《白虎通》记载:辛,阴气开始上升、运化。重,平声。塞,苏则切,音赛。

太岁在壬曰元黓,《史记》作横艾。月在壬曰终。

壬,壬之为言终也,言阳气任养万物于下也。《说文》:壬,位北方。《汉·律历志》:怀妊于壬。《白虎通》:壬者,阴始任。元,音悬。黓,音弋,黑也。元,一作伭。终,音螽。

秋时万物成熟，金刚味辛。

【译文】

太岁在壬称元黓,《史记》作横艾。月在壬称终。

壬,寓意终了,是说阳气潜伏于地下,滋养万物。《说文解字》记载:壬,定位于北方。《汉·律历志》记载:壬即怀妊。《白虎通》记载:壬,阴气开始运化。元,音悬。黓,音弋,黑也。元,一作伭。终,音螽。

太岁在癸曰昭阳,《史记》作尚章。月在癸曰极。

癸,规,上声。癸之为言揆也,言万物可揆度也。《说文》:冬时水土平,可揆度也。《汉·律历志》:陈揆于癸极。禁,入声。

【译文】

太岁在癸称昭阳,《史记》作尚章。月在癸称极。

癸,规,上声。癸,即为揆,寓意为万物都可揣度。《说文解字》记载:冬季时,水土沉静,可揣度。《汉·律历志》记载:新的生命又将开始。禁,入声。

太岁在子曰困敦,《史记》同。十一月建子为辜。

子,孳也,言万物滋于下也。为十二支之首,十一月也。《说文》:十一月阳气动,万物滋,人以为称。徐锴曰:"十一月夜半,阳气所起,人承阳气,故以为称律中黄钟。"

《白虎通》:黄,中和之色。钟,动也。言阳气动于黄泉之下,养万物也。困,坤去声。敦,音顿。

《史记注正义》曰："困敦，混沌也。"言万物萌混沌于黄泉之下也。辜，音姑。

【译文】

太岁在子称困敦，《史记》同。十一月建子称为辜。

子，即为孳，寓意万物滋养于地下。为十二地支之首，对应十一月。《说文解字》记载：十一月阳气萌动，万物滋生，万物之中人为贵，因此假借以人的称号。徐锴说："十一月子时，阳气萌动，人承接阳气，因此假借以十二律中第一律黄钟的称号。"

《白虎通》记载：黄，中和之色。钟是动。意为阳气萌动于黄泉之下，滋养万物。困，坤去声。敦，音顿。

《史记注正义》上说："困敦，意为混沌。"是说万物萌发，混沌于黄泉之下。辜，音姑。

太岁在丑曰赤奋若，《史记》同。十二月建丑为涂。

丑，纽也。言阳气在上未降，万物厄纽未敢出。十二月也。《汉·律历志》：孳萌于子，纽牙于丑。律中大吕。《律历志》：大吕，旅也，言阴大，旅助黄钟宣气而牙物也。《白虎通》：大，大也；吕，拒也。言阳气欲出，阴不许也。赤奋若，《史记》注：李巡云，阳气奋迅，万物而起，无不若其性。涂，音徒。

【译文】

太岁在丑称赤奋若，《史记》同。十二月建丑为涂。

丑，即为纽。寓意阳气在上未降，万物积聚郁结不敢萌出。对应十二月。《汉·律历志》记载：滋生、繁殖于子，聚集萌芽于丑。对应的是十二律中的大吕。《律历志》记载：大吕，即为旅，意为助力于黄钟宣气而万物萌芽。《白虎通》记载：大，大小的大；吕，抵挡。意为阳气欲出，却受到阴气的阻挡。太岁在丑的年份，《史记》注：李巡说，阳气奋迅欲出，万物萌动而起，世间之物无不具有这种本质。涂，音徒。

太岁在寅曰摄提格，《史记》同。正月建寅为陬。

寅，言万物始生螾然也。正月也。《汉·律历志》：引达于寅。律中泰簇，言万物簇生也。《白虎通》：泰者，大也。簇者，凑也。言万物始大，凑地而出之也。摄提格，《史记》注：李巡云，万物承阳而起，故曰摄提。格，起也。簇，仓奏切，音凑。螾，音引，又音慎。陬，将候切，音緅。

【译文】

太岁在寅称摄提格，《史记》同。正月建寅称陬。

寅，寓意万物开始生长萌芽。对应正月。《汉·律历志》记载：延伸、通达于寅。对应的是十二律中的泰簇，意为万物聚集生长。《白虎通》记载：泰，大之极，极大。簇，聚集。意为万物聚集全部力量，破土而出。摄提格，《史记》注：李巡说，万物承蒙阳气萌动而起，因此称摄提。格，意为发动。簇，仓奏切，音凑。螾，音引，又音慎。陬，将候切，音緅。

太岁在卯曰单阏，《史记》同。注作亶安。二月建卯为如。

卯，卯之为言茂也，二月也。《说文》：冒也。二月万物冒地而出，象开门之形，故二月为天门。《汉·律历志》：冒茆于卯。《晋书·乐志》：卯谓阳气生而孳茂也。律中夹钟，言阴阳夹厕也。《白虎通》：夹，孚甲也，言万物孚甲，种类分也。单，丹、蝉、善三音。阏，音遏。《史记》注：李巡云，言阳气推万物而起。茆，莫保反，丛生也。如，音駑。

【译文】

太岁在卯称单阏，《史记》同。注：也作亶安。二月建卯称如。

卯，即为茂。对应二月。《说文解字》记载：卯，意为冒。二月万物萌芽，冒出地面，像开门之形。因此二月也称天门。《汉·律历志》记载：冒尖、抽芽于卯。《晋书·乐志》记载：卯寓意阳气生而万物生长茂盛。对应的是十二律中的夹钟，意为阴阳夹杂。《白虎通》记载：夹，破荚而出，意为万物破荚而出，发芽。单，丹、蝉、善三音。阏，音遏。《史记》注：李巡说，寓意阳气推动万物萌动而起。茆，莫保反，丛生。如，音駑。

太岁在辰曰执徐，《史记》同。三月建辰为寎。

电闪雷鸣

辰，言万物之蜄也，三月也。《说文》：辰，震也。三月阳气动，雷电振，民农时也。《释名》：辰，仲也，物皆伸舒而出。律中姑洗，言万物洗生。《白虎通》：姑者，故也。洗者，鲜也。言万物去故就新，莫不鲜明也。执徐，《史记》注：李巡云，伏蛰之物，皆敷舒而出。洗，苏典切，音铣。蜄，音振，一作娠。痾，皮命切，音丙。

【译文】

太岁在辰称为执徐，《史记》同。三月建辰称为痾。

辰，寓意万物振动，对应三月。《说文解字》记载：辰，即为震。三月阳气发动，雷电响振，正是百姓的农时。《释名》记载：辰，即为仲，意为万物延伸舒展而出。对应的是十二律中的姑洗，意为万物自清。《白虎通》记载：姑，即为故。洗，光鲜，意为万物祛除旧有，萌发新生，无不光鲜明亮。执徐，《史记》注：李巡说，蛰伏的万物，皆复苏而出。洗，苏典切，音铣。蜄，音振，一作娠。痾，皮命切，音丙。

太岁在巳曰大荒落，《史记》作大芒落。四月建巳为余。

巳，详子切，音似。巳者，言阳气之巳尽也，四月也。《说文》：巳也，四月阳气已出，阴气已藏，万物皆成文章，故巳为蛇，象形。《汉·律历志》：振美于辰，巳盛于巳。律中仲吕，言万物尽旅而西行也。《白虎通》：言阳气将极中充大也。大，度奈切。荒，音盲。落，音洛。《史记》注：姚察云，言万物皆炽盛而大出，霍然落之，故云荒落也。余，云居切，音余。

【译文】

太岁在巳称为大荒落，《史记》作大芒落。四月建巳称为余。

巳，详子切，音似。巳，意为阳气已完全运化而出，对应四月。《说文解字》记载：巳，四月阳气已出，阴气藏纳，万物皆曲折隐蔽，因此巳为蛇的象形字。《汉·律历志》记载：振奋、美好于辰，兴盛于巳。对应的是十二律中的仲吕，意为万物阳气已完全运化，向西而行。《白虎通》记载：意为阳气将运化至极点，中充为大。大，度奈切。荒，音盲。落，音洛。《史记》注：姚察说，寓意万物皆蓬勃生长，却突然脱落，因此称荒落。余，云居切，音余。

太岁在午曰敦牂，《史记》同。五月建午为皋。

午，阴阳交，故曰午，五月也。《说文》：牾也。五月阴气午逆阳冒地而出也。《徐曰》：五月阳极阴生。仵者，正冲之也。《汉·律历志》：咢布于午。律中蕤宾。言阴气幼少，故曰蕤。痿阳不用事，故曰宾。《白虎通》：蕤者，下也。宾者，敬也。言阳气上极，阴气始，宾敬之也。敦，音墩。牂，音臧。《史记注正义》云：敦，盛也。牂，壮也。言万物盛壮也。蕤，如佳切，音绥。痿，儒佳切，音蕤。仵，阮古切，音五。皋，居劳切，音高。

【译文】

太岁在午称为牂,《史记》同。五月建午称为皋。

午,阴阳相交,因此称为午,对应五月。《说文解字》记载:午,即为牾。五月阴气忤逆阳气,冒出地面。《徐日》记载:五月,阳极而阴生。忤,意为直冲着,不顺从。《汉·律历志》记载:阴阳之气相交四散于午。对应的是十二律中的蕤宾。意为阴气微弱,因此称为蕤。萎缩的阳气不行事,因此称为宾。《白虎通》记载:蕤,下垂。宾,敬顺。意为阳气上升至极点,阴气开始运行。敦,音墩。牂,音臧。《史记注正义》有载:敦,即为盛。牂,意为壮。是说万物盛壮。蕤,如佳切,音绥。痿,儒佳切,音蕤。忤,阮古切,音五。皋,居劳切,音高。

太岁在未曰协洽,《史记》作汁洽叶洽。六月建未为且。

未,言万物皆成,有滋味也。六月也。《说文》:味也。六月百果滋味已具。五行木老于未,象木重枝叶之形。《汉·律历志》:昧蔓于未。《释名》:未,昧也。日中则昃,向幽昧也。律中林钟。《白虎通》:林者,众也。言万物成熟,种类多也。协,恰。《史记》注:李巡云,言阴阳化生,万物和合,故曰协洽也。蔓,音爱,隐蔽也。且,音疽。

【译文】

太岁在未称为协洽,《史记》作"汁洽、叶洽"。六月建未称为且。

未,寓意万物皆成熟,有滋味。对应六月。《说文解字》记载:

未，即为味。六月百果已经有了滋味。五行中，木老成厚重于未，象征枝叶繁茂，重重叠叠，树木已成长到一个较为成熟的季节。《汉·律历志》记载：昧隐藏于未。《释名》记载：未，即为昧。寓意未时，太阳偏西，阳光渐渐幽暗。对应的是十二律中的林钟。《白虎通》记载：林，众多的样子。意为万物成熟，种类繁多。协，恰。《史记》注：李巡说，寓意阴阳化生，万物和合，因此称为协洽。薆，音爱，意为隐蔽。且，音疽。

太岁在申曰涒滩，《史记》同。注：作芮汉。七月建申为相。

申，言阴用事，申贼万物，七月也。《释名》：身也，物皆成，其身体各申束之，使备成也。《汉·律历志》：申坚于申。律中夷则，言阴气贼万物也。《白虎通》：夷，伤也；则，法也。言万物始伤，被刑法也。涒，他昆切，音暾，一作沛。滩，音贪。《史记注正义》曰：涒滩，万物吐秀倾垂之貌也。相，去声。

【译文】

太岁在申称为涒滩，《史记》同。注：也作芮汉。七月建申称为相。

申，意为阴气行事，申损伤万物，对应七月。《释名》记载：申，即为身，虽然万物皆已成熟，但身体却仍然受到约束，使其为成熟作准备。《汉·律历志》记载：申坚于申。对应的是十二律中的夷则，意为阴气伤损万物。《白虎通》记载：夷，创伤；则，法则。意为万物开始皆有所损伤，受到束缚。涒，他昆切，音暾，一作沛。滩，音贪。《史记未，言万物皆成，有滋味也。

注正义》有载：*涒滩，万物吐秀，倾垂之貌。相，去声。*

太岁在酉曰作噩，《史记》同。注：噩作鄂。八月建酉为壮。

酉，万物之老也，八月也。《说文》：就也。八月黍成，可为酎酒。《徐曰》：就，成熟也。卯为春门，万物已出；酉为秋门，万物已入。一，闭门象也。《释名》：酉，秀也，万物皆成也。《汉·律历志》：留孰于酉。《淮南子》：酉者，饱也。律中南吕，言阳气旅入藏也。《白虎通》：南，任也，言阳气尚任包，大生荠麦也。噩，音萼。《汉·天文志》：别作詻。《史记》注：李巡云，万物皆落枝起之貌也。壮，侧况切。

【译文】

太岁在酉称为噩，《史记》同。注：噩作鄂。八月建酉称为壮。

酉，寓意万物成熟，对应八月。《说文解字》记载：酉即为就。八月黍子成熟，可用来酿酒。《徐曰》记载：就，成熟。卯为春门，万物复苏；酉为秋门，万物收敛。一，象征闭门之意。《释名》记载：酉，即为秀，意为万物皆成熟。《汉·律历志》记载：存留成熟于酉。《淮南子》记载：酉，即为饱。对应的是十二律中的南吕，寓意阳气进入藏闭状态。《白虎通》记载：南，任由，是说阳气尚存，任养荠麦。噩，音萼。《汉·天文志》记载：别作詻。《史记》注：李巡说，万物皆枝叶脱落之貌。壮，侧况切。

太岁在戌曰阉茂，《史记》作淹茂。九月建戌为元。

戌，《说文》：灭也，九月也。阳气微，万物毕成，阳下入地也。《汉·律历志》：毕入于戌。《释名》：戌，恤也，物当收敛矜恤之也。律中无射，阴气盛用事，阳气无余也。《白虎通》：射，终也。万物随阳而终，当复随阴而起，无有终已。阉，音淹。《史记》注：李巡云，言万物皆蔽冒，故曰阉茂。元，音悬。

【译文】

太岁在戌称为阉茂，《史记》作淹茂。九月建戌称为元。

戌，《说文解字》记载：即为灭，对应九月。阳气微弱，万物完全成熟，阳气收纳于地下。《汉·律历志》记载：完结、收纳于戌。《释名》记载：戌，即为恤，万物应该收敛，有所怜悯抚恤。对应的是十二律中的无射，阴气盛行为主宰，阳气皆无。《白虎通》记载：射，终了。万物随着阳气消散而终止生长，又周而复始随阴而起，相克相生，永无止尽。阉，音淹。《史记》注：李巡说，寓意万物皆具有隐蔽、发散的特性，因此称阉茂。元，音悬。

太岁在亥曰大渊献，《史记》同。十月建亥为阳。

亥，下改切，音颏，该也。言阳气藏于下，故该也，十月也。《释名》：亥，核也。收藏百物，核取其好恶真伪也。《汉·律历志》：该阂于亥。又该藏万物，而杂阳阂种。孟康云，阂，藏塞也。阴杂阳气藏塞，为万物作种也。《元史·祭祀志》：黑帝位亥，律中应钟，阳气之应，不用事也。《白虎通》：言万物应阳而动,下藏也。大渊献,《史记注》:孙炎云,渊献,深也。献万物于天,深于藏盖也。该,柯开切,音垓,备也。阂,下改切,音亥,藏塞也。阳,移章切,音羊。

【译文】

太岁在亥称为大渊献,《史记》同。十月建亥称为阳。

亥,下改切,音颏,即为该。寓意阳气藏于地下,因此为该。对应十月。《释名》记载:亥,核心,中心。收藏、包容万物,优胜劣汰。《汉·律历志》记载:包藏和充塞于亥。又,包藏万物,而其中有阳气混杂,阻塞生长。孟康说,阂,隐藏、充塞。阴气中混杂阳气,使万物得以被包藏、充塞,从而形成种子。《元史·祭祀志》记载:亥位居北方,对应的是十二律中的应钟,此时的阳气,不为主宰。《白虎通》记载:万物感应到阳气而蠢蠢欲动,藏于地下。大渊献,《史记》注:孙炎说,渊献,意为很深。要想献万物于天,必先深藏收敛。该,柯开切,音垓,完备。阂,下改切,音亥,包藏、充塞的意思。阳,移章切,音羊。

《尔雅·释天疏》:此别太岁在日在辰之名也。甲、乙、丙、丁、戊、已、庚、辛、壬、癸为十日,日为阳,为十干;子、丑、寅、卯、辰、巳、午、未、申、酉、戌、亥为十二辰,辰为阴,为十二支。

《汉·律历志》:元封七年,复得阏逢摄提格之义。孟康曰:言复得者,上元泰初时,亦是阏逢之岁。岁在甲曰阏逢,在寅曰摄提格,谓甲寅之岁也。然则乙卯之岁曰旃蒙单阏,丙辰之岁曰柔兆执徐，丁巳之岁曰彊圉大荒落，戊午之岁曰著雍敦牂，己未之岁曰屠维协洽，庚申之岁曰上章涒滩，辛酉之岁曰重光作噩，壬戌之岁曰元黓阉茂，癸亥之岁曰昭阳大渊献，甲子之岁曰阏逢困敦，乙丑之岁曰旃蒙赤奋若。以此推之，周而复始可知。

《皇极经世》：十干，天也；十二支，地也。干支配天地之用也。又《内篇》：十干者，五行有阴阳也。十二支者，六气有刚柔也。干支一作干枝。

《博雅》：甲乙为干，干者日之神也；寅卯为枝，枝者月之灵也。

【译文】

《尔雅·释天疏》记载：这些分别是太岁所在日、在辰的名称。甲、乙、丙、丁、戊、己、庚、辛、壬、癸为十日，日为阳，为十干；子、丑、寅、卯、辰、巳、午、未、申、酉、戌、亥为十二辰，辰为阴，为十二支。

《汉·律历志》记载：元封七年，又逢阏逢、摄提格之年。孟康说：之所以说是又逢，是因为上元泰初时期，也是阏逢之年。岁在甲称为阏逢，在寅称为摄提格，也称为甲寅年。乙卯年称为旃蒙单阏，丙辰年称为柔兆执徐，丁巳年称为彊圉大荒落，戊午年称为著雍敦牂，己未年称为屠维协洽，庚申年称为上章涒滩，辛酉年称为重光作噩，壬戌年称为元黓阉茂，癸亥年称为昭阳大渊献，甲子年称为阏逢困敦，乙丑年称为旃蒙赤奋若。以此类推，周而复始，便可知晓。

《皇极经世》记载：十干，即十天干；十二支，即十二地支。干支配合数字用来计算年岁。又据《内篇》记载：十天干，有自己的五行属性、阴阳属性。十二地支，配合三阴三阳，六气转化，刚柔并济。干支，一作干枝。

　　《博雅》记载：甲乙为干，干，即为日之神；寅卯为枝，枝，即为月之灵。